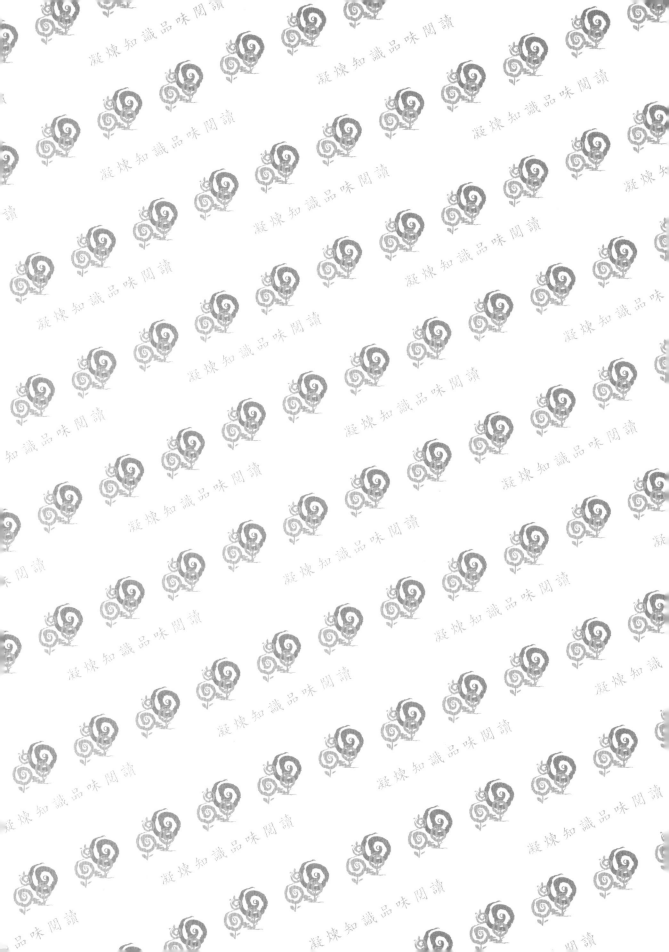

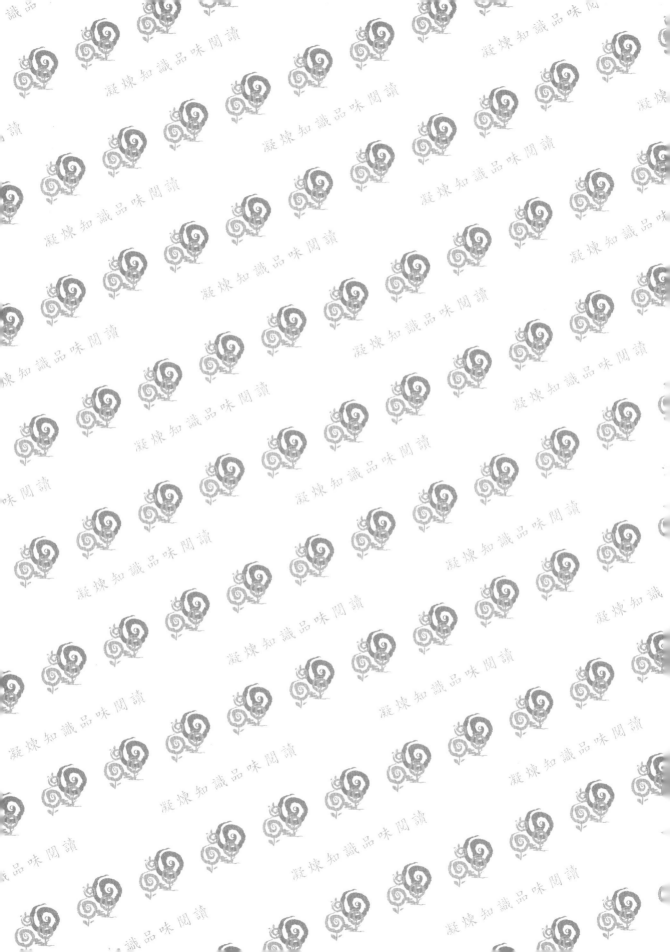

Strategy, Management, Technology and Action of Agricultural Net Zero

陳尊賢 主編

陳尊賢、潘述元、羅朝村、郭鴻裕 合著

農業淨零

策略管理技術及推動

五南圖書出版公司 印行

序言

農業淨零專書內容主要包括農業淨零之策略、管理、技術及推動（Strategy, Management, Technology and Action of Agricultural Net Zero）等相關之內容。為實現「2050 淨零碳排」目標，各國必須齊心積極為減碳做出貢獻，制定更具體且有效之政策，以高效降低全球碳排放量。首先，各國須深入分析各產業之碳排放結構，於部分農業出口大國（例如：美國、澳洲）農業部門之碳排放量尤其顯著，甚至超越工業製程及產品使用部門，因此實現農業淨零至關重要，減排潛力更是不容忽視。

首先，我要感謝國立臺灣大學生物環境系統工程學系潘述元教授，他的團隊彙整並研析世界各國之農業減碳政策，旨在了解各國減碳政策之具體內容、施行成效、階段性減量目標及相關推動成果。透過各國減碳政策之全面分析，國內外政策制定者可針對產業結構、技術現況、經濟條件等層面進行適當之地域性調整，提出適用各國之可行方案，進而有效促進全球農業部門之減排效果，推動農業轉型，實踐循環經濟，為實現全球氣候目標做出貢獻。於溫室效應引起之極端氣候威脅下，各國除致力於制定碳排減量目標，更須積極制定調適（adaptation）方案、設立提升城市及國家韌性（resilience）之各類政策以及進行人為活動環境影響之緩解（mitigation）措施。

自 2021 年下半年開始，農業委員會（2023 年 8 月 1 日升格為農業部）開始蒐集各縣市、各產業界、各大學與農業試驗研究等單位之專家與學者們對臺灣未來農業淨零執行之建議，經過彙整與歸納後，於 2022 年 2 月 9 日召開全國性研討會總結論大會，提出以減量、增匯、循環與綠趨勢等四大主軸策略規劃未來推動之行動計畫依據。經過 2022 年與 2023 年各大學及農業試驗研究與改良場所等機構的研究，已彙整許多國際實務田間試驗成果及累積國內外研究成果之檢討與評估，可以提供農業部在農業碳淨零推動之依據，本專書許多之內容與經驗成果也部分來自農業部農糧署之經費補助，特別表示感謝的意思。

本書能夠出版，我要特別感謝農業部農糧署給予經費補助「財團法人台灣水資源與農業研究院」研究計畫（計畫編號：111 農再 -2.2.2-1.7- 糧 -049(5)），讓「彙整國際增加土壤碳匯與減少土壤碳排之管理技術與耕作制度及評估在臺灣推動之策略與效益」計畫

得以順利進行。同時感謝國立臺灣大學農業化學系許正一特聘教授，土壤調查與整治研究室吳卓穎、黃胤中、楊家語、范惠珍、吳柏輝、吳睿元、黃思穎等多位研究生協助蒐整與翻譯國際重要文獻。同時感謝台灣水資源與農業研究院林冠妤與洪珮容研究專員協助彙整國際重要科學文獻，並針對文獻重要內容予以歸納；感謝徐鈺庭、葉怡廷研究專員協助蒐整國內外水稻田有助於減排及增匯之田間管理方法相關文獻及成果，執行農民調查問卷之發放與回收並完成問卷之統計分析；感謝鍾岳廷研究專員協助彙整臺灣水田與旱田輪作效益相關研究及提供政策及未來推動方向之參考；感謝劉哲諺研究專員協助針對水稻轉作效益進行評估與討論。在整理與繪製臺灣土壤碳匯資料整理與土壤碳匯分布圖繪製成果方面，特別感謝農試所農化組郭鴻裕前組長提供近 13 萬點座標之資料庫，國立屏東科技大學水土保持系簡士濠特聘教授土壤調查及保育研究室陳俊元、劉冠男、江詠歆等三位助理協助，進行臺灣土壤碳匯資料整理與土壤碳匯分布圖繪製。後來同時感謝台灣水資源與農業研究院謝宏鑫研究專員也繼續精進與美化臺灣土壤碳匯資料整理與土壤碳匯分布圖繪製之工作與成果。

這本書的出版，我要感謝許多人，除了各章之責任作者外，還要感謝許多共同作者的努力，包括第一章：鄭又綺、潘述元；第二章：張必輝、陳逸庭、簡靖芳、游慧娟、許正一、陳尊賢；第三章：羅朝村；第四章：郭鴻裕；第五章：簡靖芳、謝宏鑫、簡士濠、賴允傑、郭鴻裕、陳尊賢；第六章：郭鴻裕；第七章：鄭又綺、潘述元；第八章：張必輝、陳逸庭、簡靖芳、陳尊賢；第九章：林冠廷、袁美華、張翊庭、郭鴻裕、黃妤婕、潘述元；第十章：郭鴻裕。

本書一共分成十章，首先第一部分介紹國際淨零農業政策發展趨勢（第一章），國際土壤管理技術對土壤碳匯影響（第二章），與節能減碳的微生物應用與開發（第三章）。接著第二部分介紹臺灣水田低碳耕作管理技術（第四章）、利用現有土壤資料庫評估臺灣農地土壤碳匯分布地圖（第五章），與旱作低碳耕作管理技術（第六章）。最後第三部分介紹農業剩餘資材再利用及其減碳效益（第七章）、臺灣農地土壤碳匯增加潛力與面臨的問題（第八章）、農業生態系服務價值與綠色環境給付（第九章），與生物質的負碳技術發展（第十章）。

本書內容經四位負責作者的編輯與修改，難免有疏漏之處，敬請各位學者、專

家及讀者不吝提供寶貴修正意見，作為臺灣農企業與農民能在因應氣候變遷下，對未來執行與推動農業淨零計畫之修正，並作為臺灣農業淨零計畫之產業因應與政策推動之重要科學參考資料。

陳尊賢 謹誌

1. 陳尊賢

學歷：國立臺灣大學農業化學系農學博士

現職：國立臺灣大學農業化學系名譽教授、台灣水資源與農業研究院顧問、中華氣候變
遷暨農業發展學會理事長

經歷：國立臺灣大學農業化學系教授、特聘教授、系主任與所長、國立臺灣大學生農學
院副院長、台灣水資源與農業研究院副院長、國際組織亞太地區糧食肥料技術中
心土壤肥料專家 20 年。國際組織東亞及東南亞土壤科學會聯盟（ESAFS）會長、
國際組織亞洲與太平洋地區土壤與地下水污染整治工作小組主席中華民國環境分
析學會理事長、台灣農業化學學會理事長、台灣土壤及地下水環境保護協會理事
長、中華土壤肥料學會理事長。環保署土壤及地下水污染整治法小組委員會召集
人、環保署土壤及地下水污染整治基金管理會委員 13 年、環保署環境品質諮詢委
員會委員、環境影響評估委員會委員 4 年（第 9-10 屆）、環境檢驗所環境檢驗機
構技術評鑑委員會委員 27 年、環境保護人員訓練所講師

獎勵：國立臺灣大學教學傑出獎與社會服務傑出獎、ESAFS Award、國際同濟會臺灣總
會第 31 屆全國十大傑出農業專家獎、農業委員會農業優秀人員獎、環境保護署環
境保護學術一等專業獎章、台灣土壤與地下水環境保護協會卓越貢獻金質獎章、
中華民國環境分析學會學會金質獎章、教育部任職滿 40 年特等服務獎章

專長：土壤學、土壤調查與分類、土壤形態與化育作用、土壤污染調查與整治、土壤品
質評估、土壤碳匯

2. 潘述元

學歷：國立臺灣大學環境工程學碩士、博士

現職：國立臺灣大學生物環境系統工程學系副教授

經歷：清華大學能源與環境研究中心博士後研究員、美國勞倫斯柏克萊國家實驗室
　　　能源技術部門博士後研究員

專長：永續循環農業、廢棄物資源化、再生水、農業碳中和、農業與環境

3. 羅朝村

學歷：美國康乃爾大學植物病理學系博士

現職：國立虎尾科技大學生物科技系教授兼文理學院院長、中華永續農業協會理事
　　　長、台灣農民陣線推廣協會理事長

經歷：農委會農業試驗所研究員；國立虎尾科技大學生物科技系副教授、研究發展
　　　處企劃與國際合作組組長、生技與農產品檢驗服務中心主任、生物科技系系
　　　主任、研究發展處研發長、產學合作及服務處處長

專長：農產品生產與技術的開發、植物保護生物製劑的研發與生產、生物防治等

4. 郭鴻裕

學歷：國立中興大學土壤環境科學系碩士、荷蘭國際航天調查與地球科學研究院（International Institute For Aerospace Survey And Earth Science, ITC, Netherland）國際訓練班畢業證書（1996 年 8 月至 1997 年 7 月）

現職：行政院農委會政策諮詢委員、台灣水資源與農業研究院顧問、氣候變遷與淨零排放辦公室諮詢委員

經歷：行政院農委會農業試驗所農業化學組助理研究員、副研究員、研究員兼組長、Burkina Faso 土壤調查與技術服務。多次受邀出席亞太地區國際會議專題報告

專長：臺灣農地土壤調查專家、整合土壤與作物施肥管理系統、臺灣土壤資訊系統建立與應用專家、無人機與智慧農業之應用、水資源灌溉與管理、土壤液化、氣候變遷因應與作物調適、農業碳中和、農業資源循環再利用等

CONTENTS · 目次

CHAPTER 1

各國農業淨零減碳政策與措施

鄭又綺、潘述元[*]

國立臺灣大學生物資源暨農學院生物環境系統工程學系
[*]負責作者，Email: sypan@ntu.edu.tw

一、前言

為實現「2050 淨零碳排」目標，各國必須齊心積極為減碳做出貢獻，制定更具體且有效之政策，以高效降低全球碳排放量。首先，各國須深入分析各產業之碳排放結構，於部分農業出口大國（例如：美國、澳洲）農業部門之碳排放量尤其顯著，甚至超越工業製程及產品使用部門，因此實現農業淨零至關重要，減排潛力更是不容忽視。本章將研析各國之農業減碳政策，旨在了解各國減碳政策之具體內容、施行成效、階段性減量目標及相關推動成本。透過各國減碳政策之全面分析，國內外政策制定者可針對產業結構、技術現況、經濟條件等層面進行適當之地域性調整，提出適用各國之可行方案，進而有效促進全球農業部門之減排效果，推動農業轉型，實踐循環經濟，為實現全球氣候目標做出貢獻。

於溫室效應引起之極端氣候威脅下，各國除致力於制定碳排減量目標，更須積極制定調適（adaptation）方案、設立提升城市及國家韌性（resilience）之各類政策以及進行人為活動環境影響之緩解（mitigation）措施。調適措施旨在避免或降低極端氣候所致經濟或人身安全之負面影響，透過預先調整生活習慣、產業活動等方式，以因應極端氣候或預測之氣候變遷；而韌性係指社會、經濟、生態等系統能夠承受衝擊及復原之能力，因此各國須積極投入資源以提升國家之氣候韌性，避免未知環境衝擊造成災難性後果；而緩解政策則旨在控制人為活動對全球氣候造成之負面影響。可以上述三種措施概括各國面對氣候變遷之應對措施，並延伸出符合各國現況之特定政策。

二、研析農業減碳政策與管理措施架構

推動各類減排行動時，需配合技術研發與革新、減碳意識提升，以及自願性與強制性政策下之管理策略等公私部門之積極參與，以確保溫室氣體減排措施可順利且高效運行。然而，經濟因素往往與環境保護目標互相衝突，導致非強制性之氣候行動窒礙難行，使環保措施之推行及實踐愈發困難。因此，在計畫執行過程中，需要同時考慮成本問題，以發揮更好的政策執行效果。圖 1-1 彙整全球農業領域前 15

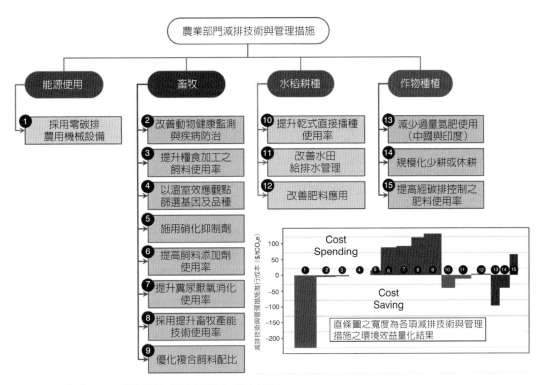

圖 1-1　農業部門減排技術與管理措施成本評估

項關鍵溫室氣體減排技術與管理策略，並列舉其各項措施於執行階段之成本，並輔以直條圖寬度作為各項措施之環境效益量化結果（Ahmed and Almeida, 2020）。

三、歐盟

　　根據歐盟於 2023 年提出之溫室氣體盤查報告顯示：2021 年歐盟總體溫室氣體排放量為 3,472 百萬公噸二氧化碳當量（Mt CO_2e），而其中農業部門占總體排放量之 10.9%，而各成員國因氣候條件、產業結構及經濟發展等環境、經濟、社會因素，成員國間對歐盟總體農業排放貢獻量自 0.02% 至 17.58% 不等，顯示歐盟成員國農業部門之排放量存在顯著差異。而上述排放量未考慮農業部門之能源排放，若將其計入農業活動之溫室氣體排放，農業部門總排放約多增加額外 72.09 Mt CO_2e，占歐盟整體溫室氣體排放量約 13%，係溫室氣體減排任務中關鍵角色（UNFCCC, 2023b）。農業活動相關之溫室氣體排放散落於多個類別中，而歐盟

成員國與歐盟每年均須向《聯合國氣候變遷綱要公約》（United Nations Framework Convention on Climate Change, UNFCCC）提交溫室氣體盤查報告。歐盟環境署（European Environment Agency）於 2021 年提出「農業氣候減緩政策與措施」（Agricultural climate mitigation policies and measures），並持續通過「共同農業政策」（Common Agricultural Policy，簡稱 CAP）實施溫室氣體排放減緩及農業生產效率提升政策，其減少之排放量卻與增加產量所致之排放量互相抵消，導致農業部門之減排成效不彰。上述溫室氣體排放減緩政策包含：減少氮肥使用量、增加土壤碳儲存量、改善畜禽糞尿管理、推廣有機農業等，除透過上述措施降低溫室氣體排放外，亦須同步考慮食品進口導致之碳洩漏（carbon leakage）風險。

歐盟近年持續提出多項農業溫室氣體排放減量措施及減排目標，包含：「綠色新政」（Green Deal）、「從農場到餐桌」（Farm to Fork）、修改版「共同農業政策」計畫、「碳農業倡議」（Carbon Farming Initiatives）、「循環經濟行動計畫」（Circular Economy Action Plan）及「Fit-for-55」綠色經濟方案等，均致力於透過減少施用化學肥料、增加養分循環使用、消費者生活型態轉變、增加農業場域碳吸存等措施，以推動溫室氣體排放減量，並限制森林砍伐。此外，相關單位也積極舉辦各項培訓及諮詢服務，使氣候行動之實踐可擴及農戶，並鼓勵青年農民回流農村從事農業活動，以確保農村未來數位基礎設施之使用率。

歐洲環境政策機構（Institute for European Environmental Policy, IEEP）於 2019 年提出《如何於 2050 年邁向淨零農業》（*Net-zero agriculture in 2050: How to get there*）之研究，並透過「2050 碳排路徑工具透明化倡議」（Carbon Transparency Initiative 2050 Roadmap Tool, CTI 2050）提出四大情境下農業部門溫室氣體排放之模擬工具，以了解農業部門於不同情境下排放情形（如圖 1-2 所示），以下說明四大情境設定：

1. 情境一／在無重大土地利用變化之情境下，提高生產效率及碳吸存量。提高生產效率往往是農業部門面臨氣候變遷調適政策之首要措施，於此情境下，大部分剩餘土地被用作臨時草地，僅有少部分土地利用轉變為森林及永久草地，對於土壤碳儲量有一定之碳匯效益。

2. 情境二／在無重大土地利用變化之情境下，改變生產模式及碳吸存量。將

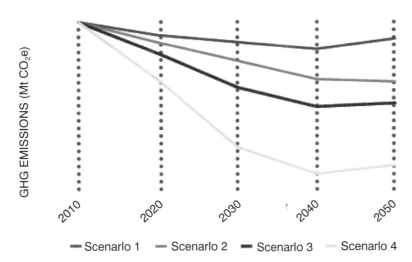

圖 1-2　歐盟農業部門四種淨零排放潛力情境評估

資料來源：IEEP, 2019

　　生產模式轉變為碳密度較低之產品可大幅降低農業部門之非二氧化碳排放，從而降低農業活動對於氣候變遷之影響。同時，需避免進口高碳密度產品，以避免歐盟陷入碳洩漏風險。

3. 情境三／在無重大土地利用變化之情境下，結合情境一及情境二，提高生產效率、改變生產模式並增加碳吸存量。同時透過提高生產效率並改變生產模式，預計可於 2050 年將農業部門之排放量降低 50%，並同時保持農業土地面積，以確保土壤可保有穩定碳儲量。

4. 情境四／在土地利用重大變化之情境下，提高生產效率、改變生產模式並增加碳吸存量。此情境模擬透過集中生產提高生產效率並改變生產模式，同時將額外農地面積轉換為林地，以估算此情境下溫室氣體減排及增加碳吸存之潛力。

四、英國

　　根據英國於 2023 年向 UNFCCC 提交之溫室氣體盤查報告顯示：2021 年英國國家溫室氣體淨排放量約 430.7 Mt CO_2e（包含 LULUCF），而農業部門之排放量約占 10%，僅次於能源部門位居排放第二大部門，其中農業部門之甲烷及氧化亞

氮排放占農業總排放量之 65.1% 及 31.6%，僅小部分二氧化碳排放（3.3%）至環境中。相較 1990 年排放等級已降低 15%，主要歸功於動物飼養量下降及化學肥料使用量之減少。而上述農業部門溫室氣體排放並未涵蓋能源排放，農業活動造成之能源排放約 5.9 Mt CO₂e，故農業活動產生之溫室總排放約占國家總排放量之 11.4%，顯示農業活動尚有減排措施發展空間。於農業部門中排放量最高之氣體種類為甲烷，2020 年之甲烷排放量約 27.7 Mt CO₂e，主要排放源為牛隻腸胃發酵，其次則為其他牲畜之腸胃發酵及糞尿管理（UNFCCC, 2023c）。

　　英國政府為有效減緩溫室氣體排放，於 2020 年提交《英國土地利用淨零政策》至英國氣候變遷委員會（Climate Change Committee, CCC），內容針對農業及土地利用提出多項減排措施，包含：肥料使用管理、低碳農耕、糞尿管理厭氧消化技術沼氣生產能源化、低碳畜牧模式、低排放飼料研發、能源作物種植、混農林業發展、生活型態及飲食改變等，期望透過減少高碳密度產品之消費並降低廚餘產生量，以實現減少食物生產過程所產生之溫室氣體排放。同時量化評估各項減排措施之溫室氣體減量效益；而林業發展係邁向淨零排放之關鍵措施，故透過混農林業、土地利用轉變等方式增加土地負碳潛力，方能有機會達成國家淨零目標，如圖 1-3 所示。

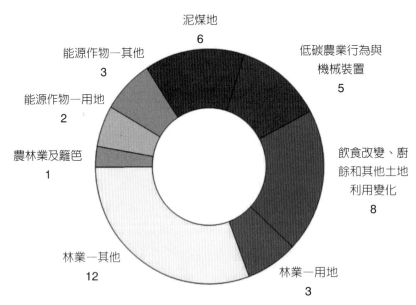

圖 1-3　減排措施於農業及土地利用可節省之溫室氣體排放量（單位：Mt CO₂e）
資料來源：CCC, 2020

　　爲確保 2050 年可順利達成淨零目標，英國主管機關以五年爲一期，針對農業、建築、國內運輸、燃料供應、工業及能源各部門規劃「碳預算」（carbon budget），以碳預算規範溫室氣體排放上限（cap），並依法定期公布碳預算，目前已規劃至 2037 年，且預計持續規劃至 2050 年止，其碳預算之執行單位及組成架構如圖 1-4 所示。爲確保碳預算機制之獨立性，《英國氣候變遷法》（Climate Change Act）特別設立氣候變遷委員會（CCC），集結專家學者、企業及公眾各單位之意見，向政府研提每期碳預算之額度建議，而各項碳預算之配額可根據各部門之排放量進行交易，以通力達成國家總碳預算目標值。

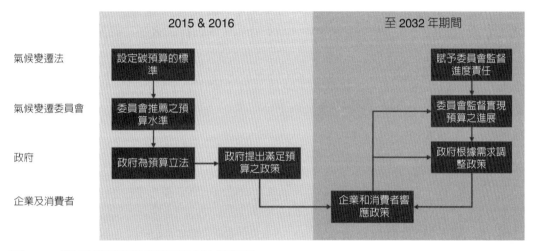

圖 1-4　英國制訂和滿足碳預算之流程規劃
資料來源：CCC, 2015

　　英國第四期（2023-2027）、第五期（2028-2032）及第六期（2033-2037）分別制定之碳預算規劃將年排放量限制於 390、350 及 193 Mt CO_2e 以下，根據各項措施發展逐漸成熟，也逐漸加強其碳排減量力度。於農業部門中擬透過精準飼餵模式、低排放飼料、利用機械擠乳增加擠乳頻率、多用途牲畜品種養殖、改善病蟲害防治系統、提升農機具能源使用效率等方式降低每期溫室氣體排放上限。英國也跟隨《巴黎協定》（Paris Agreement）之排放路徑，承諾於 2030 年實現 68% 之減排量（以 1990 年作爲基準年）。

五、美國

　　根據美國環境保護署提交至 UNFCCC 之國家溫室氣體盤查報告：2021 年國家溫室氣體總排放量約為 6,340 Mt CO$_2$e，農業部門之碳排放量約 598.1 Mt CO$_2$e，占國家總排放之 9.4%，主要由甲烷及氧化亞氮排放組成，分別占農業排放之 46.5% 及 52.1%。甲烷排放之最主要排放源為腸胃發酵，其次依序為糞尿管理及水稻種植；而氧化亞氮排放之最大排放源為土壤管理，其次為畜禽腸胃發酵、糞尿管理、水稻種植等。另一部分，LULUCF 部門於 2021 年實現碳匯量 832 Mt CO$_2$e，而淨二氧化碳移除量約 754.2 Mt CO$_2$e，並以林地為最主要之碳移除源。

　　依據美國農業部（U.S. Department of Agriculture, USDA）之預測，於當前政策及執行策略推行下，預期於 2060 年可實現農業部門淨零排放，達成排放及移除量平衡。美國私人基金會——沃爾頓家族基金會（Walton Family Foundation）評估農耕與畜牧養殖模式改變、消費型態轉變及土地利用變化等三大領域之變化，而三大類別下又分為 24 項措施。

表 1-1　美國改變種植和養殖、消費食物以及土地使用方式的 24 項措施

改變	行動方案	措施
農業耕作及畜牧業養殖的改變	採用永續土壤管理	• 覆蓋作物 • 減少／免耕作 • 肥料施用量的變化 • 施肥時機的變化 • 精準施肥 • 肥料類型變化（無水尿素） • 集約化放牧 • 豆科作物輪作 • 森林牧場 • 田籬間作 • 防風林 • 生物炭應用 • 水稻種植和水管理措施
	改善糞便管理	• 厭氧消化槽 • 改進儲存和處理

改變	行動方案	措施
	減少畜牧業產生的甲烷	• 減少牲畜甲烷排放的技術 • 牲畜的選擇性育種（低排放）
	減少化石燃料使用	• 零排放農業機械和設備
消費型態轉變	飲食改變	• 注重溫室氣體意識飲食
	減少浪費	• 減少零售和消費者層面的食物浪費
土地利用的改變	增加碳匯潛力	• 造林 • 改善森林管理 • 避免草原流失 • 保護泥煤地與溼地

資料來源：Walton Family Foundation, 2022

　　上述農耕與畜牧、消費型態及土地利用三大類別之運行變化對於溫室氣體排放減緩及碳吸存效益之影響程度不盡相同，圖 1-5 顯示於 2050 年以上變化對於減排量之影響，若積極配合農耕及畜牧模式抑或消費型態改變，可分別減少約 258 Mt CO_2e（40% 之農業排放量）、110 Mt CO_2e（17% 之農業排放量），積極及保守情境下之溫室氣體減排量分別為 57% 及 10%，顯示積極與保守作為間減排成效存在顯著差異，故各國均須積極從事相關氣候行動。

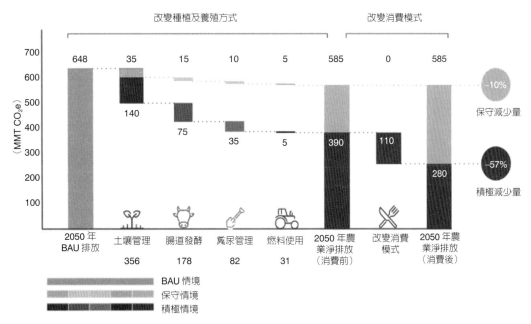

圖 1-5　2050 年種植及養殖、飲食及消費模式改變的潛在影響

資料來源：Walton Family Foundation, 2022

綜合以上，24 項措施中農業部門之溫室氣體減量措施包含：精準施肥、水稻種植及水資源管理、厭氧消化技術引進、低碳農耕及畜牧養殖模式、減少化石燃料使用等；消費型態之改變主要倚靠氣候意識抬頭並減少食物浪費等方式達成；而土地利用變更旨在增加碳匯潛力，透過造林、森林管理、避免草原消失及保護泥炭地與溼地等方式保護高碳匯密度之土地利用形式。

六、澳洲

根據澳洲政府提交至 UNFCCC 之國家溫室氣體盤查報告，2020 年之國家溫室氣體總排放量約 528.7 Mt CO_2e（不包含 LULUCF），其中農業部門之排放量約為 78.3 Mt CO_2e，占國家總排放量之 15%，相較 1989 年農業部門之排放等級已降低 15%，但仍是國家第二大排放部門，顯示澳洲農業部門之減排措施尚有發展潛力。農業部門為甲烷排放之最大排放部門，而主要源自畜禽腸胃發酵之排放；農業部門亦是氧化亞氮排放量最大來源，占國家氧化亞氮總排放量之 76%，主要肇因於農業土壤中微生物及化學轉換之排放（UNFCCC, 2023a）。鑑於澳洲農業部門減排措施未來發展潛力，公私部門各單位均積極成立非營利機構，同時制定多項階段性預期達成目標，例如：於 2030 年前於畜牧產業實現碳中和（Carbon Neutral by 2030, CN30），豬隻肉品產業則計畫於 2025 年前實現低碳或碳中和生產，攜手為 2040 年農業淨零排放目標努力（Australian Government Department of Agriculture and Water Resources, 2020）。

因澳洲幅員廣大，各州之氣候條件及產業發展情況也不盡相同，故澳洲聯邦政府及州政府均分別提出最適合之農業部門減排政策及相關計畫（如表 1-2 及表 1-3 所示）。澳洲聯邦政府為確保減量目標值可順利達成，便提出澳洲專用之碳權交易單位（Australian Carbon Credit Units，簡稱 ACCUs），用以代表排放一噸二氧化碳當量之權利，使農戶、企業及公眾均能積極參與其中，透過執行溫室氣體減量或碳捕捉及封存專案計畫，獲取碳權並作為商品向外銷售至政府、企業或其他私人單位（Australian Government Clean Energy Regulator, 2023a）。透過此項措施執行，便能有效將溫室氣體排放之減量責任加諸生產者或企業，提醒其獲取生產商品之餘，

也須同時考慮其商業活動對於環境之負面影響。截至 2023 年 10 月，已成功發行 229 萬 ACCUs，政府也利用相關資金援助國家自然資源管理（National Resources Management，簡稱 NRM）計畫，已持續緩解氣候變遷對自然資源所致之不利影響（Australian Government Clean Energy Regulator, 2023b）。然而，於政策性架構下，仍需有具體之執行措施支持，例如：韌性氣候及調適策略、礁岩生態系 2050 長期永續計畫及國家乾旱氣候協定等措施均可有效減緩氣候變遷對於自然資源之破壞；同時，也需要配合植樹計畫、低碳飼養技術研發等具體減碳作為，方能有效達成國家訂定之氣候目標（Ngo, 2023）。

除聯邦政府積極為國家溫室氣體減量付諸努力外，各州政府也根據自身條件訂定不同地方概念性目標之減排及氣候變遷調適政策。表 1-3 彙整澳洲各州政府頒布之減排政策，並設定各項政策施行之階段性目標。各州之減排及調適政策包含多項共通性，例如：提升公眾固碳及氣候變遷意識、提高農業氣候韌性、農業永續發展等（Ngo, 2023）。然而亦可發掘無論地區甚至國家，減量政策均倡導再生能源使用、節能技術研發、生態自然資源保護等概念，期望於減碳政策施行期間，亦能同時保護農業及生態環境，實現永續農業發展。

表 1-2　澳洲聯邦政府減排相關政策

	延伸計畫與計畫目標	首次提出年分	預期執行年限	Ref.
初步行動計畫及執行法案				
農業活動減排倡議（Carbon Farming Initiative Act，簡稱 CFI）	• 履行《氣候變遷公約》、《京都議定書》義務 • 保護自然生態與環境 • 提升國家氣候韌性 • 提高碳儲存量並減少溫室氣體排放	2011	2011-2014	Australian Government DCCEEW, 2011
農業活動未來減碳行動計畫（Carbon Farming Futures，簡稱 CFF）	• 開發新興減排技術與管理策略 • 鼓勵土地永續利用、碳排減量及產業調適 • 確保清潔能源之發展 • 將新興減排與土地管理技術實踐於農地	2011	2012-2017	Impacts of climate on the Australian vegetable industry, 2023

	延伸計畫與計畫目標	首次提出年分	預期執行年限	Ref.
氣候變遷行動法案（Climate Change Act）	• 採取面對氣候變遷最有效之因應措施 • 訂定澳洲溫室氣體之減量目標	2022	—	Australian Government DCCEEW, 2023b
執行政策與策略				
氣候韌性及調適策略（National Climate Resilience & Adaptation Strategy）	• 與政府、企業、大眾合作，鼓勵投資與行動計畫 • 氣候資料與服務更新 • 評估調適策略之進展並制定滾動性改善方案	2015/2021	—（新版預計於 2021-2025執行）	Australian Government DCCEEW, 2015, 2021
礁岩生態系長期永續計畫（Reef 2050 Long-term Sustainability Plan）	• 降低氣候變遷對礁岩生態之影響 • 與業界、研究人員、土地管理者等單位進行合作與推廣 • 提升大堡礁之氣候韌性	—	—	Australian Government DCCEEW, 2021
國家乾旱氣候協定（National Drought Agreement）	• 建立管理框架以確立面臨乾旱氣候之防備措施、因應及恢復策略 • 確保乾旱氣候之政策與改革方案 • 乾旱氣候相關措施間之互補性 • 提升農業對乾旱氣候之韌性 • 提供政策制定者、業界與民眾取得乾旱氣候相關資訊之橋梁	2018	—	Australian Governments DAFF, 2018
執行計畫				
碳排減量基金（Emissions Reduction Fund）2023 年改名為碳權交易計畫（ACCUs Scheme）	**延伸計畫** • 農業活動減排倡議（Carbon Farming Initiative, 2014-2017）	2011	—	Australian Government Clean Energy Regulator, 2023a
國家土地保護計畫（National Landcare Program，簡稱 NLP）	**延伸計畫** • 區域性自然資源管理計畫（Regional NRM Planning for Climate Change Fund, 2014） • 植樹計畫（20 million trees, 2014）	2014	—	Australian Government DCCEEW, 2022a

	延伸計畫與計畫目標	首次提出年分	預期執行年限	Ref.
	• 未來農業活動減排計畫（Carbon Farming Futures, 2012-2017） • 區域性土地夥伴關係締結計畫（Regional Land Partnerships, 2018-2023）			
國家土壤碳吸存挑戰（National Soil Carbon Innovation Challenge，簡稱 NSCIC）	• 鼓勵產業及研究人員發展低成本、高準確性之土壤有機碳測量方式	－	－	Australian Government DCCEEW, 2023c
畜牧業甲烷減排計畫（Methane Emissions Reduction in Livestock，簡稱 MERiL）	• 低碳排飼養技術研究（low emissions livestock feed technologies）（抑制動物消化系統約 80% 之甲烷產生） • 發展減碳之飼料運輸技術 • 低碳排飼養技術規模化運作	2021	－	Australian Government, 2022; Australian Government DCCEEW, 2023d
農業活動減排推廣計畫（Carbon Farming Outreach Program）	• 提供培訓與諮詢，鼓勵農民及土地管理者實際參與碳儲存與減碳行動	－	2022-2026	Australian Government DCCEEW, 2023a
清潔能源金融公司（Clean Energy Finance Corporation，簡稱 CEFC）	• 澳洲政府國有之綠色銀行 • 鼓勵綠色能源技術之投資	2012	－	CEFC, 2023
再生能源目標計畫（Renewable Energy Target Scheme）	• 降低能源部門之碳排放量 • 頒布再生能源證書提供經濟誘因，以鼓勵小型及規模化之再生能源發電系統	2000	－	Australian Government DCCEEW, 2022b

表 1-3　澳洲各行政區頒布之減碳相關政策

澳洲各行政區	碳排減量計畫與政策	調適策略	施行階段性減碳目標
新南威爾斯（NSW）	• 初級（第一級）產業計畫與研究 • 新南威爾斯碳排減量革新技術中心創建 • 初級（第一級）產業生產力優化與碳排減量計畫研究（2020-2030）（Primary Industries Productivity and Abatement Program） • 永續農業計畫 • 新南威爾斯氣候變遷基金 • 土壤碳吸存研究計畫	一	• 2030 前，碳排減量 50% • 2035 前，碳排減量 70% • 2050 前，實現淨零碳排
昆士蘭（QLD）	• 土地資源復原基金（Land Restoration Fund）	• 昆士蘭高準確性氣候變遷預測 • 乾旱及氣候調適計畫（The Drought and Climate Adaptation Program）（2017-2022） • 昆士蘭氣候科學研究計畫 • 礁岩生態長期永續計畫	• 2030 前，碳排減量 30% • 2050 前，實現淨零碳排
維多利亞（VIC）	• 維多利亞州政府氣候變遷因應策略 • 農業部門減碳公約（2021-2025） • 維多利亞農業減碳計畫	初級產業生產調適行動計畫（Primary Production Adaptation Action Plan）	• 2025 前，碳排減量 28-30% • 2030 前，碳排減量 45-50% • 2035 前，碳排減量 75-80% • 2050 前，實現淨零碳排

澳洲各行政區	碳排減量計畫與政策	調適策略	施行階段性減碳目標
南澳（SA）	• 南澳政府氣候變遷行動計畫	• 南澳研究發展協會氣候應用科學研究計畫（SARDI Climate Application Science Program）	• 2030 前，碳排減量50% • 2050 前，實現淨零碳排
塔斯馬尼亞（TAS）	• 塔斯馬尼亞氣候變遷行動計畫（2023-2025） • 土地保護行動補助計畫	• 區域抗旱能力提升計畫 • 農業韌性提升計畫	• 2015 年起，已實現淨零碳排
西澳（WA）	• 農業固碳意識提升（Carbon Farming Information） • 澳洲生物質之生質能評估（Australian Biomass for Bioenergy Assessment） • 農業固碳之研究與實務鏈結（Closing the Research Gap-Carbon Farming）	• 氣候變遷意識提升（Climate Change Information）	• 2030 前，碳排減量80%（Base Year: 2020） • 2050 前，實現淨零碳排
首都特區（ACT）	• 首都特區氣候變遷政策	• 韌性農業：氣候及市場變化調適（Resilient Farms: Supporting Adaptation to Climate and Market Variability） • 首都特區自然資源管理組織：永續農業計畫	• 2025 前，碳排減量50-60%（Base Year: 1990） • 2050 前，實現淨零碳排
NT	—	—	—

七、韓國

　　韓國政府近年積極推廣沼氣生產及再利用技術，「2050 碳中和政策」（2050 Carbon Neutral Strategy）及《沼氣法》（Biogas Act）均致力於透過厭氧消化技術將有機廢棄物轉化為再生能源，並於廢棄物處理過程中避免能源及非二氧化碳溫室氣體之使用，其中《沼氣法》中提及根據有機廢棄物產生量，分配沼氣能源生產需求，為厭氧消化及沼氣利用設施提供經濟支持，並設立食物廢棄物、污水污泥、畜禽糞尿等有機生物質之共消化技術示範場域；2020 年之《資源循環基本法》（Framework Act on Resource Circulation）更提及將於 2027 年正式禁止直接掩埋作業，並推廣沼氣生產作為有機廢棄物之標準處理程序。

八、西班牙

　　西班牙政府也於 2022 年發布「沼氣路徑規劃」（Soluciones Integrales de Combustión 2022），推廣生質沼氣之生產及再利用，政府也發起專案計畫輔導，以協助城市復甦、轉型，同時提升韌性。該計畫也規劃於 2030 年將生質能之產出量能提升，預計提升 3.8 倍至總發電度數 10.4 TWh；而其規劃有機廢棄物種類多元，包含農業、食品產業、民生工業、污泥等多項廢棄物，同步推行工業製程中電能與熱能取代及運輸系統中生質燃料之使用，預估每年可降低 2.1 萬噸之二氧化碳當量排放。生質燃料於運輸系統中之使用也有助於達成「2021-2030 年國家整合式能源和氣候計畫」（PNIEC）設定之目標：於 2030 年實現 28% 之再生能源使用率。

九、致謝

　　感謝我國農業部「農業部門淨零排放策略精進與整合路徑規劃」（計畫編號：112 農科 -14.4.2- 氣 -n4）經費支持，本章內容為此計畫部分成果。

參考文獻

Ahmed, J., and Almeida, E. (2020). Agriculture and climate change. https://www.mckinsey.com/~/media/mckinsey/industries/agriculture/our%20insights/reducing%20agriculture%20emissions%20through%20improved%20farming%20practices/agriculture-and-climate-change.pdf

UNFCCC. (2023b). European Union. 2023 National Inventory Report (NIR). https://unfccc.int/documents/627851

IEEP. (2019). Net-Zero Agriculture in 2050: How To Get There. https://ieep.eu/wp-content/uploads/2022/12/IEEP_NZ2050_Agriculture_report_screen.pdf

UNFCCC. (2023c). United Kingdom. 2023 National Inventory Report (NIR). https://unfccc.int/documents/627789

Committee on Climate Change. (2020). Land use: Policies for a Net Zero UK.

Committee on Climate Change. (2015). The Fifth Carbon Budget: The Next Step towards a Low-Carbon Economy.

Walton Family Foundation. (2022). US Agriculture and the Net-Zero Challenge. https://www.waltonfamilyfoundation.org/u-s-agriculture-and-the-net-zero-challenge

UNFCCC. (2023a). Australia. 2021 National Inventory Report (NIR). https://unfccc.int/documents/273478

Australian Government Department of Agriculture and Water Resources. (2020). *Low Carbon Emission Roadmap for the Australian Pork Industry*. https://australianpork.com.au/sites/default/files/2021-12/Pig%20Industry%20Low%20Emission%20Roadmap%20final%20report.pdf

Australian Government Clean Energy Regulator. (2023a). *About the ACCU Scheme*. https://www.cleanenergyregulator.gov.au/ERF/About-the-Emissions-Reduction-Fund

Australian Government Clean Energy Regulator. (2023b). Emissions Reduction Fund for Agriculture. https://www.cleanenergyregulator.gov.au/maps/Pages/erf-projects/index.html#

Ngo, H. H. (2023). AGRICULTURAL NET-ZERO EMISSION POLICIES AND PRACTICES: THE AUSTRALIAN EXPERIENCE. 2023 International Symposium on Agricultural Net-Zero Carbon Technology and Management Innovation.

Australian Government DCCEEW. (2011). Carbon Credits (Carbon Farming Initiative) Act 2011. Retrieved from https://www.legislation.gov.au/Details/C2011A00101

Impacts of climate on the Australian vegetable industry. (2023). *Carbon Farming Futures*. https://www.vegetableclimate.com/carbon-farming-futures/

Australian Government DCCEEW. (2023b). *Climate Change Act 2022*. Retrieved from https://www.legislation.gov.au/Details/C2023C00092

Australian Government DCCEEW. (2015). *National Climate Resilience and Adaptation Strategy*. Retrieved from https://www.dcceew.gov.au/sites/default/files/documents/2015-national-climate-resilience-and-adaptation-strategy.pdf

Australian Government DCCEEW. (2021). *National Climate Resilience and Adaptation Strategy 2021-2025*. https://www.agriculture.gov.au/sites/default/files/documents/national-climate-resilience-and-adaptation-strategy.pdf

Australian Governments DAFF. (2018). *National Drought Agreement*. Retrieved from https://www.agriculture.gov.au/agriculture-land/farm-food-drought/drought/drought-policy/national-drought-agreement#daff-page-main

Australian Government DCCEEW. (2022a). National Landcare Program. https://www.dcceew.gov.au/environment/land/landcare

Australian Government DCCEEW. (2023c). *National Soil Carbon Innovation Challenge (NSCIC): Round 2 grant guidelines now available*. https://www.dcceew.gov.au/about/news/nscic-round-2-grant-guidelines-available

Australian Government. (2022). *Joint media release: Methane Emissions Reduction in Livestock (MERiL) Program*. https://minister.agriculture.gov.au/watt/media-releases/joint-media-release-methane-emissions-reduction-livestock-meril-program

Australian Government DCCEEW. (2023d). *Reducing methane from livestock*. https://www.dcceew.gov.au/climate-change/emissions-reduction/agricultural-land-sectors/livestock

Australian Government DCCEEW. (2023a). Carbon Farming Outreach Program grant guidelines available. https://www.dcceew.gov.au/about/news/carbon-farming-outreach-program-grant-guidelines-available

CEFC. (2023). Investing for net zero: CEFC Annual Report 2022-23. https://www.cefc.com.au/

Australian Government DCCEEW. (2022b). *Renewable Energy Target scheme*. https://www.dcceew.gov.au/energy/renewable/target-scheme

Soluciones Integrales de Combustión. (2022). *The Spanish Government approves the Biogas Roadmap to promote its production and use*. Soluciones Integrales de Combustión. https://solucionesdecombustion.com/en/biogas-roadmap-soluciones-integrales-de-combustion/

CHAPTER 2

國際土壤管理技術對土壤碳匯影響

張必輝[*]、陳逸庭[*]、簡靖芳[*]、游慧娟[*]、許正一[§]、陳尊賢[*§#]

[*]財團法人台灣水資源與農業研究院
[§]國立臺灣大學農業化學系
[#]負責作者，soilchen@ntu.edu.tw

一、彙整 25 個國家近 80 篇發表論文土壤碳匯之土壤管理技術

二、選擇 30 篇國際高引用論文逐句或重點翻譯成中文，並彙整可增加土壤碳匯管理技術

三、結論

四、致謝

一、彙整 25 個國家近 80 篇發表論文土壤碳匯之土壤管理技術

（一）蒐集國內外近 80 篇土壤碳匯技術研究文獻

為了了解哪些土壤管理技術可增加土壤碳匯速率，最快方式為彙整世界各國的試驗情形與結果。內容涵蓋美國、法國、英國、俄羅斯、中國、澳大利亞、南韓、印度、印尼、比利時、加拿大、奈及利亞等 25 個以上的國家的試驗成果（Minasny *et al.*, 2017）。經彙整與比較後，可歸納成 12 種可增加土壤碳匯之土壤永續管理與耕作制度，其中以新植造林的土壤碳匯速率最高，於印尼土壤深度 0-10 公分試驗 10 年期間測得之平均速率為 1.12 噸碳／公頃／年，其他 11 種土壤永續管理與耕作制度的土壤碳匯速率則介於 0.1-0.99 噸碳／公頃／年，變異值差異大（台灣水資源與農業研究院，2022）。

1. 添加有機物或施用堆肥（0.3-0.6 噸／公頃／年）

添加有機質肥料或堆肥是農地耕作最為常見的土壤管理方法之一，其主要功能為提供養分、回復土壤肥力，促進作物生長、開花與結果。藉由國外研究文獻彙整出以下不同種類的肥料添加對土壤碳累積影響，可觀察出有機物添加於中國農地土壤，在深度 0-20 公分試驗 25 年期間，測得碳吸存速率為 0.54-0.89 噸／公頃／年、平均碳儲量範圍為 24.4 噸／公頃。印度農地使用綠肥添加，在土壤深度 0-60 公分試驗 19 年間，測得碳吸存速率為 0.82 公噸／公頃／年、平均碳儲量範圍為 34.4-60.4 噸／公頃。

觀察堆肥添加於南韓水稻田，在土壤深度 0-30 公分 42 年試驗期間，測得碳吸存速率為 0.24-0.39 噸／公頃／年、平均碳儲量為 40.5 噸／公頃；添加於臺灣農地，在深度 0-15 公分試驗 20 年間，測得碳吸存速率為 0.4-1 噸／公頃／年、平均碳儲量為 36 噸／公頃；添加於印度農地，在深度 0-20 公分試驗 36 年間，測得碳吸存速率為 0.41 噸／公頃／年、平均碳儲量為 31.3 噸／公頃。

觀察糞肥添加於比利時農地，在土壤深度 0-25 公分試驗 20 年期間，測得碳吸存速率為 0.45±0.14 噸／公頃／年，平均碳儲量為 50 噸／公頃；添加於奈及利亞

農地,試驗 50 年間,在表土測得碳吸存速率爲 0.45±0.14 噸／公頃／年、平均碳儲量爲 50 噸／公頃;添加於印度農地,在深度 0-60 公分試驗 6-32 年間,測得碳吸存速率爲 0.33-0.99 噸／公頃／年、平均碳儲量範圍爲 13.3-62.8 噸／公頃。有關各國添加有機物或施用堆肥之土壤管理技術統整資料清單如表 2-1(Minasny *et al.*, 2017)。

表 2-1　各國添加有機物或施用堆肥之土壤管理技術

土壤管理技術	國家	測量土壤深度（cm）	碳吸存速率（Mg C/ha/yr）	平均碳儲量（Mg C/ha）	試驗期間（year）	文獻來源
有機物添加	中國	耕犁層 旱田 0-20 cm 水稻田 0-15 cm	0.62	24.4	6-25 （平均14.4年）	Wang *et al.*, 2010
有機物添加	中國	耕犁層	0.54	24.4	3-25	Jin *et al.*, 2008
有機物添加混和無機肥	中國	耕犁層 旱田 0-20 cm 水稻田 0-15 cm	0.62 0.69 0.89	24.4	3-25	Jin *et al.*, 2008 Zhu *et al.*, 2015 Wang *et al.*, 2010
堆肥添加	南韓	水稻田 0-30 cm	0.24	40.5	42	Lee *et al.*, 2013
堆肥添加混和無機肥	南韓	水稻田 0-30 cm	0.39	40.5	42	Lee *et al.*, 2013
堆肥添加	臺灣	0-15 cm	0.46-1.00	36	13-20	Wei *et al.*, 2015a, b
堆肥添加混和無機肥	臺灣	0-15 cm	0.40-0.80	37.4	20	Wei *et al.*, 2015a, b
糞肥添加	比利時	0-25 cm	0.45±0.14	50	20	Buysse *et al.*, 2013
糞肥添加／作物殘渣	奈及利亞	表土	0.10-0.30	33.4	50	FAO, 2004
水稻—水稻添加化肥	印度	0-20 cm	0.23	31.3	36	Mandal *et al.*, 2008
水稻—水稻添加化肥和堆肥	印度	0-20 cm	0.41	31.3	36	Mandal *et al.*, 2008

土壤管理技術	國家	測量土壤深度（cm）	碳吸存速率（Mg C/ha/yr）	平均碳儲量（Mg C/ha）	試驗期間（year）	文獻來源
水稻一小麥添加化肥	印度	0-60 cm	0.66	34.4	19	Majumder et al., 2008
水稻一小麥添加化肥和糞肥	印度	0-60 cm	0.99	34.4	19	Majumder et al., 2008
水稻一小麥添加化肥和作物殘渣	印度	0-60 cm	0.89	34.4	19	Majumder et al., 2008
水稻一小麥添加化肥和綠肥	印度	0-60	0.82	34.4	19	Majumder et al., 2008
無機肥	印度	0-15	0.16	13.3	6-30	Pathak et al., 2011
無機肥添加糞肥	印度	0-15	0.33	13.3	6-32	Pathak et al., 2011

註：為利於國際期刊論文資料查證，使用原單位，並註解說明。Mg C/ha/yr 為噸 碳 / 公頃 / 年。

資料來源：Minasny et al., 2017

2. 作物殘體保留或回填土壤（0.3-0.5 噸 / 公頃 / 年）

多數農作物在採收有經濟價值部位（如：果實、花或葉子）後，會留下老葉、莖和根部等植栽殘體，處理殘體的方式分可為兩類：一、保留並回填至土壤，二、移除並運出農地。前者，將作物殘體翻犁至土壤中，可增加土壤有機質與肥力、改善土壤理化性質，促進下批作物生長，同時節省殘體移除與運送的成本。後者，移除運出農地則可作為農業剩餘資材再利用之原料。

經由文獻中蒐集五個國家作物殘體回填所得之碳吸存速率與平均碳儲量（表2-2），回填於奈及利亞（緯度：9.07，屬低緯度）農地，在土壤深度 0-15 公分試驗 18 年間，測得碳吸存速率為 0.24 噸 / 公頃 / 年、平均碳儲量為 20 噸 / 公頃；於 0-30 公分試驗 10 年間，測得平均碳儲量 28.2 噸 / 公頃。

表 2-2　各國作物殘體保留或回填土壤之土壤管理技術

土壤管理技術	國家	測量土壤深度（cm）	碳吸存速率（Mg C/ha/yr）	平均碳儲量（Mg C/ha）	試驗期間（year）	文獻來源
作物殘體保留	奈及利亞	0-15	0.24	20	18	Raji and Ogunwole，2006
作物殘體保留	奈及利亞	0-30	-	28.2	10	Anikwe, 2010
作物殘體保留	澳大利亞	0-10	0.147±0.059	18.3	4-40	Lam *et al*., 2013
稻梗回填混和無機肥	印尼	水稻田 0-15 cm	0.47	17.9	3	Sugiyanta，2015
稻梗回填混和無機肥	印尼	水稻田 0-15 cm	0.52±0.16	17.9	40	Minasny *et al*., 2012
稻梗回填混和無機肥	印度	0-60	-	61.7	19	Maji *et al*., 2010
稻梗回填	中國	耕犁層	0.57-0.60	27.6	3-25	Jin *et al*., 2008 Lu *et al*., 2009

資料來源：Minasny *et al*., 2017

　　將採收剩餘之稻梗回填於印尼（緯度：–6.2，屬低緯度）水稻田，在土壤深度 0-15 公分試驗 3 年期間，測得碳吸存速率為 0.47 噸 / 公頃 / 年、平均碳儲量為 17.9 噸 / 公頃；於試驗 40 年期間，測得碳吸存速率為 0.52±0.16 噸 / 公頃 / 年、平均碳儲量為 17.9 噸 / 公頃。

　　剩餘稻梗殘體回填於印度（緯度：28.6，屬低緯度）農地，在土壤深度 0-60 公分試驗 19 年間，測得平均碳儲量為 61.7 噸 / 公頃。而在中國（緯度：39.9，屬中緯度；該國緯度跨幅大，主要水稻產區以 39.9 以下為主），水稻田試驗 3-25 年間，於農地耕犁層測得碳吸存速率為 0.57-0.6 噸 / 公頃 / 年、平均碳儲量為 27.6 噸 / 公頃。臺灣地理緯度為 23.5，屬低緯度地區，借蒐整相近緯度區域之資料作為評估土壤管理技術之碳吸存率之差異，資料如表 2-2（Minasny *et al*., 2017）。

3. 輪作（0.2-0.5 噸 / 公頃 / 年）

　　農作物在生長過程中具養分吸收需求差異，長時間在同一塊土地上連續種植

相同作物時，田間的土壤養分逐漸不平衡，恐使新栽的幼株發育不良，亦會累積鹽分、病蟲危害等，稱作「連作障礙」，進而影響作物收穫量逐漸降低。為避免連作障礙發生，農民通常會透過輪流種植兩種或兩種以上的作物，來恢復土壤肥沃性、促使土壤養分與水分被均勻使用、減少病菌生長。

從文獻中蒐集六個國家輪作耕種制度所得碳吸存速率與平均碳儲量（表2-3），輪作制度用於澳大利亞農地，在土壤深度 0-15 公分試驗 4-42 年期間，測得碳吸存速率為 0.2±0.04 噸／公頃／年、平均碳儲量為 21.2 噸／公頃；在法國農地，土壤深度 0-30 公分試驗 20 年期間，測得碳吸存速率為 0.16±0.08 噸／公頃／年、平均碳儲量為 51.6 噸／公頃；在俄羅斯農地試驗 5 年期間，耕犁層測得碳吸存速率為 0.03±0.08 噸／公頃／年、平均碳儲量為 32.3 噸／公頃；在英格蘭農地，土壤深度 0-23 公分試驗 30 年期間，測得碳吸存速率為 0.2 噸／公頃／年、平均碳儲量為 80 噸／公頃；在美國農地，土壤深度 0-30 公分試驗 30 年期間，測得碳吸存速率為 0.5 噸／公頃／年、平均碳儲量為 78 噸／公頃。統整如表 2-3（Minasny *et al.*, 2017）。

4. 不耕犁（0.2-0.3 噸／公頃／年）

自古以來農民利用翻土器具、耕田牛隻，至現今的農耕機械，讓翻動田地、鬆軟土壤的作業方式深刻在農耕技術範疇中，耕犁可使土壤孔隙、通氣性與水分流動性增加，防除雜草以及破壞病蟲害棲地，但同時也促使土壤中的有機質分解、逸散至大氣中。不耕犁農地之優點則為減少土壤流失、促進作物根系生長於深層土壤、減少土壤碳排放。

從文獻中彙整出九個國家不耕犁技術中所測得之碳吸存速率與平均碳儲量（表2-4），不耕犁技術用於中國農地，試驗 3-25 年間，於耕犁層測得碳吸存速率為 0.16-0.51 噸／公頃／年；應用於法國農地，在土壤深度 0-30 公分試驗 20 年期間，測得碳吸存速率為 0.2±0.13 噸／公頃／年、平均碳儲量為 51.6 噸／公頃；應用於英國試驗 5-23 年期間，於農地表土測得碳吸存速率為 0.31±0.2 噸／公頃／年、平均碳儲量 80 噸／公頃。

表 2-3　各國輪作之土壤管理技術

土壤管理技術	國家	測量土壤深度（cm）	碳吸存速率（Mg C/ha/yr）	平均碳儲量（Mg C/ha）	試驗期間（year）	文獻來源
輪作	澳大利亞	0-15	0.20±0.04	21.2	4-42	Sanderman et al., 2010
輪作	法國	0-30	0.16±0.08	51.6	20	Arrouays et al., 2002a, b
作物—多年生草地輪作	俄羅斯	耕犁層	0.03-0.08	32.3	5	Savin et al., 2002
作物—多年生草地輪作	英格蘭	0-23	0.20	80	30	Powlson and Johnston, 2015
一年生作物—多年生草地輪作	美國	0-30	0.5	78	30	Dick et al., 1998
一年生作物改為多年生作物	加拿大	0-30	0.46-0.72	75	20	VandenBygaart et al., 2008

資料來源：Minasny et al., 2017

　　不耕犁技術應用於美國農地，在土壤深度 0-30 公分試驗 12-34 年期間，測得碳吸存速率為 0.4±0.61 噸／公頃／年、平均碳儲量範圍為 53±25.2 噸／公頃；在土壤深度 0-5 公分試驗 30 年間，測得平均碳儲量為 44.3 噸／公頃；在土壤深度 5-15 公分試驗 30 年間，測得平均碳儲量為 42.3 噸／公頃。

　　加拿大農地從慣行耕犁轉為不耕犁之試驗持續 20 年期間，在土壤深度 0-30 公分測得碳吸存速率為 0.05-0.16 噸／公頃／年、平均碳儲量為 75 噸／公頃；夏季休耕試驗持續 20 年期間，在土壤深度 0-30 公分測得碳吸存速率為 0.3 噸／公頃／年、平均碳儲量為 75 噸／公頃。

　　不耕犁技術應用於智利農地，在土壤深度 0-15 公分試驗 9 年期間，測得碳吸存速率為 0.55 噸／公頃／年、平均碳儲量為 29.7 噸／公頃；應用於澳大利亞農地，在土壤深度 0-40 公分試驗 6 年期間，測得碳吸存速率為 0-0.35 噸／公頃／年。

表 2-4　各國不耕犁之土壤管理技術

土壤管理技術	國家	測量土壤深度（cm）	碳吸存速率（Mg C/ha/yr）	平均碳儲量（Mg C/ha）	試驗期間（year）	文獻來源
不耕犁	中國	耕犁層	0.16-0.51	-	3-25	Jin *et al.*, 2008 Lu *et al.*, 2009 Wang *et al.*, 2009
不耕犁	法國	0-30 小麥-玉米輪作	0.2±0.13	51.6	20	Arrouays *et al.*, 2002b
不耕犁	英國	表土	0.31±0.2	80	5-23	Powlson *et al.*, 2012
不耕犁	美國	0-20 或 0-30	0.4±0.61	53±25.2	12-34	Johnson *et al.*, 2005
不耕犁	美國	0-5 5-15	-	44.3 42.3	30	Devine *et al.*, 2014
不耕犁	南非	0-45	無變化	-	32	Loke *et al.*, 2012
不耕犁（小麥—玉米輪作）	智利	0-15	0.55	29.7	9	Martinez *et al.*, 2013
慣行耕犁轉為不耕犁	加拿大	0-30	0.05-0.16	75	20	VandenBygaart *et al.*, 2008
夏季休耕	加拿大	0-30	0.30	75	20	VandenBygaart *et al.*, 2008
長期不耕犁（小麥—高粱輪作）	澳大利亞	0-40	無變化	-	6	Young *et al.*, 2009
長期不耕犁（冬季穀物連作）	澳大利亞	0-40	無變化	-	6	Young *et al.*, 2009
長期不耕犁（集約耕作多年生牧草地）（每年種植作物大於 1 種）	澳大利亞	0-40	0-0.35	-	6	Young *et al.*, 2009
長期不耕犁（與豆科輪作）	巴西	0-30 0-100	0.04-0.88 0.48-1.53	58.8-172.3	15-26	Boddey *et al.*, 2010

註：為利於國際期刊論文資料查證，使用原單位，並註解說明。Mg C/ha/yr 為噸 碳／公頃／年。

資料來源：Minasny *et al.*, 2017

應用於巴西農地，在土壤深度 0-30 公分試驗 15-26 年期間，測得碳吸存速率為 0.04-0.88 噸／公頃／年、平均碳儲量範圍為 58.8-172.3 噸／公頃；在土壤深度 0-100 公分試驗 15-26 年期間，測得碳吸存速率為 0.48-1.53 噸／公頃／年、平均碳儲量範圍為 58.8-172.3 噸／公頃。統整如表 2-4（Minasny *et al.*, 2017）。

5. 保育耕犁（0.25-0.5 噸／公頃／年）

接續前述，介於慣行耕犁與不耕犁之間，尚有減少耕犁與保育耕犁的選擇可以在提升土壤肥力、改善土壤性質與減少土壤碳排放之間取得平衡。在澳大利亞農地減少耕犁，試驗 4 至 42 年期間，於土壤深度 0-15 公分測得碳吸存速率為 0.34±0.06 噸／公頃／年、平均碳儲量 21.2 噸／公頃；而保育耕犁試驗 4 至 40 年期間，在土壤深度 0-10 公分測得碳吸存速率為 0.15±0.28 噸／公頃／年、平均碳儲量 18.3 噸／公頃；保育耕犁技術應用於法國農地，在土壤深度 0-25 公分試驗 28 年期間測得碳吸存速率為 0.1 噸／公頃／年、平均碳儲量 51.6 噸／公頃。統整如表 2-5（Minasny *et al.*, 2017）。

表 2-5 各國保育耕犁之土壤管理技術

土壤管理技術	國家	測量土壤深度（cm）	碳吸存速率（Mg C/ha/yr）	平均碳儲量（Mg C/ha）	試驗期間（year）	文獻來源
減少耕犁	澳大利亞	0-15	0.34±0.06	21.2	4-42	Sanderman *et al.*, 2010
保育耕犁	澳大利亞	0-10	0.15±0.028	18.3	4-40	Lam *et al.*, 2013
保育耕犁	法國	0-25	0.10	51.6	28	Metay *et al.*, 2009
保育耕犁	奈及利亞	0-30	-	36	-	Anikwe, 2010

資料來源：Minasny *et al.*, 2017

6. 種植青割玉米（0.25-0.5 噸／公頃／年）

青割玉米可作為畜牧飼料，殘餘的植體可作為綠肥回填至土壤。從丹麥農地種植青割玉米研究試驗 14 年期間，在土壤深度 0-20 公分測得碳吸存速率為 0.25-0.49 噸／公頃／年；而另添加肥料可將碳吸存速率提升至 0.71-0.98 噸／公頃／年。統整如表 2-6（Minasny *et al.*, 2017）。

表 2-6 丹麥種植青割玉米之土壤管理技術

土壤管理技術	國家	測量土壤深度（cm）	碳吸存速率（Mg C/ha/yr）	平均碳儲量（Mg C/ha）	試驗期間（year）	文獻來源
種植青割玉米	丹麥	0-20	0.25-0.49	-	14	Kristiansen *et al.*, 2005
種植青割玉米（施肥 8 t ha^{-1}）	丹麥	0-20	0.71-0.98	-	14	Kristiansen *et al.*, 2005

資料來源：Minasny *et al.*, 2017

7. 地表覆蓋式耕作（0.1-0.56 噸／公頃／年）

清除田間雜草是農耕作業中常見的項目之一，以避免雜草與作物競爭土壤養分、水分與生長空間，以人工或獸力除草已不符成本效益；目前，田間管理大都改以噴灑除草劑使雜草死亡，亦使化學毒素累積於農作物與土壤，引起食安問題；此外，無雜草覆蓋於表土而使長期暴露於空氣中加速土壤有機質分解，促使二氧化碳及氧化亞氮的逸散速率增加。地表覆蓋式耕作技術在田間管理操作方式為：種植作物之處以外土地種植草類或豆類覆蓋作物，可改善土壤品質、提高土壤團粒穩定度和水分滲透率、減少土壤沖蝕、增加土壤有機碳。

在美國東南部農地進行不耕犁和地表覆蓋式耕作之土壤管理（表 2-7），試驗 11±1 年期間，於土壤深度 0-20 公分測得碳吸存速率為 0.45±0.04 噸／公頃／年、平均碳儲量 25.5±0.9 噸／公頃；另一研究蒐整美國、加拿大、巴西、中國、澳大

表 2-7 各國地表覆蓋式耕作之土壤管理技術

土壤管理技術	國家	測量土壤深度（cm）	碳吸存速率（Mg C/ha/yr）	平均碳儲量（Mg C/ha）	試驗期間（year）	文獻來源
覆蓋式耕作	美國、加拿大、巴西等 20 個以上	-	平均 0.56	-	-	Jian *et al.*, 2020
不耕犁 + 地表覆蓋式耕作	美國東南部	0-20	0.45±0.04	25.5±0.9	11±1	Franzluebbers, 2010

利亞、印度、歐洲等 20 個國家以上執行覆蓋式耕作技術之成果，綜整所有研究的平均碳吸存速率為 0.56 噸 / 公頃 / 年。統整如表 2-7（Minasny *et al.*, 2017）。

8. 農地轉作牧草地（0.3-0.6 噸 / 公頃 / 年）

作物與牧草輪作可有效維持土壤中的有機碳，牧草生長期間行光合作用，將空氣中的二氧化碳轉為植物組織、有機化合物，並且減少土壤暴露於空氣中的面積，降低土壤有機物質的分解、逸散速率（表 2-8）。在法國運用作物與牧草輪作技術，試驗 20 年期間，於土壤深度 0-30 公分測得碳吸存速率為 0.1-0.5±0.24 噸 / 公頃 / 年、平均碳儲量 51.6 噸 / 公頃。

在美國東南部農地將一年生作物轉作草生地，試驗 17±1 年期間，於土壤深度 0-25±2 公分測得碳吸存速率為 0.84±0.11 噸 / 公頃 / 年。另在美國將農地轉為改良放牧，試驗 3-25 年期間，於土壤深度 0-50 公分測得碳吸存速率為 0.41 噸 / 公頃 / 年、平均碳儲量 40.1±5.6 噸 / 公頃。統整如表 2-8（Minasny *et al.*, 2017）。

表 2-8　各國農地轉作牧草地之土壤管理技術

土壤管理技術	國家	測量土壤深度（cm）	碳吸存速率（Mg C/ha/yr）	平均碳儲量（Mg C/ha）	試驗期間（year）	文獻來源
逐漸增長輪作牧草地時間	法國	0-30	0.1-0.5±0.24	51.6	20	Arrouays *et al.*, 2002a, b
一年生作物轉作為草生地	美國東南部	0-25±2	0.84±0.11	-	17±1	Franzluebbers, 2010
轉為改良放牧	美國	0-50	0.41	40.1±5.6	3-25	Conant *et al.*, 2003

資料來源：Minasny *et al.*, 2017

9. 農地改為牧草地（0.2-0.8 噸 / 公頃 / 年）

接續「農地轉作牧草地」，改變土地利用型態為土壤增匯的另一項操作方法，將農地改為永久牧草地，使土地不再受農耕行為影響。從澳大利亞的農地改為牧草地觀察，試驗 4 至 42 年期間，於土壤深度 0-15 公分測得碳吸存速率為 0.3-0.6 噸 / 公頃 / 年、平均碳儲量 27.5 噸 / 公頃；試驗 4.7 年期間，於土壤深度 0-30 公分測得碳吸存速率為 0.78 噸 / 公頃 / 年、平均碳儲量 31 噸 / 公頃；將農地改為牧草地

（33% 至 67%），試驗 10 年期間，於土壤深度 0-30 公分測得碳吸存速率為 0.22-0.76 噸／公頃／年、平均碳儲量 43 噸／公頃；將農地改為牧草地至改良牧草地，試驗 10 年期間，測得碳吸存速率為 0.76 噸／公頃／年、平均碳儲量 43 噸／公頃。

在法國的農地改為牧草地，試驗 20 年期間，於土壤深度 0-30 公分測得碳吸存速率為 0.49±0.26 噸／公頃／年、平均碳儲量 51.6 噸／公頃；在英格蘭的農地改為牧草地，試驗 35 年期間，於土壤深度 0-23 公分測得碳吸存速率為 0.51 噸／公頃／年、平均碳儲量 80 噸／公頃。統整如表 2-9（Minasny *et al.*, 2017）。

表 2-9　各國農地改為牧草地之土壤管埋技術

土壤管理技術	國家	測量土壤深度 (cm)	碳吸存速率 (Mg C/ha/yr)	平均碳儲量 (Mg C/ha)	試驗期間 (year)	文獻來源
農地改為牧草地	澳大利亞	0-15	0.30-0.60	27.5	4-42	Sanderman *et al.*, 2010
農地改為牧草地	澳大利亞	0-30	0.78	31	4.7	Badgery *et al.*, 2014
農地改為牧草地	澳大利亞	牧草輪作 0-30 公分由 33% 至 67% 牧草地	0.22-0.76	43	10	Chan *et al.*, 2011
農地改為牧草地	澳大利亞	牧草地至改良牧草地	0.76	43	10	Chan *et al.*, 2011
農地改為牧草地	法國	0-30	0.49±0.26	51.6	20	Arrouays *et al.*, 2002a, b
農地改為牧草地	英格蘭	0-23	0.51	80	35	Goulding and Poulton, 2005

資料來源：Minasny *et al.*, 2017

10. 完全牧草地或草地（0.35 噸／公頃／年）

接續「農地改為牧草地」，土地利用型態為永久牧草地，土地未受農耕行為影響。在澳大利亞的永久牧草地，試驗 4 至 40 年期間，於土壤深度 0-10 公分測得碳吸存速率為 0.132±0.054 噸／公頃／年、平均碳儲量 18.3 噸／公頃；試驗 27

年期間，於土壤深度 0-30 公分測得碳吸存速率爲 −0.2±0.07 噸／公頃／年、平均碳儲量 105.3 噸／公頃；試驗 27 年間，於土壤深度 0-90 公分測得碳吸存速率爲 −0.36±0.14 噸／公頃／年、平均碳儲量 105.3 噸／公頃；一年生和多年生的永久牧草地，試驗 7 年期間，於土壤深度 0-30 公分測得碳吸存速率爲 0.759±0.049 噸／公頃／年、平均碳儲量 35 噸／公頃。另於澳大利亞西部進行一年生永久牧草地管理，試驗模擬 100 年，預計可於土壤深度 0-30 公分測得平均碳儲量 42 噸／公頃；進行多年生永久牧草地管理，則預計可測得平均碳儲量 47 噸／公頃。

在法國進行增長輪作牧草地時間之土壤管理，試驗 20 年期間，於土壤深度 0-30 公分測得碳吸存速率爲 0.1-0.5±0.024 噸／公頃／年、平均碳儲量 51.6 噸／公頃；進行短期牧草地改爲永久牧草地之土壤管理，試驗 20 年期間，於土壤深度 0-30 公分測得碳吸存速率爲 0.3-0.4 噸／公頃／年、平均碳儲量 51.6 噸／公頃；進行中等強度改良牧草地之土壤管理，試驗 20 年期間，於土壤深度 0-30 公分測得碳吸存速率爲 0.2±0.25 噸／公頃／年、平均碳儲量 51.6 噸／公頃。

在奈及利亞進行永久草地之土壤管理，試驗 76 年期間，於土壤深度 0-30 公分測得平均碳儲量 79.1 噸／公頃。在愛爾蘭的放牧地重新種植牧草並添加氮肥 0-500 公斤／公頃／年，試驗 10 年期間，於土壤深度 0-15 公分測得碳吸存速率爲 1.04-1.45 噸／公頃／年。統整如表 2-10（Minasny *et al.*, 2017）。

11. 農地造林（0.4-0.5 噸／公頃／年）

地球上可耕作的陸地面積大約占有 21%，許多可耕地源自於森林土地，過度開墾林地，不僅快速減少樹木碳匯功能與速度，新闢而暴露於空氣中的土地有機質分解、逸散的速度也加快，爲達成淨零碳排與碳匯計畫目標，須將農地歸還於森林地，將空氣中的二氧化碳長期封存於樹木與林地中。

由國外文獻整理出五個國家農地造林所得之碳吸存速率與平均碳儲量，在法國農地造林，試驗 20 年期間，於土壤深度 0-30 公分測得碳吸存速率爲 0.44±0.024 噸／公頃／年、平均碳儲量 81 噸／公頃；在奈及利亞農地造林，試驗 35 年期間，於土壤深度 0-15 公分測得碳吸存速率爲 0.57 噸／公頃／年、平均碳儲量 30 噸／公頃；在臺灣農地造林，試驗 23 年期間，於土壤深度 0-20 公分測得碳吸存速率爲 0.34 噸／公頃／年、平均碳儲量 22.9 噸／公頃。

表 2-10 　各國完全牧草地或草地之土壤管理技術

土壤管理技術	國家	測量土壤深度（cm）	碳吸存速率（Mg C/ha/yr）	平均碳儲量（Mg C/ha）	試驗期間（year）	文獻來源
完全牧草地	澳大利亞	0-10	0.132±0.054	18.3	4-40	Lam et al., 2013
完全牧草地	澳大利亞	0-30 多年生和一年生牧草地	0.759±0.049	35	7	Chan et al., 2011
		0-30	−0.20±0.07	105.3	27	Schipper et al., 2014
		0-90	−0.36±0.14			
一年生牧草地	澳大利亞西部	0-30	-	42	模擬 100	Hoyle et al., 2013
多年生牧草地	澳大利亞西部	0-30	-	47	模擬 100	Hoyle et al., 2013
逐漸增長輪作牧草地時間	法國	0-30	0.1-0.5±0.24	51.6	20	Arrouays et al., 2002a, b
短期牧草地改為永久牧草地	法國	0-30	0.3-0.4	51.6	20	Arrouays et al., 2002a, b
中等強度改良牧草地	法國	0-30	0.2±0.25	51.6	20	Arrouays et al., 2002a, b
完全草地	奈及利亞	0-30	-	79.1	76	Anikwe, 2010
種植樹籬	法國	0-30	0.1±0.05	51.6	20	Arrouays et al., 2002a, b
田園丘陵地	紐西蘭	0-30	0.60±0.16	104.8	27	Schipper et al., 2014
		0-90	0.90±0.30			
重新種植被放牧過的草地並添加氮肥 0-500 kg N ha⁻¹yr⁻¹	愛爾蘭	0-15	1.04-1.45	-	10	Watson et al., 2007

資料來源：Minasny et al., 2017

　　在英格蘭農地造林，試驗 118 年期間，於土壤深度 0-69 公分測得碳吸存速率為 0.38 噸／公頃／年、平均碳儲量 61 噸／公頃；試驗 120 年期間則測得碳吸存速

率為 0.54 噸／公頃／年、平均碳儲量 59 噸／公頃。

在美國之一年生作物農地改為落葉林地，試驗 50 年期間，於土壤深度 0-100 公分測得碳吸存速率為 0.35 噸／公頃／年、平均碳儲量 51.8±2.8 噸／公頃；另將一年生作物農地改為針葉林地，試驗 50 年期間，於土壤深度 0-100 公分測得碳吸存速率為 0.26 噸／公頃／年、平均碳儲量 51.8±2.8 噸／公頃。統整如表 2-11（Minasny *et al.*, 2017）。

表 2-11　各國農地造林之土壤管理技術

土壤管理技術	國家	測量土壤深度（cm）	碳吸存速率（Mg C/ha/yr）	平均碳儲量（Mg C/ha）	試驗期間（year）	文獻來源
農地造林	法國	0-30	0.44±0.24	81	20	Arrouays *et al.*, 2002a, b
農地造林	奈及利亞	0-15	0.57	30	35	Raji and Ogunwole, 2006
農地造林	英格蘭	0-69	0.38	61	118	Poulton *et al.*, 2003
農地造林	英格蘭	0-69	0.54	59	120	Poulton *et al.*, 2003
農地造林	臺灣	0-20	0.34	22.9	23	Lin *et al.*, 2011a
一年生作物農地改為落葉林地	美國	0-100	0.35	51.8±2.8	50	Morris *et al.*, 2007
一年生作物農地改為針葉林地	美國	0-100	0.26	51.8±2.8	50	Morris *et al.*, 2007

資料來源：Minasny *et al.*, 2017

12. 新植造林（1.0-1.1 噸／公頃／年）

多年生樹木可行光合作用之葉面積大，且經樹木生長過程可將空氣中的二氧化碳轉換為木質素，形成木材，可達成之碳匯效益較農作物高出許多。在愛爾蘭草地造林，試驗 16 年期間，於土壤深度 0-30 公分測得碳吸存速率為 2.2-2.5 噸／

公頃／年、平均碳儲量 97.2±27.3 噸／公頃；在印尼土地新植造林，試驗 10 年期間，於土壤深度 0-10 公分測得碳吸存速率為 1.12±0.97 噸／公頃／年、平均碳儲量 23.4 噸／公頃。統整如表 2-12（Minasny *et al.*, 2017）。

表 2-12　各國新植造林之土壤管理技術

土壤管理技術	國家	測量土壤深度（cm）	碳吸存速率（Mg C/ha/yr）	平均碳儲量（Mg C/ha）	試驗期間（year）	文獻來源
草地造林	愛爾蘭	0-30	2.2-2.5	97.2±27.3	16	Black *et al.*, 2009
新植造林	印尼	0-10	1.12±0.97	23.4	10	Dechert *et al.*, 2004
管理良好的棕櫚園	印尼	0-30	0.42±0.17	41.9	25	Khasanah *et al.*, 2015

資料來源：Minasny *et al.*, 2017

二、選擇 30 篇國際高引用論文逐句或重點翻譯成中文，並彙整可增加土壤碳匯管理技術

（一）文獻列表

　　經過研究團隊蒐集全球不同國家發表之論文，已選擇出 30 篇國際高引用論文並根據高引用土壤碳匯相關論文重要結論示於表 2-13（台灣水資源與農業研究院，2022）。

表 2-13　國際高引用土壤碳匯相關論文重要結論

重要結論	引用文獻
砍伐原始森林並轉變為牧場後，土壤碳匯量通常不會下降，且在年降雨量為 2,000-3,000 毫米的地區，有機碳匯量有增加的趨勢。	Guo and Gifford, 2002.
當農田恢復為森林後，有機碳匯量亦會隨之恢復，在耕地森林的有機碳匯量會有部分恢復，而有機碳匯量最終會在次生林完全恢復。	Guo and Gifford, 2002.
當農田轉變為牧場後，土壤深度 100 公分的有機碳匯量增加，但會隨著深度增加而減少。	Guo and Gifford, 2002.
殘株耕入田地和每四年一次的綠肥施用則能使土壤有機碳略為提高（斜率 0.058 Mg C/ha/yr；$r^2 = 0.40$；rmsd = 2.37 Mg C/ha）。	Van Wesemael *et al.*, 2010.

重要結論	引用文獻
去除殘株並施用 40 噸糞肥的處理則可使土壤有機碳增加的幅度更大（斜率 0.17 Mg C/ha/yr；r^2 = 0.88；rmsd = 3.01 Mg C/ha）。	Van Wesemael *et al.*, 2010.
與非有機管理相比，有機耕作管理的土壤中土壤有機碳含量顯著較高，約高了 0.18±0.06%（平均在 ±95% 信賴區間內），土壤有機碳匯量增加 3.50±1.08 Mg C/ha，固存率則能提高 0.45±0.21 Mg C/ha/yr。	Gattinger *et al.*, 2012.
玉米將大氣中的碳向土壤轉移的效率最高（1.00 Mg C/ha/yr），其次是黑麥（0.95 Mg C/ha/yr）、水稻（0.70 Mg C/h/yr）和小麥（0.80 Mg C/ha/yr）。	Mathew *et al.*, 2020.
由耕作轉變為草原（0.87 Mg C/ha/yr）、種植豆科（0.66 Mg C/ha/yr）和施肥（0.57 Mg C/ha/yr）有最大碳含量的增加。	Conant *et al.*, 2017.
溫室氣體排放量受到慢熱裂解生物炭的溫度影響，並與生物炭原料無關，在施與生物炭的土壤，建議透過增加 (i) 土壤 pH 值、(ii) 土壤通氣和 (iii) 硝酸鹽在生物炭內部表面的短期保留時間來抑制生物炭改良土壤的氧化亞氮排放。在 350°C 熱裂解生物炭中，這些反硝化抑制機制被生物炭揮發性化合物所提供的基質所抵消。	Ameloot *et al.*, 2013.
添加農場糞肥生物固體可平均增加 60±20（kg C ha⁻¹ yr⁻¹ ton⁻¹）、消化後的生物固體 180±24（kg C ha⁻¹ yr⁻¹ ton⁻¹）、穀類秸稈 50±15（kg C ha⁻¹ yr⁻¹ ton⁻¹）、綠色肥料 60±10（kg C ha⁻¹ yr⁻¹ ton⁻¹）和紙屑約 60（kg C ha⁻¹ yr⁻¹ ton⁻¹）的土壤有機碳。	D. S. Powlson *et al.*, 2012; Smith, P., Powlson, D. S., Glendining, M. J., and Smith, J. U., 1998.
耕作土壤的孔隙平均是免耕土壤的兩倍，免耕土壤相較耕作土壤有機質及生物炭含量較高，免耕土壤及耕作土壤的平均微生物之生物炭分別為 517.0 mg/kg soil 及 418.7 mg/kg soil。	D. S. Powlson *et al.*, 2012; Smith, P., Powlson, D. S., Glendining, M. J., and Smith, J. U., 1998.
針對可吸存土壤有機碳的土地利用方式進行彙整土壤有機碳吸存速率：耕地 0.25-0.75 ton C /ha/yr、牧場 0.5-1.0 Mg C/ha/yr、多年生作物 0.1-0.175 Mg C/ha/yr、都市公園綠地 0.5-1.0 Mg C/ha/yr、水蝕地 0.5-0.5 Mg C/ha/yr、風蝕地 0.05-0.2 Mg C/ha/yr。	Ellis *et al.*, 2010; West and Post, 2002; Watson *et al.*, 2000; West and Marland, 2002; Soussana *et al.*, 2004; Goldewijk, Beusen, Ban Drecht, and de Vos, 2011; Oldeman, 1994; FAOSTAT, 2017; Lal, 2004, 2010; Hooke *et al.*, 2012.
生物炭的使用量介於 1 至 100 Mg C/ha 之間，顯示土壤有機碳匯量平均增加了 13.0 Mg C/ha，約 29%。 於本論文盆栽和孵育試驗，生物炭量在 5 g/kg 至 200 g/kg 之間，在 1,278 天後土壤有機碳平均提高 6.3 g/kg，約 75%。	Gross *et al.*, 2021.

重要結論	引用文獻
世界上所有土地範圍深度為 0-100 cm 之總土壤碳庫總計為 2,157-2,293 Pg C。土壤有機碳估計有 684-724 Pg C 存在於深度 0-30 cm、1,462-1,548 Pg C 存在於深度 0-100 cm 與 2,376-2,456 Pg C 存在於深度 0-200 cm。	Batjes, 1996.
退化土地經過復育，土壤碳吸存的潛力從 0.3 到 1.3 Mg C ha/year，比許多耕地和草原地的保育措施還多。雖然退化土地面積相當小，但具有顯著的碳吸存潛力。	Lal *et al*., 1998c；2003.
從 2016 年開始，逐年實施千分之四倡議的措施，於表土 20 公分每年增加百分之十的碳庫存到土壤中持續十年，在 2050 年以前，美國全國能夠增加土壤碳庫存 250 噸 CO_2e（二氧化碳當量）。持續將千分之四倡議應用到農業用地（agricultural lands），在 2050 年將會達到 277 Tg CO_2e/year，大約是 2013 年美國農業部門一半的溫室氣體碳足跡。	Chambers *et al*., 2016.
從 2005 至 2014 年，自然資源保育局估計美國農業部在氣候智慧農業和林業（Climate Smart Agriculture and Forestry）中提倡的兩大基礎，包含土壤健康（Soil Health）及放牧和牧草地（Grazing and Pasture Lands），在耕地和草原地土壤健康保育的措施已經使碳吸存量累積超過相當於 280 噸二氧化碳當量。	Chambers *et al*., 2016.
根據土壤測繪（soil mapping）、系統性土壤採樣及模擬和合成技術，改善和擴展現存全國土壤監測網絡（或缺乏時，建立新的監測網絡系統），結合週期性（例如每 5 到 10 年）田間土壤測量和每年追蹤田間管理措施，對於追蹤進度和隨時間調整政策將會是必須的。	van Wesermael *et al*. 2011; Spencer *et al*., 2011.
長期的耕作／牧草實驗於一處高土壤有機碳含量的地區中，在不同處理之下，0 到 0.3 公尺土壤深度之土壤有機碳改變速率從 −278 到 +257 kg C/ha/year。透過提升土壤養分和永久牧草地的管理能夠造成增加 500 到 700 kg C/ha/year。	Chan *et al*., 2011.
土壤碳吸存的速率分布很廣，介於 47 到 620 kg C/ha/year。	Puget and Lal, 2005.
增加退化耕地土壤一噸土壤碳庫，可能會增加小麥每公頃 20 至 40 公斤的產量，玉米 10 至 20 公斤／公頃和豇豆 0.5 至 1 公斤／公頃。土壤碳吸存具有抵消化石燃料每年排放 4 至 12 億噸碳（或 5 至 15% 全球化石燃料排放量）的潛力。	Lal, 2004.
1 公尺深度內，土壤有機碳庫量介於乾燥氣候的 30 噸／公頃至寒冷地區有機質土的 800 噸／公頃，以及大部分地區介於 50 至 150 噸／公頃。	Lal, 2004.

重要結論	引用文獻
理論上，世界的耕種用土壤可以在接下來 50-75 年內吸收碳 62 噸／公頃，即 0.8-1.2 噸／公頃／年。在總計 1,400 M ha 的範圍上總有機碳容量達 88 Gt。	Lal, 2016.
針對當前全球碳預算的資料顯示燃燒燃料產生的 9.9±0.5 Gt C/yr 加上土地利用轉變產生的 0.9±0.5 Gt C yr^{-1} 正在造成大氣必須吸收 5.4 Gt C/yr，即全人類排放量的 50%。	Lal, 2016.
土壤中根圈的土壤有機碳閾值水平為 1.5-2.0%。土地利用、土壤管理和耕作系統將影響土壤中的土壤有機碳。1 公尺深的土壤中，有超過 50% 的總碳都在 0.3 和 1 公尺深的土壤中。	Lal et al., 2015.
土壤有機碳庫所含的碳含量是大氣二氧化碳的三倍以上，即在上層 1 公尺含有 1,325 Pg C，當包括較深的土壤時，估計為 3,000 Pg C。	Köchy et al., 2015.
中國農田表層土壤（0-20 公分）碳的平均增加量估計為 25.5 Tg C/year（RPs 8 Tg C/year 和 DCs 17.5 Tg C/year）在 1985-2006 年之間，表土碳總儲量增加了 0.64 Pg C。1994 年，中國每年的固碳增加量平均可抵消約 20% 的二氧化碳總排放量。	Pan et al., 2010.
從中國期刊上的 84 篇論文中蒐集到的少量觀察數據，估計過去 20 年中國農田表土土壤有機碳儲量增加了 23 Tg C/year。	Xie et al., 2007.

註：為利於國際期刊論文資料查證，使用原單位，並註解說明。Mg C/ha/yr 為噸 碳／公頃／年。

    Pg C（Peta gram）= 10^{15} gram C（10 億噸 碳）；Tg C（Tera gram）= 10^{12} gram C（百萬噸碳）；Gg C（Giga gram）= 10^{9} gram C（千噸 碳）；Mg C（mega gram）= 10^{6} gram C（噸碳）。

    Gt C（Giga ton）= 10^{9} ton C（十億噸 碳）。

（二）國際高引用 30 篇論文重點中文摘要、重要討論內容及重要結論

1. Soil carbon 4 per mille（土壤碳：千分之四）

摘要： 在 COP21 上啟動了「糧食安全及氣候的土壤碳千分之四倡議」，其目標是每年將全球土壤有機質（soil organic matter）儲量增加千分之四（或 0.4%）以作為對全球人為溫室氣體排放的補償。本文調查了全球 20 個地區（紐西蘭、智利、南非、澳大利亞、坦桑尼亞、印尼、肯亞、奈及利亞、印度、臺灣、韓國、中國、美國、法國、加拿大、比利時、英格蘭和威爾斯、愛爾蘭、蘇格蘭和俄羅斯）的土壤有機碳（soil organic carbon, SOC，後文簡述為 SOC）儲量估算和封存潛力。我們詢問了千分之四倡議對該地區是否可行，並在結果中強調各區域特定的土壤碳吸存方法和規模。全球土壤碳吸存速率的資料顯示，在最佳管理下可以實現千分之四

甚至更高的固碳率。初始 SOC 儲量低（表層土壤少於 30 噸碳／公頃）的土壤以及在實施最佳管理後的前 20 年，可以實現高固碳率（高達千分之十）。此外，已達到平衡的地區並無法進一步增加碳吸存量。我們發現大多數關於 SOC 封存的研究只考慮表土（深度達 0.3 公尺），因為其受到土地管理的影響最大。千分之四的數字是基於對全球土壤剖面碳庫的全面計算，但增加 SOC 的潛力主要在經管理的農業土地上。如果我們考慮全球農業土壤表層 1 公尺中的千分之四，則 SOC 封存量在 2-3 Gt C/year 之間，這有效地抵消了全球人為溫室氣體排放的 20-35%。作為減緩氣候變遷的策略，土壤碳吸存可以在未來 10 到 20 年爭取時間，待其他有效的碳吸存和低碳技術變得可行。農民面臨的挑戰是找到能夠進一步改善土壤條件並增加 SOC 的顛覆性技術。千分之四倡議的進展需要科學家、農民、政府和商人之間的合作和溝通。

討論內容： 對於一個首次設定用於緩解氣候變遷的全球性土壤管理計畫，千分之四是一個頗具野心的目標。農業區域在表土 1 公尺的土壤中含有約 600 Gt C，將所有地區的 SOC 庫存增加每千分之四（約 2.5 Gt C/year）可以抵消約 30% 的全球溫室氣體排放。

案例顯示，全球範圍內有一些增加 SOC 的空間。農民面臨的挑戰是找到新興做法，以進一步改善土壤條件並增加土壤碳。我們需要能夠幫助農業活動吸收更多土壤碳、創造土壤安全以實現糧食安全和減緩氣候變化的顛覆性技術。此外，該倡議是實施健全和可信的土壤碳審計協議的機會，用於監測、報告和驗證 SOC 封存，該協議可納入各國家溫室氣體統計清冊的程序中（Chambers *et al.*, 2016）。

重要結論： 作為減緩氣候變化的戰略，應立即實施 SOC 吸存。它為未來十年爭取時間，直到其他有效的封存和低碳技術變得可行。千分之四的進展需要科學家、農民、政策制定者和營銷人員之間的合作和溝通。農民和土地管理者主要應用土地管理來改善他們的土壤狀況，這樣做也有助於固碳和減緩氣候變化。科學家們提供的創新可以提高碳吸存並監測氣候變化對 SOC 和 SOC 功能的影響。科學家們還開發了測量、繪圖和審計方面的新技術，以驗證 SOC 封存情況，這是市場所期望可以提供投資信心的事情。農民的 SOC 吸存工作則為遵守政策制定者的行為。這必須與促進市場的機構法規及政策相結合，例如碳交易。土壤碳千分之四倡議可

以使土壤成爲永續資源，而不是可再生資源。

2. **The knowns, known unknowns and unknowns of sequestration of soil organic carbon**（關於土壤有機碳吸存的已知、已知中的未知及未知）

摘要：全球土壤含有近 2,344 Gt（十億公噸）的有機碳，且爲陸域生態系之最大碳庫。土壤有機碳庫存的些許變化，可顯著地影響大氣中的碳含量。土壤有機碳的通量往往取決於環境及人爲的潛在驅動因子。因此，世界各地的科學家均在思考以下問題：「環境條件的改變及管理策略的實施，對於土壤有機碳含量之平均淨變動影響爲何？」「該如何透過增加土壤有機碳匯量，以中和部分大氣中的二氧化碳？」及「此舉是否能確保土壤品質？」由於維持及增加全球土壤資源，對於能否爲日漸增加的人口提供充足的糧食及織品乃是至關重要的關鍵，因此上述問題皆具有深遠的影響力。此外，氣候變遷及接踵之糧食短缺的加劇，皆爲可預期的額外挑戰。本文強調了關於全球土壤碳匯量及潛在碳吸存能力的相關知識，同時探討數個成功用於測定估算碳庫及碳通量之方法及模型。本文所提到的知識及技術，均有助於鞏固保護土壤資源的決策。

討論內容：爲了增加 SOC 碳庫所付出的努力，稱爲土壤碳吸存（soil carbon sequestration, SCS，後文簡稱爲 SCS）（Paustian *et al.*, 2000）。根據 Bernoux 等人（2006）：「與參考值相比，特定農業生態系統之 SCS 應被視爲在給定時間及空間內，以 $C\text{-}CO_2$ 當量表示的溫室氣體淨平衡，或二氧化碳當量所計算的土壤—植物—大氣界面所有碳排放之結果，與所有間接通量（汽油、腸道排放等）。」因此，SCS 被形容爲長時間或永久（亦即一世紀）將二氧化碳自大氣移入土壤。

SCS 可能具有抵消化石燃料碳排之能力，每年可抵消 0.4-1.2 Gt 的碳，亦即 5-15% 的全球排放量（Lal, 2004; Powlson *et al.*, 2010）。正因如此，SCS 意味著將大氣中的二氧化碳「鎖進」土壤中，不論透過長期存在的碳（例如：木炭）之累積或改變具有不同滯留時間的土壤碳庫相對大小。不過，並非所有的 SOC 增加均是碳由大氣到陸地的真正淨轉移，其中一部分僅是單純將碳在不同陸域碳庫之間轉移，且對於氣候變遷並無影響。

重要結論：管理策略變動的初期會造成 SOC 快速增加，不過隨後減緩並在未來達到準靜態平衡。過去也曾出現過 SCS 被反轉的紀錄。減少碳輸入及增加翻耕

始終是 SOC 的一大威脅，且在某些情境下，流失速率會大幅上升。例如：Aune 與 Lal（1997）根據作物產量爲總產量之 80%，建議爲維持熱帶土壤（低活性黏粒）之作物產量，臨界 SOC 濃度應爲 1.08%。Loveland 與 Webb（2003）則提出 SOC 臨界數值爲 2%，且認爲低於此數值即可能造成溫帶地區農業土壤嚴重的土壤品質退化。

　　縱使缺乏關於此類閾值的定量證據，Loveland 與 Webb（2003）認爲有合理證據證實，由植物殘體所提供之氮閾值與將近 1% 之 SOC 相符。此篇文章同時指出，相對於碳匯量的大小，新鮮碳源（生物量的輸入）占總 SOC 碳庫的比例，可能爲確保土壤品質的重要關鍵。根據 Hassink（1997）過往文獻斷定，SOC 之臨界濃度可作爲農民的耕作指南（砂質土壤約 1.5 公斤；黏質土壤約 0.8 公斤）。圖 2-1 以圖形更具體地解釋上述情形，根據黏粒種類及含量，農業土壤之有機碳匯在潛在飽和曲線、可達到曲線及臨界曲線。然而，仍需要更多的定量研究以在不同土壤類型建立上述標準曲線。

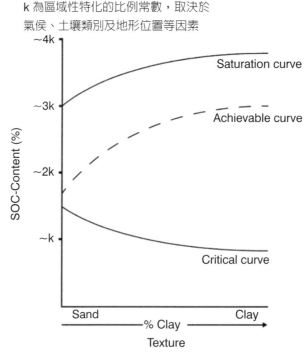

圖 2-1　土壤質地與 SOC 含量函數

資料來源：Stockmann *et al.*, 2013

3. Challenges for soil organic carbon research（土壤有機碳研究的挑戰）

摘要：土壤是陸地最大的有機碳庫。最近與土壤有機碳（SOC）相關的研究已成為全球關注的焦點，其動機是土壤可能成為大氣中二氧化碳的可加以管理的匯池，進而緩解氣候變遷以及增加土壤有機碳對土壤功能的益處。以上突顯了我們目前面臨的土壤有機碳研究的挑戰。文本簡要回顧了土壤系統中土壤有機碳動態的相關知識，然後詳細說明如何在空間和時間上對土壤有機碳動態和土壤有機碳匯量進行建模以及建模方向。

討論內容：

(1)科學挑戰 1：SOC 的臨界水準和飽和概念：SOC 的臨界濃度是指土壤功能顯著降低的 SOC 水準，而 SOC 飽和度的概念涉及土壤積累碳的限制能力，具體取決於土壤中細顆粒的數量（例如黏粒和坋粒含量）。土壤功能的 SOC 臨界水準：Yan 等人（2000）確定了 1.76% SOC 的臨界水準，高於該水準土壤微生物多樣性保持不變並且沒有進一步增加。Stockmann 等人（2013）提出了 SOC 積累的概念臨界曲線和飽和曲線，作為土壤質地以及氣候和地形位置的函數（圖 2-2），能夠用作管理人員的土地概念指南，識別 SOC 的臨界濃度。

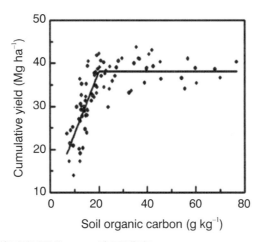

圖 2-2　與生物質產量響應相關的 SOC 臨界濃度

資料來源：McBratney *et al.*, 2014

(2)科學挑戰 2：使用管理對 SOC 存儲的影響。農業管理措施顯著影響土壤碳

含量和其他的土壤性質。例如：一項將生物動力與常規管理奶牛場進行比較的研究證明了 SOC 與土壤結構的重要關係及其對管理策略的依賴性（Lytton-Hitchins *et al.*, 1994）。採用「最佳管理」措施將增加農業土壤中積累的 SOC 量（Lal, 2008）。然而，管理實踐對作物的殘留和 SOC 分解以及深度分布的影響（圖 2-3），依然不夠明瞭，仍在討論中。

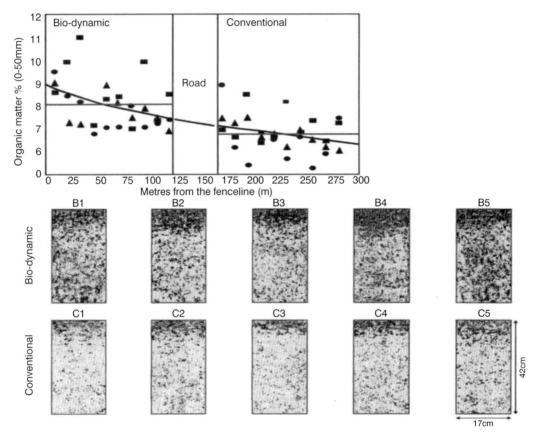

圖 2-3　管理對 SOC 含量和土壤結構的影響

資料來源：McBratney *et al.*, 2014.

(3)科學挑戰 3：土壤碳的性質。土壤有機碳被描述為位於土壤構造內的具有不同分解狀態和不同滯留時間的聚合體材料（表 2-14：科學文獻中發現的〔土壤〕有機碳的形式）（Jastrow and Miller, 1998）。在土壤基質中，SOC 透過物理化學過程後而穩定下來，即 SOC 在團粒中會受到保護，這使得土壤微生物與 SOC 之間受

表 2-14　科學文獻中發現的（土壤）有機碳的形式

Form	Composition 成分	Pool category 碳庫種類
Surface plant residue 地表植物殘渣	Plant material residing on the surface of the soil, including leaf litter and crop/pasture material	**Fast (or labile) pool** Decomposition occurs at a timescale of days to years
Buried plant residue 掩埋植物殘渣	Plant material greater than 2 mm in size residing within the soil	**Fast (or labile) pool** Decomposition occurs at a timescale of days to years
Particulate organic matter (POC) 微粒狀有機物質	Semi-decomposed organic material smaller than 2 mm and greater than 50 μm in size	**Fast (or labile) pool** Decomposition occurs at a timescale of days to years
Mineral-associated OC ('Humus') 礦物相關有機物	Well decomposed organic material smaller than 50 μm in size that is associated with soil particles	**Slow (or stable) pool** Decomposition occurs at a timescale of years to decades
Resistant organic carbon (ROC) 穩定的有機碳	Charcoal or charred materials that results from the burning of organic matter (resistant to biological decomposition)	**Passive (or recalcitrant) pool** Decomposition occurs at a timescale of decades to thousands of years

資料來源：McBratney *et al.*, 2014

到隔絕同時氧氣也不易接觸。此外，SOC 透過與礦物表面和金屬離子的相互作用在土壤結構中穩定下來（Six *et al.*, 2004）。

(4)科學挑戰 4：在空間和時間上 SOC 動態建模。SOC 在空間和時間上變化，需要以建模的方法來預測 SOC 在兩個維度的動態。需要關注並努力將時間（t）和空間（x, y, z）上的 SOC 預測與 SOC 動力學的機械模型相結合。

重要結論：

(1)土壤碳吸存潛力與土壤功能，或是兩者兼具：土壤固碳潛力是指土壤長期從大氣中獲取碳並且封存的能力，有助於減緩氣候變遷。另一方面，土壤碳含量多寡也會影響土壤狀況，例如：保水力、養分循環等。土壤碳吸存潛力與土壤功能都有助於維護土壤安全。

(2)管理與建模：土壤碳隨著深度（> 30 公分）的變化需要在過程取向的模型

中更好地表示，以便根據整個土壤剖面準確估計 SOC 動態。此外，在深度這個因素是否控制 SOC 和枯枝落葉的分解，仍然很少被理解和建模。目前使用的 SOC 模型減少因素僅在一個方向，現在需要將過程與深度分開，即碳分配（根、溶）。

文獻中討論了測量可建模與建模可測量的主題（Post *et al.*, 2007; Von Lützow *et al.*, 2007）。SOC 的概念池和可測量池之間可能存在不一致。在這方面，實施向可測量 SOC 池的轉變可能是值得的，以改進使用測量數據對 SOC 模型的驗證。溶解有機碳（DOC）、耕作以及因素（例如氮、水、氧氣、耕作、土壤、pH 值）控制初始 SOC 的分解和穩定。這裡的主要議題爲我們需要什麼樣的模型來完整表達碳在 1 公尺內的變化，與整個土壤剖面碳匯量管理的實踐。

4. Soil carbon stocks and land use change: A meta analysis（碳吸存和土地利用的改變之統合分析）

摘要：在國際政策的議程中，關於減少排放溫室氣體的議題，土地利用變化對於土壤碳匯量的影響備受關注。本文回顧了土地利用變化對於土壤碳匯量的影響，並描述 74 篇文獻中數據的統合分析結果。結果表明，土地利用的改變由牧場轉爲耕地，有機碳匯量將減少 10%，原生森林轉爲耕地的有機碳匯量減少 13%，原生森林轉爲農作的有機碳匯量減少 42%，牧場轉爲農作的有機碳匯量減少 59 %。而由原生森林轉爲牧場的有機碳匯量增加 8%，農田轉爲牧場的有機碳匯量增加 19%，農田轉爲耕地的有機碳匯量增加 18%，農田變爲次生林的有機碳匯量增加 53%。每當土地利用變化降低了土壤的碳含量時，相反的過程通常會增加土壤碳含量，反之亦然。由於可用數據量不多且有許多使用方法，因此必須將得出的結論視爲一假說，並根據假說來設計有目的性的調查，以擴大數據量，而在一些土地利用變化中，有足夠的案例來探討其他因素對上述結論的影響。統合分析的結果顯示，在溫室氣體減少排放的條件下進一步研究後，先前的原生森林或牧場中種植闊葉樹不影響土壤碳匯量，但種植松樹將減少 12-15% 的土壤碳匯量。

討論內容：藉由統合分析可以探討結果的可變性，分析結果表明，土地利用從森林變爲牧場後，土壤碳匯量的平均將增加 8%，而不是損失，因此儘管存在差異，隨著土地利用從森林變爲牧場，土壤碳可能會增加。Yakimenko（1998）的報告顯示，在森林砍伐後草地形成的過程中，表層土壤中的土壤有機質將迅速增加。

與林地相比，在所有研究草原土壤的結果中發現，草原土壤的有機碳匯量較高，這可能不僅與具有大量細草根的土壤中，腐植質的形成更密集有關，且由於密集的根可能降低草地生態系統的分解速率。Fearnside 和 Barbosa（1998）的研究中發現，如果牧場管理不善，將使土壤中的碳含量下降。

在牧場上種植樹木會使土壤碳匯量減少 10%，而非增加。同樣，土地利用由森林轉變爲人工林，也減少了土壤的碳匯量。耕地的建設過程中，土壤的擾動可能導致不同土壤剖面中，土壤有機質分解和碳損失的速率不同，也可能與由複層森林轉變爲單層耕地有關。Jenny（1980）指出，影響土壤儲存有機質能力的變量中，年平均降雨量的影響最大。潮溼的土壤有利於分解，但較高的降雨量與較大的土壤有機碳匯量以及有機碳移動到深層剖面有關（Jenny, 1980; Post *et al.*, 1982）。此外，整地和植樹會擾亂且破壞土壤的結構。土地利用由森林和牧場轉變爲人工林後，部分土壤碳可能會失去其物理保護。因此在年降雨量高的地區，淋洗是減少土壤碳匯量的主要因素之一，然而，在分析土壤採樣深度的數據中並不明顯（圖 2-4）。

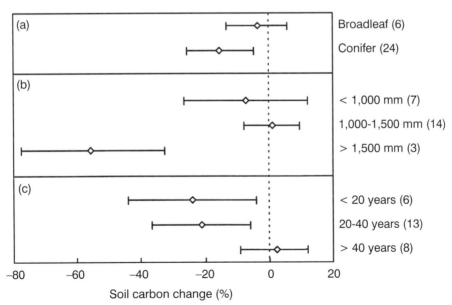

圖 2-4　在土地利用從森林變為人工林後，樹木類型 (a)、降水量 (b) 和年齡 (c) 對土壤碳的影響，圖中顯示了 95% 信賴區間，括號中數值為結果的觀測值

由森林和牧場轉變為農田後，土壤碳明顯減少。此結果與一些先前的研究結果相符（Allen, 1985; Mann, 1986; Schlesinger, 1986; Davidson and Ackerman, 1993）。Houghton（1995）指出，為了新的農業用地而砍伐林地，會導致碳釋放到大氣中。即使新的農業用地，其生產力與森林中的一樣高，但大部分有機碳仍會在隨後被消耗掉。在估算土地利用由森林轉變為農地所釋放的二氧化碳時，需要明確區分畜牧農業、耕地農業和涉及作物或牧場等混合農業。

從農田轉為牧場後，碳吸存將會隨土壤深度改變而有所變化，深度越深，碳匯量越少，這表明在土地利用變化後，表層土壤從大氣中固碳更加明顯。然而，在超過 100 公分的土壤中，牧場也會使碳大量地累積。Post 與 Kwon（2000）表明，當植被和土壤管理措施發生改變時，有許多因素和過程將決定土壤有機碳含量的變化和速率。對增加土壤有機碳匯量的重要因素包括：(1) 增加有機物質的投入速率；(2) 改變有機物質的可分解性，尤其增加輕質的腐植質；(3) 直接增加土壤下層的碳投入或混和表層與下層土壤中的有機物，使有機物質達到土壤裡土中；(4) 添加有機礦物複合物加強保護。

重要結論：關於土地利用變化後，土壤碳匯量變化的統合分析所提出的主要假設為：砍伐原始森林並轉變為牧場後，土壤碳匯量通常不會下降，且在年降雨量為 2,000-3,000 毫米的地區，有機碳匯量有增加的趨勢。將牧場轉變為森林後，種植松樹的地區會使土壤的碳匯量下降，但是種植闊葉林或成為次生林，並不影響有機碳匯量。砍伐原生林並轉變為耕地後，土壤碳匯量不會因種植闊葉林和低降雨量而有所影響，但若年降雨量超過 1,500 毫米時，有機碳匯量將會下降。砍伐原生林並轉變為農田後，表土中的土壤碳匯量會減半，但土壤裡土並不受影響。當農田恢復為森林後，有機碳匯量亦會隨之恢復，在耕地森林的有機碳匯量會有部分恢復，而有機碳匯量最終會在次生林完全恢復。當農田轉變為牧場後，土壤深度 100 公分的有機碳匯量增加，但會隨著深度增加而減少。

5. Agricultural management explains historic changes in regional soil carbon stocks（從農業管理闡述區域性土壤碳匯量的歷史變化）

摘要：農業被認為是具有最大溫室氣體緩解潛力的經濟部門之一，主要是透過土壤有機碳（SOC）固存（sequestration）來達成。然而，從地區到國家規模都要

能精確量化 SOC 存量變化仍然是一個挑戰。SOC 庫的 SOC 變化僅有少數國家有相關資料，且不同研究之間顯示的趨勢差異很大。基於流程（process-bassed）的模型使我們可以深入了解 SOC 變動的因素，但目前在上述的空間尺度上沒有精準的資料。在本篇中，我們使用 1960 年代的土壤測量結果，並在 2006 年重新取樣，樣品範圍涵蓋比利時的主要土壤類型和農業地區，以及特定地區的土地利用、管理資料，並用流程模型進行研究。隨著 1960 年以來的排水狀況改善，排水不良的草原土壤（黏土和洪積平原土壤）中的 SOC 存量減少最為嚴重。在排水良好的草原土壤中，SOC 的大幅增加似乎是 1960 年之前農田廣泛轉變為草原造成的，耕地中則僅有砂質低地土壤中的 SOC 因糞肥的施用而有所增加。模型化的土地利用和管理影響能解釋 SOC 變化的 70% 以上，且無偏差存在。自 1960 年以來，氣候趨勢對 SOC 變化沒有明顯影響。SOC 監控網絡正在許多國家建立起來，我們的結果表明，詳細和長期的土地管理資料對於解釋觀察到的 SOC 變化至關重要。

討論內容：Meersmans 等人強調了過去 50 年比利時農業土壤（0-30 公分的表土）SOC 變化的空間模式。他們使用了一個經驗模型，該模型來自 600 個土壤剖面的資料集，其中土地利用方式在 1960 至 2006 年期間皆保持不變。除了北部的 Polder 和 Sand 地區外，大多數地區的耕地 SOC 都減少了（圖 2-5）。草原的 SOC 變化顯示出兩種相反的結果：在比利時東南部增加，北部排水不良的土壤中減少，特別是在河岸洪積平原。這些 SOC 損失和增加的模式與其他的農業地區（即土壤類型、氣候和農業管理大致相似的地區）相吻合（圖 2-6）。殘株移除會造成少量的 SOC 減少（斜率 –0.074 Mg C/ha/yr；$r^2 = 0.83$；rmsd = 2.91 Mg C/ha）。殘株耕入田地和每四年一次的綠肥施用則能使 SOC 略為提高（斜率 0.058 Mg C/ha/yr；$r^2 = 0.40$；rmsd = 2.37-1 Mg C/ha）。去除殘株並施用 40 噸糞肥的處理則可使 SOC 增加的幅度更大（斜率 0.17 Mg C/ha/yr；$r^2 = 0.88$；rmsd = 3.01 Mg C/ha）（圖 2-7）。

重要結論：本篇使用之模型針對壤土地區長期實驗的 SOC 變化預測良好，結果顯示殘株移除會造成少量的 SOC 減少（斜率 –0.074 Mg C/ha/y；$r^2 = 0.83$；rmsd = 2.91 Mg C/ha），殘株耕入田地和每四年一次的綠肥施用則能使 SOC 略為提高（斜率 0.058 Mg C/ha/y；$r^2 = 0.40$；rmsd = 2.37-1 Mg C/ha），而去除殘株並施用 40 噸糞肥的處理則可使 SOC 增加的幅度更大（斜率 0.17 Mg C/ha/y；$r^2 = 0.88$；rmsd = 3.01

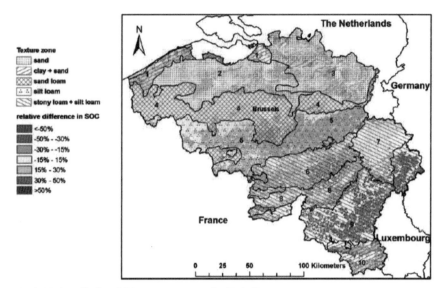

圖 2-5　土壤質地及農業區域於 1960-2006 年各自的 SOC

資料來源：Van Wesemael *et al.*, 2010

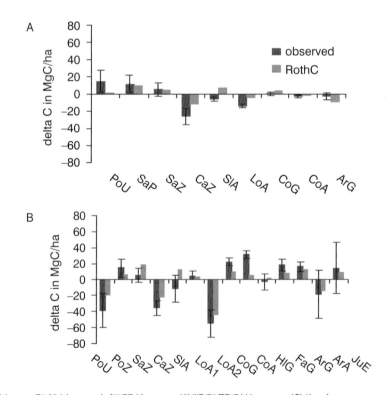

圖 2-6　耕地 (A) 和草地 (B) 中每單位 LSU 模擬和觀測的 SOC 變化（1960-2006 年）

資料來源：Van Wesemael *et al.*, 2010

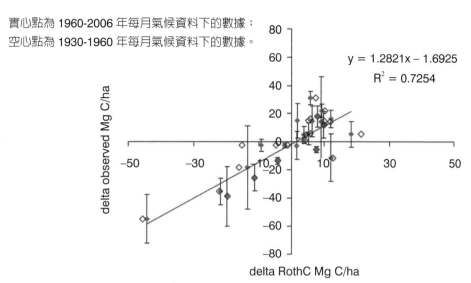

實心點為 1960-2006 年每月氣候資料下的數據；
空心點為 1930-1960 年每月氣候資料下的數據。

圖 2-7　每單位 LSU 受排水和土壤利用之影響（1960-2006 年）

資料來源：Van Wesemael *et al.*, 2010

Mg C/ha）。對於區域性規模分析，我們進行了兩階段的模擬。該模型首先從 1960年每個 LSU 的平均 SOC 存量開始執行，並加入每個農業地區的平均作物碳輸入和糞肥以及氣候及土壤特徵參數進行估計。在 SOC 變化實測值（1960-2006 年）和模型預測結果之間獲得了顯著的（$P < 0.05$）但弱的正關係（$r^2 = 0.337$）。初步模擬結果中的異常值主要包括 SOC 變化最大的區域，顯示除了作物和糞肥的碳輸入外，還需要考慮其他因素。Roth C 模型低估了比利時中部和北部（Campine〔砂土貧瘠地〕——比利時東北和荷蘭東南部分地區、砂壤和壤土地區）以及 Polder（圍海造田地）、Campine 和壤土地區草原的 SOC 減少，還有該國東南部草原的 SOC增長。

6. **Enhanced top soil carbon stocks under organic farming**（有機農業中表土碳匯的增加）

摘要：有人建議，將耕作系統轉化為有機農業（organic farming）能夠促進土壤碳的吸存（soil carbon sequestration），但到目前為止，此議題仍然缺乏全面性量化評估。因此，我們對進行有機和非有機耕作兩種系統比較的 74 項研究資料集進行了統合分析（meta analysis），以確定兩系統中土壤有機碳（SOC）的差異。我

們發現，與非有機管理相比，有機耕作管理的土壤中 SOC 含量顯著較高，約高了 0.18±0.06%（平均在 ±95% 信賴區間內），SOC 存量增加 3.50±1.08 Mg C/ha，固存率則能提高 0.45±0.21 Mg C/ha/yr。統合回歸分析（metaregression）沒有對造成差異的因素提供明確解釋，但外部碳輸入和作物輪作（rotation）的不同似乎是很重要的因子。若分析資料僅考慮淨零輸入（zero-net input）有機系統，並使用資料品質最高的資料集（有土壤總體密度〔bulk density〕測值以及外部碳和氮的輸入資料），兩種農業系統之間 SOC 存量的平均差異仍然顯著（1.98±1.50 Mg C/ha），但是固存率的差異變得不顯著（0.07±0.08 Mg C/ha/yr）。在不要求完整資料的情況下分析所有淨零輸入系統的資料，我們發現兩種農業系統中的 SOC 含量和存量具有顯著差異（分別為 0.13±0.09% 和 2.16±1.65 Mg C/ha），固存率的差異仍不顯著（0.27±0.37 Mg C/ha/yr）。本篇蒐集之資料主要涵蓋溫帶地區的表土，而來自熱帶地區和犁土層的資料很少。綜合上述，本研究顯示有機農業具有累積土壤碳的潛力。

　　討論內容：對三種結果的統合分析顯示，與非有機農業管理相比，有機管理的土壤中 SOC 含量、SOC 存量和碳吸存率明顯更高。與非有機管理的土壤相比，有機管理的土壤中 SOC 含量高了 0.18±0.06 百分點（平均在 ±95% 信賴區間內）（圖 2-8A；資料集類別 I，200 個比較樣本），SOC 存量提升 3.50±1.08 Mg C/ha（圖 2-8B；資料集類別 I，204 個比較樣本），固存率則增加 0.45±0.21 Mg C/ha/yr（圖 2-8C；資料集類別 I，41 個比較樣本）。此次研究中的有機農業系統比非有機農業中的 SOC 存量高出 3.60±1.45 Mg C/ha（$P < 0.0001$；圖 2-8B；資料集類別 III，93 個比較樣本），固存率則高了 0.30±0.14 Mg C/ha/y（$P < 0.0001$；圖 2-8C；資料集類別 III，32 個比較樣本）。我們發現有機農業的土壤總體密度較低，因此在有機管理的土壤中觀察到的 SOC 存量的增加是由於土壤有機碳富集（enrichment），而不是土壤壓實（soil compaction）造成的。

　　對「土壤有機碳含量」、「土壤有機碳匯量」和「碳吸存率」這三個項目的後設分析表明，有機管理的表土中存在更多的碳。我們的結果也顯示，有機耕作能使土壤 20 公分以內的土壤有機碳匯量在約 14 年的時間內較非有機系統高 3.50±1.08 Mg C/ha。若僅考量有高品質數據（碳、氮輸入及總體密度）的淨零輸入有機農業

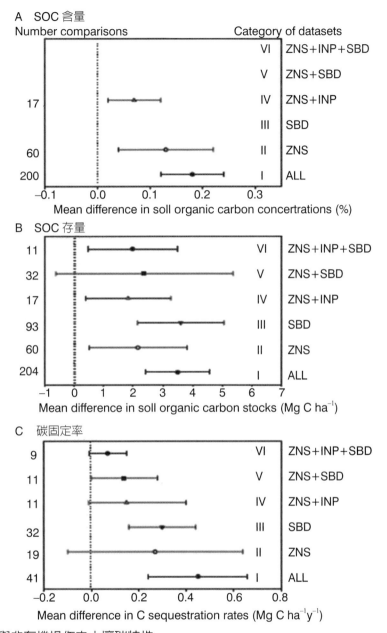

圖 2-8　有機與非有機操作之土壤碳特性

資料來源：Gattinger *et al.*, 2012

系統，則上述的影響會減弱，但仍然可在長期試驗中觀察到顯著成效。這種土壤有機碳匯量的增加在早期最明顯，接著會慢慢趨緩。這些動態更顯示「每年」所得到的固存率差異會受到試驗時間的差異影響。為了公正地評估耕作系統之間土壤碳吸

存的差異，我們需要試驗開始以及結束時的土壤有機碳匯量和含量，並根據試驗持續的時間進行報告。

重要結論：有機農業下表層土壤有機碳含量和存量較非有機農業高。其次，土壤有機碳差異似乎主要受到混合耕作方式（牲畜加作物生產）的影響，如有機物回收和作物輪作中的豆科飼料作物。因此，如果採取這些措施，現代農業下的土壤有機碳含量和存量可能會得到改善。這些措施是在有機農業系統中固有的，但原則上可以應用於任何農業生產系統。未來仍需要進一步研究，以得到考量整個土壤剖面和開發中地區（如 SSA）這些較無兩種農業系統比較資料的地區之觀察結果。

7. **Crops for increasing soil organic carbon stocks - A global meta analysis**（增加土壤有機碳匯量的作物—全球性統合分析）

摘要：量化植物在其生物量中儲存大氣無機碳（C）並最終作為有機碳長期儲存在土壤中的能力，對於緩解氣候變遷和提高土壤肥力至關重要。雖然過去學界對單一種作物的大氣碳轉移到土壤方面進行了許多獨立研究，但本篇研究的目的是比較全世界最常見的作物種類將碳轉移到土壤中的能力，以及相關的控制因子。我們對 227 項研究試驗進行了統合分析（meta analysis），這些試驗報告了不同作物從植物到土壤的碳通量（C fluxes）。平均而言，作物從大氣中吸收 4.5 Mg C/ha/yr，大麥（*Hordeum vulgare*）的值在 1.7 Mg C/ha/yr 左右，玉米（*Zea mays*）為 5.2 Mg C/ha/yr。60% 同化的碳（assimilated C）分配給莖，20% 分配給根部，7% 分配給土壤，12% 被植物作為自營呼吸作用（autotrophic respiration）回到大氣中。玉米和黑麥草（*Lolium perenne*）對土壤的碳分配最多（1.0 Mg C/ha/yr 或 19% 的總碳同化量），其次是小麥（*Triticum aestivum*）（0.8 Mg C/ha/yr，23%）和水稻（*Oryza sativa*，0.7 Mg C/ha/yr，20%）。土壤中的碳分配與根部的碳分配呈正相關（$r^2 = 0.33$，$P < 0.05$），而莖和根生物質與莖的碳分配之間的相關性並不顯著。至於轉移到土壤的碳的長期穩定性問題，目前仍未有解答。

討論內容：

(1)作物物種對碳從大氣到莖和根之同化的影響。我們可以預期不同作物將大氣中碳分配到莖的效率有很大的差異（0.4 Mg 到 5.6 Mg C/ha/yr），造成的原因可能是不同的環境條件、植物生長模式和受遺傳控制的內部代謝機制（Warembourg *et al.*, 2003）。玉米的葉面積和 C4 光合作用效率更高，這使其在大氣中的碳獲取效率高於 C3 作物（小麥或水稻），而其高濃度的木質素和半纖維素導致嫩莖中保留更多的碳（Adapa *et al.*, 2009; Li *et al.*, 2013）。

(2)植物碳通量與轉移到土壤中的碳之間的關係。根碳分配和土壤碳分配之間存在顯著正相關性（$r^2 = 0.38$；$P \leq 0.05$），從先前研究可知，從植物根得到的碳在 SOC 中占很大比例（Rasse *et al.*, 2005）。根的碳透過各種方式為 SOC 做出貢獻，例如：提供在土壤穩定的碳分泌物，對土壤進行物理性保護以防止土壤沖蝕，與菌根菌（mycorhizae）共生，以便在土壤中固定碳，並為植物和土壤之間的離子化學作用提供交換位（Rasse *et al.*, 2005）。直觀而言，隨著更多的根部分泌物釋放到土壤中，土壤中將可能有更高的碳分配。研究發現，土壤中的碳同化與土壤二氧化碳排放之間沒有顯著的相關性，這表明新增的碳不一定在短期內會透過土壤呼吸作用而增加碳損失。有一種可能的機制可以解釋，該機制為新同化碳提供了相對高的保護作用。

(3)土壤碳同化對環境的影響。結果指出，所進行的實驗種類（現場與溫室）對研究變數沒有顯著影響，而根生物質在田間條件下比溫室（16 Mg C/ha）高出約兩倍（平均 36 Mg C/ha）。這種無顯著差異的結果表明，田間和玻璃溫室的環境條件沒有明顯的不同。此外，更大的根生物質田間條件可能是因為與溫室的根部受盆栽大小限制，相較之下，根在田間有更多的生長空間。

(4)耕作系統對土壤碳動力學的影響：同位素追蹤技術顯示，在植物固定大氣中的碳後，碳在幾個小時內會被分配到地下部的生物質中（Gregory *et al.*, 1991）。土壤中的碳動力學立即受到分泌、呼吸和固定等作用影響，並根據土壤和植物的作用有不同的影響程度。再者，根部呼吸對植物生長至關重要，儘管它會導致碳吸存的損失，並代表二氧化碳重返大氣的碳循環中。這項統合分析的結果顯示，平均 7% 植物固定的大氣碳將穩定存在於土壤中，而 12% 的碳將透過植物自營的呼吸作用回到大氣中。這個比例因作物種類而異，例如：小麥將有最高比例的碳固定分配給土壤（23% 的總碳同化量）。

重要結論：從這項針對全球 227 項調查了大氣中碳在作物莖、根和土壤中分配的研究中，我們可以得出三個主要結論：(1) 收穫後，在土壤中只發現少部分（約

7%）植物同化的碳，其中小麥比例最高（23%），其次是水稻（20%），玉米和黑麥草占19%；(2) 玉米將大氣中的碳向土壤轉移的效率最高（1.00 Mg C/ha/yr），其次是黑麥（0.95 Mg C/ha/yr）、小麥（0.80 Mg C/ha/yr）和水稻（0.70 Mg C/ha/yr）；(3) 無論作物種類如何，在黏質土壤和溫暖的氣候下，土壤有機碳含量都較高。

8. Grassland management impacts on soil carbon stocks: A new synthesis（草原管理對於土壤碳庫存的影響：全新的綜合性文獻回顧）

摘要：草原生態涵蓋地球表面大部分的面積，儲存可觀的土壤有機碳。先前文獻證實土壤有機碳對於管理方式和土壤使用的改變很敏感，例如放牧、物種組成和營養元素的有效性能夠造成土壤碳的損失或增加。由於每年大量的碳進出草原系統，如何透過改變管理方式阻止碳的損失和增加碳吸存的能力成為大家關心的議題。2001 年發表的文章蒐集數百篇有關管理方式的改變與土壤碳關係的研究。我們發表新的綜合文獻回顧型文章，加以整合上篇文章發表後數百篇研究。這些新的資料與我們先前結論相符：改良的放牧管理、施肥、施用豆科植物、改良雜草物種、灌溉和耕作方式的改變，都導致土壤碳的增加，速率由 0.105 改變至 1 Mg C/ha/yr。新的資料包含評估三種新的管理方式：火耕、混林牧業和草原再造。相較於我們先前研究資料，同一塊地由原生植被轉變為草原，平均土壤碳庫存改變的速率很小，且不顯著。本篇研究證實改善草原管理措施，以及由耕地轉變為草原，會增進土壤碳的儲存。

討論內容：文獻指出土壤碳濃度的改變，大部分（69.6%）都是由於管理方式的改變導致土壤碳的增加。所有管理方式的改變造成土壤碳平均增加 0.22%。土壤碳含量改變最多的為草原再造和由耕地轉變為草原的栽培方式（表 2-15）。大部分由原生植被轉變為草原栽培方式的文獻（61%），顯示此轉變導致土壤碳含量的下降，平均下降 14%。在其他管理方式的比較之中，大部分的研究仍顯示土壤碳增加。有關放牧管理方式的研究為最少觀察到土壤碳含量的減少。相較於之前的管理方式，採用放牧、施肥、火耕和草田輪作（grass leys）的管理方式，平均提高百分之十的土壤碳含量。

改良管理措施傾向於導致土壤碳庫的增加，平均為 0.47 Mg C/ha/yr。由耕作轉變為草原（0.87 Mg C/ha/yr）、種植豆科（0.66 Mg C/ha/yr）和施肥（0.57 Mg C/ha/yr）

表 2-15　實施不同管理方式的改變造成土壤碳含量的改變

Treatment	Soil C concentration (%)		Change (%)
	Initial	Final	
Conversion: cultivation to grass 耕地轉變為草原	0.97	1.35	+39.2
Conversion: native to grass 原生植被轉變為草原	2.97	2.55	−14.0
Earthworms 蚯蚓	2.24	2.89	+28.8
Fertilization 施肥	3.44	3.85	+11.8
Fire 火耕	1.09	1.20	+10.5
Grazing 放牧	2.62	2.89	+ 9.99
Grass ley 草田輪作	2.50	2.68	+10.3
Reclamation 填地	8.0	15.9	+98.8

Note: Data include newly synthesized information and data from Conant *et al.* (2001) averaged across depth and experimental duration.

資料來源：Conant *et al.*, 2017

有最大碳含量的增加（圖 2-9）。放牧管理（0.28 Mg C/ha/yr）和由原生植被轉變為草原管理（0.02 Mg C/ha/yr）分別有較低和非常低的碳吸存速率，沒有顯著改變。無論使用有機肥（79% 的文獻）還是無機肥（82%），大部分肥料施用的研究顯示土壤碳吸存速率為正值，而有機肥（0.82 Mg C/ha/yr）比無機肥（0.54 Mg C/ha/yr）速率還快。

　　研究的時間與土壤碳吸存速率有些許相關，短期管理方式改變的研究有較高的土壤碳吸存速率（灌溉〔5 年〕、種植豆科〔8.3 年〕、種植雜草〔9.8 年〕和蚯蚓〔10 年〕），反之亦然（由原生植被轉變〔23 年〕、施肥〔26.7 年〕和放牧〔38.5 年〕）。大部分觀察資料介於表土以下 20 公分的土壤，土壤碳庫存改變大部分介於此深度內（圖 2-10）。土壤碳庫存改變的數值隨著深度遞減，表土 20 公分內土壤碳平均增加 23%，但土壤剖面較深處僅增加 12%。

　　重要結論：本篇更新版的綜合文獻回顧研究，探討草原管理對於土壤碳庫存的影響，結論與我們先前的研究一致（Conant *et al.*, 2001）：有助於增加牧草生產的管理方式，傾向於增加土碳庫存的含量。綜合研究資料，改善草原管理能夠造成

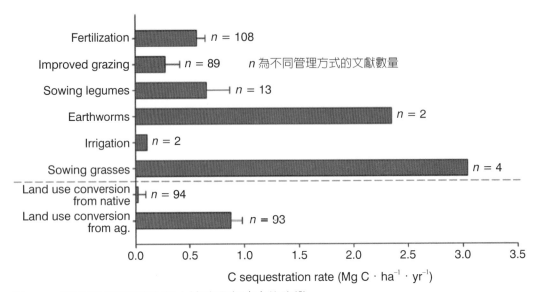

圖 2-9　管理方式的改進對於土壤碳吸存速率的改變

資料來源：Conant *et al.*, 2017

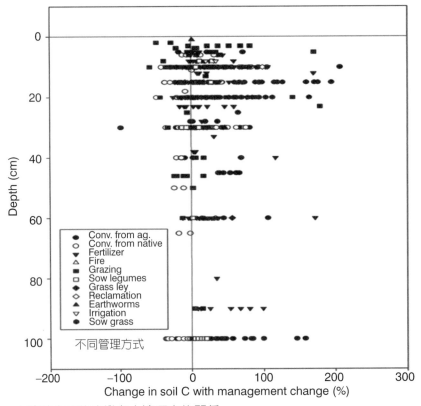

圖 2-10　土壤碳含量的改變與土壤深度的關係

資料來源：Conant *et al.*, 2017

土壤碳吸存速率上升，平均為 0.47 Mg C/ha/yr。此結論與其他近期回顧型文獻相符（McSherry and Ritchie 2013; Wang *et al.*, 2016）。本篇研究包含的六種草原管理的方式和由耕地轉變爲草原的管理都造成土壤碳庫存的增加。

　　雖然本篇結果清楚顯示越來越多文獻指出改善草原管理方式能夠導致土壤碳濃度和土壤碳庫存的增加，但此處呈現的結果並未解決發展政策上的障礙，即有關利用增加土壤碳庫存作爲減少溫室氣體的相關政策。管理改變對於木材生產和牧草生產的影響在此尚未有結論。雖然我們並未解決許多經濟上和政策上有關改良草原管理以增加土壤碳庫存的挑戰（Conant, 2011, 2012; Booker *et al.*, 2013），但本篇文章證實，整體而言改善草原管理會造成草原生態系統中的碳庫存增加。

9. Short-term CO₂ and N₂O emissions and microbial properties of biochar amended sandy loam soils（生物炭改良砂質壤土中短期 CO_2 和 N_2O 排放及微生物特性）

摘要：物質熱裂解過程中所產生的生物炭具有減少土壤溫室氣體（greenhouse gas, GHG）排放的潛力。爲了探討四種不同的生物炭添加對溫室氣體二氧化碳（後簡稱 CO_2）和氧化亞氮（後簡稱 N_2O）排放的影響，因此在溫帶砂質壤土中進行了兩個孵育實驗。消化物爲豬糞淫發酵後的廢棄物，柳木則是在 350℃ 和 700℃ 下緩慢熱裂解，產生四種生物炭類型（DS350、DS700、WS350 和 WS700）。在第一個孵育實驗中（117 天），土壤在添加 10 Mg/ha 的生物炭（面積比；生物炭與土壤的質量比爲 1：6），生物炭的孔隙水（water filled pore space, WFPS）爲 50%，再觀察碳礦化的結果。加熱 350℃ 生物炭的 CO_2 排放量顯著高於對照組（無生物炭），但與加熱 700℃ 生物炭組相比則無顯著差異。在將零與一階模型一起擬合到累積碳礦化的數據後，易礦化碳庫的參數（C Af）與生物炭的揮發性物質（volatile matter, VM）含量呈正相關。

　　所有生物炭的添加組別中的微生物生物量碳都有持續增加的現象，脫氫酶活性在 350℃ 生物炭處理中增加，但在 700℃ 生物炭處理中卻顯示降低。所萃取的磷脂脂肪酸（phospholipid fatty acids, PLFA）的主成分分析（principal component analysis, PCA）顯示，在添加生物炭之後，土壤中建立了不同的微生物群落結構。與對照組及其他生物炭處理組別相比，350℃ 生物炭處理中革蘭氏陽性和革蘭氏陰

性細菌的標記物更為豐富。沼渣生物炭處理的淨氮礦化高於柳樹生物炭處理組別，並且隨著熱裂解溫度的升高和碳氮比的增加而降低。第二個孵育實驗（15 天）則是在 WFPS 70% 時量測，實驗添加與碳礦化相同的生物炭，並額外添加了 40 mg KNO_3-N/kg，並測定 N_2O 的排放。結果顯示 15 天後的累積 N_2O 排放量與生物炭的揮發性物質含量呈正相關，與對照組相比，700℃ 生物炭處理的 N_2O 排放量顯著降低，而 350℃ 生物炭處理則無顯著差異。研究結果表明，揮發性物質含量可能是生物炭在解釋生物炭改良土壤後的短期 CO_2 和 N_2O 排放的重要特性。

討論內容：溫室氣體排放量受到慢熱裂解生物炭的溫度影響，並與生物炭原料無關。與 700℃ 生物炭處理相比，350℃ 生物炭處理中的 CO_2 和 N_2O 排放量更高。350℃ 熱裂解生物炭比 700℃ 熱裂解生物炭具有更高的揮發性物質含量。生物炭的這種揮發性物質含量與短期 CO_2 和 N_2O 相關，並可作為基質，從而活化土壤微生物。因此，我們認為這是一個重要的生物炭特性，因其會影響生物炭改良土壤的短期的溫室氣體排放差異。然而，此處觀察到的揮發性物質與 CO_2 和 N_2O 排放之間的相關性應謹慎解釋，並且只是初步的結果（圖 2-11）。因此需要更多不同類

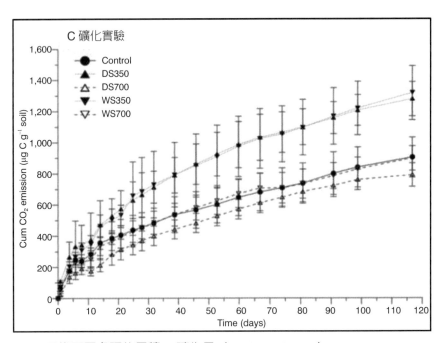

圖 2-11　117 天後不同處理的累積 C 礦化量（μg C 100/g soil）

資料來源：Ameloot, N., *et al*., 2013

型的生物炭和／或不同的熱裂解條件的生物炭研究來證實本研究中的觀察結果（表 2-16）。

微生物生物量碳（Cmic）和脫氫酶活性與 C 礦化明顯相關。除 DS700 外，所有生物炭的改良都增加了革蘭氏陽性菌的豐度，而 350℃ 生物炭處理中革蘭氏陰性菌的豐度高於其他生物炭處理。

表 2-16　碳礦化動力學模型（參數 ± 標準誤差）

Biochar type	C_{Af}	k_f	k_s	$C_{net\ min}$ (%)	
Control	32.2±3.2	3.63±0.33	1.04±0.28	–	不同字母表示單因素
DS350	55.4±2.1	4.65±0.19	0.62±0.05	3.45±0.15[c]	方差分析和 post-hoc
DS700	33.9±2.8	3.57±0.26	0.70±0.12	0.30±0.53[a]	Tukey 檢驗後顯著差異
WS350	61.0±10.5	4.25±0.87	0.46±0.13	2.15±0.11[b]	（$P < 0.05$）
WS700	35.5±3.1	3.37±0.29	0.71±0.13	0.14±0.31[a]	

資料來源：Ameloot, N., *et al.*, 2013

與對照組相比，700℃ 生物炭處理中 N_2O 通量減少了 50%；350℃ 生物炭處理中 N_2O 通量則沒有顯著差異。我們建議透過增加 (1) 土壤 pH 值、(2) 土壤通氣和 (3) 硝酸鹽在生物炭內部表面的短期保留時間來抑制生物炭改良土壤的 N_2O 排放。在 350℃ 熱裂解生物炭中，這些反硝化抑制機制被生物炭揮發性化合物所提供的基質所抵消（圖 2-12）。

重要結論：研究表明，溫室氣體排放量受到慢熱裂解生物炭的溫度影響，並與生物炭原料無關。與 700℃ 生物炭處理相比，350℃ 生物炭處理中的 CO_2 和 N_2O 排放量更高。350℃ 熱裂解生物炭比 700℃ 熱裂解生物炭具有更高的揮發性物質含量。生物炭的這種揮發性物質含量與短期 CO_2 和 N_2O 相關，並可作為基質，從而活化土壤微生物。微生物生物量碳（C_{mic}）和脫氫酶活性與 C 礦化明顯相關，建議透過增加 (1) 土壤 pH 值、(2) 土壤通氣和 (3) 硝酸鹽在生物炭內部表面的短期保留時間來抑制生物炭改良土壤的 N_2O 排放。在 350℃ 熱裂解生物炭中，這些反硝化抑制機制被生物炭揮發性化合物所提供的基質所抵消。

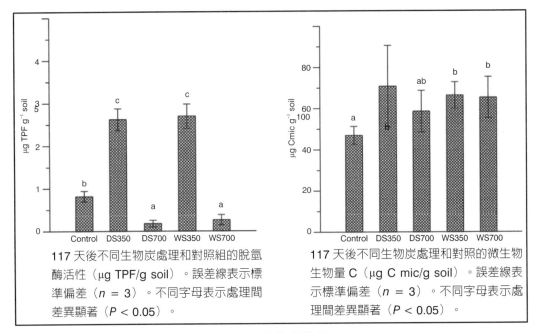

117 天後不同生物炭處理和對照組的脫氫酶活性（µg TPF/g soil）。誤差線表示標準偏差（n = 3）。不同字母表示處理間差異顯著（P < 0.05）。

117 天後不同生物炭處理和對照的微生物生物量 C（µg C mic/g soil）。誤差線表示標準偏差（n = 3）。不同字母表示處理間差異顯著（P < 0.05）。

圖 2-12　不同生物炭處理之脫氫酶活性及微生物生物量 C

資料來源：Ameloot, N., *et al.*, 2013

10. **The potential to increase soil carbon stocks through reduced tillage or organic material additions in England and Wales: A case study**（在英格蘭與威爾斯透過減少耕犁及應用有機資材增加土壤碳匯的潛力：案例研究）

　　摘要：本篇整理了在英國有關利用 (1) 改變耕犁強度和 (2) 添加包含農場糞肥、消化後生物固體（digested biosolid）、穀物秸稈、綠色堆肥（green compost）和紙屑的有機資材對土壤有機碳（SOC）緩解氣候變遷成效的研究結果。減少耕犁（reduced tillage）所帶來平均 SOC 增加為 310 kg C±180 kg C/ha/yr。但是這個增加量在英國及歐洲西北部難以達成，因為農夫多會執行輪作（rotation）的耕作方式。氧化亞氮（N_2O）排放會因減少耕犁而增加，抵消了增加 SOC 的效益。添加生物固體可平均增加 60±20（農場糞肥）、180±24（消化後的生物固體）、50±15（穀類秸稈）、60±10（綠色堆肥）和約 60（紙屑）的 SOC（以施用每噸乾物下的碳量 kg/ha/yr/ton 為單位）。SOC 的累積在施用農場糞肥後之長期試驗（大於 50 年）中會逐漸減少，直到達到一個新的平衡。生物固體基本上現在都已經應用於土地上，因此 SOC 的增加，難以被視為是緩解氣候變遷的一個新的成效。紙

屑應用可使 SOC 大量的增加（> 6 Mg C/ha/yr），但是額外需要的氮肥又可能造成氧化亞氮的排放。最後，堆肥可以透過從掩埋場移入土地，提供緩解氣候變遷的潛力，並同時減少氧化亞氮的排放。

　　討論內容：將減少耕犁與適當週期的輪作結合是個問題，因爲這麼做會造成在減少耕犁或免耕期間，雖然 SOC 存量略有增加（表 2-17），SOC 仍會因該地區必須進行的輪作而有所損失。大部分可用的材料（農場糞肥、穀物秸稈和生物固體）已經大量地被利用了。他們現有的土壤有機資材應用維持了目前的 SOC 存量（圖 2-13），故再增加的空間很小。從降低氮肥需求的角度來看，利用這些材料是有益的，從而節省與肥料相關的溫室氣體。民眾用來製造堆肥的材料，過去都會直接進入垃圾掩埋場，若能回歸應用到土地上，可提高 SOC 存量，並間接經由碳吸存過程來減緩氣候變遷，故適合鼓勵此類發展。此外，堆肥的運輸碳成本不太可能超過其減緩氣候變遷之潛力（Smith and Smith, 2000）。

表 2-17　施用含氮量 250 kg N/ha 的有機資材後表土 SOC 含量增加範圍

Organic material	Number of sites	Application rate of dry solids[a] t ha⁻¹ yr⁻¹	SOC increase[b]		References
			t⁻¹ dry solids	Form maximum permitted application in UK Nitrate Vulnerable Zones[a] kg ha⁻¹ yr⁻¹	
Farm manures	8	10.5	60±20 (20-100)	630	Mattingly et al. (1075), Jenkinson and Johnston (1977), Jenkinson (1990), Bhogal et al. (2006, 2007)
Digested biosolids	10	8.3	180±24 (130-230)	1,500	Johnston (1975), Gibbs et al. (2006)
Raw sewage sludge	10		130±20 (90-170)		Johnston (1975), Gibbs et al. (2006)
Green compost	4	23	60±10 (40-80)	1,400	Wallace (2005, 2007)
Paper crumble		30[c]	(60)[d]	1,800	
Cereal straw	4	7.5[e]	50±15[e] (20-80)	375	Nicholson et al. (1997), Smith et al. (2008), Johnston et al. (2009), Powlson et al. (2011a)

[a]　Rate to supply 250 kg N ha⁻¹, maximum permitted under Nitrate Vulnerable Zone regulations in England and Wales (S.I., 2008).

[b]　Mean±standard error with 95% confidence interval in parenthesis.

[c]　Expressed on fresh weight basis. Typical application rate of primary or secondary chemical/physically treated paper crumble=75 t ha⁻¹ fresh weight, supplying 150 kg ha⁻¹ total N (Gibbs et al., 2005).

[d]　Average SOC increase per tonne dry solids assumed to be the same as for farm manures.

[e]　Expressed per t fresh weight of straw. Taken as typical application rate.

資料來源：Powlson et al., 2012

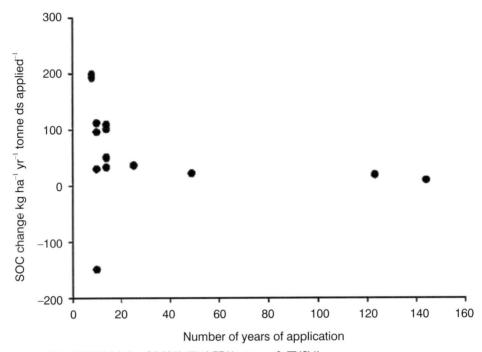

圖 2-13　施加有機資材後，隨著施用時間的 SOC 含量變化

資料來源：Powlson, D. S., *et al.*, 2012

　　重要結論：總體而言，我們得出結論，即在英格蘭和威爾斯透過增加農業土壤中的碳匯量、增加減少耕犁或免耕的耕地，或透過增加有機資材的應用，來進一步緩解氣候變遷的效力非常有限。

　　在減少耕犁的情況下，SOC 存量增加的證據非常值得懷疑，至少在潮溼溫帶地區和目前進行合適農藝操作的土壤中是如此。另外，將減少耕犁與適當週期的輪作結合是個問題，因為這麼做會造成在減少耕犁或免耕期間，雖然 SOC 存量略有增加，SOC 仍會因該地區必須進行的輪作而有所損失。此外，由於英國和威爾斯有 43% 的耕地已經進行減少耕犁（低於免耕 7%），並且實際管理經驗表明，有些土壤似乎不適合這種做法，故該地區進一步增加 SOC 的潛力有限。

　　在有機資材的應用下，情況更加複雜。一個主要因素是，大部分可用的材料（農場糞肥、穀物秸稈和生物固體）已經大量地被利用了。他們現有的土壤有機資材應用維持了目前的 SOC 存量，故再增加的空間很小。從降低氮肥需求的角度來看，利用這些材料是有益的，從而節省與肥料相關的溫室氣體排放（前提是考慮到

有機資材本身氧化亞氮的抵消影響）。但是，同樣地由於這些材料已經被廣泛利用，氮相關的影響已經是國家計算結果的一部分。有很多證據表明可以更有效地利用有機資材中的氮，從而對氮相關排放有更多的效益。我們認為消除這一負面結果的關鍵是利用來自家庭和政府來源的綠色堆肥，當然，還要考量堆肥中摻入不良材料的問題，應減少其對土壤品質或公共衛生的任何負面影響。

11. Modeling carbon sequestration under zero tillage at the regional scale. I. The effect of soil erosion（在區域尺度下模擬免耕的碳吸存 I 土壤沖蝕的影響）

摘要：免耕（zero tillage）被認為是一種在土壤中封存二氧化碳和減少耕地二氧化碳排放的措施。使用 SLISYS-BW 資訊系統對環境政策綜合氣候（Environmental Policy Integrated Climate, EPIC）模型的輸出進行放大的方法被用於估算巴登—符騰堡州（西南德國）的二氧化碳減排潛力。35,742 平方公里的面積被細分為 8 個農業生態區（agro-ecological zones, AEZ），這些區又細分為總共 3,976 個空間單元。根據土壤有機碳含量的變化估算的年度二氧化碳減排率（CO_2-mitigation rates），比較慣常耕犁和免耕下 30 年的模擬，並特別關注耕作方式對土壤沖蝕（erosion）造成的有機碳損失的影響，以及影響的二氧化碳減排率。在慣常耕作下，AEZ 因沖蝕造成的平均碳損失估計高達 0.45 Mg C/ha/a。如果計算中包括土壤沖蝕造成的碳損失，則在 8 個 AEZ 中，從慣常耕作到免耕轉換的表觀 CO_2 減排率範圍為 0.08 至 1.82 Mg C/ha/a。然而，與免耕相比，常規耕作下較高的碳損失是由二氧化碳排放增加造成的損失和加劇土壤沖蝕造成的損失組成的。調整後的免耕 CO_2 淨減排率減去因土壤沖蝕而造成的碳損失，介於 0.07 和 1.27 Mg C/ha/a 之間，估計整個州的淨減排率達到 285 Gg C/a，採用 2000 年的種植模式作為參考年時，這相當於每年 1,045 Gg 二氧化碳當量。結果提醒人們有必要修改那些完全或主要基於總有機碳變化的二氧化碳減排估算，而應考慮耕作對土壤沖蝕引起的碳損失。

討論內容：當在區域尺度上聚合分析總有機碳儲量的時間動態時，同樣的趨勢仍然存在。圖 2-14 展示了 AEZ 萊茵／博登湖在慣常耕作和免耕下土壤有機碳儲量的演變。當包括土壤沖蝕造成的損失時，慣常耕犁的土壤有機碳儲量減少是相當可觀（TOC，圖 2-14 中的慣常耕犁）。如果排除土壤沖蝕造成的碳損失，則整個 AEZ 的碳儲量在慣常耕作下幾乎保持不變，這表明在沒有沖蝕的情況下，整個

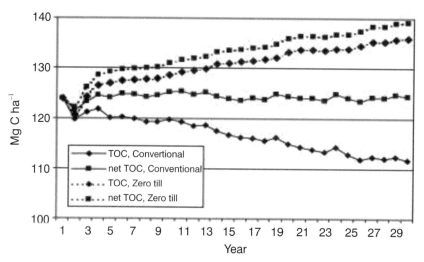

圖 2-14　慣常和免耕下總有機碳儲量模擬

資料來源：Gaiser, T., *et al.*, 2008

AEZ 的碳狀態處於接近穩定狀態（net TOC，圖 2-14 中的慣常耕犁）。將耕作方式改爲免耕會擾亂穩定狀態，並使 30 年模擬期內平均土壤有機碳儲量幾乎呈線性增加。與慣常耕犁相比，免耕下因土壤沖蝕造成的碳損失要低得多。初始（TOC0）和最終總有機碳含量（TOC30）之間的差異代表表觀 CO_2 封存或排放，因爲它包括土壤沖蝕造成的碳損失。它總是高於淨 CO_2 封存或排放，即慣常和免耕系統在模擬期結束時 TOC0 和淨 TOC30 之間的差值。

　　圖 2-15 顯示了 8 個農業生態區（AEZ）在慣常耕犁和免耕條件下的年平均土壤有機碳變化，包括土壤沖蝕引起的碳損失。在慣常耕作下，所有 AEZ 的有機碳損失範圍爲 0.04-1.95 Mg C/ha/a。相比之下，免耕只在一個 AEZ（阿爾高）減少了土壤有機碳庫，但增加了所有其他 AEZ 的土壤有機碳。免耕條件下，AEZ 阿爾布／巴爾、高地／多瑙河和萊茵／博登湖的土壤有機碳增幅最高。這些 AEZ 是穀物和油菜比例高的地區，由於田間殘留大量作物殘體，這些地區具有很高的碳吸存潛力。Lal（1997）確定了作物殘體在土壤固碳中具有重要潛力。如果作物秸稈 15% 的碳能轉化爲土壤有機碳成分，可抵消大氣中二氧化碳年增量的 40% 以上。Duiker 與 Lal（1999）在俄亥俄州中部的具滯留水位的淋溶土（Stagnic Luvisols）中發現作物殘體的量與碳吸存之間存在線性關係。另一方面，在慣常耕犁和免耕中，每公

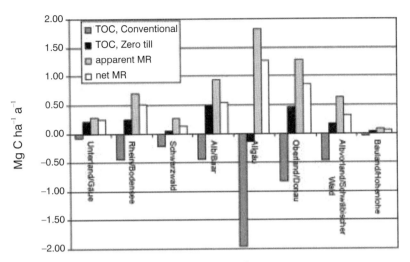

圖 2-15　慣常耕犁和免耕耕地的模擬土壤有機碳變化

資料來源：Gaiser, T., *et al*., 2008

頃土壤有機碳的最高損失發生平均氣溫最低、年降雨量最高的地區（阿爾高）。這可以歸因於有機質含量高的土壤（腐殖的灰化土〔Humic Gleysoils〕及有機質土〔Histosols〕）在該 AEZ 中的覆蓋率最高。當用慣常耕犁耕種這些土壤時，會釋放大量二氧化碳（Lohila *et al.*, 2003; Chimner and Cooper, 2003）。

　　由於沖蝕的影響在傳統評估耕作變化造成的二氧化碳減排時並沒有被明確考慮，因此很難將 SLISYS-BW 得出的值與 IPCC 方法比較（IPCC, 1997）。Neufeldt（2005）給出了巴登—符騰堡州的平均免耕地二氧化碳減排率為 0.6 Mg C/ha/a。該值可對應於使用 SLISYS-BW 計算的面積加權平均表觀 CO_2 減排率，即 0.63 Mg C/ha/a。由於 IPCC 方法的資料庫主要依賴於基於土壤總碳變化的文獻，而沒有明確考慮土壤沖蝕效應，因此與表觀 CO_2 減排率更相關。從 SLISYS-BW 得出的 CO_2 年淨減排率（0.43 Mg C/ha/a）更接近 Smith 等人（2001）由幾個現場實驗取得的平均值 0.49 Mg C/ha/a。儘管考慮了整個剖面而不僅僅是 IPCC 提出的表土（0-30 公分），在任何情況下，忽略土壤沖蝕影響的 CO_2 淨減排率都小於 IPCC 方法計算的或文獻中發現的數值。

　　重要結論：氣候、作物分布和土壤類型之間的複雜相互作用決定了巴登—符騰堡州 AEZ 的碳吸存率。與傳統的評估方法相比，使用 SLISYS-BW 系統計算 CO_2

減排率的優勢在於更高的空間和時間解析率，以及考慮系統過程和邊界條件動態變化（如沖蝕、氣候變遷或增加能源作物引起的碳損失）的潛力。有必要修改那些不考慮土壤沖蝕的評估方法來測量不同耕作方式導致的土壤有機碳庫變化。應直接測量大範圍農業生態區慣常耕犁和免耕土壤中的 CO_2 通量。免耕具有在 30 年的時間內吸存有機碳的巨大潛力（圖 2-16）。緩解全球暖化需要建立一個完整的溫室氣體平衡，因為有證據顯示免耕做法在吸存二氧化碳的同時會增加二氧化氮的排放。在推廣新的耕作系統時，還應考慮在免耕下更密集地使用除草劑帶來的其他環境副作用。

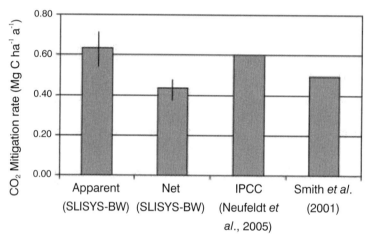

圖 2-16　農田模擬二氧化碳減排率

資料來源：Gaiser, T., *et al.*, 2008

12. A critical review of the conventional SOC to SOM conversion factor（對傳統 SOC 到 SOM 轉換係數的批判評論）

摘要：使用單一係數將土壤有機碳轉化為土壤有機質是值得挑戰的。挑戰的基礎來自四個方面：19 世紀發表的原始論文、整個 20 世紀發表的研究、有機物質組成的理論考慮，以及為什麼常規係數被普遍接受與使用。基於土壤有機質含有 58% 碳的假設，轉換係數 1.724 僅適用於部分土壤或僅適用於土壤有機質的特定成分。自 19 世紀末以來發表的文章表明，對於多數土壤來說，1.724 的數值太低了。在回顧先前公布的數據時，研究發現轉換係數的中位數為 1.9，在理論上認為轉換係數

應該為 2。這是基於有機物是 50% 碳的假設，在各個情況下都比 1.724 更準確。考慮到有機質成分的變化性，預測的係數範圍在 1.4 到 2.5，該範圍比經驗結果小的部分原因是估計有機質的方法和土壤成分之間的相互作用。與證據的強度相比，方便、權威和傳統，在很大程度上是傳統係數被廣泛接受的原因。

　　討論內容：(1) 對轉換係數的挑戰：不推薦使用 1.724 轉換係數的第二條證據來自過去 120 年發表的數據（圖 2-17）。迄今為止，最早發現計算轉換係數的論文是在英國 Rothamsted 工作的 Warington 與 Peake（1880）。他們觀察到，假設有機物為 58% 的碳，根據燒失量估算的有機物含量遠高於從碳含量計算的有機物含量，這導致轉換係數理應遠高於 1.724。

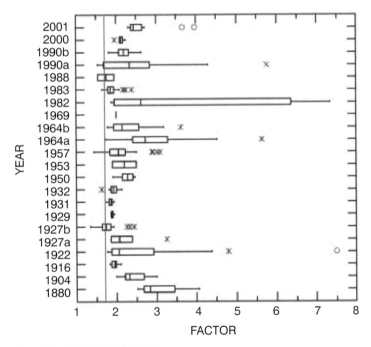

圖 2-17　不同論文對於轉換係數之探討

資料來源：Pribyl, D. W., 2010

　　垂直線以大約 1.724 的係數值繪製。大於 10 的係數值已從數據集中刪除（參見文本），但軟體識別並標記為○和＊的極值仍然存在。

　　理論估計與經驗觀察的比較：(1) 不推薦使用 1.724 傳統轉換係數的第三條證

據來自理論估計。以 Schulze（1849）的方式進行的理論考慮，可以提供轉換係數的合理採用值範圍的估計。作為參考，Wiley（1906, p.360）表示土壤的碳含量範圍為 40% 到 72%（係數為 2.5 和 1.4），這可能是基於實驗結果，但他沒有引用任何來源。(2) 透過考慮最低 OC：OM 比例組成的土壤，可以估計該係數的上限約為 40% 碳。例如：有機碳含量低的年輕土壤的 OC：OM 比率約為 40%，類似於新興溼地植被（Craft et al., 1991）。由含有 40% 碳的有機物質組成的土壤的轉換係數為 2.5。(3) 脂質，主要是脂肪、蠟和樹脂，具有最高的碳含量，但通常只占土壤有機質的一小部分，儘管酸性泥炭可能有高達 20% 的木質素（Sparks, 1995）。腐植質是一種不溶性有機物質，通常與黏土緊密結合，碳含量次之，但難以研究，對其碳含量的估計也不準確。假設腐植質的碳含量為 70%，脂質的碳含量為 80%，則有機質由 20% 的脂質和 80% 的腐植質組成的土壤將具有 72% 的碳含量和 1.4 的轉換係數。1.4 和 2.5 的數值共同定義了 Wiley（1906）發表數值的範圍。(4) 變異來源；任何估計係數的變異性都來自兩個來源：用於估計有機物和有機碳的方法，以及土壤成分的自然變異性，兩個來源造成的變異性不是獨立的。例如基於燒失量法的有機質估算取決於土壤中有機質和黏土含量的相對量。估計轉換係數比例 OM：OC 需要測量 OC 和 OM 或測量 OC 加上轉換係數來估計 OM。每一步都存在測量誤差和自然變化，需要考慮誤差的放大。

　　估算任何轉換係數的準確度取決於測量有機碳和有機物方法的準確度。例如低估 OM 會使 OC：OM 增加，導致轉換係數過低；高估 OM 會使 OC：OM 降低，導致轉換係數過高，OC 的估算錯誤也是類似的情況。對方法的詳細回顧超出了本文的範圍。詳盡的討論請參見 Nelson 與 Sommers（1996）與 Chatterjee 等人（2009）報告。然而，對方法和程序進行了一些討論，因為它與 OM：OC 轉換係數的建立有關。

　　重要結論：過去 120 年的研究表明，轉換係數的基本假設，即碳占有機物的 58%，平均而言過高。因此傳統轉換係數 1.724 對於大多數土壤來說太低了。這項研究提出轉換係數的中位數為 1.9，並可以考慮為 2。基於有機物是 50% 碳的假設，轉換係數 2 在幾乎所有情況下都比傳統轉換係數 1.724 更準確。

　　有機物碳含量低估的發現是由於估算有機物的方法發生了變化。最早用於提取

有機物的方法是分離出含有約 58% 碳的腐植酸。值得注意的是，Gortner（1916）使用氫氧化鈉或氫氧化銨來提取腐植質，在鹼提取之後沒有進行鹽酸處理，因此沒有沉澱腐植酸。他在這些僅含鹼的提取物中發現了大約 50% 的碳。

燒失量已成為估算有機物的常用方法，然後將其轉換為有機碳的估算值。在太低或太高的溫度下燃燒可能會嚴重低估或高估有機質的數量，從而導致轉換係數估計值太低或太高。對於所研究的每種土壤類型和區域，應根據使用乾燃燒更可靠地確定碳來校準燃燒損失估計值。應使用包括黏粒和採樣深度的截距模型進行校準。

任何用於將有機碳轉化為有機物的係數都不是通用的常數。該係數可能受植被覆蓋、有機質成分、剖面深度、土壤中有機質和黏粒的量以及分解程度的影響，這些都會反映有機碳含量的真實差異。任何經驗導出的轉換係數或使用經驗轉換係數的方法只能是估計值。任何普遍應用的單一轉換係數在用於估算土壤的碳含量時都可能出現嚴重錯誤。例如轉換係數使用 1.724 而不是 2 會高估 15% 的碳含量。單個數字的影響力是強大的，但土壤的碳含量對於單個轉換係數來說變化太大，普遍使用有問題的假設將無法為報告土壤有機碳的數量提供足夠可靠的準確性。

13. **To what extent can zero tillage lead to a reduction in greenhouse gas emissions from temperate soils?**（免耕能多大程度減少溫帶土壤的溫室氣體排放）

摘要：耕作對於土壤的物理性質和溫室氣體（GHG）平衡有著深遠的影響。然而，在不同土壤管理制度下，二氧化碳（CO_2）、甲烷（CH_4）和氧化亞氮（N_2O）的排放及土壤生物物理與化學特徵的綜合研究卻很少。結果顯示在常規耕作系統將獲得更高的淨全球暖化潛能值（net global warming potential）（比免耕系統高 26-31%）。在使用 X 射線電腦斷層掃描成像的 3-D 土壤孔隙網絡中，土壤中的 CO_2 和 CH_4 通量主要受到土壤耕作影響，而 N_2O 通量主要由微生物的生物質碳和土壤水分含量決定。我們的工作表明，免耕可以降低土壤溫室氣體的排放，並有助於緩解氣候變遷。

討論內容：(1) 溫室氣體通量：耕作土壤的 CO_2 通量高於免耕土壤，免耕土壤的潛在 CO_2 通量介於 47 至 216 $mg/m^2 h$，平均值為 141 $mg/m^2 h$，而耕作土壤的潛在 CO_2 通量範圍為 119 至 236 $mg/m^2 h$，平均值為 171 $mg/m^2 h$。耕作土壤的單位重

量土壤 CO_2 通量（873 ng/g h soil）亦高於免耕土壤（688 ng/g h soil）（圖 2-18）。(2) 耕作土壤的 CH_4 通量（0.044 mg/m^2 h 或 0.22 ng/g h soil）亦高於免耕土壤（0.018 mg/m^2 h 或 0.09 ng/g h soil）。相比之下，免耕土壤的 N_2O 排放量（0.63 ng/g h）高於耕作土壤（0.36 ng/g h）（以土壤面積爲基礎測量時，免耕土壤的 N_2O 排放較耕作土壤高 54%，以土壤乾重爲基礎時則高 77%）（圖 2-18）。(3) 根據 IPCC19 計算的淨全球變暖潛勢，耕作土壤顯著高於免耕土壤。與免耕土壤相比，耕作土壤產生 31%（面積基礎）或 26%（重量基礎）的全球暖化潛能值（global warming potential, GWP）（圖 2-19），但沒有證據表明本研究中有考慮的不同免耕持續時

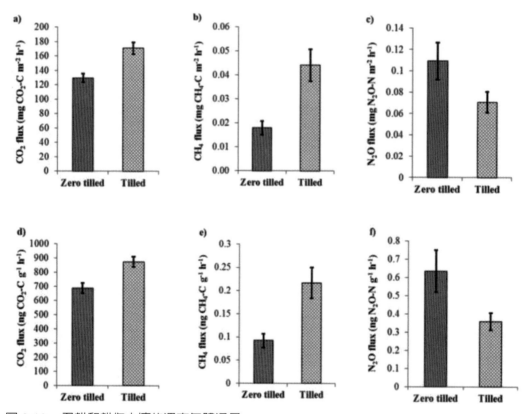

圖 2-18　免耕和耕作土壤的溫室氣體通量

(a) CO_2 以 mg CO_2-C/m^2 h 表示，(b) CH_4 以 mg CH_4-C/ m^2 h 表示，(c) N_2O 以 mg N_2O-N/m^2 h 表示，(d) CO_2 以 ng CO_2-C/g h 表示，(e) CH_4 以 ng CH_4-C/g h 表示和，(f) N_2O 以 ng N_2O-N/g h 表示（顯示了不同站點的平均值和平均值的標準誤差，$n = 33$）。

資料來源：Mangalassery *et al.*, 2014

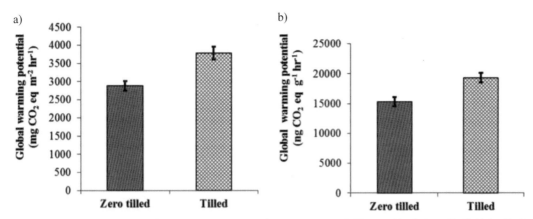

圖 2-19　免耕和耕作土壤的全球暖化潛勢（顯示了不同站點的平均值和平均值的標準誤差，$n = 33$）：(a) GWP 以 mg/m²/hr 表示；(b) GWP 以 ng/g/hr 表示）

資料來源：Mangalassery *et al.*, 2014

間（5-10 年）會影響溫室氣體的淨排放。(4) 溫室氣體與土壤性質之間的關係：潛在 CO_2 通量透過多元回歸模型（$P < 0.001$）預測，包括總體密度（BD）、微生物生物量碳（MBC）和土壤孔隙度（P），占變異的 69.9%。潛在 CO_2 通量的最適模型見方程式 (1)。

$$CO_2 \text{ 通量}（mg/m^2h）= 124.1 - 39.1 \text{ BD} + 0.0412 \text{ MBC} + 3.689 \text{ P} \quad\text{——}\quad (1)$$

土壤孔隙度對該模型有 40% 的變異，遠高於任何其他參數的個體貢獻，如最後擬合模型時保留參數所示。微生物之生物質碳和體積密度共同貢獻了總變化的 30%。

土壤剪切力解釋了 CH_4 通量 18% 的變異（方程式 2，$P < 0.01$）。

$$CH_4 \text{ 通量}（mg/m^2h）= 0.05344 - 0.001078 \text{ SS} \quad\text{——}\quad (2)$$

N_2O 通量的最適模型能解釋 62.0% 的變異，變數包括土壤水分（SM）、微生物之生物質氮（MBN）及微生物之生物質碳（MBC）（$P < 0.001$）。

$$N_2O \text{ 通量}（mg/m^2h）= -0.0746 + 0.002057 \text{ SM} - 0.00049 \text{ MBN} + 0.0003104 \text{ MBC} \quad\text{——}\quad (3)$$

該模型最後擬合時，微生物之生物質碳單個因子就能解釋總變異的 20.8%（最大比例），而模型中單獨去除土壤水分和微生物之生物質氮並沒有顯著減少變異量，表明這些因素被混淆。

重要結論：本研究證明耕作方式可以透過改變不同質地土壤的生物物理特性，進而影響 CO_2、CH_4 和 N_2O 的釋放。然而，三種溫室氣體的主要驅動因素和變化方向各不相同。耕作土壤中的 CO_2 釋放量較高，是因耕作破壞了土壤團粒構造，有機質的暴露增加微生物的分解作用。相較於有機質含量及微生物之生物質碳，土壤孔隙特性（如孔隙率、孔隙大小）才是主導 CO_2 通量的影響因子，這在以前是沒有被報導過的。免耕土壤減少了 33% 的土壤孔隙度，並減少 21% 的潛在 CO_2 排放。而在常規耕作下，將增加土壤孔隙度，使得透水及透氣能力增加，進而有利於土壤生物的呼吸作用，這對 CO_2 排放具有重要意義。

14. Digging deeper: A holistic perspective of factors affecting soil organic carbon sequestration in agroecosystems（深入探索：在農業生態系統下影響土壤有機碳吸存因素的全面性觀點）

摘要：土壤有機碳（SOC）的全球量級（Pg）為 677（表土 0.3 公尺）、993（表土 0.5 公尺）和 1,505（表土 1 公尺）。因此，表土 1 公尺的 SOC 有約 55% 位於 0.3 公尺深度以下。農業生態系統土壤的 SOC 儲量耗盡且農作物產量對於投入的使用效率低。這篇回顧文章是對在各期刊上發表的文章的整理和綜合，SOC 封存率透過線性外插放大到全球水平。土壤碳匯能力取決於深度、黏粒含量和礦物組成、植物有效水分、養分、地形位置和先前的 SOC 儲量。需要改進對世界土壤 SOC 歷史耗竭量、115-154（平均 135）Pg C 及最大土壤碳匯容量的估計。透過增加生物質量碳的輸入以超過沖蝕（erosion）和礦化造成的 SOC 損失，可以產生正的土壤碳預算。SOC 吸存的全球熱點，即尚未達碳飽和的土壤，包括受沖蝕、退化、荒漠化和枯竭的土壤。SOC 吸存可行的生態系統包括 4,900 Mha 農業用地（其中 332 Mha 配備灌溉設備）、400 Mha 城市土地和約 2,000 Mha 退化土地。SOC 吸存率（Mg C/ha/yr）在農田中為 0.25-1.0，在牧場中為 0.10-0.175，在永久性作物和城市土地中為 0.5-1.0，在鹽化和化學退化土壤中為 0.3-0.7，在物理性退化和易受到水侵蝕的地區為 0.2-0.5，易受風蝕的地區為 0.05-0.2。SOC 吸存的全球技術潛力為 1.45-

3.44 Pg C/yr（2.45 Pg C/yr）。

　　討論內容：分解和 SOC 穩定導致 MRT 增加後，將生物質碳吸存到 SOC 中，對 GCC 有很大的影響。因此，人們對了解 SOC 吸存的基本原理和技術以提高其速率和總匯容量，以及確定特定土壤／生態區的管理選項的興趣日益濃厚。提高 SOC 吸存的三種基本策略是：(1) 增加生物質碳的輸入，(2) 減少沖蝕和分解的 SOC 損失，以及 (3) 透過穩定吸存的 SOC 來增加 MRT。達到土壤碳飽和或填充總碳匯容量所需的生物質碳輸入量因土壤而異，但飽和確實會發生（Gulde, Chang, Amelung, Chang, and Six, 2008; West and Six, 2007）。因此，透過 SOC 吸存緩解氣候變化的策略是將那些遠未達碳飽和的土壤（Stewart, Paustian, Conant, Plante, and Six, 2007）當作全球熱點，這些全球熱點將包括受沖蝕、退化和枯竭的土壤。飽和碳匯容量也可能隨著大氣 CO_2 濃度而變化，因為它可以提高 SOC 週轉率，並可能根據植物群落限制生態系統中的長期碳吸存（Hofmockel, Zak, Moran, and Jastrow, 2011）。

　　透過土壤技術加深對 SOC 吸存和土壤沖蝕的生化過程之理解，可以創造更多的碳吸存機會（Dejong et al., 2013）。SOC 吸存的土壤技術應用可能包括將農業邊緣土地恢復為自然植被或重新種植多年生植被（Post and Kwon, 2000），但 SOC 封存率可能較低且受其他因素限制（例如：有效氮、水）。當氮的添加率遠高於大氣氮輸入的水平時，二氧化碳的增加可以增強碳匯（Van Groenigen et al., 2006）。氮的應用對於森林生態系統中的碳吸存也很重要（Macdonald, Anderson, Bardgett, and Singh, 2011），不是從合成來源輸入活性氮，而是可以透過生物固氮（biological N fixation, BNF）提供額外的氮。與合成氮相比，BNF 的應用在種植季節更不容易發生損失（例如：揮發、N_2O 排放、淋洗流失），但收穫後的損失可能更高（Jensen and Hauggaard-Nielsen, 2003）。然而，採用 SOC 吸存的土壤技術，可能增加 N_2O 的排放（global-warming potential 為 310）（Li, Frolking, and Butterbach-Bahl, 2005）。因此，需要對土地利用和管理方案的選擇進行嚴格評估，以增強林地、草地／牧場或農田的土壤碳匯（Post, Izaurralde, West, Liebig, and King, 2012）。

　　森林地有大量碳儲量（地下和地上），必須加以保護。熱帶或溫帶森林的砍伐總是導致表土 SOC 的下降（Yanai, Currie, and Goodale, 2003; Zhang, Dang, Zhang, and Cheng, 2015）。然而，消耗的幅度隨溫度和降雨而變化（Zhang et al., 2015）。使用基於耕犁的系統在起伏的地形上連續種植會加劇 SOC 的消耗。因此，在 SOC 貧瘠的土壤上造林是一個很好的策略。Dyson（1977）提出植樹造林可以每年 4.5 Pg C/yr 的速度減少大氣中 CO_2 的積累。

草原是另一個碳匯，可以成為 SOC 吸存的重要管理目標（Smith, 2014）。牧場覆蓋了地球上約 30% 的無冰土地，其中 312 Mha 在美國，並且擁有大量的碳庫存（Booker, Huntsinger, Bartolome, Sayre, and Stewart, 2013）。2000 年時，草原（包括牧場、灌木地、稀樹草原和與牧草和飼料作物相關的農田）覆蓋了約 3,500 Mha 或全球無冰土地面積的 26%（Conant, 2012; Ramankutty, Evan, Monfreda, and Foley, 2008），其中受管理的草地的全球面積為 1,200 Mha（Chang, Ciais, Herrero, Havlik, and Campioli, 2016）。在受管理的草地中，SOC 吸存的潛力更大。

在牧場有多種 SOC 吸存方案。放牧強度的管理對於 SOC 吸存至關重要，雖然 CO_2 濃度的提高可能會提高草原中 SOC 的吸存率，但全球暖化可能會抵消任何儲存（Jones and Donnelly, 2004）。提高牧場 SOC 儲量的政策和管理舉措也可以考慮更廣泛的生態系統服務（ecosystem services），包括環境和社會效益（Booker et al., 2013）。全球草場和放牧地 SOC 吸存潛力為 0.3-0.7 Pg C/yr，平均速率為 0.3-0.7 Mg C/ha/yr（表 2-18）。

農田土壤由於沖蝕和其他退化過程而相對消耗更多的養分和 SOC 儲量，因此具有很高的 SOC 吸存潛力。地點針對性的 BMP 下的 SOC 吸存率範圍為 0.05 至 0.76 Mg C/ha/yr。全球農田 SOC 吸存潛力為 0.5-1.2 Pg C/yr，速率為 0.25-1.0 Ton C ha/yr（表 2-18）。SOC 吸存的技術潛力估計為 1.45-3.44 Pg（2.45 Pg）C/yr，但這是粗略的，需要改進。這些估算值與 2010 年針對不同生態系統土壤的估算值 1.2-3.1 Pg C（2.15 Pg）相似（Lal, 2010），但這是基於最新的土地利用和 SOC 吸存率數據。

重要結論：人為活動影響了約 40% 的地球表面，幾乎 92% 的天然草原／乾草原已轉變為人類用途，包括放牧和農田。目前的土地利用包括耕地 1,426 Mha、永久作物 165 Mha，以及放牧和牧場 3,275 Mha。需要使用標準化方法改進自然和管理生態系統下的土地利用數據。土地利用轉換消耗了陸地生態系統碳庫，且植被和土壤碳庫大量損失。世界土壤可能損失了 115-154 Pg C，平均為 135 Pg C，這些估

表 2-18　可吸存有機碳的受管理之生態環境

Land use	Area (10^9 ha)	Rate of SOC sequestration (Mg C/ha)	Technical potential (Pg C/year)
Arable (unirrigated)	1.20	0.25-0.75	0.3-0.9
Arable (irrigated)	0.33	0.5-1.0	0.2-0.3
Pastures	3.43	0.10-0.175	0.3-0.6
Permanent crops	0.17	0.5-1.0	0.1-0.2
Urban (lawns, forests)	0.40	0.5-1.0	0.2-0.5
Subtotal	9.13		1.1-2.5
Water erosion	1.10	0.2-0.5	0.2-0.6
Wind erosion	0.55	0.05-0.2	0.03-0.1
Chemical degradation	0.24	0.3-0.7	0.1-0.2
Physical degradation	0.08	0.2-0.5	0.02-0.04
Subtotal	1.97		0.35-0.94
Grand total			1.45-3.44 (2.45)

資料來源：Lal, R., 2018

計需要透過遵循標準化方法來改進。當前和預計的氣候變遷可能透過加速沖蝕和其他退化過程加速有機物質的分解和損失，從而對陸地碳庫產生不利影響。水沖蝕造成的全球泥沙遷移範圍從人類改造土地的 5.5 Mg/ha 到所有農業用地的 7.7 Mg/ha。在評估全球碳預算時，必須考慮沖蝕引起的 SOC 遷移。轉變爲恢復性土地利用和採用建議的管理方式，創造積極的土壤／生態系統碳預算，可使農田的碳吸存率（Mg C/ha/yr）變爲 0.25-1.0，牧場爲 0.1-0.175，永久作物和城市草坪爲 0.5-1.0，易受水蝕土壤的恢復爲 0.2-0.5，受物理退化影響的土壤爲 0.05-0.2。

土壤固碳的全球技術潛力可能爲 1.45-3.44 Pg C/yr，平均爲 2.45 Pg C/yr。因此，碳的平均停留時間可能取決於土地利用和土壤／作物／水／牲畜管理、激發效應、SOC 庫對溫度和降雨變化的敏感性以及保護機制：包含物理性、化學性、微生物、生化和生態性。採用基於連續敷蓋、複雜輪作、綜合養分管理和無土壤擾動等的最佳管理，可以保護 SOC 存量並加強生態系統服務。

15. A meta-analysis of global cropland soil carbon changes due to cover cropping（覆蓋種植引起全球農田土壤碳變化的統合分析）

摘要：在農業輪作中包括覆蓋作物可能會增加土壤有機碳（SOC）。然而，現地實驗產生的矛盾結果使得有必要對覆蓋作物、環境和管理因素以及 SOC 變化三者之間的相互作用進行全面評估。在這項研究中，我們從比較有無覆蓋作物的農業生產的研究中蒐集數據，然後使用統合分析（meta-analysis）和回歸分析這些數據。結果表明，將覆蓋作物加入輪作可顯著增加 SOC，總體平均變化為 15.5%。其中中等質地土壤的 SOC 儲量最高，而加入覆蓋作物後，質地細緻的土壤 SOC 增幅最大。粗質地（11.4%）和中等質地土壤（10.3%）的 SOC 變化相對較小，而溫帶氣候土壤的變化（18.7%）大於熱帶氣候（7.2%）。與單一品種的覆蓋作物相比，多種覆蓋作物混合使 SOC 的增加更多，與草類作物相比，使用豆類作物增加 SOC 更多。覆蓋作物生物量對 SOC 的變化有正向的影響，而覆蓋作物生物量碳氮比與 SOC 變化呈負相關。覆蓋種植與表層土壤（< 30 cm）的 SOC 顯著增加有關，但在底層土壤中則無相關（> 30 cm）。回歸分析表明，覆蓋種植的 SOC 變化與土壤品質的改善相關，特別是逕流和沖蝕的減少以及可礦化碳、可礦化氮和土壤氮的增加。土壤碳變化還受到年溫度、使用覆蓋作物後的時間、緯度和初始 SOC 濃度的影響。最後，所有研究中覆蓋種植的平均碳吸存率為 0.56 Mg/ha/yr。如果全球 15% 的農田採用覆蓋作物，則該值將能轉化為每年 0.16 ± 0.06 Pg 的碳吸存，約占目前化石燃料排放量的 1-2%。這些結果表明，將覆蓋作物納入農業輪作可以提高土壤碳濃度，改善許多土壤品質量，並作為大氣 CO_2 的潛在池。

討論內容：(1) 在輪作中使用覆蓋作物（cover crops, CCs）與無覆蓋作物（no cover crop, NC）控制下的碳儲量。與 NC 對照相比，使用 CC 管理的農田具有更多的 SOC 庫存（圖 2-20）。與溫帶和熱帶地區相比，以雪地氣候為特徵的地區（即平均氣溫 < –3℃；≥ 1 個月；Kottek *et al.*, 2006）的土壤碳儲量更大。經濟作物系統的土壤碳儲量相似，但玉米－小麥－大豆輪作具有最大的 SOC 儲量。同樣，中等質地土壤的 SOC 儲量最大，在 CC 下平均 SOC 值為 39 Mg/ha，在 NC 下為 37 Mg/ha。土壤固碳率在不同氣候和經濟作物下皆相似；然而，細質地土壤的固碳率高於中等和粗質地土壤，表土的固碳率高於裡土。

(2) 應用統合分析來分析不同類別的 RR SOC（圖 2-20）。當覆蓋作物包括在輪作中時，所有實驗中 SOC 平均增加了 15.5%；然而，僅包括那些在原始出版物中報告 SD 的實驗顯示，在 CC 下 SOC 增加了 30%（圖 2-21）。當依類別分開時，可以從兩種方法中找出相似的趨勢。對於所有土壤質地，CC 處理與 NC 相比，土壤碳儲量顯著增加，細質地土壤比中等和粗質地土壤顯示出更大的增加。與對照組相比，豆科植物 CC、兩種豆科植物的混合物以及兩種以上其他 CC 的混合物顯示出 SOC 顯著增加，而草類 CC 或草—豆類混合物沒有顯示出顯著變化。玉米、小麥和蔬菜都顯示出顯著的碳含量增加，而大豆、玉米—大豆輪作和玉米—小麥—大豆輪作沒有顯著的增加。兩種或多種作物的其他輪作（即不包括玉米和大豆的作物）在使用 CCs 時也顯示出顯著的 SOC 增加。當分離到不同的土壤深度時，使用 CCs 時表土顯示出顯著的碳增加，而裡土則沒有。

(3) CCs 的碳吸存潛力：全球農田的範圍由六項不同研究構成，A = 1,960±680 Mha。使用 0.56 Mg/ha/yr 的總體平均 C_{rate} 值，全球平均 $C_{sequestration}$ 值範圍為 0.09±0.03 Pg/yr（對於 f = 0.08，代表當前管理的在美國使用 CCs 種植面積的比例）至 0.16±0.06 Pg/yr（對於 f = 0.15）至 1.1±0.4 Pg/yr（對於 f = 1.0，代表所有使用 CC 管理的農田）。因此，碳吸存值在當前化石燃料排放的低端為 0.5%，在高端為 16%。

重要結論：在這項研究中，我們從 131 項研究中蒐集了 1,195 個 CC 處理和 NC 對照之間的 SOC 比較。利用這些數據，我們進行了統合分析，探索 CCs 下的 SOC 變化，以及 SOC 變化、土壤特性和環境因素三者之間的相互作用。總結來說，覆蓋作物的種植使地表土壤（即 ≤ 30 公分深度）的 SOC 增加 15.5%（95% 信賴區間為 13.8% 至 17.3%），顯示將 CCs 納入農業輪作可能會增加土壤碳吸存。例如在全球 15% 的農田使用 CCs 進行管理的合理假設下，每年可以固存大約 0.16±0.06 Pg 的碳，這數量等同於化石燃料燃燒每年排放的約 1-2%。

土壤裡土（即 > 30 公分）的 SOC 沒有顯著變化，這可能是由於報告地下的樣本數量有限。回歸分析表明，土壤有機碳的增加與逕流、沖蝕、可礦化碳、可礦化氮和土壤氮具有相關性。周圍的環境條件也影響了 CC 下的 SOC 變化，但只解釋了少量的總變異性。相像地，CC 生物質量與 SOC 的變化呈正相關，而 C：N 比與

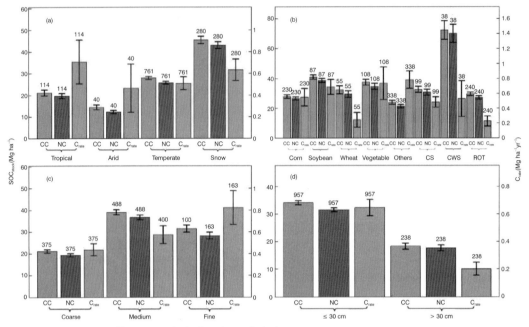

圖 2-20　不同條件農田的土壤碳儲量和固碳速率

(a) 氣候、(b) 經濟作物類型、(c) 土壤質地、(d) 土壤採樣深度

資料來源：Jian, J., *et al*., 2020

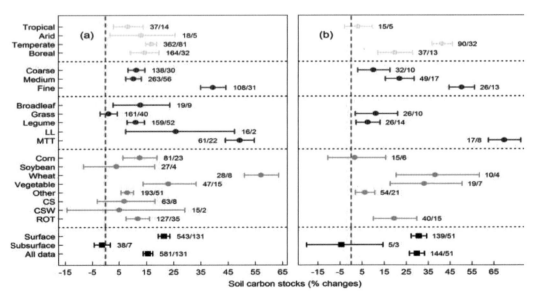

圖 2-21　統合分析結果

資料來源：Jian, J., *et al*., 2020

SOC 的變化呈負相關，儘管這些關係並不顯著。基於本研究中證實的不確定性來源，我們建議未來的 CCs 研究應該：(1) 對土壤剖面的近地表（例如：0-10 公分）和地下（例如：40-50 公分）層進行採樣；(2) 在中期（例如：5-10 年）到長期（> 10 年）期間維持實驗；(3) 保持紀錄土壤 BD，以便適當估算 SOC 存量。

16. Oxygen availability determines key regulators in soil organic carbon mineralisation in paddy soils（有效性氧作為水稻土壤有機碳的關鍵因子）

摘要：稻田農業生態系統在全球碳（C）封存中發揮著重要作用。由於浸水管理，稻田土壤的氧氣有效性會發生週期性的變化，這可能使該類土壤有機碳（SOC）礦化與高地或其他溼地生態系統有所不同。但目前關於水稻 SOC 礦化的機制仍有限。我們選擇了三種鐵（Fe）含量的稻田土壤，並分別經過氯仿熏蒸（以減少微生物生物量）及未熏蒸。將以下三種處理中的每種土壤培養 78 天：交替非浸水—浸水（NF：潮溼 0-30 天〔有氧〕和浸水 31-78 天〔氧氣有限〕）、連續浸水（CF：氧氣有限）及持續厭氧浸水（AF：缺氧）。熏蒸減少了超過 70% 的微生物生物量碳。除 NF 處理的非浸水期外，各處理後期的 SOC 礦化率在熏蒸處理的土壤中明顯低於未熏蒸處理的土壤。多元回歸表明，隨著時間的推移，可溶性有機碳含量的減少僅在 NF 處理的非浸水期間有助於累積 SOC 礦化。

此外，與其他處理相比，AF 處理中的易變性 C 庫（labile C）較小。這意味著缺氧稻田土壤中可溶性基質因熱力學的原因而較頑強。在 CF 和 AF 處理中，SOC 礦化只與氧化還原電位及 Fe^{2+} 有相關。這表明在氧氣有限和厭氧條件下，Fe 在 SOC 礦化過程中作為電子接受者發揮了重要作用。相關性和線性回歸分析還表明，Fe 影響可溶性有機碳的含量、水解酶和氧化活性。本研究結果表明，SOC 生物有效性是 SOC 礦化的速率決定因子，但僅限於有氧條件下。然而，在氧氣有限或缺氧條件下，微生物生物量、有機碳化合物的頑強性和電子接受者的可用性是調節 SOC 礦化強度和速率的關鍵因素。

討論內容：(1) 水稻土壤中 SOC 的礦化機制。我們同意「調節門」的假設，將 SOC 礦化過程簡化並分成兩個階段：K1 為非生物有效性 SOC 轉換成生物有效性 SOC 的非生物過程，以及 K2 為土壤微生物將生物有效性 SOC（透過 K1 產生）礦化。然而，在水分管理間歇性改變的稻田土壤中，SOC 礦化的速率決定因子會隨

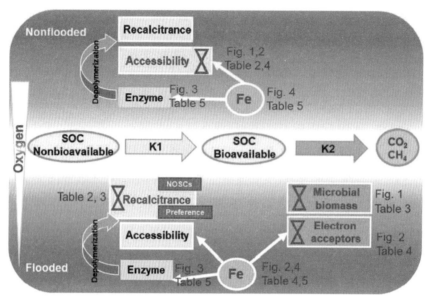

圖 2-22　稻田土壤 SOC 礦化潛在機制的圖解表示

資料來源：Li, Y., *et al.*, 2021

著土壤氧氣有效性的變化而改變，如圖 2-22 所示。

在土壤通氣良好的非浸水條件下，非生物有效性有機碳轉換成生物有效性的有機碳的非生物轉化過程是 SOC 礦化的速率決定因子。微生物生物量過多和功能冗餘的情況可能存在（Kuzyakov *et al.*, 2009）；因此，SOC（K2）的生物礦化可能受生物有效性有機碳含量的控制，並且與微生物生物量大小無關。有機碳的生物有效性包括頑固性和可及性（Kemmitt *et al.*, 2008; Brookes *et al.*, 2017）。越來越多的研究表明，有機碳的可及性比碳的頑固性更重要（Marschner *et al.*, 2008; Schmidt *et al.*, 2011; Dungait *et al.*, 2012）。我們發現 DOC 含量與 Fe 相關參數顯著相關，這證實了 Fe 礦物控制碳的可及性。Fe 還會影響酶活性，間接影響解聚以及有機碳的頑固性和可及性（van Bodegom *et al.*, 2005; Liu *et al.*, 2014; Wang *et al.*, 2017）。

然而，在缺氧或缺氧的浸水條件下，有機碳的頑固性和微生物群落的優先需求比可及性更重要（Conrad, 1999; Li *et al.*, 2011; Yi *et al.*, 2012; Keiluweit *et al.*, 2016）。這是因為它決定了有機碳的氧化是否在熱力學上受到阻礙，以及某些有機碳類型是否可以被厭氧微生物使用。生物礦化過程（K2）依賴於厭氧代謝途

徑，受微生物量和群落影響較大（Chidthaisong and Conrad, 2000; Keiluweit *et al.*, 2017）。電子接受者的有效性就像生物礦化的瓶頸，而不是可及性有機碳基質的數量。除了對有機碳可及性和酶活性的影響外，Fe 還在浸水土壤中充當主要的電子接受者。

重要結論：在所有處理下，熏蒸降低了稻田土壤中的微生物量和 SOC 礦化率。研究結果表明，當氧氣有限時，微生物量是 SOC 礦化的速率決定因子。多元回歸表明 DOC 含量的變化僅在非浸水條件下（即不在浸水條件下）促進 SOC 礦化。這表示有機碳的生物有效性在有氧條件下會調節 SOC 的礦化，但在限氧條件下不調節。厭氧浸水處理中的易變性 C 庫小於其他處理。這表示有機碳在缺氧條件下可能具有更強的頑固性。Eh 及 Fe^{2+} 變化的相關性中，兩種浸水處理 SOC 的礦化結果表明氧化還原電位和電子接受者（Fe）在厭氧情況下對 SOC 的礦化過程中起重要作用。總的、結晶的、無定形的和錯合的 Fe 含量與 DOC 含量相關，這表示 Fe 可保護易變性有機碳庫。Fe^{2+} 和氧化活性具有顯著的線性關係，表示鐵能調節酶活性。研究結果表明，稻田土壤中 SOC 礦化的機制因好氧和厭氧動態而異。所謂的「調節門」假設（即 SOC 礦化僅受非生物因素調節）只能應用於非浸水條件。然而，在限氧浸水水稻土中，所提出有機碳基質、微生物生物量大小和電子接受者的頑固性是調節因子。與稻田土壤中有機碳礦化相關複雜的厭氧代謝途徑（例如鐵還原、反硝化和產甲烷）則需要進一步的研究。

17. Soil Organic Carbon Sequestration after Biochar Application: A Global Meta-Analysis（生物炭應用之土壤有機碳吸存：全球統合分析）

摘要：由於生物炭具有高穩定性，故具有長期固碳的潛力，但生物炭之技術相對較新，影響生物炭在環境中因素的資訊仍較少，為了更加了解，我們進行了一項全球性的統合分析，研究涵蓋持續 1 至 10 年的實驗時間，生物炭的使用量介於 1-100 Mg/ha 間，並顯示土壤有機碳（SOC）存量平均增加了 13.0 Mg/ha，約 29%。盆栽和孵育實驗範圍在 1 至 1,278 天，生物炭的量在 5 g/kg 至 200 g/kg 之間，並使 SOC 平均提高 6.3 g/kg，約 75%。與實驗持續時間較短的結果相比，盆栽和孵育實驗中超過 500 天的長實驗持續時間，以及田間實驗中 6 至 10 年的較長實驗持續時間中，能積累更多 SOC，且施用有機質肥料也將顯著增加 SOC。由於具有較

高的碳氮比（C/N），植物生物炭比糞便生物炭有更高的固碳潛力，而施用生物炭後，質地較細的土壤，其 SOC 的增加較高於質地粗的土壤。本研究證明，生物炭在不同地點和不同特性的土壤中之固碳能力。

　　討論內容：在田間試驗中，無論是僅使用一次還是重複使用生物炭，結果顯示有機碳匯量皆會相對增加，實驗結束時，單次使用生物炭的碳匯量增加了 26%，而連續使用則使碳匯量平均增加 55%（圖 2-23），而碳匯量的相對差異可由不同運輸機制和消散過程來解釋。微生物的分解將使生物炭一年減少 0.5%，兩年後土壤中總生物炭量減少 2.2%，其他生物炭的損失是由於溶解有機碳的流失（兩年內約 2%）、垂直移動（9-19%）和橫向移動（20-53%）。透過每年重新使用生物炭，使生物炭的流失得以緩解，並恢復有機碳匯量。

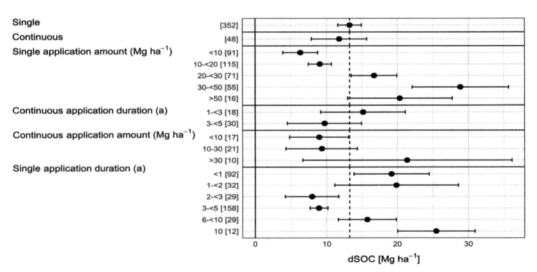

圖 2-23　以森林圖呈現各項田間試驗數據之統合分析結果
資料來源：Gross, A., *et al*., 2021

　　重要結論：我們針對大範圍的區域和土壤特徵以及非田間區域和實際田間研究之間的差異，對生物炭作為土壤改良劑的碳吸存潛力進行了定量和系統性地全球評估。根據統合分析方法，我們發現生物炭具有增加和穩定有機碳的能力。田間與室內進行的實驗處理方式，其有機碳吸存的潛力存在顯著差異。我們的研究表明，在鹼性土壤、添加有機肥、以植物殘體作為原料的生物炭和更細的土壤質地下，施用

生物炭後的有機碳吸存最高。由於報告的最長研究爲 10 年，因此很難推斷超出此時間範圍的有機碳吸存潛力。因此，迫切需要超過 10 年的長期生物炭田間試驗，來評估生物炭的氣候變化減緩潛力。因此，應該有進一步的研究在更長的時間範圍內進行田間的研究，或者重新分析和確認更早以前應用生物炭的位置，以全面性地了解土壤剖面中的有機碳循環和穩定變化。

18. **The greenhouse gas impacts of converting food production in England and Wales to organic methods**（英格蘭及威爾斯的食品生產轉爲有機生產方式對於溫室氣體的影響）

摘要：農業是全球溫室氣體（greenhouse gases, GHG）排放的主要來源，因此須減少排放。有機農業是透過減少農業活動以及增加土壤碳吸存來達到目標，然而，這也可能導致其他地區因增加糧食生產，而排放更多 GHG。至今，尚未有針對全國範圍內的評估，因此本研究利用生命週期評估（Life-Cycle Assessment），來估算英格蘭及威爾斯轉爲有機食品生產下，對溫室氣體淨排放的影響，而大多數農產品與傳統生產線相比之下，將出現嚴重短缺。有機農業雖可減少溫室氣體排放，但若爲了改善國內農產品的供不應求，而增加海外的土地利用時，淨排放量將會更大，而加強土壤的碳吸存，只能與一小部分的海外排放量相互抵消。

討論內容：由於作物和牲畜的產量下降，因此若廣泛採用有機耕作的方式，將導 GHG 排放增加，因此須增加產量和國外的土地利用變化，但如何找到國外額外的土地仍不清楚。到 2050 年，全球對糧食的需求預計增加 59-98%，但鑒於土地資源有限，表示土地的競爭更激烈，每單位土地面積的糧食生產更加密集，然而目前的有機耕作卻並不密集。有機農業的實踐對當地環境是有益的，包括土壤固碳、減少農藥和增加生物多樣性，但這需要與需求量相互平衡，雖然有機耕作可能有利於生物多樣性的增加，但在低產量的有機農業下，也可能意味著棲息地的破壞更大。至於有機農業能否減少土地需求，轉爲有機農業無疑是對生物固氮更加有效，但若考量輪作等要求，這些改善卻是不足的，且畜牧業是溫室氣體排放的主要來源，減少肉類的消費可能有更大影響，而較少的畜牧業可提供更多土地利用的空間，例如固碳，然而，結果與上述相反，全球趨勢則是肉類消費量增加，牲畜也作爲養分循環和生態系重要的一環。綜合上述，本研究對英格蘭及威爾斯轉向有機農業的

影響評估，雖然可以提高資源利用效率，但減少產量卻需要更多進口來維持糧食供應，而為了彌補國內的需求，若在國外擴大農業種植，將導致 GHG 排放增加，無法以單一方法來實現持續性的糧食生產，因此，需要針對具體情況進行評估，透過有機農業與其他方法一起為永續的目標做出努力。

重要結論：每單位面積產生的溫室氣體排量，在有機耕作下，溫室氣體排放量較低，主要因為生物固氮代替氮肥，故減少了製造肥料過程中的 CO_2 和 N_2O。本研究的分析中，因為氮的需求量最大，且對於傳統耕作和有機耕作之間的差異最敏感，因此本研究分析更加關注氮，不過磷、鉀及其他營養元素也須保持平衡，因此考量有機耕作中常用的 P 和 K 礦物質，用來保持溫室氣體的平衡。由於氮的硝化作用會使一些豆科植物的排放量更大，但因國內消費率低，大部分種植的豆科植物須出口至國外，而燕麥和大麥需要人工氮肥，在有機管理下，產量小且 GHG 排放量大，有機馬鈴薯的銷售量降低也將使 GHG 增加。另外，種植過程中需要許多化石燃料，使 GHG 排放量更多。

豬的生產使 GHG 排放量較低，是因為化石能源使用較少，且沒有來自泥漿的 CH_4，但 N_2O 排放量增加是因使用有機質肥料和反硝化作用所致。與之前的研究一樣，本研究發現自由放養和圈養相比，由於飼料轉化率較低、飼養時間較長、死亡率較高等原因，使得有機管理下所生產的禽肉和雞蛋，將具有更多的排放，但飼料生產效率提高，有機奶製品、牛和羊肉的生產，則降低 GHG 的排放量，不過攝入飼料也會增加 CH_4（圖 2-24）。

土壤固碳：由於有機耕作使用較多糞肥且作物輪作時間長，因此土壤固碳能力較高。儘管傳統農業中，牲畜與農作物較為分離，但會將肥料施用於土地，使碳從大氣到土地的淨轉移量大致相同。不過，牲畜較為密集的地區，會因過量施肥導致難以固碳，而牲畜的總量並沒有太大差異，不過放牧的動物具有極大改變，其中羊隻增加 61%，牛隻增加 14%（牛肉與奶製品），且估計廄肥將多出約 12%。本研究利用來自英格蘭和威爾斯的土壤碳變化率，評估有機管理下的潛在碳吸存，對於不同的土地利用類別，並假設從傳統農業到有機農業、從連續耕作到輪作，使得固碳率為 0.28 Mg C/ha/yr，而調整英格蘭和威爾斯的可耕地與輪作的比例後，固碳率變為 0.18 Mg C/ha/yr。為了比較文獻回顧中的傳統農業和有機農業，Gattinger 等人發

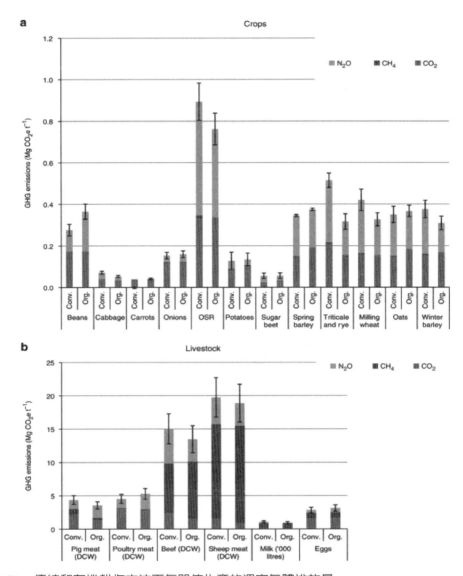

圖 2-24　傳統和有機耕作方法下每單位生產的溫室氣體排放量

a 作物。b 牲畜。包括飼料生產中的排放，N_2O = 氧化亞氮，CH_4 = 甲烷，CO_2 = 二氧化碳，產量以噸（t）來表示。

資料來源：Smith, L. G., *et al.*, 2019

現固碳率介於 0.07 和 0.45 Mg C/ha/yr 之間，而有機物質的投入，高於傳統農業的 4 倍。本研究中估計在有機農業管理下，廄肥約增加 12%，因此 Gattinger 等人的結果是已高估的，因此，我們選擇較低的數值作為適中比例。值得一提的是，碳吸存都將限於轉換後的前十年至二十年，因為任何土壤累積碳的能力皆是有限度的，並

取決於土壤特性及當地環境條件，而數十年後，當土壤中碳的增加與分解速度相當時，將得到一個穩定的土壤碳含量。

19. GlobalSoilMap: Toward a Fine-Resolution Global Grid of Soil Properties（全球土壤地圖〔GlobalSoilMap〕：邁向高解析度的網格化全球土壤性質）

資料來源：Arrouays *et al.*, 2014

摘要：土壤科學家正面臨著提供從地區性到全球性尺度的土壤狀況評估的挑戰，一個特殊的問題是需要估計土壤中水、碳、營養元素和溶質的存量和通量。這篇回顧概述了 GlobalSoilMap 的開發和測試進展——這是個數位化的土壤圖，旨在提供一個高解析度的全球土壤功能特性網格，並估計其不確定性。根據現有的土壤調查、環境數據和測量樣點，可以使用一系列方法來生成高解析度的空間推估。該系統有一個明確的幾何學用於推估土壤剖面的性質。在計算存量和通量時，這種幾何學對於確保質量平衡是必要的。它還克服了現有系統對描述土壤隨深度變異的一些限制。GlobalSoilMap 被設計用來透過網路服務傳輸土壤數據。本篇回顧提供了這個系統的技術性細節，並使用不同國家及環境的對比來展示此技術的穩健性與技術性細節。GlobalSoilMap 提供了一個可和遙測、地形分析及其他繪圖、監控與預報系統相容的土壤資訊集。該項目的初始研究階段已接近尾聲，現在注意力正轉向建立必要的制度，以完成全球覆蓋和維護 GlobalSoilMap 的操作版本。這將是未來幾年土壤科學的一項重大挑戰。

討論內容：Heuvelink（2014）提供了對 GlobalSoilMap 不確定性量化的說明。在 GlobalSoilMap 的技術規範中，不確定性被定義為 90% 預測區間（prediction interval, PI），預期在 GlobalSoilMap 數值的範圍內，真值會出現 9 次（十分之九），雙尾時則各為 20 分之一。請注意，這並不一定意味著 PI 會對稱於預測值的兩側。遵循 Brown（2004）提供的評估和表示環境數據不確定性的框架，Heuvelink 與 Brown（2007）觀察到「土壤數據很少是確定或沒有錯誤的，而且這些錯誤在實踐中可能難以量化」，事實上，誤差的量化（這裡定義為與真實值的偏離）意味著環境的「真實」狀態是已知的。該研究指出「近年來，出現了一系列不同但不完全是統計的方法，用於處理科學研究中不完善的知識」（Ayyub, 2002）。在考慮不同不確定性來源（即輸入、模型參數及模型結構）的情況下，一系列不確定性分析

方法確實很重要。同樣地，不確定性分析的方法也將根據土壤點數據或現有土壤圖是否用於產生輸出而有所不同。此外，方法也會因點數據的密度而異。

當具有充分的點數據時，有兩個常見的方法可以得到數位化土壤繪圖的不確定性。直接對土壤特性進行統計建模（主要是地理統計模型），預測的不確定性可作為副產品從模型中產生。一個典型的例子是克利金法，克利金法預測被用作對感興趣的土壤性質的預測，而克利金法的標準偏差則代表不確定性，從中可以計算 PI。來自獨立數據集或採樣技術的殘差統計模型（主要是地理統計模型），這種方法通常用於現有土壤圖或使用非統計模型生成土壤圖的情況。在這種情況下，地圖的不確定性可以透過將地圖預測與獨立觀測值進行比較來評估，透過計算平均誤差及均方根誤差，或者透過誤差的地理統計建模（即：使用克利金法導出變異元並分析推估值和獨立觀察之間的差異）。

Brus 等人（2011）已經回顧了用於驗證土壤圖的各種方法。數據拆分（data splitting）是常使用的方法，這種方法的主要優點是它不需要新的野外工作，Grinand 等人（2008）便提供了一個透過數據拆分驗證土壤圖的示例，然而 Brus 等人（2011）則強調這不能保證無偏估計。另一種選擇是交叉驗證。在留一驗證（leave-one-out cross-validation）中，對於每個採樣位置，重新擬合模型，將該位置排除在校準數據集中之外。Brus 等人（2011）表明透過概率抽樣選擇額外的測試單元（點位置的測量值或未用於校準的測量值），可以最好地獲得對測量的無偏和有效估計。使用這種方法，驗證資料可真正獨立於預測資料之外，並產生驗證測量的無偏估計。此外，使用概率抽樣可以計算與驗證組相關的信心區間，並測試更複雜或更新穎的方法是否比現有方法更準確。然而，這需要額外的野外工作、土壤分析和相關成本。

Malone 等人（2011）提出並描述了另一種估計 PI 的方法，在這裡，不確定性被視為輸出模型誤差的機率分布，它包括所有不確定性來源（模型結構、模型參數和輸入數據），而且由於它是透過經驗分布估計的，因此沒有必要對殘差做出任何假設（Solomatine and Shrestha, 2009）。這種方法在處理包括資料探勘或類神經網絡與迴歸克利金法相結合的土壤空間預測函數時特別有用，在這種情況下，很難使用其他現有方法（不確定性分析）來估計不確定。然而，Malone 等人（2011）要

求在任何給定的預測區域內有足夠數量和密度的點觀測（例如每類 30 個）以支持對目標地理範圍內按類別劃分的土壤性質函數之數據驅動（data-driven）評估。

如果沒有足夠的資訊來支持傳統的統計分析，PI 可以由適當的地方或國家專家使用正式的專家誘導程序（expert elicitation procedures）進行評估。模糊邏輯（Cazemier et al., 2001）和貝葉斯信念（O'Hagan et al., 2006）已被提議作爲在沒有足夠數據的情況下建立不確定性估計的合適框架。Lilburne 等人（2009）提出了一種方法，該方法使用專家知識在沒有足夠資訊支持常規統計分析的情況下估計概率分布函數。

GlobalSoilMap 的目標是所有輸出都可以被複製或重複產出，只要取得用於生成輸出的輸入資料，就可以重新產生相同的輸出。實現這種再現性需要每個報告的土壤特性都有日期紀錄和估計的不確定性，以及用於產生這些輸出的方法之完整文檔。

重要結論：世界對土壤資源提出了前所未有的要求，爲了應對這些挑戰需要可靠的資訊。GlobalSoilMap 的概念研究和相關的技術規範展示了如何整合來自地方和國家來源的最佳可用數據，並爲如何作爲全球地球觀測系統的一部分提供了指導。GlobalSoilMap 提供了與遙測、地形分析和其他基礎數據集兼容的格式和解析度來提供土壤訊息的方法，可用於製圖、監測和預測生物物理過程。構建GlobalSoilMap 的操作版本對土壤科學來說是一個巨大的挑戰，而他的啟用需要盡快到來。

20. Total carbon and nitrogen in the soils of the world（世界土壤之總碳及氮）

摘要：土壤對於封存大氣中的二氧化碳及釋出具有輻射活性且會加劇溫室效應的微量氣體（例如：二氧化碳、甲烷及氧化亞氮）十分重要。土地利用的改變及預期中的全球暖化，透過其在淨初級生產量、植物群落與土壤狀況之作用，可能會對土壤有機質庫大小造成影響，進而直接影響大氣中上述微量氣體之濃度。近期兩個利用爲了世界土壤排放潛力清單計畫（World Inventory of Soil Emission Potentials, WISE）所開發之空間對位（geo-referenced）資料庫，所進行的土壤碳匯量評估之間，存在約 350×10^{15} g（或 Pg）的碳差異。此資料庫涵蓋了遍布全球 4,353 個土壤剖面，其被認爲可代表經修正且數位化之 1：5000000 聯合國糧農組織／教科文組

織之世界土壤圖的 1/2° 緯度 × 1/2° 經度版本上所顯示的土壤單位。

除了存在於枯枝落葉及木炭中的碳，世界上所有土地範圍深度為 0-100 公分之總土壤碳庫總計為 2,157-2,293 Pg C。土壤有機碳估計有 684-724 Pg C 存在於深度 0-30 公分、1,462-1,548 Pg C 存在於深度 0-100 公分與 2,376-2,456 Pg C 存在於深度 0-200 cm。縱使森林砍伐、改變土地利用與預測氣候變遷可以迅速改變表土層中有機碳含量，對於土壤碳酸鹽—碳而言卻非如此。全世界土壤估計有 695-748 Pg 的碳酸鹽—碳被固定於深度 0-100 公分。土壤有機質平均碳氮比的範圍界於漠境土之 9.9 到有機土之 25.8。全球 0-100 公分之土壤氮含量估計為 133-140 Pg N。本文討論了由大氣中二氧化碳濃度上升及預期上升的溫度，所造成的土壤有機碳與氮動態的可能變化。

討論內容：世界上土壤在深度 0-100 公分所儲存的有機碳含量為 1,462-1,548 Pg C（表 2-19）。「不含石頭」之含量為 1,548 Pg C，與 Eswaran 等人（1993）所發表之 1,576 Pg C 吻合；該研究是根據使用美國農業部（United States Department of Agriculture, USDA）土壤分類系統（Soil Taxonomy）的世界主要土壤區域（Major

表 2-19　世界土壤碳庫及氮庫（單位：Pg）

Region	Depth range/cm		
	0–30	0–100	0–200
Tropical regions[a]			
Soil carbon			
Organic-C	201–213	384–403	616–640
Carbonate-C	72–79	203–218	—
Total	273–292	587–621	
Soil Nitrogen	20–22	42–44	
Other regions			
Soil carbon			
Organic-C	483–511	1078–1145	1760–1816
Carbonate-C	150–166	492–530	—
Total	633–677	1570–1675	
Soil Nitrogen	43–45	91–96	
World			
Soil carbon			
Organic-C	684–724	1462–1548	2376–2456
Carbonate-C	222–245	695–748	—
Total	906–969	2157–2296	
Soil Nitrogen	63–67	133–140	

[a]The tropics have been defined as the region bounded by latitude 23.5°N and 23.5°S. The first estimate for the mineral soils is 'without' stones.

資料來源：Batjes, N. H., 1996

Soil Regions of the World）地圖（USDA, 1975）。此結果意味著土壤深度 0-100 公分，利用不同的土壤分類系統及土壤圖，所得到之土壤碳庫估計值具有可比較性。然而，Sombroek 等人（1993）利用數位版的世界土壤圖（Digital Soil Map of the World）（FAO, 1991）所涵蓋之約 400 個剖面描述得到較小的估計值（1,220 Pg C）。

有機土壤中的總碳含量隨著泥炭之纖維與灰分含量而變化。全世界泥炭土深度 0-100 cm 所保存之碳含量，於不同研究中估計值變異範圍極大：300 Pg C（Sjörs, 1980）、202-377 Pg C（Adams *et al.*, 1990）和 357 Pg C（Eswaran *et al.*, 1993）。Sjörs（1980）及 Eswaran 等人（1993）所發表之數值可與本篇研究之結果（330 Pg C）進行比較。於其他深度區間進行所得之估計值為：0-30 公分之 120 Pg C 和 0-200 公分之 679 Pg C。

許多作者亦已估算熱帶地區土壤中的有機碳含量。剖面深度 0-100 公分於不同研究之估計值為 496 Pg C（Kimble *et al.*, 1990）與 506 Pg C（Eswaran *et al.*, 1993）。根據目前研究，熱帶地區不同深度範圍之土壤有機碳含量為：0-30 公分之 201-213 Pg C、0-100 公分之 384-403 Pg C 與 0-200 公分之 616-640 Pg C。深度 0-30 公分所含有之大量碳匯量再次顯示，若是發生森林砍伐及轉變為草原，有大量的碳將由土壤中釋出，如同亞馬遜盆地正在發生的情況（Detwiler, 1986; Veldkamp, 1993）。Fisher 等人（1994）引起世界對於厚層熱帶土壤及熱帶土地利用於全球碳循環所扮演之角色的關注。

重要結論：本文提供使用 WISE 資料庫修正之世界土壤碳庫及氮庫估計值。剖面深度 0-100 cm 之土壤有機碳估計值為 1,462-1,548 Pg C，與 Eswaran 等人（1993）所發表數值相近。大量尚未被納入多數全球土壤庫存（IPCC, 1992）中的有機碳匯在於深度 100-200 cm。由於上述深層的碳大部分以較穩定形式存在，因此對於目前氣體排放不會有顯著貢獻。土地利用由森林轉變為草原及農地，能夠顯著地增加表土碳庫存的氧化，導致二氧化碳及其他微量氣體釋放進入大氣（IPCC, 1992）。預期之全球暖化每上升攝氏 1℃，會導致土壤有機質分解速率上升 11-34 Pg C（Schimel, 1995），而釋放進大氣中的二氧化碳將進一步強化暖化趨勢。關於二氧化碳的施肥效應與作物相應的蒸散作用減少之研究（Bazzaz and Fajer, 1992）認為淨初級生產量將會上升。而此舉會導致更多的碳回到土壤中，且抑制因化石

燃料使用和生質燃燒所導致的大氣二氧化碳增加（Goudriaan and Unsworth, 1990; Sombroek *et al.*, 1993）；近期研究亦提供實驗性證據支持此現象（Francey *et al.*, 1995）。

如同土壤溫度溼度上升之影響，土壤碳濃度的增加亦會促進微生物作用（Davidson, 1994）。然而，大氣中二氧化碳濃度的增加，會導致木本與草本植物中的氮與其他巨量營養元素濃度下降（Overdieck, 1990; Coûteaux *et al.*, 1995）。此外，可能導致微生物對植物殘體之分解能力逐漸下降（Lekkerkerk *et al.*, 1990），且可能導致自然生態系之養分逆境。因此，植物有機質的總體品質及分解能力恐會下降（Bradbury and Powlson, 1994; CoOteaux *et al.*, 1995），進而導致有機質累積於土壤中（Lekkerkerk *et al.*, 1990）。在此情況下，與優養化、酸化及毒化有關的固氮、氮礦化、脫氮及陽離子淋洗的改變，以及臭氧層消耗與紫外線 B 輻射對於動植物的影響均十分重要（Brookes and McGrath, 1984; Davidson, 1994; Caldwell *et al.*, 1995）。有鑒於上述各項交互作用，均嚴重受到社經、技術與環境因子的改變之影響，任何預測土壤有機質庫存動態及演變模型中均存在疑義。縱使如此，地面—大氣模型（Mellilo, 1994; Goldewijk *et al.*, 1994; Schimel, 1995）對於研究不同土地利用及氣候變遷情境下，對土壤碳庫與氮庫可能產生的影響，仍然十分重要。

21. Soil carbon sequestration potential of US croplands and grasslands: Implementing the 4 per Thousand Initiative（美國耕地和草原地土壤碳吸存的潛力：千分之四倡議的實施）

摘要：由於土壤有機碳（SOC）對於土壤肥力的重要性，在距今超過一世紀之前，美國科學家開始對土壤有機碳的管理產生興趣（Allison, 1973），隨著 *Factors of Soil Formation* 這本書的出版，土壤與氣候之間關係的重要性又向前邁進一步（Jenny, 1941, 1980）。然而，有關土壤有機碳和減緩氣候變遷密集的研究始於 1990 年代（Barnwell *et al.*, 1992; Lal *et al.*, 1998c; Paustian *et al.*, 1997）。從那時開始，在不同的土地利用和生態區下，對於碳吸存速率最有助益的管理措施皆被評估，包含各式各樣耕地的管理方式（Paustian *et al.*, 1997; Lal *et al.*, 2004; Johnson *et al.*, 2005; Franzluebbers, 2005; Ogle *et al.*, 2005; Causarano *et al.*, 2006; Balkcom *et al.*, 2013; Lal *et al.*, 1998c; Martens *et al.*, 2005），例如覆蓋作物（cover crops）

（Causarano *et al.*, 2006; Olson 2013; Lal, 2015a, 2015b, 2015c; Poeplau and Don 2015; Sainju *et al.*, 2006, 2008）、轉變爲種植多年生草類作爲生質能（biofuel）（Liebig *et al.*, 2008; Follett *et al.*, 2012）、草原管理方式的改善（Conant *et al.*, 2001; Schuman *et al.*, 2002; Franzluebbers and Stuedemann, 2009）。

討論內容： 爲了達到千分之四倡議中，十年內須至少增加土壤碳庫存 68 Tg C 的目標，美國需要投資實施對碳保存有益之措施在退化土地、耕地和草原地。過去十年（2005 到 2014）自然資源保育局已與農民和牧場主合作，實施 15 項有關對大氣有益的土壤健康保育措施（表 2-20），面積每年介於 4 到 6.9 Mha（USDA NRCS

表 2-20　美國農業部耕地保育措施的土壤碳吸存速率

Cilmate Change Mitigation Building Block	NRCS Conservation Practice Standard Number	NRCS Conservaton Practice Standard	Atmospheric/ soll benefit (mg C ha^{-1}y^{-1})
Soil Health	327	Conservation cover (ac) - retiring marginal soils	0.42 to 0.94
	328	Conservation crop rotation (ac)	0.15 to 0.17
	329	Residue and tillage management, no-till (ac)	0.15 to 0.27
	329A	Strip till (ac)	0.07 to 0.17
	329B	Mulch till (ac)	0.07 to 0.18
	330	Contour farming (ac)	0.07 to 0.19
	332	Contour buffer strips (ac)	0.42 to 0.94
	340	Cover crop (ac)	0.15 to 0.22
	345	Residue and tillage management, reduced till (ac)	0.02 to 0.15
	386	Field border (ac)	0.42 to 0.94
	393	Filter strips (ac)	0.42 to 0.95
	412	Grassed waterways (ac)	0.42 to 0.96
	585	Strip-cropping (ac)	0.02 to 0.17
	601	Vegetative barriers (ft)	0.42 to 0.94
	603	Herbaceous wind barriers (ft)	0.42 to 0.95

（由 Swan *et al.*, 2015 改製）

資料來源：Chambers, A., Lal, R., and Paustian, K., 2016

unpublished）。

　　重要結論：減少人為引起氣候變遷造成的嚴重性，是一項面對人性的挑戰。土地使用占 25% 全球溫室氣體排放的比例，必須納入有效減緩氣候變遷的設計項目中。若不將土地使用納入考量，不大可能達成減少能源、交通和工業部門的排放以穩定溫室氣體（IPCC, 2014）。千分之四倡議的倡議內容設定一個值得嘉許的目標，主動促進農業成為解決氣候變遷方法的一部分，以及是第一個世界級規模的倡議。然而，為了提高成功的機率，千分之四倡議應該納入足夠的彈性來達到單一國家的需求，以及與國家正在努力的方向配合，達到促進土壤碳吸存的目標。因此，美國農業部自然資源保育局土壤健康的倡議必須加以考慮，納入千分之四倡議設定的目標。同樣地，於美國農業部土壤研究正在進行的土壤碳研究機構和美國的大學能夠有助於達到千分之四倡議的展望。發展土壤碳和其他碳排的盤點和監測系統需要借助美國這些機構的力量。

　　除此之外，千分之四倡議需要可信的和公開透明的方法，監測、報告和驗證減少溫室氣體帶來的利益，並與國家溫室氣體清查的步驟相容。土壤碳庫存計算方式需要與國家規模的溫室氣體清查標準一致，而非像千分之四倡議的目標將範圍限制在土壤深度 0 到 40 公分。各國必須靈活思考，優先將土壤碳吸存措施，應用於能夠達到最大效益及最具成本效益的土地上。

　　設定過渡期（例如 2025 年）和長期（例如 2050 年）目標和建立成效追蹤機制（例如每五年）以評估和調整進行中的方案，將會有助於達成千分之四倡議的目標。最後，重新補充土壤中的有機質含量代表長期的投資，參與千分之四倡議的國家將需要承諾長期的實施計畫，確保最大化土壤健康、土壤資訊系統和碳吸存效益。

　　22. **Soil carbon dynamics under different cropping and pasture management in temperate Australia: Results of three long-term experiments**（澳洲溫帶地區不同耕作和牧草地管理下土壤碳的動態：三項長期實驗的結果）

　　摘要：土壤有機碳除了對於土壤品質和作物產量的影響很重要之外，也已經被認定為封存大氣中二氧化碳可能的碳匯。針對澳洲的農田土壤，管理措施對於土壤有機碳改變速率的影響之資料很有限。本篇研究中，位在澳洲溫帶地區沃加沃加附近的三項長期試驗（13 到 25 年），評估在不同耕犁和殘株（stubble）管理措施下，

以及在牧草／耕作輪作（pasture/crop rotations）之耕作強度下碳的動態。試驗結果透過計算穩態（steady-state）時，輪作和耕作管理的土壤有機碳濃度，以及計算當達到穩態時，此農業生態區（agro-ecological zone）的耕地土壤有機碳濃度變化，證實管理措施和牧草的重要性。長期的耕作／牧草實驗於一處高土壤有機碳含量的地區中，在不同處理之下，0 到 0.3 公尺土壤深度之土壤有機碳改變速率從 –278 到 +257 kg C/ha/year。長期種植牧草之後，經過持續耕耘，甚至採取不耕犁（no-tillage）、保留殘株和輪作的保育措施，原本高土壤有機碳庫存（0 到 0.3 公尺）最好的狀況下保持一定，但傾向於隨著耕犁或燃燒殘株而下降。耕犁造成的影響大於燃燒殘株。土壤有機碳的增加僅見於混合輪作和牧草的措施。結果顯示，原本低於穩態濃度的土壤有機碳，透過提升土壤養分和永久牧草地的管理能夠造成每年增加 500 到 700 kg C/ha。在深度 0 到 0.3 公尺的土壤，多年生和一年生牧草地並無差異。我們結果顯示，牧草地是維護，甚至增加土壤有機碳的關鍵。

討論內容：MASTER 和 WWPCRE 分別執行 13 和 18 年，皆沒有證據顯示土壤有機碳已達平衡，由於仍可檢測到土壤有機碳隨時間顯著改變。同樣地，SATWAGL 九種中的五種處理（圖 2-25）也顯示土壤有機碳隨時間顯著改變，但另外四種處理（T1、T3、T7 和 T9）土壤有機碳大致上這 25 年的實驗下仍維持不變。T1、T3、T7 和 T9 處理之平衡狀態土壤有機碳庫存（0-0.30 公尺）分別估計為 40.5、39.0、41.7 和 43.1 Mg C/ha（圖 2-26）。

重要結論：三個長期田間實驗土壤有機碳的歷史資料證實管理措施的重要性，以及最初土壤有機碳含量變化決定其改變的方向和速率。結果突顯牧草相對於維持或增加土壤有機碳在牧草／耕作混合農業系統的重要性。

23. Soil Carbon Sequestration Impacts on Global Climate Change and Food Security（土壤碳吸存對於全球氣候變遷和糧食安全的衝擊）

摘要：全球農地土壤和退化土壤的碳匯容量為歷史碳量的 50 至 66%，流失 420 至 780 億的碳。採取建議技術後，土壤有機碳吸存速率取決於土壤質地和構造、降雨量、溫度、農耕系統和土壤管理。增加土壤碳庫的策略包含土壤修復和森林再生、不耕犁、覆蓋作物、養分管理、施肥和污泥施用、改善放牧、節水和收穫、有效灌溉、混林農業措施和在空地種植能源作物。增加退化耕地土壤一噸土壤

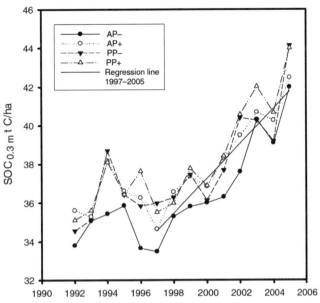

圖 2-25　不同牧草和石灰處理長期田間實驗（1992-2005）結果

資料來源：Chan, K. Y., *et al.*, 2011

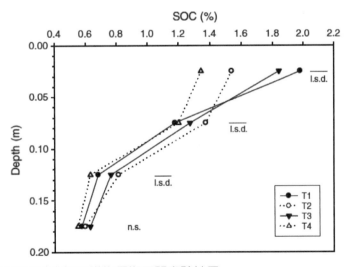

圖 2-26　不同耕犁和殘株管理措施長期田間實驗結果

資料來源：Chan, K. Y., *et al.*, 2011

碳庫，可能會增加小麥每公頃 20 至 40 公斤（kg/ha）的產量，玉米 10 至 20 kg/ha 和紅豆 0.5 至 1 kg/ha。除了加強糧食安全之外，土壤碳吸存具有抵消化石燃料每年排放 4 至 12 億噸碳（或 5 至 15% 全球化石燃料排放量）的潛力。

討論內容：土壤碳吸存

　　碳吸存意味著將大氣中的二氧化碳轉移到長期存在的儲存庫，並將之安全的保存起來，所以它不會馬上再釋放出來。因此，土壤碳吸存代表透過適當的土地利用和推薦管理措施（recommended management practices, RMPs）增加土壤有機碳和無機碳庫存。土壤碳匯容量的潛力大約等於歷史上碳流失的總和，估計為 55 至 78 Gt。土壤碳容量可獲取的部分只有潛在容量的 55 至 66%。土壤碳吸存的策略是具有成本效益和對環境友善的。透過土地利用的改變和採取 RMPs，土壤有機碳的增加速率依照 S 型曲線（sigmoid curve）規律，可在 5 至 20 年之間達到最大值，並繼續增長，直到土壤有機碳達到另一個平衡狀態。在農業和復育的生態系中，觀察到土壤有機碳吸存速率取決於土壤質地、剖面特徵和氣候，乾燥和溫暖地區介於每年 0 至 150 kg C/ha，潮溼和寒冷氣候介於每年 100 至 1,000 kg C/ha。透過不斷採用 RMPs，這些速率會維持 20 至 50 年，或直到土壤碳匯容量達到上限。土壤有機碳吸存受到這些管理系統的影響，包含加入許多生物量到土壤、造成些微的土壤干擾、節約土壤和水、改善土壤結構、提升土壤動物活動力和物種多樣性，以及增強元素循環的機制（圖 2-27）。常見影響土壤碳吸存的 RMPs 為敷蓋耕作、保育耕犁、混林農業、多樣性耕作系統和覆蓋作物，並結合養分管理，包含有機質肥料的使用、堆肥、生物固形物、改良放牧和森林管理。土壤有機碳吸存潛力也在於恢復退化土壤和生態系。次生碳酸鹽的土壤無機碳吸存速率很低（每年 5 至 100 kg C/ha），此速率在經過生物性過程和碳酸鹽淋洗至地下水時會突顯出來，特別是在利用低碳酸鹽的水耕作的土壤。

　　重要結論：土壤碳吸存是一種透過改善土壤品質，達到糧食安全的策略。它是一種採取 RMPs 提升全球作物產量的同時，不可避免的副產物。除了減緩大氣中二氧化碳濃度增加的速率之外，土壤碳吸存改善和維持生物量 / 農藝生產力。它具有抵消化石燃料排放量的潛力，0.4 至 1.2 Gt C/yr 或 5 至 15% 全球排放量。土壤有機碳是非常具有價值的天然資源。除了氣候變遷議題，土壤有機碳庫存必須加以恢復、提升和改善。制定碳管理的政策需要包含土壤碳交易的法規基礎。同樣地，熱帶地區的貧窮農民廣泛採取 RMPs 是迫切需要的。20 至 50 年短期時間內，土壤碳吸存的潛力是可以實現的。然而，跟土壤碳吸存與糧食安全和氣候變遷的連結不可

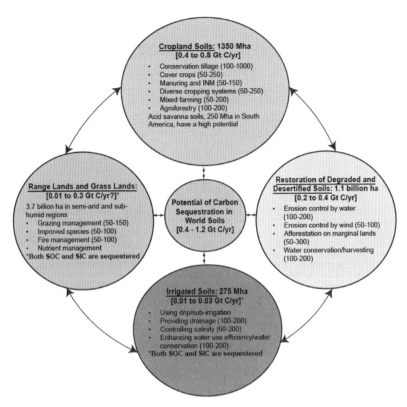

圖 2-27　可獲取高土壤碳吸存潛力之生態系

資料來源：Lal, R., 2004

以被過度強調，也不可以忽視。

24. Beyond COP21: Potential and challenges of the "4 per Thousand" initiative （超越 COP21：千分之四倡議的潛力與挑戰）

摘要：《聯合國氣候變遷綱要公約》締約方第 21 次會議（21st Conference of the Parties to the United Nations (UN) Framework Convention on Climate Change, COP21，2015 年 11 月 30 日至 12 月 11 日）的氣候商議是相當特別的，因為土壤碳及農業在 21 年來第一次被列入 COP 的議程當中。千分之四的提案徵求自願性的行動計畫來使世界各地表土 40 cm 的土壤有機碳（SOC）以每年 0.4% 的比例增加。這個策略是要透過推薦管理方法（recommended management practices）促進 SOC 吸存，方法包括保育耕犁（conservation agriculture, CA）、敷蓋、覆土作物、農林混作、生物炭、改善放牧以及透過改善土壤—地形景觀恢復退化的土壤。理論上，世界

的耕種用土壤可以在接下來 50-75 年內吸收 62 ton/ha，即 0.8-1.2 ton/ha/yr。在總計 1,400 Mha 的範圍上總有機碳容量達 88 Gt。除此之外，放牧地、森林地及退化、沙漠化的土地也有碳吸存潛力。藉由全球性的實施，碳吸存能夠重新改善土壤品質、增加糧食與營養安全，並改善環境。這個提升 SOC 的策略，以及許多伴隨的好處，能夠最小化經濟發展以及溫室氣體（GHG）減排的衝突，並可達到聯合國的永續發展目標（sustainable development goals）。在 COP21 的議程中包含 SOC 吸存及農業議題是重要的第一步。然而，在全球尺度上實行，尤其是對 5-6 億缺乏資源的農民以及小地主而言，是一個需要謹慎策畫的挑戰。千分之四倡議的目標相當具野心，但繞過了傳統對於國家利益的保護性立場。這也有利於提倡聯合國永續發展目標，尤其是目標 2.4（改善土地與土壤品質）與目標 15.3（中和土地退化）。然而，透過土壤碳的社會價值（Lal, 2004）來獎勵農民的生態系統服務（ecosystem services），是千分之四倡議相當困難但關鍵的一步。

討論內容：(1) 實行千分之四倡議的挑戰。科學數據的稀缺：有關 SOC 吸存、土壤碳庫大小、推薦管理方法的效果、SOC 吸存量及 MRT 的科學研究是相當重要但卻缺乏的，然而土壤碳庫對農業永續性的影響卻是早已被驗證的（Jenny, 1941）。土壤生物群對碳吸存的影響受到極度重視，因為生物群是土壤儲存碳功能的驅動引擎。(2) 土壤碳庫有限：SOC 吸存的技術潛力在世界的農耕地與牧地是固定有限的，農耕地為 0.4-1.2 Gt C，而牧地為 0.3-0.5 Gt C，恢復退化土壤可創造的潛力為 0.5-1.4 Gt C（Lal, 2010b）。實際能達到的可能是全球農耕地潛力（0.4-1.2 Gt C）的三分之一至二分之一。然而，這將是不同方法的整合，包含採用推薦管理方法以及發展無碳／低碳燃料來源。(3) 減少貧困農民及小地主：恢復土壤品質並降低土壤退化風險可保存當前的 SOC，是一個重要且優先的任務，然而，5-6 億缺乏資源的開發中國家農民並無法執行推薦管理方法，因為他們不具有太多工業上的支援。儘管如此，這些小地主退化且貧瘠的土地（例如南亞、撒哈拉沙漠以南非洲、加勒比海及安地斯山脈地區）迫切需要以 SOC 吸存來恢復土地。在這些地區提倡推薦管理方法將是一個重大挑戰。(4) 經濟承諾：採行推薦管理方法（例如保留植物殘體、敷蓋作物、控制放牧、將農業邊緣地改變為多年生植物、土壤改良劑）需要經濟上的資源，添加氮、磷、鉀以達到碳吸存所使用的花費是需要加以

考量的。需要讓土壤碳吸存的費用成為正當且合理的，並等值於其社會價值（Lal, 2014）。應該要建立一個程序來實施此策略，並有堅固的經濟支援，一個支援性的市場可以促進最佳管理方法的施行。(5) 持久性：持久性問題是重要的，若農民持續施行推薦管理方法則這不是問題，在此情況下，吸存在穩定微團粒中的 SOC 可以有超過千年尺度的 MRT。因此，提供誘因讓農民持續使用推薦管理方法是重要的議題，美國的長期休耕保育計畫（Conservation Reserve Program）與歐盟的擱置計畫都是相關的例子。

重要結論：不正確的土壤使用、土壤退化與 SOC 流失會危害重要的生態系統服務，並妨害人類福祉與自然保育。因此，透過採行推薦管理方法並且轉型至永續土壤管理對未來的氣候、資源利用效率、糧食及營養安全與人類福祉至關重要。SOC 吸存終於獲得足夠的科學及政治注意力，千分之四倡議的施行將涉及在全球尺度上施行推薦管理方法。因此，科學、活動推行及政治都需為 SOC 吸存提供框架以對抗加速的溫室效應、糧食及營養危機、水污染以及生態多樣性衰減的危機。千分之四倡議應更加強調其概念而非執著於數字，以土壤及農業作為全球氣候變遷問題的解方，這將是具有歷史性意義的典範轉移。雖然千分之四倡議為土壤品質維護提供解方，SOC 吸存並不足以完全減緩人類活動對氣候造成的影響，必須體認到它有限的潛力，更進一步，為了處理氣候變遷的嚴重問題，需要所有地球公民改變其生活型態，而將碳吸存在土壤中僅是其中一種改變。然而，對陸地生態圈（土壤與森林）進行重新固碳可能是我們拯救自己的唯一方法。因此，這些是 COP21 所提出千分之四倡議所具有的歷史意義。

25. Carbon sequestration in soil（土壤中的碳吸存）

摘要：土壤碳（C）封存為將大氣中的 CO_2 透過植物轉移到陸地的土壤中。土壤碳吸存的好處包括：促進糧食和營養安全、提高水的可再生性和品質、改善生物多樣性以及加強元素的循環。土壤中根圈的有機碳（SOC）閾值水平為 1.5-2.0%。土地利用、土壤管理和耕作系統將影響土壤中的 SOC。1 公尺深的土壤中，有超過 50% 的總碳都在 0.3 和 1 公尺深的土壤中。農業生態系統中土壤的 SOC 儲量已經嚴重減少並還在遞減。而恢復土壤品質需要採用能製造正碳貯藏（positive C budget）的實踐方法（如保護性農業〔conservation agriculture〕），以提高 SOC 濃

度。法國政府於 2015 年 12 月向 UNFCCC 的 COP21 提議，欲將全球的 SOC 濃度提高到每年千分之四，以減緩氣候變化並促進糧食安全。

　　討論內容：SOC 相關的問題應在歐洲和其他地區獲得更高的政策配置。政策制定者和決策者通常沒有意識到土壤碳在全球碳循環及減緩氣候變化的潛在重要性。然而，歐洲SOC的數據之間具有關聯，因「土壤」是《京都議定書》第3.3和3.4條中列出的土地利用、土地利用之變化和林業（LULUCF）活動中必須報告的碳庫之一。此外，歐洲 SOC 的含量是制定氣候變化和農業政策的重要因素。土壤管理和土地利用受到許多不同的政策影響，而其中一些可能會影響歐洲的 SOC 固存。土壤框架指令（Soil Framework Directive）的立法提案將要求歐盟成員國解決 SOC 損失的問題，但從未生效且已被撤回。為了評估歐洲的土壤狀況，SOC 含量和表土 SOC 庫已被明確定義為優先指標。

　　與其他全球地區一樣，歐洲的 SOC 通常由私人管理，但 SOC 對大氣 C 具有全球影響。這需要針對不同級別之利益相關者的治理安排，對 SOC 採取集體管理方式。治理結構必須將 SOC 嵌入到所有級別的決策和行動中。涉及的主要參與者是土地使用者，即 SOC 的直接使用者和管理者、當地專業人士、當地政府和非政府組織。國家的良好治理在地方層面及全球與國際層面都具有關鍵作用（圖 2-28）。

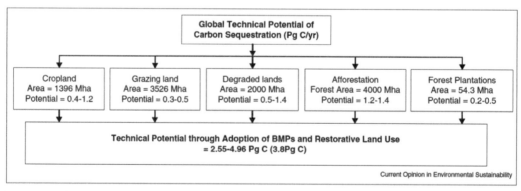

圖 2-28　主要土地利用中碳匯的技術潛力
資料來源：Lal, R., *et al.*, 2015

　　重要結論：農業生態系統的土壤，特別是那些因加速沖蝕和其他過程（例如鹽鹼化、養分枯竭）而嚴重退化並透過採掘耕作方式管理的土壤，其 SOC 庫嚴重枯

竭。一些土壤損失了多達 30-35 Mg C/ha，其 SOC 濃度低於根部區域 1.5-2.0% 的閾值／臨界水準。一些耕地利用嚴重枯竭的土壤 SOC 濃度 < 0.1%。後者生產力低，對改良品種、化肥和水土保持措施等投入皆沒有反應。因此，農業生態系統的土壤（農田、牧場、嚴重受干擾和退化的土地）具有很大的碳匯能力。該策略是透過整體方法選擇恢復土地利用和動物管理，並創建正的 C 預算。後者可以透過增加生物質碳（地上和地下生物量、堆肥、糞肥）的輸入以超過沖蝕、礦化和淋洗造成的輸出／流失來實現。一些可以創造正的土壤碳預算的技術選擇包括採用與作物殘茬覆蓋相結合的保護性農業，以及與 INM、農林業相結合的複雜輪作系統、集水和透過微灌循環利用等。透過植樹造林恢復退化的土壤（沖蝕、鹽漬化、低肥力）和荒漠化的生態系統是創造大量碳匯能力的重要選擇。SOC 的土壤固碳速率為 100 至 1,000 kg C/ha/yr，次生碳酸鹽則為 2-5 kg C/ha/yr。SOC 封存率在涼爽潮溼的土壤比溫暖和乾燥的氣候高；重或黏質地比輕質或砂質地的土壤高；含有 2：1 的收縮膨脹晶格的礦物比具有 1：1 固定晶格礦物的土壤高；以及較深的土壤樣體比淺的土壤樣體高。

除了抵消人為排放外，SOC 封存還有許多共同利益。其中重要的是促進糧食安全、改善環境、提高水質和可再生性及增加生物多樣性等。因此，透過支付生態系統服務費用來補償農民／土地管理者是很重要的。SOC 的社會價值估計約為 $0.13 kg/C，必須透過公平、公正和透明的系統進行評估和支付。低估 SOC 可能導致「共有的悲劇」。

26. **Continuous rice cropping has been sequestering carbon in soils in Java and South Korea for the past 30 years**（三十年間爪哇與韓國在連作水稻土壤中的碳吸存）

摘要：土壤是環境中主要的碳匯集處，森林砍伐、土地管理不善和過度種植導致土壤的碳減少，但集約化種植可以改變此趨勢，本研究探討兩個主要水稻種植地區長期土壤的有機碳數據：印度尼西亞爪哇和韓國。近年來，兩個國家表土 15 公分的土壤有機碳含量皆有增加，韓國表土 15 公分的土壤儲存了大約 31 Tg（10^{12} g）碳，而固碳率為每年 0.3 Tg，而爪哇的農業表土在 1990-2010 年間，每年碳累積超過 1.7 Tg，增加的有機碳主要是因為施肥導致，而良好的農業規範能保持和增加土

壤的碳含量，用來確保土壤及生產食物的安全性。

討論內容：數據顯示韓國和印度尼西亞水稻種植區表土有機碳含量的變化，但數據具有以下幾項侷限：

採樣地點隨時間變化：韓國的監測計畫始於 1999 年，每四年重複一次，但並非每輪都重訪所有地點。1999-2007 年，只約重訪一半的相同地點，而採樣點是根據已知土系區分，並皆是在水稻種植區且樣本量足夠。爪哇的數據因為是毫無抽樣統計標準所遺留土壤調查，易隨著空間和時間而變化，而這可能導致抽樣區域產生偏差，且爪哇在不同時期的地理範圍並不勻稱，因此我們將其每十年進行區分，以確保每十年能有相同的行政區域（Minasny *et al.*, 2011）。

實驗方法的準確性未知，並缺乏跨時間校準：雖然兩個國家內分析 SOC 的方法一致，但無從得知其測量的準確性和一致性。韓國使用 Tyurin 方法，而爪哇使用 Walkley 和 Black 方法。

僅考慮表土 15 公分的特性：韓國僅採集表土 15 公分，因為這是根系最集中的地方，且與土壤肥力管理最相關，SOC 會隨深度而變化，但我們並不考慮深度大於 15 公分的有機碳含量。

土壤總體密度的變化：我們利用表土 15 公分的標準來比較不同時間之間的差異，但是體積密度卻會因耕作或壓實而發生變化。總體密度的變化意味著一定深度的土壤質量在不同時間會有所不同，因此可能會影響碳密度的計算。雖然在計算堆積密度時考慮了 SOC 的影響（第三計算式），但比較不同土樣中的土壤碳密度可能不合適。

重要結論：本研究的數據顯示，儘管氣候暖化，農業的措施仍可增加土壤中 SOC 儲存量。中國（Yan *et al.*, 2011）和義大利（Fantappiè *et al.*, 2011）的研究還表明，管理效果超過土壤溫度的升高。SOC 含量的增加主要歸因於作物產量和根系生物量的大幅增加、肥料使用量的增加，以及水稻種植系統的性質。因此，糧食安全與土壤安全密切相關。土壤安全是對世界土壤資源的維護或改善，使其能夠持續為世界提供充足的食物及各種生態系統。此外，土壤安全有助於能源永續性和氣候穩定，而實現土壤安全的主要機制是通過積極的土地管理、技術管理和土壤碳吸存。

27. **An increase in topsoil SOC stock of China's croplands between 1985 and 2006 revealed by soil monitoring**（土壤監控顯示 1985 至 2006 年中國農田表土 SOC 存量增加）

摘要：農田土壤固碳對減緩中國大量 CO_2 排放中有重要的作用。許多研究致力於估算農田土壤中碳吸存的潛力，使用庫存放大模擬（inventory up-scaling simulation）和作物轉變爲土壤中碳的過程的建模進行了評估，發現中國農田土壤中有機碳（SOC）的潛在量增加。本研究從 1985 至 2006 年的文獻中蒐集了中國大陸農田監測點的 SOC 變化數據以進行統計分析。該數據集包含 1,081 個觀測值（404 個來自稻田〔RPs〕和 677 來自乾旱農田〔DCs〕）。頻率分析（frequency analysis）表明，超過 70% 的觀察結果顯示 SOC 增加，RPs 中的 SOC 高於 DCs。爲了量化 SOC 動態，使用監測期間的初始和最終 SOC 值來定義和計算相對年變化指數（RAC, g/kg/yr）。RAC 範圍分別爲 DC 的 –0.806-0.963 g/kg/yr 和 RP 的 –0.597-0.959 g/kg/yr。根據數據，平均值估計 DCs 爲 0.056±0.200 g/kg/yr，RPs 0.110±0.244 g/kg/yr，對中國農田的總體估計，RPs 和 DCs 的總和爲 0.076±0.219 g/kg/yr。中國農田表層土壤（0-20 cm）碳的平均增加量估計爲 25.5 Tg C/yr（RPs 8 Tg C/yr 和 DCs 17.5 Tg C/yr）在 1985 至 2006 年之間，表土碳總儲量增加了 0.64 Pg C。1994 年，中國每年的固碳增加量平均可抵消約 20% 的 CO_2 總排放量。這項研究表明，中國的農田，尤其是稻田，在碳吸存與減緩氣候變化方面發揮著重要的作用。

討論內容：土壤有機碳動態隨耕地類型和地理區域的變化。中國農田碳動態在區域間存在較大的差異。在本研究中，在華東、華北和西北地區觀察到高頻率（72-80%）的增加，以及高 RAC（平均在 0.066 和 0.112 g/kg/yr 之間）。中國西北地區農田的增加可能是由於過去幾十年的氣候變化導致降雨量增加，並使作物產量增加所致（Ding *et al.*, 2006）。中國東北部和西南地區觀察到 SOC 頻率爲 50-55% 的非顯著增加。一些研究顯示，中國東北地區的農田一直在流失 SOC（Han *et al.*, 2004），其中大量 SOC 損失紀錄是因爲當地富含 SOC 的天然土壤被轉化爲農田（Liu and Zhang, 2005; Song *et al.*, 2005; Xu *et al.*, 2004; Wang *et al.*, 2007）。Huang 和 Sun（2006）評估了中國東北土壤中 SOC 的小幅減少。然而，在長期農業耕作

下，在該地區的案例研究中可以觀察到由於作物殘體產量增加而使 SOC 增加（Yin et al., 2006; Wang et al., 2000）。

1985 至 2006 年中國農田表土碳匯量增加：根據第二次全國土壤調查，使用 Pan 等人（2004）和 Song 等人（2005）報告的土壤容重和土壤面積數據。可以使用 RP 和 DC 或不同地理區域的 RAC 值的平均值來推估表土 SOC 存量增加（表 2-21）。在 1985 至 2006 年期間，表土（0-20 cm）SOC 的總體增加估計為 24.9±2.7 Tg C/yr，RP 增加了 7.8±0.8 Tg C，DC 增加了 17.1±1.9 Tg C。實際表土 SOC 會隨著耕作層的變化而增加這點仍然未知（Sleutel et al., 2006）。在這裡，RP 貢獻了近 30% 的總庫存增加，但僅占面積的 23%。然而，在 1980 至 1994 年間，估計稻田 SOC 儲量的年增量低於 13 Tg C/yr 的模擬增量（Zhang et al., 2007）。作物殘體中 SOC 的封存可能會受到許多管理因素的影響。

表 2-21　中國不同地理區域農田表土 SOC 的估計增加值

Geographical region	Cropland area (Mha)	Average RAC ($gCkg^{-1}year^{-1}$)	Total SOC stock increase ($Tg\ C\ year^{-1}$)
NE China	21.17	0.019	4.07
N. China	18.06	0.067	3.48
E China	37.82	0.112	7.28
NW China	25.21	0.066	4.85
S China	7.73	0.082	1.49
SW China	19.50	0.049	3.75
Total/mean	129.49	0.076	24.92

資料來源：Song et al., 2005

雖然在世界其他溫帶旱田國家可能觀察到農田 SOC 存量總體下降（Bellamy et al., 2005; Saby et al., 2008），在過去的二十年裡，中國的農田可能對陸地碳匯產生了正向的影響。這可能歸因於 NPP 的增加、作物殘體的增加以及 Huang 和 Sun（2006）討論的良好施肥措施的發展。1994 年中國 CO_2 排放總量為 0.73 Pg C（PRC, 2004），2000 年為 0.87 Pg C（Anon, 2007），中國農田碳吸存總量可抵消中國 20% 碳排放總量，約達到減排目標的 1/5。因此中國的農田在減緩氣候變化方面發揮重

要作用。

　　重要結論：由表土的 SOC 動態監測數據的統計分析表明，自 1980 年代以來，中國農田 SOC 總體上是增加的。第二次全國土壤調查完成以來，平均淨相對年增量估計爲 0.067 g C/kg/yr。RP 的增加幅度高於 DC，華東和華北地區的增加幅度高於華南和東北地區。估計每年表土（0-20 cm）SOC 儲量增加爲 24.9±2.7 Tg C，1985 至 2006 年間的總 SOC 儲量增加 0.52±0.05 Pg C。這些發現表明，中國農業土壤在減緩氣候變化方面具有潛在的影響力。由於碳儲存量較高，RP 顯示出較高的碳吸存率，因此對於減緩溫室氣體排放以及中國的糧食安全上具有特別的意義。在健全的氣候政策框架內實施和推廣最佳農業管理和獎勵措施，將有助於提高中國土壤的碳吸存以減緩中國不斷增加的 CO_2 排放。

28. Low Greenhouse Gas Agriculture: Mitigation and Adaptation Potential of Sustainable Farming Systems（低溫室氣體農業：永續農業系統之減緩及調適潛力）

　　摘要：低溫室氣體（GHG）排放農業是否可能？事實上，其是否值得？爲了釐清這兩個基本卻又高度相關問題的答案，本研究檢視了目前農業操作，並結合了長期田間試驗的科學資料庫，作爲低 GHG 農業之案例研究。此外，此研究測試了實踐低 GHG 農業系統所需要的改變，並利用科學文獻中的有機系統案例研究，闡明了農業生態之農業系統的適應能力。每年，總 GHG 釋放估計量 10-12% 來自農業活動，等同於每年釋放 5.1-6.1 Gt CO_2 當量。Smith 等人（2007）和 Bellarby 等人（2008）提出緩和 GHG 釋放的方案，發現農民與政策制定者將會面臨農業所需的 GHG 相關改變的挑戰。可改進的面向包含，增加免耕（no-till）農業、混林農業（agro-forestry）和畜牧混合農業的使用，減少對於糧食及農業的外部添加。有機農業所提供的技術對於上述進行改進。

　　討論內容：低 GHG 排放農業是否可行？全球 GHG 排放量約爲 5.1-6.1 Gt 二氧化碳當量。全世界耕地與永久農業系統每年具有封存約 200 kg C/ha 之潛力，而牧場系統爲 100 kg C/ha，全球碳吸存量則約爲每年 2.4 Gt 二氧化碳當量。在傳統農業轉型爲最低限度有機農業的情境下，將可以減少 40% 的全球 GHG 排放量。Lal（2004）考量保育性農業，提出相近的碳吸存量估計值：每年 1.4-4.4 Gt 二氧化碳

當量。當結合有機農業與少耕技術，耕地之封存率可輕易上升至每年 500 kg C/ha。最大限度實踐的有機農業可以減少每年 4 Gt 二氧化碳當量或 65% 的農業 GHG。此碳吸存率在枯竭的土壤中可出現較高數值，不過該環境可能受限於達到新平衡所需的時間。此結果顯示，永續管理技術的應用可以累積具有平衡大量農業排放潛力的土壤有機質，儘管隨著時間的推移，其作用可能隨土壤的演變而減少。在溫帶氣候帶的長期田間比較試驗顯示，30 年來碳吸存率並未減緩。於斯堪地那維亞半島進行的以模型模擬傳統轉有機農業之封存潛力之試驗，給出了 50 到 100 年的時間跨度（Foereid and Høgh-Jensen, 2004）。

透過傳統轉有機農業，約 20% 的農業 GHG 可因為放棄使用工業生產的氮肥而減少（圖 2-29）。這個令人振奮的數字意味著，低 GHG 農業乃是可行之舉，且為氣候友善的。最終，100% 轉化為有機農業可能會降低全球產量。根據多項研究指出，在最佳地理氣候條件下，集約化耕作地區的減產幅度可能為 30-40%；在較不易耕作的地區，產量損失趨近於零。在自給農業與有週期性水源供應擾動（源自旱災或澇災）的區域，有機農業與傳統農業相比具有競爭力，且往往在產量方面更勝一籌。大量案例研究顯示，相比於傳統自給農業，有機農業受惠於輪作操作、豆科植物與封閉循環，其產量可高出 112%。有機農業的競爭力與成效之相關數據，可於以下文獻中尋得：Badgley 等人（2007）；Halberg 等人（2006）；Sanders（2007）；UNEP-UNCTAD Capacity-building Task Force on Trade, Environment and Development（2008）。

就 IPCC 第四次評估報告與未來糧食安全而言，有機農業具有巨大的潛能。未來制定農業生產緩解氣候變遷策略時，應將此潛能納入考量。有機農業每年可減少一千萬公頃由侵蝕（因為風或水）與過度放牧造成造成的土壤流失（Pimentel, 1995），此乃是未來糧食安全之重要前提。有機農業是復原貧瘠土壤、恢復有機質含量與使這些土壤恢復生產力之良好方法。有機農業本質上是基於低牲口密度，且可以透過更有效率的蔬菜生產補償其較低的產量。此外，有機系統之蔬菜與動物生產之土地利用比例為 1：7。有機農場及有機管理之地景的潛在生產力可藉由科學的農業生態研究，達到顯著的增加。有機農業提供多項額外的利多，例如保護農業生物多樣性、減緩環境退化衝擊與使農民融入高經濟價值的食物鏈中（完整論述詳

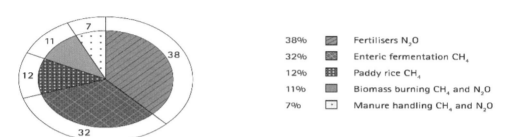

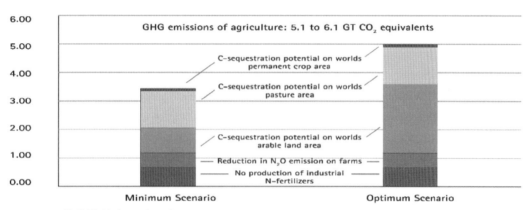

圖 2-29 農業排放與調適潛力

資料來源：Niggli, U., *et al.*, 2009

見 Niggli *et al.*, 2009）。

　　重要結論：考量到對大氣 GHG、複雜的經濟體系與化石燃料的可取用程度漸增的關注，以及惡化的環境與健康狀況，由對於大量化學添加的高度依賴轉變爲以生物爲基礎的農業及糧食系統，於現今乃是可行之舉。生物多樣性是以經濟爲基礎的糧食及纖維生產系統的基石。有機農業中的許多組成分可以應用於改善所有農業系統，包含傳統農業。永續及有機農業提供多重減少 GHG 及逆轉全球暖化的機會。例如：有機農業相比於化學基礎的傳統農業，於生產系統減少 25-50% 的能源需求。透過該系統土壤碳分存能力減少的 GHG，對於減緩氣候變遷具有極大潛力。碳可藉由增加的土壤有機質，被封存於土壤之中。低及高產出的作物與動物系統，均渴望增加土壤碳吸存。然而，土壤改良對於發展中國家的農業尤其重要，

因爲該地區的化學肥料與殺蟲劑不容易獲得、價格高昂、需要特殊設備且施灑的正確知識並未普及。爲了減少糧食安全、氣候變遷與生態系退化之間的權衡，具生產力且生態永續的農業乃是關鍵。在此背景下，有機農業爲一個多目標和多功能的策略。有機農業提供經由驗證的替代概念，且已成功植入越來越多的農場及糧食鏈中。目前，於 3,220 萬公頃的土地上有 1,200 萬個農民使用有機農業系統（Willer and Kilcher, 2009）。有機農業的許多概念可應用於其他永續農業系統。其系統導向與參與理念，結合新的永續技術（例如：免耕），提供面臨氣候變遷所需的解決方案。

29. An agronomic assessment of greenhouse gas emissions from major cereal crops（主要穀類作物溫室氣體排放之農藝評估）

摘要：農業溫室氣體（GHG）釋放占全球人爲 GHG 釋放的 12%。穀物（水稻、小麥及玉米）是人類熱量的最大來源，且根據估計，到 2025 年世界穀物產量每年需增加 1.3%，才足以滿足不斷增長的糧食需求。持續增加的穀物生產系統可持續地集約化生產，需要在減少環境負擔的情況下維持高生產力。本研究進行統合分析（共 57 篇已發表研究，包含 62 個研究區域與 328 組觀測數據）檢驗以下假說：排放自水稻、小麥與玉米的甲烷和氧化亞氮之全球暖化潛勢（global warming potential, GWP）（以每噸穀物表示，亦即單位產量之 GWP），均相近且在接近最佳產量時，各種穀物可達最低的 GWP。結果顯示，來自水稻的甲烷和氧化亞氮排放之 GWP（3,757 kg CO_2 eq/ ha, season）遠高於小麥（662 kg CO_2 eq/ ha, season）和玉米（1,399 kg CO_2 eq/ ha, season）。水稻（657 kg CO_2 eq/Mg）單位產量之 GWP 爲小麥（166 kg CO_2 eq/Mg）與玉米（185 kg CO_2 eq/Mg）的四倍。各種穀物之間，於最高產量的 92% 之時，單位產量之 GWP 可達最低數值，而水稻（279 kg CO_2 eq/Mg）爲小麥（102 kg CO_2 eq/Mg）與玉米（140 kg CO_2 eq/Mg）的兩倍，表示水稻系統具有較高的減緩機會。水稻、小麥及玉米的氮供給分別有 0.68%、1.21% 和 1.06% 以氧化亞氮形式被釋放。水稻系統中，甲烷釋放與氮施肥量之間沒有顯著相關。此外，當進行糧食安全與環境永續相關議題之評估，文化意義、生態系統服務的提供及人類健康和福祉等其他因素應同時考量。

討論內容：(1) 作物之間 GWP 之差異。統合分析的結果顯示，水稻系統具有最

高的季節性 GWP/ha，其次爲玉米，小麥則爲最低。玉米與小麥之氧化亞氮排放差異主要來自氮添加的差異，小麥系統與玉米系統平均分別爲 115 kg/ha 與 152 kg/ha。小麥與玉米 GHG 排放之 GWP 幾乎完全來自與氮肥添加所導致的氧化亞氮排放。(2) 小麥和玉米之間 GWP 排放差異小於兩者與水稻之差異。水稻系統排放氧化亞氮與氮添加有關，然而水稻氧化亞氮的排放顯著低於小麥或玉米，且僅貢獻水稻排放之 GWP 的 11%。水稻與小麥或玉米系統最主要的差異在於，水稻具有較高的甲烷排放量。水稻系統與小麥及玉米系統，於根本上存在幾個差異。首先，水稻基本生長在浸水土壤中，如此厭氧環境會導致甲烷生成作用（methanogenesis），此作用是厭氧微生物分解有機質的過程。其次，水稻本身是 GHGs（甲烷與氧化亞氮）由土壤進入大氣的重要通道（Yu et al., 1997）。甲烷透過植物釋放是其進入大氣的主要模式，且可至多占總排放量之 90%（Holzapfel-Pschorn and Seiler, 1986; Butterbach-Bahl et al., 1997）。水稻系統對於甲烷的氧化效率較佳，約爲 58%（Sass et al., 1990）到 80%（Holzapfel-Pschorn et al., 1986; Conrad and Rothfuss, 1991）產自土壤的甲烷被甲烷氧化菌氧化，且不會釋放到大氣中。(3) 減少 GWP 與每單位產量 GWP 之機會。在本分析的範疇內並不包含找出能造成最低單位產量 GWP 之管理策略；不過，我們的數據組提供了降低單位產量 GWP 之潛力的見解。水稻系統中，最低單位產量 GWP 之平均爲 279 kg CO_2 eq/Mg，而小麥與玉米分別爲 102 kg CO_2 eq/Mg 與 140 kg CO_2 eq/Mg。因此，在此「最佳案例」的情境下，水稻之最低單位產量 GWP 爲小麥或玉米之兩倍，對於整體平均而言此乃是一大進展（水稻之最低單位產量 GWP 爲小麥或玉米之 3.75 倍）。

　　重要結論：本研究針對主要穀物農業系統 GHG 排放量和穀物產量相關 GWP，進行全面的統合分析。結果顯示，水稻之甲烷與氧化亞氮排放的 GWP 顯著高於小麥或玉米（以面積表示）。同樣地，水稻單位產量 GWP 爲小麥和玉米之 3.75 倍；此較高的 GWP 是來自水稻所釋放的甲烷，且其數值不受氮肥添加與否所影響。然而，三種作物之中，水稻系統呈現最高降低單位產量 GWP 之潛力。最低單位產量 GWP 可於各種作物鄰近其最佳產量之時達成，突顯這些糧食作物的永續集約耕作對於滿足人口增加所帶來的糧食需求增加的必要性。同時，研究證明小麥與玉米系統增加氮施肥量，僅能帶來相對小的產量增加與不成比例的高單位產量 GWP。上

述發現意味著，良好的氮肥管理策略可以在沒有顯著減產的情況下，降低單位產量 GWP。統合分析結果顯示，目的為減少水稻單位產量 GWP 的減緩策略需著重於降低甲烷排放量，儘管此種策略可能帶來更高的氧化亞氮排放。另一方面，我們無法在統合分析中評估這些系統之碳吸存潛力，而部分研究顯示相較於旱作系統，水稻系統具有較高的碳吸存潛力。最後，GWP 僅是評估不同作物永續性時，須考量的眾多因子之一。例如：人類直接食用的水稻較小麥或玉米多，因此額外的 GHG 排放與能源消耗可能伴隨小麥／玉米轉變為飼料或生物燃料而生。在氣候變遷及農業背景之下，人們逐漸認同文化意涵、生態系服務的提供、糧食安全與人類健康及福祉均是需要考量的因素。

30. Greenhouse gas emissions intensity of global croplands（全球耕地之溫室氣體排放強度）

摘要：隨著農業需求增長，穩定農田的溫室氣體（GHG）排放是減緩氣候變遷的關鍵。排放強度指標，包含每生產 1,000 卡路里（生產強度）的二氧化碳當量排放量，可突顯地區、管理策略與作物作為潛在減緩氣候變遷之重點。然而，排放強度隨空間及作物的分布尚未明確。本研究中，我們闡述了全球特定作物 2000 年代之 GHG 排放量與高空間解析的 GHG 強度之估計值，且報導了水稻田管理策略、泥炭地排水與氮肥對於甲烷、二氧化碳與氧化亞氮排放之效應。全球平均生產強度為 0.16 ton CO_2 e M/kcal，然而特定幾個農業操作貢獻了不成比例的排放量。主要集中在歐洲及印尼的泥炭地排水（3.7 ton CO_2 e M/kcal）占總耕地排放量之 32%，儘管泥炭地僅產出總作物熱量之 1.1%。水稻為主要的主食之一，可提供 15% 之總作物熱量，其甲烷排放量（0.58 ton CO_2 e M/kcal）占總耕地排放量之 48%，其中越南的生產強度尤其突出。相較之下，源自氮肥使用的氧化亞氮排放（0.033 ton CO_2 e M/kcal）普遍只占總耕地排放量之 20%。我們發現各種作物與各個國家中，目前總 GHG 排放均與生產強度無關。因此氣候緩解政策須直接針對具有作物高排放量及高強度的地區。

討論內容：於 2000 年代我們發現全球耕地總 GHG 排放量為 1,994±2,172 Tg CO_2 e（平均值 ± 標準差），亦即 4.5±4.9% 的人為排放量。此估計值排除了來自牲口、土地覆蓋變化與生產前後之排放量。有賴氧化亞氮排放模型的更新與對耕

作中的泥炭地進行的空間精密評估，本研究提出之總排放量（2,294-3,102 Tg CO$_2$ e/yr），顯著低於 2000 年代研究之統合評估結果。我們的估計值中約有 48% 來自水稻，32% 來自耕作之泥炭地，而 20% 來自氮肥使用。前十的作物貢獻了 75% 的 GHG 排放；GHG 排放主要集中在亞洲，其中，中國、印尼與印度貢獻了 51% 的總排放量（圖 2-30）。

　　重要結論：儘管我們的模型指出水稻甲烷排放 12% 的增加是由於添加的稻稈生物量及較高的產量，然而氮肥對於甲烷排放存在複雜的作用，且農民所添加的稻稈量可能和總稻稈產量無關。上述不確定因子突顯考量耕作模式改變對於淨生命循環氣候影響之必要性。舉例來說，水稻田的通氣處理被視為是減少甲烷排放和維持產量的策略，然而淨土壤二氧化碳和氧化亞氮排放可能因為排水處理而增加。完整的排放強度計算需要整合田間動態（例如：不同 GHG 之間的權衡）和離場過程（例如：肥料製程中的排放）。「快速增加的糧食需求」與「透過穩定或減少農業排放解決全球氣候變遷的迫切需求」之間的平衡，乃是需要新政策鼓勵最佳管理策略之複雜問題。我們具有詳盡空間資訊的耕地 GHG 排放數據（圖 2-31），可為上述調停提供相關資訊，其中包含透過推廣及向外發展、企業的永續承諾、國家糧食政策與多方協定之農民教育。地方性可行的手段對於在特定地區的實踐至關重要。生產者需支持透過更好的額外氮添加管理以提升氮使用效率（圖 2-32），且落實可減少依賴外界添加之農業生態技術。我們的發現清楚地指出，針對耕地制定減緩氣候變遷的政策，應優先禁止泥炭地排水處理。未來進行 GHG 排放與糧食安全間權衡之評估，須同時考量糧食生產及食物之影響價值。如此一來，所制定之策略將具有較強的近期潛力，以減少全球農業之 GHG 排放強度。

三、結論

　　根據上述章節彙整各國土壤碳匯技術，歸納出 12 種土壤管理耕作制度，初步以臺灣現今農糧土壤管理情況，評估可適用於臺灣之永續土壤管理耕作制度。在 12 種土壤管理制度中，添加有機物或施用堆肥、作物殘渣回填土壤，以及地表覆蓋式耕作之操作技術較容易執行，已是臺灣常見的慣行耕作方式。臺灣果園常以禾

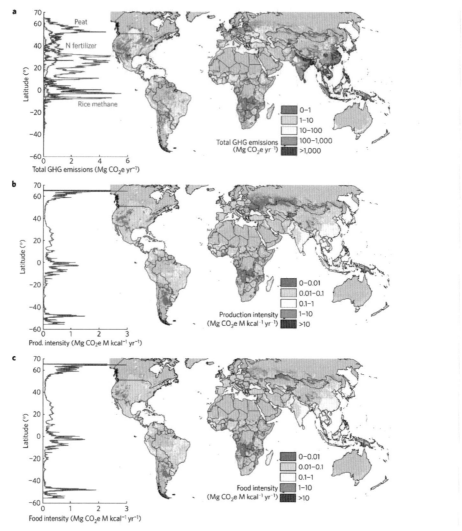

圖 2-30　2000 年代全球 172 種作物之溫室氣體排放分布情形

耕地所排放之溫室氣體，包含水稻田之甲烷、泥炭地排水處理之二氧化碳、氧化亞氮及甲烷，還有源自氮肥之氧化亞氮。網格之總排放量 (a) 主要集中在亞洲，且不同於生產強度模式（b，所有作物熱量）及糧食強度（c，不含工業用及非食用目的熱量，且 12% 畜牧飼料熱量會轉化為食物熱量供人類食用）。緯度圖代表總量 (a) 及千卡加權平均量（b、c）。

資料來源：Carlson, K. M., *et al.*, 2017

本科草本植物進行覆蓋式耕作可提高土壤團粒穩定度（Marques *et al.*, 2010; Stavi *et al.*, 2016; Tesfahunegn *et al.*, 2016）和水分滲透率（Haruna *et al.*, 2018）。青割玉米作為動物飼料（王紓愍等人，2018），而輪作可防治病蟲害、改善土壤有機質與肥

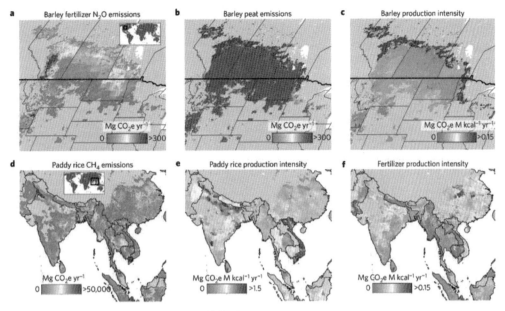

圖 2-31　耕地 GHG 排放及強度之地區性變化

a-c，北美洲。網格來自肥料氧化亞氮 (a) 及來自泥炭地排水處理 (b) 之大麥總排放量主要集中在加拿大。灰色代表大麥生產地區，而非泥炭。泥炭地之大麥生產強度較高 (c)。然而，沒有泥炭地區之生產強度模式與總排放量明顯不同。d-f，亞洲。越南湄公河及紅河三角洲具有最高的網格總水稻甲烷排放量 (d) 然而，其數值與水稻甲烷生產強度無關 (e)。水稻生長地區中所有作物的肥料氧化亞氮生產強度 (f) 均小於水稻甲烷生產強度。

資料來源：Carlson, K. M., *et al.*, 2017

力及控制雜草生長（Li, 1992），尤其以具固氮能力之雜糧作物，如豆科之大豆、落花生、紅豆及綠肥作物進行輪作最為常見（譚增偉和王鐘和，2000；吳昭慧等人，2008；施雅惠等人，2021），亦是在臺灣已執行多年的農耕技術。

　　不耕犁及保育耕犁的土壤管理技術在臺灣較罕見，臺灣農民習慣於種植作物之前耕犁翻土，可讓土壤質地鬆軟，增加孔隙與土壤通氣性，提高土壤水分流動性，破壞病蟲害棲地以及防除雜草等益處，有助於作物的根系生長（Mangalassery *et al.*, 2014）。不過，不耕犁及保育耕犁的耕作制度也有其益處，如維持土壤較低的溫度與減少土壤流失，因而降低土壤中的有機碳含量排放與流失（Gaiser *et al.*, 2008）。不耕犁及保育耕犁在國外已有成熟的操作技術，並行之有年，可作為臺灣開發農地改良或不耕犁之耕作技術的參考。

　　關於草生地（牧草地）或森林地方面的土壤管理技術，作物與牧草輪作可有效

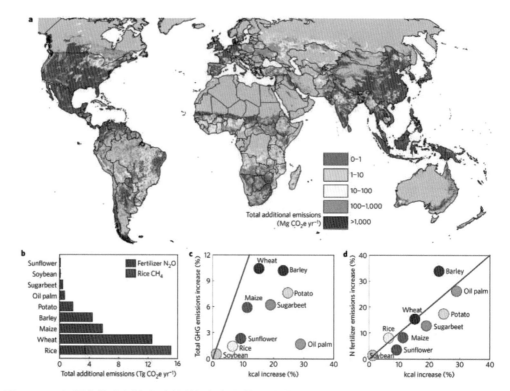

圖 2-32 九種作物在添加肥料以縮小產量差距之集約化耕作情境下，相對於耕地 GHG 排放，所增加之千卡路里產量

a，網格中來自集約化耕作之額外總 GHG 排放。深灰色代表 2000 年代排放量未增加之耕地，可能是因為沒有額外肥料添加或缺少其中一種目標作物。b，相對於 2000 年代之額外排放量，透過肥料添加可提升 12% 產出，同時帶來 2.9% 額外總 GHG 排放量。c，不同作物之相對額外 GHG 排放及每千卡路里生產量，不過產量的增加永遠超過排放量。d，作物額外的氧化亞氮排放相對小於每千卡路里生產量，此情況於大麥、水稻、黃豆及小麥中尤其明顯。灰線代表 2000 年代所增加的相對額外每千卡路里生產量和 GHG 排放之 1：1 比例。

資料來源：Carlson, K. M., *et al.*, 2017

　　維持土壤中的有機碳，尤其是在牧草生長期間（Studdert *et al.*, 1997），對於未來轉型農業所釋放出的間歇休耕地，可兼顧農地保育與生物多樣性。陳等（2007）運用臺灣戶外常見的草本植物——五節芒與培地茅在模擬自然環境下生長，探討兩者的土壤碳吸存潛能，經試驗得知兩種草本植物為具高光合效率的 C4 植物，五節芒的光合作用速率較培地茅高，且土壤碳吸存潛力也較高，而兩種草本植物之土壤所測得總碳含量與慣行栽培之水稻、玉米、狼尾草田區之土壤碳含量均較多。

　　造林方面，林映儒等（2011）在臺灣選擇一處面積為 0.5 公頃以上之長期果園

廢耕地與造林地，調查其碳儲量後得知長期林地生態系統碳儲量介於 125.2-211.5 Mg C/ha，與鄰近農地相比，增加了 111.8 Mg C/ha。假設以此數值作為平地造林的平均碳吸存潛能，推測估算於 6 萬公頃造林，預計可增匯 670 萬噸的蓄積碳量，即 6 萬公頃的造林將可以抵消 7 年全臺灣農、林、漁部門經化石燃料燃燒所產生的碳排放量。

　　轉作草生地（牧草地）與造林方面的土壤管理技術，其增加碳匯速率在 12 種土壤管理制度中為偏高的技術類群 0.3-0.8 Mg C/ha/yr，又以新植造林為最高 1.0-1.1 Mg C/ha/yr，這些技術於臺灣已有零星的應用案例，但未來仍須進一步評估可用面積與適用地區，方能加以推廣。針對 12 種土壤管理技術在臺灣的適用性統整如表 2-22（台灣水資源與農業研究院，2022）。

表 2-22　可適用於增加臺灣土壤碳匯之永續土壤管理技術與耕作制度

土壤管理技術	增加碳匯速率（噸／公頃／年）	是否適用於臺灣	初步評估原因
1. 添加有機物或施用堆肥	0.3-0.6	適用	操作技術較容易，已執行多年
2. 作物殘渣全部回填土壤	0.3-0.5	適用	操作技術較容易，已執行多年
3. 不耕犁	0.2-0.3	適用	國外已有操作技術，並執行多年
4. 保育耕犁	0.25-0.5	適用	國外已有操作技術，並執行多年
5. 地表覆蓋式耕作	0.1-0.5	適用	操作技術較容易，已執行多年
6. 種植青割玉米	0.25-0.5	適用	已執行多年
7. 輪作	0.2	適用	已執行多年
8. 農作轉牧草地	0.3-0.6	適用	已有成功案例，需進一步評估面積與地區
9. 完全以牧草地	0.35	適用	已有成功案例，需進一步評估面積與地區
10. 完全改為草生地	0.2-0.8	適用	已有成功案例，需進一步評估面積與地區
11. 農地造林	0.3-0.6	適用	已有成功案例，需進一步評估面積與地區
12. 新植造林	1.0-1.1	適用	已有成功案例，需進一步評估面積與地區

四、致謝

　　國際農地土壤碳匯與減排相關議題之操作與試驗研究成果相當豐碩，彙整世界各國優良農地土壤管理模式與耕作制度爲臺灣探討農業淨零路徑之重要開端，本文特別感謝農業部農糧署給予補助計畫（計畫編號：111 農再 -2.2.2-1.7- 糧 -049(5)），讓「彙整國際增加土壤碳匯與減少土壤碳排之管理技術與耕作制度及評估在臺灣推動之策略與效益」計畫得以順利進行。

　　感謝國立臺灣大學農業化學系許正一教授，土壤調查與整治研究室吳卓穎、黃胤中、楊家語、范惠珍、吳柏輝、吳睿元、黃思穎協助蒐整與翻譯國際重要文獻。

　　感謝台灣水資源與農業研究院林冠妤、洪珮容研究專員協助彙整國際重要科學文獻，並針對文獻重要內容予以歸納；感謝徐鈺庭、葉怡廷研究專員協助蒐整國內外水稻田有助於減排及增匯之田間管理方法相關文獻，執行農民調查問卷之發放與回收並完成問卷之統計分析；感謝鍾岳廷研究專員協助彙整臺灣水旱輪作效益相關研究及提供政策方向參考；感謝劉哲諺研究專員協助針對水稻轉作效益進行評估與討論。

參考文獻

王紓愿、劉信宏、游翠鳳、陳嘉昇（2018）。盤固草生物炭的特性研究與對牧草生長的影響。**畜產研究，51**(3)，209-216。

台灣水資源與農業研究院（2022）。111 年農委會農糧署補助計畫「彙整國際增加土壤碳匯與減少土壤碳排之管理技術與耕作制度及評估在臺灣推動之策略與效益」計畫。計畫編號：111 農再 -2.2.2-1.7- 糧 -049(5)。

行政院，111 年農業經營現況。https://www.ey.gov.tw/state/CD050F4E4007084B/0ededcaf-8d80-428e-96b7-7c24feb4ea0d，存取日期：2022 年 11 月 22 日。

行政院主計處（2021）。薪資結構。https://earnings.dgbas.gov.tw/template.html?selectid=6

行政院新聞傳播處（2022）。第二期「綠色環境給付計畫」（111-114 年）。https://www.ey.gov.tw/Page/5A8A0CB5B41DA11E/98fc2be9-3fdd-439f-b43c-7f8af1f27d46

行政院農委會（2022）。農業統計年報。https://agrstat.coa.gov.tw/sdweb/public/book/Book.aspx

行政院農委會（2022）。糧食供需年報。https://agrstat.coa.gov.tw/sdweb/public/book/Book.aspx

行政院農委會農業金融局（2022）。水稻收入保險正式開辦，農委會籲請農民把握時間投保以維權益。https://www.boaf.gov.tw/view.php?theme=web_structure&id=4098

行政院農業委員會（2022）。水稻。參考自 https://www.coa.gov.tw/ws.php?id=20878

行政院農業委員會（2022）。第二期農業部門溫室氣體排放管制行動方案。

行政院環保署（2021）。中華民國國家溫室氣體排放清冊 2021 年報告。

吳以健（2009）。**溫度環境與水稻穀粒產量及品質之相關性**。國立臺灣大學生物資源暨農學院農藝學系碩士論文。

吳秉諭、何姿穎、陳琦玲（2013）。因應氣侯變遷—農業生產管理與溫室氣體減排。**農政與農情，256**。

吳昭慧、連大進、吳文政、林國清（2008）。豆科綠肥農地永續性利用之研究。**雜糧作物試驗研究年報，95**，207-211。

吳惠卿、陳正輝（2003）。當前農業人力資源面結構之探討。**農業試驗所技術服務，14**，33-35。

李文輝（1992）。耕作制度對土壤肥力及作物產量與收益之研究。**臺南區農業改良場研究彙報，28**，23-37。

林映儒、鄭智馨、曾聰堯、王尚禮、郭鴻裕（2011）。平地長期林地之土壤性質與有機碳量蓄積。**臺灣農業化學與食品科學，49**(5)，260-274。

林經偉、黃山內、陳文雄、劉瑞美、陳世雄（2005）。水稻連作與綠肥輪作制度下甲烷氣體之釋放及減量研究。**臺南區農業改良場研究彙報，46**，1-9。

施雅惠、林旻頡、陳琦玲（2021）。台灣農業減碳作為與碳交易機制之探討。符合環境永續之作物友善管理研討會。頁 74-87。

柯光瑞、賴朝明（2006）。台灣北部現行耕作制度對農田土壤溫室氣體（CO2, CH4, N2O）釋出之影響。**臺灣農業化學與食品科學，44**(1)，63-73。

張語屏（2022）。想以雜糧轉作緩解國庫過剩稻米 產業供給、農民認知需先加強！。**食力新聞**，參考自 https://www.foodnext.net/news/newstrack/paper/5357727597

郭鴻裕、朱戩良、江志峰、吳懷國（1995）。臺灣地區土壤有機質含量及有機資材之施用

狀況。**農業試驗所特刊**，**50**，72-83。

陳世雄（2003）。推行有機農業之省思（上）─發展瓶頸。**鄉間小路**，第 29 卷第 1 期，92 年 1 月，頁 20-23。

陳昶璋、黃盟元、黃文達、王裕文、許明晃、楊棋明（2007）。五節芒與培地茅對土壤碳庫影響之研究。**中華民國雜草學會會刊**，**2**(28)，131-140。

楊盛行、劉清標、陳顗竹、魏嘉碧、賴朝明、趙震慶、楊秋忠（2003）。台灣旱作生產時氧化亞氮排放量測及減量對策。**全球變遷通訊雜誌**，**40**，88-110。

魏偉勝、戴順發、鍾仁賜（2015）。不同之輪作制度與施肥管理經二十年後對土壤化學性質與碳與氮之累積與轉變之影響。**臺灣農業化學與食品科學**，53 卷，53-54。

羅秋雄主編（2005）。作物施肥手冊（增修六版）。行政院農業委員會農糧署。

譚增偉、王鐘和（2000）。當今農業對輪作制度應有的認識（一）：輪作制度的起源、歷史、意義與範圍。**農業試驗所技術服務**，**44**，1-3。

Abalos, D., Jeffery, S., Drury, C. F., and Wagner-Riddle, C. (2016). Improving fertilizer management in the US and Canada for N_2O mitigation: Understanding potential positive and negative side-effects on corn yields. *Agriculture, Ecosystems & Environment*, *221*, 214-221.

Abalos, D., Smith, W. N., Grant, B. B., Drury, C. F., MacKell, S., and Wagner-Riddle, C. (2016). Scenario analysis of fertilizer management practices for N_2O mitigation from corn systems in Canada. *Science of the Total Environment*, *573*, 356-365.

Adolwa, I. S., Okoth, F. P., Mulwa, R. M., Esilaba, A. O., Franklin, S. M., and Nambiro, E. (2012). Analysis of communication and dissemination channels influencing uptake of Integrated Soil Fertility Management amongst smallholder farmers in Western Kenya. *Journal of Agricultural Education and Extension* 18: 71-86.

Adviento-Borbe, M. A. A., and Linquist, B. (2016). Assessing fertilizer N placement on CH4 and N_2O emissions in irrigated rice systems. *Geoderma*, *266*, 40-45.

Adviento-Borbe, M. A. A., Haddix, M. L., Binder, D. L., Walters, D. T., and Dobermann, A. (2007). Soil greenhouse gas fluxes and global warming potential in four high yielding maize systems. *Global Change Biology*, *13*(9), 1972-1988.

Ahmed et al. (2020). Agriculture and climate change - Reducing emissions through improved farming practices. McKinsey & Company.

Akram, A., Fatima, M., Ali, S., Jilani, G., and Asghar, R. (2007). Growth, yield and nutrients uptake of sorghum in response to integrated phosphorus and potassium management. *Pakistan Journal of Botany*, *39*, 1083-1087.

Ali, M. A., Inubushi, K., Kim, P. J., and Amin, S. (2019). Management of paddy soil towards low greenhouse gas emissions and sustainable rice production in the changing climatic conditions. *Soil Contamination and Alternatives for Sustainable Development*, 1-19.

Amanullah, K., Imran, S., Khan, H. A.,. Arif, M., Altawaha, A. R., Adnan, M., Fahad, S., and Parmar, B. (2019). Organic Matter Management in Cereals Based System: Symbiosis for Improving Crop Productivity and Soil Health. In R. Lal & R. Francaviglia (Eds.), *Sustainable Agriculture Reviews 29: Sustainable Soil Management: Preventive and Ameliorative Strategies*, pp. 67-92. Sustainable Agriculture Reviews. Cham, Springer International Publishing.

Ameloot, N., De Neve, S., Jegajeevagan, K., Yildiz, G., Buchan, D., Funkuin, Y. N., ... and Sleutel, S. (2013). Short-term CO_2 and N_2O emissions and microbial properties of biochar amended sandy loam soils. *Soil Biology and Biochemistry*, *57*, 401-410.

Arrouays, D., Grundy, M. G., Hartemink, A. E., Hempel, J. W., Heuvelink, G. B., Hong, S. Y., ... and Zhang, G. L. (2014). GlobalSoilMap: Toward a fine-resolution global grid of soil properties. *Advances in agronomy*, *125*, 93-134.

Arunrat, N., Sereenonchai, S., Chaowiwat, W., Wang, C., and Hatano, R. (2022). Carbon, Nitrogen and Water Footprints of Organic Rice and Conventional Rice Production over 4 Years of Cultivation: A Case Study in the Lower North of Thailand. *Agronomy*, *12*, 380. https://doi.org/10.3390/agronomy12020380

Arunrat, N., Wang, C., and Pumijumnong, N. (2016). Alternative cropping systems for greenhouse gases mitigation in rice field: a case study in Phichit province of Thailand. *Journal of Cleaner Production*, *133*, 657-671.

Aura, S. (2016). Determinants of the adoption of integrated soil fertility management technologies in Mbale division, Kenya. *African Journal of Food, Agriculture, Nutrition and Development*, 16: 10697-10710.

Awad, Y. M., Wang, J., Igalavithana, A. D., Tsang, D. C. W., Kim, K. H., Lee, S. S., and Ok, Y. S. (2018). Chapter One - Biochar Effects on Rice Paddy: Meta-analysis. In D. L. Sparks (Ed.), *Advances in Agronomy*, pp. 1-32. Academic Press.

Balesdent, J., Chenu, C., and Balabane, M. (2000). Relationship of soil organic matter dynamics to physical protection and tillage. *Soil and Tillage Research*, *53*, 215-230.

Banger, K., Wagner-Riddle, C., Grant, B. B., Smith, W. N., Drury, C., and Yang, J. (2020). Modifying fertilizer rate and application method reduces environmental nitrogen losses and increases corn yield in Ontario. *Science of the Total Environment*, *722*, 137851.

Barik, A. K. (2017). Organic farming in India: Present status, challenges and technological breakthrough. In 3rd Conference on bio-resource and stress management international, 101-110.

Baronti, S., Vaccari, F. P., Miglietta, F., Calzolari, C., Lugato, E., Orlandini, S., Pini, R., Zulian, C., and Genesio, L. (2014). Impact of biochar application on plant water relations in *Vitis vinifera* (L.). *European Journal of Agronomy*, *53*, 38-44.

Basche, A. D., Miguez, F. E., Kaspar, T. C., and Castellano, M. J. (2014). Do cover crops increase or decrease nitrous oxide emissions? A meta-analysis. *Journal of Soil and Water Conservation*, *69*, 471-482.

Basso, A. S., Miguez, F. E., Laird, D. A., Horton, R., and Westgate, M. (2013). Assessing potential of biochar for increasing water-holding capacity of sandy soils. *Global Change Biology and Bioenergy*, *5*, 132-143.

Batjes, N. H. (1996). Total carbon and nitrogen in the soils of the world. *European journal of soil science*, *47*(2), 151-163.

Benbi, D. K., Brar, K., Toor, A. S., and Sharma, S. (2015). Sensitivity of Labile Soil Organic Carbon Pools to Long-Term Fertilizer, Straw and Manure Management in Rice-Wheat System. *Pedosphere*, *25*(4), 534-545. doi:10.1016/s1002-0160(15)30034-5

Biernat-Jarka, A., and Trębska, P. (2018). The importance of organic farming in the context of sustainable development of rural areas in Poland. *Acta Sci. Pol. Oeconomia*, *17*, 39-47.

Biswas, J. C., Haque, M. M., Hossain, M. B., Maniruzzaman, M., Zahan, T., Rahman, M. M., ... and Hossain, A. (2022). Seasonal Variations in Grain Yield, Greenhouse Gas Emissions and Carbon Sequestration for Maize Cultivation in Bangladesh. *Sustainability*, *14*(15), 9144.

Bolin, B., and Sukumar, R. (2000). Global perspective. In R. T. Watson, I. R. Noble, B. Bolin, N. H. Ravindranath, D. J. Verardo, and D. J. Dokken (Eds.), *Land Use, Land-Use Change, and Forestry*, pp. 23-51. Cambridge University Press, Cambridge, UK.

Bouman, B. A., Humphreys, E., Tuong, T. P., and Barker, R. (2007). Rice and water. *Advances in agronomy*, *92*, 187-237.

Bouwman, A. F., Boumans, L. J. M., and Batjes, N. H. (2002). Modeling global annual N$_2$O and NO emissions from fertilized fields. *Global Biogeochem. Cycles*, *16*, 1080.

Brevik, E. C. (2012). Soils and climate change: gas fluxed and soil processes. *Soil Horiz.* 53: 12-23.

Brzezina, N., Biely, K., Helfgott, A., Kopainsky, B., Vervoort, J., and Mathijs, E. (2017). Development of organic farming in Europe at the crossroads: Looking for the way forward through system archetypes lenses. *Sustainability*, *9*(5), 821.

Buck, H. J., and Palumbo-Compton, A. (2022). Soil carbon sequestration as a climate strategy: what do farmers think?. *Biogeochemistry*, 1-12.

Budai, A., Zimmerman, A. R., Cowie, A. L., Webber, J. B. W., Singh, B. P., Glaser, B., Masiello, C. A., Andersson, D., Shields, F., Lehmann, J., et al. (2013). Biochar Carbon Stability Test Method: An Assessment of Methods to Determine Biochar Carbon Stability. Technical Report for International Biochar Initiative.

Burke, J., Byrnes, R., and Fankhauser, S. (2019). How to price carbon to reach net-zero emissions in the UK. Policy Report, London School of Economics, London.

Cai, Z., Xing, G., Yan, X., Xu, H., Tsuruta, H., Yagi, K., and Minami, K. (1997). Methane and nitrous oxide emissions from rice paddy fields as affected by nitrogen fertilisers and water management. *Plant and soil*, *196*(1), 7-14.

Carlson, K. M., Gerber, J. S., Mueller, N. D., Herrero, M., MacDonald, G. K., Brauman, K. A., ... and West, P. C. (2017). Greenhouse gas emissions intensity of global croplands. *Nature Climate Change*, *7*(1), 63-68.

Castracani, C., Maienza, A., Grasso, D. A., Genesio, L., Malcevschi, A., Miglietta, F., Vaccari, F. P., and Mori, A. (2015). Biochar-macrofauna interplay: searching for new bioindicators. *Science of the Total Environment*, *536*, 449-456.

Cayuela, M. L., Zwieten, L. Van, Singh, B. P., Jeffery, S., Roig, A., and Sánchez-Monedero, M. A. (2014). Biochar's role in mitigating soil nitrous oxide emissions: A review and meta-analysis. *Agriculture, Ecosystems & Environment*, *191*, 5-16.

Chambers, A., Lal, R., and Paustian, K. (2016). Soil carbon sequestration potential of US croplands and grasslands: Implementing the 4 per Thousand Initiative. *Journal of Soil and Water Conservation*, *71*(3), 68A-74A.

Chan, K. Y., Conyers, M. K., Li, G. D., Helyar, K. R., Poile, G., Oates, A., and Barchia, I. M. (2011). Soil carbon dynamics under different cropping and pasture management in temperate Australia: Results of three long-term experiments. *Soil Research*, *49*(4), 320-328.

Chander, G., Wani, S. P., Sahrawat, K. L., Pal, C. K., and Mathur, T. P. (2013). Integrated Plant Genetic and Balanced Nutrient Management Enhances Crop and Water Productivity of Rainfed Production Systems in Rajasthan, India. *Communications in Soil Science and Plant Analysis*, *44*, 3456-3464.

Chantigny, M. H., Pelster, D. E., Perron, M.-H., Rochette, P., Angers, D. A., Parent, L.-É., Massé, D. I., and Ziadi, N. (2013). Nitrous oxide emissions from clayey soils amended with paper sludges and biosolids of separated pig slurry. *J. Environ. Qual. 42*, 30-39.

Cha-un, N., Chidthaisong, A., Yagi, K., Sudo, S., and Towprayoon, S. (2017). Greenhouse gas emissions, soil carbon sequestration and crop yields in a rain-fed rice field with crop rotation management. *Agriculture, Ecosystems & Environment*, *237*, 109-120.

Cole, C. V., Duxbury, J., Freney, J., Heinemeyer, O., Minami, K., Mosier, A., ... and Zhao, Q. (1997). Global estimates of potential mitigation of greenhouse gas emissions by agriculture. *Nutrient cycling in Agroecosystems*, *49*(1), 221-228.

Conant, R. T., Cerri, C. E., Osborne, B. B., and Paustian, K. (2017). Grassland management impacts on soil carbon stocks: a new synthesis. *Ecological Applications*, *27*(2), 662-668.

Cooper, J., Baranski, M., Stewart, G., Nobel-de Lange, M., Bàrberi, P., Fließbach, A., ... and Mäder, P. (2016). Shallow non-inversion tillage in organic farming maintains crop yields and increases soil C stocks: a meta-analysis. *Agronomy for Sustainable Development*, *36*(1), 1-20.

Cui, P., Fan, F., Yin, C., Song, A., Huang, P., Tang, Y., ... and Liang, Y. (2016). Long-term organic and inorganic fertilization alters temperature sensitivity of potential N_2O emissions and associated microbes. *Soil Biology and Biochemistry*, *93*, 131-141.

Cwielag-Piasecka, I., Medynska-Juraszek, A., Jerzykiewicz, M., Dbicka, M., Bekier, J., Jamroz, E., and Kawalko, D. (2018). Humic acid and biochar as specific sorbents of pesticides. *Journal of Soils and Sediments*, *18*, 2692-2702.

Deng, Q., Hui, D., Wang, J., Yu, C. L., Li, C., Reddy, K. C., and Dennis, S. (2016). Assessing the impacts of tillage and fertilization management on nitrous oxide emissions in a cornfield using the DNDC model. *Journal of Geophysical Research: Biogeosciences*, *121*(2), 337-349.

Dittert, K., Lampe, C., Gasche, R., Butterbach-Bahl, K., Wachendorf, M., Papen, H., Sattelmacher, B., and Taube, F. (2005). Short-term effects of single or combined application of mineral N fertilizer and cattle slurry on the fluxes of radiatively active trace gases from grassland soil. *Soil Biology and Biochemistry*, *37*(9), 1665-1674.

Dolan, M. S., Clapp, C. E., Allmaras, R. R., Baker, J. M., and Molina, L. A. E. (2006). Soil organic carbon and nitrogen in a Minnesota soil as related to tillage, residue and nitrogen management. *Soil and Tillage Research*, *89*, 221-231.

Dumbrell, N. P., Kragt, M. E., and Gibson, F. L. (2016). What carbon farming activities are farmers likely to adopt? A best-worst scaling survey. *Land Use Policy*, *54*, 29-37.

Ejigu, F., and Araya, H. (2010). Activity report for 2010 on Building awareness on the value of bio-slurry and its use as organic fertilizer, set up a system to record, analyze and report the impact of bio-slurry on crop yield and making cross visits. Institute for Sustainable Development (ISD) and National Biogas Program Ethiopia (NBPE).

Emmerling, C., Krein, A., and Junk, J. (2020). Meta-analysis of strategies to reduce NH3 emissions from slurries in European agriculture and consequences for greenhouse gas emissions. *Agronomy*, *10*(11), 1633.

FAO and ITPS. (2021). Recarbonizing global soils - A technical manual of recommended management practices. Volume 5: Forestry, wetlands, urban soils - Practices overview. Rome. https://doi.org/10.4060/cb6606en. FAO PUBLICATIONS CATALOGUE, 2018.

FAO. (2019). Measuring and modelling soil carbon stocks and stock changes in livestock production systems - Guidelines for assessment. Version 1. Rome. https://www.fao.org/documents/card/es/c/CA2934EN/

FAO. (2020). A protocol for measurement, monitoring, reporting and verification of soil organic carbon in agricultural landscapes. Rome. https://doi.org/10.4060/cb0509en

FAOSTAT. (2013). http://www.fao.org/docrep/003/x6905e/x6905e0g.htm

Feng, J., Chen, C., Zhang, Y., Song, Z., Deng, A., Zheng, C., and Zhang, W. (2013). Impacts of cropping practices on yield-scaled greenhouse gas emissions from rice fields in China: A meta-analysis. *Agriculture, Ecosystems & Environment*, *164*, 220-228.

Feng, J., Li, F., Deng, A., Feng, X., Fang, F., and Zhang, W. (2016). Integrated assessment of the impact of enhanced-efficiency nitrogen fertilizer on N_2O emission and crop yield. *Agriculture, Ecosystems & Environment*, *231*, 218-228.

Forster, P., Ramaswamy, V., Artaxo, P., Berntsen, T., Betts, R., Fahey, D. W., ... and Van Dorland, R. (2007). Changes in atmospheric constituents and in radiative forcing. Chapter 2. In *Climate change* 2007. The physical science basis.

Gaiser, T., Stahr, K., Billen, N., and Mohammad, M. A. R. (2008). Modeling carbon sequestration under zero tillage at the regional scale. I. *The effect of soil erosion. Ecological Modelling*, *218*(1-2), 110-120.

Gattinger, A., Muller, A., Haeni, M., Skinner, C., Fliessbach, A., Buchmann, N., ... and Niggli, U. (2012). Enhanced top soil carbon stocks under organic farming. *Proceedings of the National Academy of Sciences*, *109*(44), 18226-18231.

Geng, Y., Cao, G., Wang, L., and Wang, S. (2019). Effects of equal chemical fertilizer substitutions with organic manure on yield, dry matter, and nitrogen uptake of spring maize and soil nitrogen distribution. *PloS one*, *14*(7), e0219512.

Geng, Y., Wang, J., Sun, Z., Ji, C., Huang, M., Zhang, Y., ... and Zou, J. (2021). Soil N-oxide emissions decrease from intensive greenhouse vegetable fields by substituting synthetic N fertilizer with organic and bio-organic fertilizers. *Geoderma*, *383*, 114730.

Giagnoni, L., Maienza, A., Baronti, S., Vaccari, F. P., Genesio, L., Taiti, C., Martellini, T., Scodellini, R., Cincinelli, A., Costa, C., Mancuso, S., and Renella, G. (2019). Long-term soil biological fertility, volatile organic compounds and chemical properties in a vineyard soil after biochar amendment. *Geoderma*, *344*, 127-136.

Gross, A., Bromm, T., and Glaser, B. (2021). Soil organic carbon sequestration after biochar application: A global meta-Analysis. *MDPI Agronomy*, *11*, 2474-24xx.

Guardia, G., Cangani, M. T., Andreu, G., Sanz-Cobena, A., García-Marco, S., Álvarez, J. M., ... and Vallejo, A. (2017). Effect of inhibitors and fertigation strategies on GHG emissions, NO fluxes and yield in irrigated maize. *Field crops research*, *204*, 135-145.

Guenet, B., Gabrielle, B., Chenu, C., Arrouays, D., Balesdent, J., Bernoux, M., ... and Zhou, F. (2021). Can N_2O emissions offset the benefits from soil organic carbon storage?. *Global Change Biology*, *27*(2), 237-256.

Guo, L. B., and Gifford, R. M. (2002). Soil carbon stocks and land use change: A meta analysis. *Global change biology*, *8*(4), 345-360.

Heffer, P., and Prud'homme, M. (2016). Global nitrogen fertilizer demand and supply: Trend, current level and outlook. In International Nitrogen Initiative Conference. Melbourne, Australia.

Herath, I., Iqbal, M. C. M., Al-Wabel, M. I., Abduljabbar, A., Ahmad, M., Usman, A. R. A., Ok, Y. Sik, and Vithanage, M. (2017). Bioenergy-derived waste biochar for reducing mobility, bioavailability, and phytotoxicity of chromium in anthropized tannery soil. *Journal of Soils and Sediments*, *17*, 731-740.

Holka, M., Kowalska, J., and Jakubowska, M. (2022). Reducing Carbon Footprint of Agriculture-Can Organic Farming Help to Mitigate Climate Change?. *Agriculture*, *12*(9), 1383.

Huang, Y., and Sun, W. (2006). Changes in topsoil organic carbon of croplands in mainland China over the last two decades. *Chinese Science Bulletin*, *51*, 1785-1803.

Hussain, M., Farooq, M., Nawaz, A., Al-Sadi, A. M., Solaiman, Z. M., Alghamdi, S. S., Ammara, U., OK, Y. S., and Siddique, K. H. (2017). Biochar for crop production: potential benefits and risks. *Journal of Soils and Sediments*, *17*, 685-716.

IPCC. (2001). *CLIMATE CHANGE 2001: THE SCIENTIFIC BASIS*.

IPCC. (2013). *Climate Change 2013*: *The Physical Science Basis*.

IPCC. (2007). S. Solomon, D. Qin, M. Manning, Z. Chen, M. Marquis, K. B. Averyt, M. Tignor, H. L. Miller (Eds.), *Contribution of Working Group I to the Fourth Assessment Report of the Intergovernmental Panel on Climate Change*. Cambridge University Press Cambridge, UK and New York, NY, USA, 996 pp.

IPCC. (2006). IPCC Guidelines for national greenhouse gas inventories. Prepared by the National Greenhiuse Gas inventories programme.

IPCC. (2019a). Refinement to the 2006 IPCC Guidelines for National Greenhouse Gas Inventorie. Agriculture Forestry and Other Land Use.

IPCC. (2019b). *Special Report on Climate Change, Desertification, Land Degradation, Sustainable Land Management, Food Security, and GHG fluxes in Terrestrial Ecosystems*.

Irungu, J. W. (2011). Food Security situation in Kenya and Horn of Africa. Presentation made during the Fourth McGill University Global Food Security Conference, 4-6 October 2011.

Ministry of Agriculture, Kenya.

Islam, S. M. M., Gaihre, Y. K., Islam, M. R., Akter, M., Al Mahmud, A., Singh, U., and Sander, B. O. (2020). Effects of water management on greenhouse gas emissions from farmers' rice fields in Bangladesh. *Science of the Total Environment*. 139382.

Jagathjothi, N., Ramamoorthy, K., and Kuttimani, R. (2011). Integrated nutrient management on growth and yield of rainfed direct sown finger millet. *Research on Crops*, *12*, 79-81.

Jambert, C., Serca, D., and Delmas, R. (1997). Quantification of N-losses as NH3, NO, and N_2O and N_2 from fertilized maize fields in southwestern France. *Nutrient Cycling Agroecosystems*, *48*, 91-104.

Janz, B., Weller, S., Kraus, D., Racela, H. S., Wassmann, R., Butterbach-Bahl, K., and Kiese, R. (2019). Greenhouse gas footprint of diversifying rice cropping systems: Impacts of water regime and organic amendments. *Agriculture, ecosystems & environment*, *270*, 41-54.

Jeffery, S., Verheijen, F. G., Kammann, C., and Abalos, D. (2016). Biochar effects on methane emissions from soils: A meta-analysis. *Soil Biology and Biochemistry*, *101*, 251-258.

Jeong, S. T., Cho, S. R., Lee, J. G., Kim, P. J., and Kim, G. W. (2019). Composting and compost application: Trade-off between greenhouse gas emission and soil carbon sequestration in whole rice cropping system. *Journal of Cleaner Production*, *212*, 1132-1142.

Jha, M. N., Chaurasia, S. K., and Bharti, R. C. (2013). Effect of Integrated Nutrient Management on Rice Yield, Soil Nutrient Profile, and Cyanobacterial Nitrogenase Activity under Rice-Wheat Cropping System. *Communications in Soil Science and Plant Analysis*, *44*, 1961-1975.

Jian, J., Du, X., Reiter, M. S., and Stewart, R. D. (2020). A meta-analysis of global cropland soil carbon changes due to cover cropping. *Soil Biology and Biochemistry*, *143*, 107735.

Jiang, Z., Lin, J., Liu, Y., Mo, C., and Yang, J. (2020). Double paddy rice conversion to maize-paddy rice reduces carbon footprint and enhances net carbon sink. *Journal of Cleaner Production*, *258*, 120643.

Jien, S. H., Chen, W. C., Ok, Y. S., Awad, Y. M., and Liao, C. S. (2018). Short-term biochar application induced variations in C and N mineralization in a compost-amended tropical soil. *Environmental Science and Pollution Research*, *25*, 25715-25725.

Jouzi, Z., Azadi, H., Taheri, F., Zarafshani, K., Gebrehiwot, K., Van Passel, S., and Lebailly,

P. (2017). Organic farming and small-scale farmers: Main opportunities and challenges. *Ecological Economics*, *132*, 144-154.

Kern, J. S., and Johnson, M. G. (1993). Conservation tillage impacts on national soil and atmospheric carbon levels. *Soil Science Society of America Journal*, *57*, 200-210.

Kim et al. (2015). Mitigation of Greenhouse Gas Emissions (GHGs) by Water Management Methods in Rice Paddy Field. *Korean J. Soil Sci. Fert. 48*(5), 477-484.

Kragt, M. E., Gibson, F. L., Maseyk, F., and Wilson, K. A. (2016). Public willingness to pay for carbon farming and its co-benefits. *Ecological Economics*, *126*, 125-131.

Laghari, M., Mirjat, M. S., Hu, Z., Fazal, S., Xiao, B., Hu, M., Chen, Z., and Guo, D. (2015). Effects of biochar application rate on sandy desert soil properties and sorghum growth. *Catena*, *135*, 313-320.

Lal, R. (2004). Soil carbon sequestration impacts on global climate change and food security. *Science*, *304*(5677), 1623-1627.

Lal, R. (2005). Forest soils and carbon sequestration. *Forest Ecology and Management* 220: 242-258.

Lal, R. (2016). Beyond COP 21: potential and challenges of the "4 per Thousand" initiative. *Journal of Soil and Water Conservation*, *71*(1), 20A-25A.

Lal, R. (2018). Digging deeper: A holistic perspective of factors affecting soil organic carbon sequestration in agroecosystems. *Global change biology*, *24*(8), 3285-3301.

Lal, R., Negassa, W., and Lorenz, K. (2015). Carbon sequestration in soil. *Current Opinion in Environmental Sustainability*, *15*, 79-86.

Lazcano, C., Zhu-Barker, X., and Decock, C. (2021). Effects of organic fertilizers on the soil microorganisms responsible for N_2O emissions: A review. *Microorganisms*, *9*(5), 983.

Lee, C. H., Jung, K. Y., Kang, S. S., Kim, M. S., Kim, Y. H., and Kim, P. J. (2013). Effect of Long Term Fertilization on Soil Carbon and Nitrogen Pools in Paddy Soil. *Korean Journal of Soil Science and Fertilizer*. https://doi.org/10.7745/kjssf.2013.46.3.216

Lehmann, J., and Joseph, S. (Eds.). (2015). *Biochar for environmental management: Science, technology and implementation*. Routledge.

Li, Y., Shahbaz, M., Zhu, Z., Deng, Y., Tong, Y., Chen, L., ... and Ge, T. (2021). Oxygen availability determines key regulators in soil organic carbon mineralisation in paddy soils.

Soil Biology and Biochemistry, 153, 108106.

Linquist, B., Van Groenigen, K. J., Adviento-Borbe, M. A., Pittelkow, C., and Van Kessel, C. (2012). An agronomic assessment of greenhouse gas emissions from major cereal crops. *Global Change Biology, 18*(1), 194-209.

Liu, C., Wang, K., and Zheng, N. (2013). Effects of nitrification inhibitors (DCD and DMPP) on nitrous oxide emission, crop yield and nitrogen uptake in a wheat-maize cropping system. *Biogeosciences, 10*, 711-737.

Liu, H., Xu, F., Xie, Y., Wang, C., Zhang, A., Li, L., and Xu, H. (2018). Effect of modified coconut shell biochar on availability of heavy metals and biochemical characteristics of soil in multiple heavy metals contaminated soil. *Science of the Total Environment, 645*, 702-709.

Liu, X. B., and Gu, S. Y. (2016). A brief discussion on energy use and greenhouse gas emmision in organic farming. *International Journal of Plant Production, 10*(1).

Lo, A. Y. (2016). Challenges to the development of carbon markets in China. *Climate Policy, 16*(1), 109-124.

Lu, J., Hu, T., Zhang, B., Wang, L., Yang, S., Fan, J., ... and Zhang, F. (2021). Nitrogen fertilizer management effects on soil nitrate leaching, grain yield and economic benefit of summer maize in Northwest China. *Agricultural Water Management, 247*, 106739.

Maienza, A., Genesio, L., Acciai, M., Miglietta, F., Pusceddu, E., and Vaccari, F. P. (2017b). Impact of Biochar Formulation on the Release of Particulate Matter and on Short-Term Agronomic Performance. *Sustainability, 9*, 1131.

Maienza, A., Baronti, S., Cincinelli, A., Martellini, T., Grisolia, A., Miglietta, F., Renella, G., Stazi, S. R., Vaccari, F. P., and Genesio, L. (2017a). Biochar improves the fertility of a Mediterranean vineyard without toxic impact on the microbial community. *Agronomy for Sustainable Development, 37*, 47.

Majumder, S., Neogi, S., Dutta, T., Powel, M. A., and Banik, P. (2019). The impact of biochar on soil carbon sequestration: Meta-analytical approach to evaluating environmental and economic advantages. *Journal of Environmental Management, 250*, 109466.

Mangalassery, S., Sjögersten, S., Sparkes, D. L., Sturrock, C. J., Craigon, J., and Mooney, S. J. (2014). To what extent can zero tillage lead to a reduction in greenhouse gas emissions from temperate soils? *Scientific Reports, 4*(1), 1-8.

Maraseni, T. N., Deo, R. C., Qu, J., Gentle, P., and Neupane, P. R. (2018). An international comparison of rice consumption behaviours and greenhouse gas emissions from rice production. *Journal of Cleaner Production*, *172*, 2288-2300.

Marques, M.J., García-Munoz, S., Munoz-Organero, G., and Bienes, R. (2010). Soil conservation beneath grass cover in hillside vineyards under mediterranean climatic conditions (MADRID, Spain). *Land Degradation & Development*, *21*, 122-131.

Mathew, I., Shimelis, H., Mutema, M., Minasny, B., and Chaplot, V. (2020). Crops for increasing soil organic carbon stocks-A global meta analysis. *Geoderma*, *367*, 114230.

McBratney, A. B., Stockmann, U., Angers, D. A., Minasny, B., and Field, D. J. (2014). Challenges for soil organic carbon research. *Soil carbon*. Springer, Cham, 3-16.

Meemken, E. M., and Qaim, M. (2018). Organic agriculture, food security, and the environment. *Annual Review of Resource Economics*, *10*, 39-63.

Millar, N., Robertson, G. P., Grace, P. R., Gehl, R., and Hoben, J. (2010). Nitrogen fertilizer management for nitrous oxide (N_2O) mitigation in intensive corn (maize) production: An emissions reduction protocol for US Midwest agriculture. Mitig.

Minasny, B., Malone, B. P., McBratney, A. B., Angers, D. A., Arrouays, D., Chambers, A., Chaplot, V., Chen, Z.-S., Cheng, K., Das, B. S., Field, D. J., Gimona, A., Hedley, C. B., Hong, S. Y., Mandal, B., Marchant, B. P., Martin, M., McConkey, B. G., Mulder, V. L., O'Rourke, S., Richerde-Forges, A. C., Odeh, I., Padarian, J., Paustian, K., Pan, G., Poggio, L., Savin, I., Stolbovoy, V., Stockmann, U., Sulaeman, Y., Tsui, C.-C., Vågen, T.-G., van Wesemael, B., and Winowiecki, L. (2017). Soil carbon 4 per mille. *Geoderma*, *292*, 59-86.

Minasny, B., McBratney, A. B., Hong, S. Y., Sulaeman, Y., Kim, M. S., Zhang, Y. S., ... and Han, K. H. (2012). Continuous rice cropping has been sequestering carbon in soils in Java and South Korea for the past 30 years. *Global Biogeochemical Cycles*, *26*(3).

Miriti, J. M., Esilaba, A. O., Bationo, A., Cheruiyot, H., Kihumba, J., and Thuranira, E. G. (2007). Tiedridging and integrated nutrient management options for sustainable crop production in semi-arid eastern Kenya. In A. Bationo, B. Waswa, J. Kihara and J. Kimetu (Eds.), *Advances in Integrated Soil Fertility Management in sub-Saharan Africa: Challenges and Opportunities*. pp. 435-442.

Miśniakiewicz, M., Łuczak, J., and Maruszewska, N. (2021). Improvement of organic farm

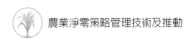
assessment procedures on the example of organic farming in Poland, recommendations for organic farming in Poland. *Agronomy*, *11*(8), 1560.

Moungsree, S., Neamhom, T., Polprasert, S., and Patthanaissaranukool, W. (2022). Carbon footprint and life cycle costing of maize production in Thailand with temporal and geographical resolutions. *The International Journal of Life Cycle Assessment*, 1-16.

Mutoko, M. C., Ritho, C. N., Benhin, J. K., and Mbatia, O. L. (2015). Technical and allocative efficiency gains from integrated soil fertility management in the maize farming system of Kenya. *Journal of Development and Agricultural Economics*, *7*, 143-152.

Nambiro, E., and Okoth, P. (2013). What factors influence the adoption of inorganic fertilizer by maize farmers? A case of Kakamega District, Western Kenya. *Scientific Research and Essays*, *8*, 205-210.

Naresh, R. K., Singh, S.P., and Kumar, V. (2013). Crop establishment, tillage and water management technologies on crop and water productivity in rice-wheat cropping system of North West India. *International Journal of Life Sciences Biotechnology and Pharma Research*, *2*, 237-248.

Nawab, K., Amanullah Shah, P., Rab, A., Arif, M., Khan, M. A., Mateen, A., and Munsif, F. (2011). Impact of integrated nutrient management on growth and grain yield of wheat under irrigated cropping system. *Pakistan Journal of Botany*, *43*, 1943-1947.

Niggli, U., Fließbach, A., Hepperly, P., and Scialabba, N. (2009). Low greenhouse gas agriculture: mitigation and adaptation potential of sustainable farming systems. Ökologie and Landbau, *141*, 32-33.

Nobeji, S. B., Nie, F., and Fang, C. (2011). An Analysis of Factors Affecting Smallholder Rice Farmers' Level of Sales and Market Participation in Tanzania; Evidence from National Panel Survey Data 2010-2011. *Journal of Economics and Sustainable Development*, *5*, 185-204.

Novak, J. M., Lima, I., Xing, B., Gaskin, J. W., Steiner, C., Das, K. C., Ahmenda, M., Rehrah, D., Watts, D. W., Busscher, W. J., and Schomberg, H. (2009). Characterization of designer biochar produced at different temperatures and their effects on loamy sand. *Annals of Environmental Science*, *3*, 195-206.

Ogle, S. M., Breidt, F. J., and Paustian, K. (2005). Agricultural management impacts on soil organic carbon storage under moist and dry climatic conditions of temperate and tropical regions. *Biogeochemistry*, *72*, 87-121.

Palansooriya, K. N., Ok, Y. S., Awad, Y. M., Lee, S. S., Sung, J. K., Koutsospyros, A., and Moon, D. H. (2019). Impacts of biochar application on upland agriculture: A review. *Journal of Environmental Management*, *234*, 52-64.

Pan, G., Xu, X., Smith, P., Pan, W., and Lal, R. (2010). An increase in topsoil SOC stock of China's croplands between 1985 and 2006 revealed by soil monitoring. *Agriculture, ecosystems & environment*, *136*(1-2), 133-138.

Parikh, S. J., and James, B. R. (2012). Soil: The Foundation of Agriculture. *Nature Education Knowledge*, *3*, 2.

Park, J. H., Lamb, D., Paneerselvam, P., Choppala, G., Bolan, N., and Chung, J. W. (2011). Role of organic amendments on enhanced bioremediation of heavy metal contaminated soils. *Journal of Hazardous Materials*, *185*, 549-574.

Parkinson, R. (2013). System based integrated nutrient management. *Soil Use Management*, *29*, 608.

Patil, S. L., and Sheelavantar, M. N. (2001). Effect of in-situ moisture conservation practices and integrated nutrient management on nutrient availability and grain yield of rabi sorghum (Sorghum bicolor) in the Vertisols of semi-arid tropics of south India. *The Indian Journal of Agricultural Sciences*, *71*, 229-233.

Pawlewicz, A., Brodzinska, K., Zvirbule, A., and Popluga, D. (2020). Trends in the Development of Organic Farming in Poland and Latvia Compared to the EU. *Rural Sustainability Research*, *43*(338), 1-8.

Peng, S., Hou, H., Xu, J., Mao, Z., Abudu, S., and Luo, Y. (2011). Nitrous oxide emissions from paddy fields under different water managements in southeast China. *Paddy and Water Environment*, *9*(4), 403-411. doi:10.1007/s10333-011-0275-1

Pilipavicius, V. (Ed.)(2014). Agriculture towards Sustainability. London, UK: IntechOpen.

Potapov, P., Turubanova, S., Hansen, M. C., Tyukavina, A., Zalles, V., Khan, A., ... and Cortez, J. (2022). Global maps of cropland extent and change show accelerated cropland expansion in the twenty-first century. *Nature Food*, *3*(1), 19-28.

Powlson, D. S., Bhogal, A., Chambers, B. J., Coleman, K., Macdonald, A. J., Goulding, K. W. T., and Whitmore, A. P. (2012). The potential to increase soil carbon stocks through reduced

tillage or organic material additions in England and Wales: A case study. *Agriculture, Ecosystems & Environment, 146*(1), 23-33.

Pradhan, M., Tripura, B., Mondal, T. K., Darnnel, R. R., and Murasing, J. (2017). Factors influencing the adoption of organic farming by the farmers of North District of Sikkim. *International Journal of Advanced Scientific Research & Development, 4*(2), 1-7.

Prendergast-Miller, M. T., Duvall, M., and Sohi, S. P. (2014). Biochar-root interactions are mediated by biochar nutrient content and impacts on soil nutrient availability. *European Journal of Soil Science, 65*, 173-185.

Pribyl, D. W. (2010). A critical review of the conventional SOC to SOM conversion factor. *Geoderma, 156*(3-4), 75-83.

Rahman, K. A., and Zhang, D. (2018). Effects of fertilizer broadcasting on the excessive use of inorganic fertilizers and environmental sustainability. *Sustainability, 10*(3), 759.

Ravishankara, A. R., Daniel, J. S., and Portmann, R. W. (2009). Nitrous oxide (N_2O): The dominant ozone-depleting substance emitted in the 21st century. *Science, 326*.

Röös, E., Mie, A., Wivstad, M., Salomon, E., Johansson, B., Gunnarsson, S., ... and Watson, C. A. (2018). Risks and opportunities of increasing yields in organic farming. *A review. Agronomy for sustainable development, 38*(2), 1-21.

Sadeghi, S. H., Panah, M. H. G., Younesi, H., and Kheirfam, H. (2018). Ameliorating some quality properties of an erosion-prone soil using biochar produced from dairy wastewater sludge. *Catena, 171*, 193-198.

Schrama, M., De Haan, J. J., Kroonen, M., Verstegen, H., and Van der Putten, W. H. (2018). Crop yield gap and stability in organic and conventional farming systems. Agriculture, ecosystems & environment, *256*, 123-130.

Setyantoa, P., Pramono, A., Adriany, T. A., Susilawati, H. L., Tokida, T., Padred, A. T., and Minamikawa, K. (2018). Alternate wetting and drying reduces methane emission from a rice paddy in Central Java, Indonesia without yield loss. *Soil Science and Plant Nutrition, 64*(1): 23-30.

Seufert, V., Ramankutty, N., and Mayerhofer, T. (2017). What is this thing called organic?-How organic farming is codified in regulations. *Food Policy, 68*, 10-20.

Sharma, M. P., Bali, S. V. and Gupta, D. K. (2001). Soil fertility and productivity of rice (Oryza sativa)-wheat (Triticum aestivum) cropping system in an Inceptisol as influenced by integrated nutrient management. *Indian Journal of Agricultural Sciences*, *71*, 82-86.

Shiferaw, B., Okello, J., and Reddy, V. R. (2009). Challenges of adoption and adaptation of land and water management options in smallholder agriculture: Synthesis of lessons and experiences. In S. P. Wani, J. Rockström, and T. Oweis (Eds.), *Rainfed agriculture: Unlocking the potential*, pp. 258-275.

Sinnett, A., Behrendt, R., Ho, C., and Malcolm, B. (2016). The carbon credits and economic return of environmental plantings on a prime lamb property in south eastern Australia. *Land Use Policy*, *52*, 374-381.

Skinner, C., Gattinger, A., Krauss, M., Krause, H. M., Mayer, J., Van Der Heijden, M. G., and Mäder, P. (2019). The impact of long-term organic farming on soil-derived greenhouse gas emissions. *Scientific reports*, *9*(1), 1-10.

Smith, L. G., Kirk, G. J., Jones, P. J., and Williams, A. G. (2019). The greenhouse gas impacts of converting food production in England and Wales to organic methods. *Nature communications*, *10*(1), 1-10.

Smith, P., Martino, D., Cai, Z., Gwary, D., Janzen, H., Kumar, P., ... and Towprayoon, S. (2007). Policy and technological constraints to implementation of greenhouse gas mitigation options in agriculture. *Agriculture, Ecosystems & Environment*, *118*(1-4), 6-28.

Smith, W., Grant, B., Qi, Z., He, W., VanderZaag, A., Drury, C. F., ... and Helmers, M. J. (2019). Assessing the impacts of climate variability on fertilizer management decisions for reducing nitrogen losses from corn silage production. *Journal of environmental quality*, *48*(4), 1006-1015.

Song, K., Zhang, G., Ma, J., Peng, S., Lv, S., and Xu, H. (2022). Greenhouse gas emissions from ratoon rice fields among different varieties. *Field Crops Research*, *277*, 108423.

Sosulski, T., Stępień, W., Wąs, A., and Szymańska, M. (2020). N_2O and CO_2 emissions from bare soil: effect of fertilizer management. *Agriculture*, *10*(12), 602.

Średnicka-Tober, D., Obiedzińska, A., Kazimierczak, R., and Rembiałkowska, E. (2016). Environmental impact of organic vs. conventional agriculture-a review. *Journal of Research and Applications in Agricultural Engineering*, *61*(4), 204-211.

Stagnari, F., Maggio, A., Galieni, A., and Pisante, M. 2017. Multiple benefits of legumes for

agriculture sustainability: An overview. *Chemical and Biological Technologies in Agriculture*, *4*(1), 1-13.

Stockmann, U., Adams, M. A., Crawford, J. W., Field, D. J., Henakaarchchi, N., Jenkins, M., Minasny, B., McBratney, A. B., de Remy de Courcelles, V., Singh, K., Wheeler, I., Abbott, L., Angers, D. A., Baldock, J., Bird, M., Brookes, P. C., Chenu, C., Jastrow, Julie D., Lal, R., Lehmann, J., O'Donnell, A. G., Parton, W. J., Whitehead, D., and Zimmermann, M. (2013). The knowns, known unknowns and unknowns of sequestration of soil organic carbon. *Agriculture, Ecosystems & Environment, 164*, 80-99.

Studdert, G. A., and Casamovas, H. E. (1997) Crop-pasture rotation for sustaining the quality and productivity of a Typic Argiudoll. *Soil Sci. Soc. Am. J.* 61, 1466-1472.

Sun, M., Zhan, M., Zhao, M., Tang, L. L., Qin, M. G., Cao, C. G., ... and Liu, Z. H. (2019). Maize and rice double cropping benefits carbon footprint and soil carbon budget in paddy field. *Field Crops Research, 243*, 107620.

Takakai, F., Nakagawa, S., Sato, K., Kon, K., Sato, T., and Kaneta, Y. (2017). Net greenhouse gas budget and soil carbon storage in a field with paddy-upland rotation with different history of manure application. *Agriculture, 7*(6), 49.

Tang, H. M., Xiao, X. P., Wang, K., Li, W. Y., Liu, J., and Sun, J. M. (2016). Methane and nitrous oxide emissions as affected by long-term fertilizer management from double-cropping paddy fields in Southern China. *The Journal of Agricultural Science, 154*(8), 1378-1391.

Tariq, A., Vu, Q. D., Jensen, L. S., de Tourdonnet, S., Sander, B. O., Wassmann, R., ... and de Neergaard, A. (2017). Mitigating CH4 and N_2O emissions from intensive rice production systems in northern Vietnam: Efficiency of drainage patterns in combination with rice residue incorporation. *Agriculture, Ecosystems & Environment, 249*, 101-111.

Thind, S. S., Sidhu, A. S., Sekhon, N. K., and Hira, G. S. (2007). Integrated Nutrient Management for Sustainable Crop Production in Potato-Sunflower Sequence. *Journal of Sustainable Agriculture, 29*, 173-188.

Tubiello, F. N., Salvatore, M., Ferrara, A. F., House, J., Federici, S., Rossi, S., ... and Smith, P. (2015). The contribution of agriculture, forestry and other land use activities to global warming, 1990-2012. *Global change biology, 21*(7), 2655-2660.

Vaccari, F. P., Maienza, A., Miglietta, F., Baronti, S., Di Lonardo, S., Giagnoni, L., Lagomarsino, A.,

Pozzi, A., Pusceddu, E., Ranieri, R., Valboa, G., and Genesio, L. (2015). Biochar stimulates plant growth but not fruit yield of processing tomato in a fertile soil. *Agriculture, Ecosystems and Environment*, *207*, 163-170.

van der Gaast, W., Sikkema, R., and Vohrer, M. (2018). The contribution of forest carbon credit projects to addressing the climate change challenge. *Climate Policy*, *18*(1), 42-48.

Van Der Hoek, W., Sakthivadivel, R., Renshaw, M., Silver, J. B., Birley, M. H., and Konradsen, F. (2001). Alternate wet/dry irrigation in rice cultivation: a practical way to save water and control malaria and Japanese encephalitis?

Van Groenigen, J. W., Velthof, G. L., Oenema, O., Van Groenigen, K. J., and Van Kessel, C. (2010). Towards an agronomic assessment of N_2O emissions: a case study for arable crops. *European journal of soil science*, *61*(6), 903-913.

Van Groenigen, K. J., Qi, X., Osenberg, C. W., Luo, Y., and Hungate, B. A. (2014). Faster decomposition under increased atmospheric CO_2 limits soil carbon storage. *Science*, *344*(6183), 508-509.

van Kooten, G. C. (2017). Forest carbon offsets and carbon emissions trading: problems of contracting. *Forest Policy and Economics*, *75*, 83-88.

Van Wesemael, B., Paustian, K., Meersmans, J., Goidts, E., Barancikova, G., and Easter, M. (2010). Agricultural management explains historic changes in regional soil carbon stocks. *Proceedings of the National Academy of Sciences*, *107*(33), 14926-14930.

Vermeulen, S. J., Campbell, B. M., and Ingram, J. S. (2012). Climate change and food systems. *Annual review of environment and resources*, *37*(1), 195-222.

Vilakazi, B. S., Zengeni, R., Mafongoya, P., Ntsasa, N., and Tshilongo, J. (2021). Seasonal Effluxes of Greenhouse Gases Under Different Tillage and N Fertilizer Management in a Dryland Maize Mono-crop. *Journal of Soil Science and Plant Nutrition*, *21*(4), 2873-2883.

Wassmann, R., Lantin, R. S., Neue, H. U., Buendia, L. V., Corton, T. M., and Lu, Y. (2000). Characterization of methane emissions from rice fields in Asia. III. Mitigation options and future research needs. *Nutrient Cycling in Agroecosystems*, *58*(1), 23-36.

Wassmann, R., Neue, H. U., Ladha, J. K., and Aulakh, M. S. (2004). Mitigating greenhouse gas emissions from rice-wheat cropping systems in Asia. In *Tropical agriculture in transition-opportunities for mitigating greenhouse gas emissions?* (pp. 65-90). Springer, Dordrecht.

Watanabe, A., Takeda, T., and Kimura, M. (1999). Evaluation of origins of CH4 carbon emitted from rice paddies. *Journal of Geophysical Research: Atmospheres*, *104*(D19), 23623-23629.

Weller, S., Janz, B., Jörg, L., Kraus, D., Racela, H. S., Wassmann, R., ... and Kiese, R. (2016). Greenhouse gas emissions and global warming potential of traditional and diversified tropical rice rotation systems. *Global Change Biology*, *22*(1), 432-448.

White, R. E., Davidson, B., and Eckard, R. (2021). An everyman's guide for a landholder to participate in soil carbon farming in Australia. Occasional Paper, 21.

Wu, W., and Ma, B. (2015). Integrated nutrient management (INM) for sustaining crop productivity and reducing environmental impact: A review. *Science of The Total Environment*, *512-513*, 415-427.

Xiong, C., Yang, D., Huo, J., and Wang, G. (2017). Agricultural Net Carbon Effect and Agricultural Carbon Sink Compensation Mechanism in Hotan Prefecture, China. *Polish Journal of Environmental Studies*, *26*(1).

Yagi, K., Tsuruta, H., and Minami, K. (1997). Possible options for mitigating methane emission from rice cultivation. *Nutrient Cycling in Agroecosystems*, *49*(1), 213-220.

Yang, S., Sun, X., Ding, J., Jiang, Z., and Xu, J. (2019). Effects of biochar addition on the NEE and soil organic carbon content of paddy fields under water-saving irrigation. *Environmental Science and Pollution Research*, *26*, 8303-8311.

Yao, Z., Zhang, W., Wang, X., Lu, M., Chadwick, D., Zhang, Z., and Chen, X. (2021). Carbon footprint of maize production in tropical/subtropical region: a case study of Southwest China. *Environmental Science and Pollution Research*, *28*(22), 28680-28691.

Ye, J., Joseph, S. D., Ji, M., Nielsen, S., Mitchell, D. R. G., Donne, S., Horvat, J., Wang, J., Munroe, P., and Thomas, T. (2017). Chemolithotrophic processes in the bacterial communities on the surface of mineralenriched biochars. *The ISME Journal*, *11*, 1087-1101.

Ye, L., Camps-Arbestain, M., Shen, Q., Lehmann, J., Singh, B., and Sabir, M. (2020). Biochar effects on crop yields with and without fertilizer: A meta-analysis of field studies using separate controls. *Soil Use and Management*, *36*, 2-18.

Zhang, D., Shen, J., Zhang, F., Li, Y. E., and Zhang, W. (2017). Carbon footprint of grain production in China. *Scientific Reports*, *7*(1), 1-11.

Zhang, K., Sun, P., Faye, M. C. A., and Zhang, Y. (2018). Characterization of biochar derived from rice husks and its potential in chlorobenzene degradation. *Carbon*, *130*, 730-740.

Zhu, X., Chen, B., Zhu, L., and Xing, B. (2017). Effects and mechanisms of biochar-microbe interactions in soil improvement and pollution remediation: A review. *Environ Pollut. 227*, 98-115.

Zou, J., Huang, Y., Zheng, X., and Wang, Y. (2007). Quantifying direct N_2O emissions in paddy fields during rice growing season in mainland China: dependence on water regime. *Atmospheric Environment*, *41*(37), 8030-8042.

CHAPTER 3

節能減碳的微生物應用與開發

羅朝村

國立虎尾科技大學文理學院院長
ctlo@nfu.edu.tw

一、前言

二、微生物在淨零碳排時代的角色

三、替代化學肥料與農藥可應用的微生物

四、微生物製劑商品化的要件與案例說明

五、案例說明

一、前言

　　微生物的生態體系，雖然會隨著地球環境的變化而有差異，但對地球上營養元素的循環利用，皆扮演著相同重要角色（McArthur, 2006）。然而自從化學肥料與化學農藥引入農業栽培管理後，已導致地球上有機碳不斷地耗損及大量二氧化碳快速被釋放於大氣中。據估計雖然地球表面 0-30 公分中土壤有機碳約有 6,940 億噸（FAO, 2017），至 2018 年約已耗損平均約 1,350 億噸的有機碳量（Lal, 2018）；而土壤中的有機碳含量則會影響到土壤之物理、化學及生物的多樣性，其中由於缺乏這些有機物質的供應，導致這些化學自營性（chemoautotroph）、化學異營性（chemoheterotroph）或光異營性（photoheterotroph）等微生物，無法獲得相關物質，進而影響土壤生物多樣性，影響營養素及微量元素的永續循環。而當人們為了維持一定的糧食生產，勢必又要投入更多能量與碳排放去生產這些元素來維持作物的生長及產量，進而陷入一個惡性循環的泥沼中。為能讓讀者對在地球上元素循環及作物被病原的危害條件中，各種微生物如何扮演著其重要角色有所認識與了解；並對未來農業施作能加以應用這些微生物，以替代或降低工業化所帶來高耗能與碳排量之問題。因此本章節將著重探討相關微生物在農業永續循環中的應用與降低化學肥料及農藥之使用量，以減少碳排放之效能，並提供從事農業者如何應用這些有益微生物，以達到節能與減碳排量之參考。

二、微生物在淨零碳排時代的角色

（一）碳在地球上的重要性及維持平衡中（微）生物的角色

　　碳是地球上最主要的元素之一，通常會以不同形式存在於生物與環境中，也是生物體最主要的結構元素；亦即碳會以二氧化碳的無機物形式存在大氣中，經過植物或藻類光合作用被還原成碳水化物後，可能被轉換或合成為大分子，或進入食物鏈中，除了部分作微生物自我儲存外，不論是生產者或消費者所獲得之碳，最終都會再經由呼吸作用而產生二氧化碳，從而被捕獲之碳又回歸於大氣中。同樣地，生

物獲得碳水化合物或儲存的大分子在死亡後，遺體則可再經由微生物分解而釋放出二氧化碳，當然也會有部分有機碳會沉積至土壤中成為炭或石油。有些微生物不似植物或藻類，可利用光合作用產生能量後，來還原二氧化碳成碳水化合物；例如甲烷菌（methanogens）可利用化學能來將二氧化碳還原成甲烷（CH_4）或直接將乙酸分解成甲烷，再被燃燒或利用成二氧化碳而回置大氣中。碳從大氣到生物體再回歸大氣的這些路線，則俗稱之為碳循環（carbon cycle）。此一循環本就有一定的量封存於地殼上各個場所中，包括存在生物質量中。然在工業革命後，大量開採封存的石油、煤炭或相關頁岩油或天然氣等過度的使用、作物集約化栽培加上採收後生物量直接焚燒或移除等，導致打破原有的平衡狀態，致使大氣中二氧化碳濃度逐步升高，溫室效應也就日益嚴重。根據聯合國 2023 年 7 月的紀錄顯示，全球平均溫度已接近 17℃（過去平均在 15℃）；這被認為與最近北半球各地出現高溫的極端氣候有關。因此土壤碳匯如何增加或保存，以提供多元微生物的存活，建構碳源的緩釋放系統，將有利於其他元素的循環利用，同時人類也就不須外加太多的肥料或藥劑的用量。

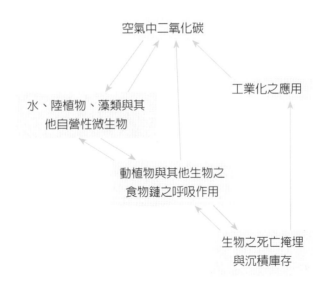

圖 3-1　碳循環

資料來源：本循環系統參考自 http://commons.wikimedia.org/wiki/File:Carbon_cycle-cute_diagram.jpeg 並作編整

（二）土壤微生物與其他元素循環的關係

除了碳與生物的關係外，其他元素的循環也與微生物息息相關。將分別敘述如下：

1. 氮的循環與微生物的關係

氮元素在自然環境中，主要存在於大氣中、土壤與水中及生物體中；而連結三者間的循環體系，除了自然閃電提供的能量或工業生產的固氮作用（N_2 fixation）外，主要還是靠微生物的利用而形成永續循環。如固氮菌可將空氣中的氮氣還原成氨（N_2 fixation）或胺而存在於水中或土壤中，而 NH_4 很快地被硝化作用（nitrification）成亞硝酸或硝酸，其中氨態氮或硝酸態氮可被植物或微生物所吸收轉換成胺基酸等被固定在生物體中或被脫氮作用（denitrification）回歸大氣中。而這些生物體死亡後則被微生物礦物化或氨化作用（ammonification），再回到土壤與水中等，完成氮的循環（nitrogen cycle，如下圖）。其中牽涉多種微生物如固氮菌、硝化菌等多種微生物的參與。因此若能多加利用這些共生性或游離性固氮微生物，或是在休耕期間或間作時多種植些共生性綠肥作物或提供些碳源給游離性固氮菌使用（不移除殘體），將可保有土地之肥沃性，以減少肥料的使用，據估計每生產 1 噸氨大約產生 2 噸二氧化碳，一年約產生 4 億噸二氧化碳，被視為農業高碳排的元兇之一（Statista, 2023）。

圖 3-2　氮循環

資料來源：本循環系統參考自 Hopkins, W. G., and Hüner, N. P. A. (2008). *Introduction to Plant Physiology*. 4th. John Wiley & Sons, Inc. 並作編整

2. 磷的循環與微生物的關係

　　磷是有生命體中不可缺少的元素，主要為構成核酸之重要成分，對細胞之分裂、碳水化合物及蛋白質之合成，呼吸作用等均有密切關係。因此磷元素的循環利用是否順暢，會直接或間接影響生物的多樣性與存活率。然而在自然界中，磷元素的存在，除了經由沖刷進入河川而沉積於海底層，導致不易被循環利用外；在土壤與生物間則存在著可循環的變化，包括可溶性無機磷的被同化而被生物吸收固定，或有機磷的礦化而再釋出，即形成可溶性磷被固定與不溶性磷的溶解等循環利用（沈佛亭，2015）。意即可溶性的無機磷化物可被植物或微生物吸收後合成有機磷化物，成為生命物質結構之組成分，之後被微生物寄生或死亡而再被分解等過程。在土壤中，許多的細菌、放線菌和真菌等含有植酸酶和磷酸酶，能夠將含磷的有機物分解，而產生的無機磷化物可再被植物或其他微生物吸收利用。同時，沉積的磷也可能會經地殼變動而浮出或地殼中之磷可經風化而存在於土壤中，或與其他金屬元素結合而被固定（通常是指植物根無法直接吸收利用），必須再經由微生物將其溶解吸收或提供植物利用等形成循環系統；亦即在這循環系統中皆有微生物的參與。而能游離被利用的皆與磷酸根（PO_4^{3-}）有關。然人類為提供或補充植物無法吸收的不足磷肥，特意生產磷肥來供應，據資料顯示每生產 1 公斤磷肥則會造成碳排放 0.1-0.3 kg CE/kg（Lal, 2004）。因此當土壤中本含足夠磷含量時，若能在作物栽培期間，在作物需求前（如開花結果）先將可溶磷的微生物加入，讓其先作用，將可減少磷肥的施用又可達到原有的生產量。

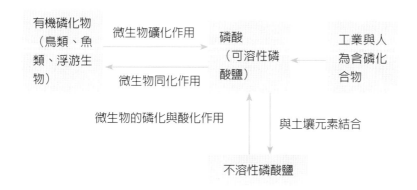

圖 3-3　磷循環

資料來源：本循環系統引述自 https://commons.wikimedia.org/wiki/File:Phosphorus_Cycle_copy.jpg 並自作編整

3. 硫的循環與微生物的關係

硫在生物體中是構成蛋白質的重要成分之一；雖然其在地下水、地面水、土壤圈、大氣圈中含量均較在岩石圈，如沉積岩、變質岩和火成岩量小（維基百科，硫循環）；但透過有機物分解釋放 H_2S 氣體或可溶硫酸鹽、火山噴發等過程使硫變成可移動的簡單化合物進入大氣、水或土壤中。土壤中微生物包括真菌、原核細菌，可將含硫有機物質或沉澱硫化物分解為硫化氫，而有些微生物如光合硫黃細菌和硫化細菌可將硫化氫（H_2S）進一步氧化轉變為元素硫（S）或硫酸鹽（SO_4^{2-}），許多兼好氣性或嫌氣性微生物又可將硫酸鹽還原轉化為硫化氫。因此，在土壤和水體底質中，硫因氧化還原電位不同而呈現不同的化學價態。一般而言，土壤和空氣中硫酸鹽、硫化氫和二氧化硫可被植物吸收，然後又能沿著食物鏈在生態系統中轉移與循環利用。

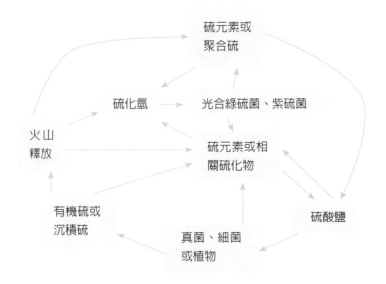

圖 3-4　硫循環

資料來源：本循環系統引述自 https://commons.wikimedia.org/wiki/File:Sulfur_cycle_-_English.jpg
　　　　並自作編整

4. 鉀的循環與微生物的關係

鉀與氮、磷、鎂等都是生長發育必須攝取的 17 種要素之一，直接影響各種酵素作用。對碳水化合物之合成、輸送及儲藏、蛋白質之合成及蒸散作用之調節等機

能關係重大。可增加作物抗寒、抗溼、抗旱及抗病蟲害之能力（沈佛亭，2015）。鉀在自然界中只以化合物形式存在。在雲母、鉀長石等矽酸鹽中都富含鉀（維基百科，鉀循環）；這些可經過風化形成緩效性鉀或固定性鉀。而這些物質也會被微生物溶解成交換性鉀或速效性鉀，進一步游離於土壤（水）中而可被植物或微生物吸收，然後再透過食物鏈循環；再被分解回歸土壤，而部分形成可溶性鉀或形成固定性鉀等（沈佛亭，2015）。

5. 作物栽培期間之病蟲害生物防治微生物

自然生態系中，生物之間本就存在著互相依存或競爭的種種關係；因此在眾多的微生物族群間，想釐清這已存在的各種複雜關係實屬不易，因此科學家僅能從兩族群間去研究，從一開始的正（有利）負（不利）間，再區分而歸類為八種；例如 (A) 互不干涉的中立作用（Neutralism）、(B) 片利共生（Commensalism）、(C) 協力作用（Synergism）、(D) 互利共生（Mutualism）、(E) 競爭作用（Competition）、(F) 抗生作用（Amensalism）、(G) 捕食作用（Predation）、(H) 寄生作用（Parasitism）（McArthur, 2006）。若是期望此一微生物有利於作物的關係，當然我們會希望選擇第 B、C、D 類之微生物（表 3-1），同樣地在元素循環中則也期望有這些類別的微生物產生，如此將有利作物營養需求而增加產量；同樣地這些微生物也能得到好處而存活；相反地，若是針對作物病蟲害之病原而言，選擇的微生物，則應會考慮 E、F、G、H 類，以利於作物病蟲害的防治（表 3-1），當然若能也考慮是否影響元素之循環利用，應更有利於農田土壤的活化與減少人為的投入。目前已有的紀錄顯示木黴菌屬、枯草桿菌、液態澱粉芽孢桿菌、蕈狀芽孢桿菌、白殭菌屬（*Beauveria*）、黑殭菌屬（*Metarhizium*）等有多功能之效果。亦即若能適當引入這些微生物，將有利於降低化學藥劑或肥料的投入與使用量，即可有效減少碳排放。

表 3-1　微生物間的相互作用

Name of interaction	Effect of interaction	
	population A	Population B
Neutralism	0	0
Commensalism	0	+
Synergism	+	+
Mutualism	+	+
Competition	−	−
Amensalism	0 / +	−
Predation	+	−
Parasitism	+	−

6. 在生態逐漸失衡的情況下與因應之道

　　大自然的運作本就有一定的規律包括順序與時間，多餘的可能埋藏在地殼中，或是不足時從地殼中釋放；然而隨著人類科學的進步，已逐步侵擾到自然的規律，加上工業化後人類貪婪地消耗原有儲藏的資源（如石油），打破了原有的循環能量。農業生產亦是如此，農業本是維持人類生存的重要產業，過去爲能因應世界人口的成長，在土地耕作面積有限的情況下，人們爲達到增加糧食生產，也不斷地消耗能量去製造相關元素，如氮肥、磷肥與鉀肥等相關元素，無形中替代了原有一些微生物的工作，雖然速度增快，但卻中斷微生物獲得生存需要的有機物，或未進一步補充微生物做工所需的碳源或能源；也因此導致一些元素循環利用中微生物的死亡；在此缺乏生物多元性的情況，地球上的資源循環利用，也可能會因爲這些微生物消失，而逐步停滯或消失於無形。

　　因此，爲能改善此一逐漸失衡狀況，人們除了一些必要場合，給予適當的補充元素外，農作的收穫習慣也應澈底做一些改變，即盡可能採用友善或有機栽培法，特別採收後產生的殘體，能夠回歸原田補充有機質與回流元素；耕作時盡可能減少翻犁次數，以減少土壤流失；水分管理盡可能減少過多淹灌水的狀態。已經缺乏生物多樣性之土壤，盡可能補充參與各元素循環利用之微生物如木黴菌、菌根菌、溶磷菌、溶鉀菌、光合硫黃細菌和硫化細菌、固氮菌、硝化菌等相關微生物；意即盡

可能利用微生物來改善土壤元素不足的部分，同時利用微生物間的制衡與能量循環利用，亦可降低特定病蟲害的發生。例如利用生物肥料及有機肥來降低化學肥料或利用生物農藥來減少化學農藥的使用，避免傷害生物的多元性，以利元素的循環利用及減少現有化學肥料與化學農藥製造時的碳排放量。

三、替代化學肥料與農藥可應用的微生物

（一）化學肥料與化學農藥的大量使用與物質循環中微生物斷鏈問題

無疑地，化學肥料與農藥的使用是過去糧食生產增量的重要功臣，根據世界農糧組織 2020 年的統計，每年約有 191.8 百萬噸化學肥料（Statista, 2023）及 3.7 百萬噸化學農藥的施用（Sharma, 2019）；但隨著其負作用的產生與減少碳排放議題的提出，在衡量得失後，過去一些慣行的栽培方法，勢必應給予重新考慮與變革。尤其土壤微生物在環境中扮演生態制衡的角色，但因農業耕作中大量施用化學肥料與農藥、不良灌溉水與栽培耕作方式，經常造成土壤中的微生物相失衡或微生物多樣性下降，導致土壤病害日趨嚴重，加上人工施用無機肥，致使土壤有機質累存不易或逐年消耗，導致土壤地力發生退化，特別是土壤中有益微生物因無法充分獲得能量而減少，或造成食物鏈中斷而中止元素的循環，均會對農業生產造成負面效應，包括病蟲害日益猖獗，土壤流失與肥力降低，無形中又致使農民必須投入更多的化學農藥與肥料等惡性的循環。

（二）如何在人口增加壓力下保持作物生產力

預估世界人口在 2050 年將達到 110 億（行政院農業委員會，2019），顯示糧食生產必須增加。若欲維持或提升生產力，且在 2050 年前達到淨零探排的規範下，期望能不再增加或可降低化學肥料與農藥的使用；因此如何造就作物生產所需的必需性元素不虞匱乏，即應注重土壤微生物的涵養，以滋生如上述多元的元素能源源不斷提供作物生產；採收後的作物殘體又能再回歸土壤再被微生物分解利用而循環。當資源不足區域如能適當地施用有機質、接種有益微生物、輪作栽培、調整土壤酸鹼度、勿過度使用化學農藥與肥料、改變問題土壤之環境等方式，將有機會

達到既有產量。以日本規劃為例，日本農林水產省設定「綠色食料體系戰略」2030年中期目標，其中化學肥料用量要減少 20%，化學農藥用量減少 10%，園藝設施採用熱泵方式加溫面積達 50%；2050 年前其配套措施如提升有機農業栽培面積須達總耕地面積 25%，化學肥料減量 30%，透過生產栽培防治曆檢討以達到農藥減半，同時農業機械能夠電氣化等措施，以達到淨零碳排放（農委會，2019）。而這些措施將可利用這些有益微生物來承接與補足。

（三）可替代化學肥料與藥劑應用之有益微生物種類

為能有效增加糧食生產以因應未來人口的增加，如何恢復土壤的地利，則是吾人努力的目標，尤其土壤中受到植物根系與其分泌物所能影響的根圈，是決定土壤中微生物競爭的主戰區。好的根圈微生物與植物生長的關係密不可分，也決定作物與微生物間的親和性程度，其中具有幫助植物生長能力的有益微生物，目前已成功開發為微生物肥料和微生物農藥。

微生物作為生物肥料的功能主要在於增進養分來源或增加養分有效利用性，目前國內肥料品目的微生物類型包括豆科根瘤菌、游離固氮菌、溶磷菌、溶鉀菌、叢枝菌根菌與複合微生物肥料（沈佛亭，2015）。在固氮菌中的微生物包括 *Azotobacter*、*Beijerinkia*、*Clostridium*、*Klebsiella*、*Anabaena*、*Nostoc*（屬自由個體固氮菌〔free living〕）；*Rhizobium*、*Frankia*、*Anabaena azollae*（屬於共生性固氮菌），*Azospirillum* 屬於中間型固氮菌；其他氮循環中的硝化菌如 *Nitrosomonas*、*Nitrosococcus*、*Nitrobacter*、*Nitrospina*、*Nitrospira* 及 *Nitrococcus*。在可溶磷（PO_4）的微生物方面，細菌有：*Bacillus*、*Pseudomonas* 等相當多的菌種；真菌有：*Trichoderma*、*Penicillium*、*Aspergillus*、Arbuscular Mycorrhiza 與 *Rhizoctonia solani* 等相關菌種。溶鉀（K）菌則有 *Bacillus* sp.、*Aspergillus* sp. 等；可交換性硫（S）有硫化細菌如 *Thiobacillus* 等，其他可協助產生的可溶元素則有矽或鋅等微生物如 *Bacillus* sp.（Riaz Saman, 2013）。

除了可當作生物肥料之菌種外，也有可作為作物病害的生物防治菌種，細菌類如 *Bacillus* sp. *Pseudomonas*、*Yersinia*、*Chromobacterium* 等，真菌類如木黴菌（*Trichoderma* sp.）、黏帚菌（*Gliocladium* sp.）、青黴菌（*Penicillium* sp.）、

Beauveria、*Metarhizium*、*Verticillium*、*Lecanicillium*、*Hirsutella*、*Paecilomyces*、放線菌（*Streptomyces* sp.），病毒類如 baculoviruses，蟲生線蟲類（Entomopathogenic nematodes）如 *Heterorhabditis* 和 *Steinernema*，互利共生如 *Photorhabdus* 和 *Xenorhabdus*。

（四）栽培管理中微生物應用的關鍵時期

在國內微生物肥料的接種已由溫室（盆栽）與田間試驗證明具有促進作物生長之效果，同時減少化學肥料的用量，特別是在有機農耕中利用微生物肥料配合有機質肥料的施用，具有增進土壤品質達到農業永續經營目標之效益。微生物作為農藥的功能可應用於生物防治，近年來更多研究指出有益微生物可與植物產生交互作用，透過誘導植物產生系統性防禦機制之方式達到保護植物目的。但如何利用這些微生物，則必須與作物在生長期、開花期或生殖期等配合，及各期所需的的元素時間點、種類與量來作為施用時期的衡量；但施用微生物來幫忙轉化這些元素，則必須考慮其作用所需要的時間，才有機會去即時供應作物不同時期的需求；例如氮肥通常是在作物生長發育期所需元素，則有機氮的供應，需事先有微生物分解或固氮，以讓根系可吸收且量足夠此時期使用，因此若施有機肥就須讓微生物有分解的時間才能滿足此需求；同樣地，溶磷與溶鉀作用，也是在需要之前能達成根吸收以供應開花與結果使用。

至於作為作物保護之微生物，因為牽涉到與作物之親和性、拮抗微生物本身及病原菌種類與發生時期的交互作用，因此更須注意 (1) 這些有益微生物的特性與功能（如有無生長在根圈或葉表的能力，有無隨著作物根或葉的擴展而分布）；(2) 可施用於作物種類與親合度；(3) 可防治的病原對象與作用機制；(4) 病原好發時期或季節對拮抗微生物的影響，這些都會牽涉到這些微生物可存活的位置、時間及對環境的忍受程度；(5) 使用的微生物通常需建立灘頭堡（存活）的時間，才能見到效果，所以需要提早使用，而不是發現問題嚴重時才用，但這些都與該微生物能否存活與保護多久有關。

四、微生物製劑商品化的要件與案例說明

（一）商品化產品應符合的要件

　　為能協助降低現有化學肥料或化學農藥的使用量與降低現有的碳排放量，這些有益微生物要能廣泛應用於世界各地，就必須能商品化，但商品化前則需有充分的研究與工業化的生產及使用規範，因此通常必須有產官學的共同投入才有可能達成。而能否受產官學的青睞，則受市場需求性、現行供應商品量與是否有區隔性或可替代性等評估後，才有可能獲得資金的挹注而進行研究以獲得優良的菌株，包括風險評估（毒理測試）、防治效益與作用機制、其他功能性評估等，此為商品化的第一步驟；當取得菌株後，則需要可大量生產這些微生物的場域（通常需要廠商的資金加入），包括有競爭性的營養配方、生產出具活性的菌種及維持架上存活的能力，此為商品化的第二步驟；除了上述的實驗室與工廠的工作外，必須能夠進到田間實際的運作與考驗，因此必須能建立一套傳輸體系，以利栽培業者或農民能實際應用而達到成效，此系統包括使用濃度、應用的作物、防治的病原、施用的劑型、施用的時機與方法等，此為商品化的第三步驟。最後則需向國家註冊登記才能上市販售。

（二）可供應的菌種與國內外的發展

　　目前已有多個國家開發出商品化之產品，其中也有多種菌株被開發成為生物農藥、生物肥料、有機資材或堆肥的分解與誘發抗性之刺激物（或稱作物疫苗）等（Woo *et al.*, 2014）。根據 PAN Pesticide Database 檢視 219 個國家，約僅 32 國家有生物農藥註冊的資料。根據 2016 年前於美國註冊的生物農藥已有 356 種活性成分包括有 57 種（species）或菌株（strain）之微生物或衍生物（Kumar and Singh, 2015），銷售金額亦達到 11 億美金，更預測 2016 至 2022 年銷售額約可成長 17%，相較於化學藥劑市場成長約僅 3%（Markets and markets, 2016）。實質上生物農藥在 2021 年市場規模已有 45 億美金，甚至預測在 2030 年會達 146 億美元。生物肥料在 2023 年達 23 億美元，2028 年也會達 41 億美元規模。根據 2020 年紀錄（Fortune Business Insights™）生物農藥公司在世界排名前十大有 Syngenta AG.、

BASF SE.、Koppert Biological Systems、Marrone Bio Innovations、BioWorks Inc、Valent BioSciences Corporation、Corteva Agriscience、Isagro SpA、UPL Limited、FMC Corporation。

在國內則根據農業部防檢署在 2023 年紀錄有 48 件登記為生物農藥，主要公司有台灣住友化學股份有限公司、聯利農業科技股份有限公司、安農股份有限公司、嘉農企業股份有限公司、松樹國際有限公司、優必樂有限公司、臺益工業股份有限公司、易利特開發有限公司、興農股份有限公司、百泰生物科技股份有限公司、沅渼生物科技股份有限公司、福壽實業股份有限公司、寶林生物科技股份有限公司、龍塋生物科技股份有限公司、聯發生物科技股份有限公司、台灣肥料股份有限公司、台灣拜耳股份有限公司、亞亮生技股份有限公司等多家公司，但規模普遍不大（表 3-2）。另外依據農糧署 2023 年資料，生物肥料公司主要生產溶磷菌肥料（8-03），少數有鉀菌肥；主要公司有聯發生物科技股份有限公司、大勝化學工業股份有限公司、台灣肥料股份有限公司苗栗廠、微新生物科技股份有限公司、漢寶工業有限公司、陽田生物科技有限公司、福壽實業股份有限公司、光華化學股份有限公司、綠世紀生物科技股份有限公司、臺益工業股份有限公司、藍田生物科技有限公司、亞亮生技股份有限公司（表 3-3）。

表 3-2 臺灣生物農藥註冊與登記之菌種及公司

公司	名稱	劑型	成分含量
台灣住友化學股份有限公司	庫斯蘇力菌 ABTS-351	WP 可溼性粉劑	23.7%（16,000 IU/mg）
聯利農業科技股份有限公司	庫斯蘇力菌 SA-12	WP 可溼性粉劑	70%（16,000 IU/mg）
安農股份有限公司	庫斯蘇力菌 SA-12	WP 可溼性粉劑	70%（16,000 IU/mg）
安農股份有限公司	庫斯蘇力菌 SA-11	WG 水分散性粒劑	85%（32,000 IU/mg）
嘉農企業股份有限公司	庫斯蘇力菌 EG-2371	WP 可溼性粉劑	40%（16,000 IU/mg）
松樹國際有限公司	鮎澤蘇力菌 701	WP 可溼性粉劑	16,000 IU/mg

公司	名稱	劑型	成分含量
優必樂有限公司	鮎澤蘇力菌 GC-91	WP 可溼性粉劑	50%（25,000 IU/mg）
台灣住友化學股份有限公司	鮎澤蘇力菌 ABTS-1857	WG 水分散性粒劑	48.1%（35,000 DBMU/mg）
嘉農企業股份有限公司	甜菜夜蛾核多角體病毒	SC 水懸劑	2×10^9 OBs/mL
臺益工業股份有限公司	庫斯蘇力菌 SA-12	WP 可溼性粉劑	70%（16,000 IU/mg）
台灣住友化學股份有限公司	鮎澤蘇力菌 NB-200	WG 水分散性粒劑	54%（15,000 IU/mg）
易利特開發有限公司	蓋棘木黴菌 ICC080/012	WP 可溼性粉劑	1×10^7 CFU/g
興農股份有限公司	庫斯蘇力菌 ABTS-351	WP 可溼性粉劑	23.7%（16,000 IU/mg）
中華民國農會	斜紋夜蛾費洛蒙	SR 控制釋放劑	91.2%
光華化學股份有限公司	枯草桿菌 Y1336	WP 可溼性粉劑	50% 1×10^9 CFU/g 以上
百泰生物科技股份有限公司	純白鏈黴菌素	SP 水溶性粉劑	700 PCU/g
沅渼生物科技股份有限公司	枯草桿菌 WG6-14	AL 液劑	1×10^{10} CFU/mL
福壽實業股份有限公司	庫斯蘇力菌 E-911	WP 可溼性粉劑	60%（30,000 DBMU/mg）
寶林生物科技股份有限公司	綠木黴菌 R42	AP（其他）粉劑	2×10^8 CFU/g
嘉農企業股份有限公司	液化澱粉芽孢桿菌 PMB01	WP 可溼性粉劑	1×10^9 CFU/g 以上
聯發生物科技股份有限公司	蕈狀芽孢桿菌 AGB01	WP 可溼性粉劑	1×10^8 CFU/g 以上
興農股份有限公司	液化澱粉芽孢桿菌 CL3	SC 水懸劑	1×10^8 CFU/mL 以上
台灣肥料股份有限公司	液化澱粉芽孢桿菌 Ba- BPD1	SC 水懸劑	1×10^9 CFU/mL 以上
百泰生物科技股份有限公司	液化澱粉芽孢桿菌 YCMA1	WP 可溼性粉劑	5×10^9 CFU/g 以上

公司	名稱	劑型	成分含量
沅渼生物科技股份有限公司	白殭菌 A1	XX 其他（網袋包）	3×10^9 conidia/g
台灣拜耳股份有限公司	液化澱粉芽孢桿菌 QST713	SC 水懸劑	1×10^9 CFU/g 以上
嘉農企業股份有限公司	枯草桿菌 KHY8	WP 可溼性粉劑	1×10^9 CFU/g
亞亮生技股份有限公司	貝萊斯芽孢桿菌 BF	WP 可溼性粉劑	1×10^9 CFU/g

註：(1) 目前生物農藥登記有 48 件，但本項只列出微生物品目。
　　(2) 同一菌株有不同公司經授權使用。
　　(3) 同一公司相同菌株也有登記不同劑型使用或不同作物。
　　(4) 資料重新編輯自農業部防檢疫署之國產微生物肥料品牌推薦名單一覽表。

表 3-3　台灣生物肥料註冊與登記之菌種及公司

公司	肥料品目	原料名稱	登記成分
聯發生物科技股份有限公司	溶磷菌肥料（8-03）	溶磷菌（*Bacillus safensis*）、澱粉、砂糖、黃豆粉、水	溶磷菌有效活菌數 1×10^9 CFU/g，全氮 1.0%，全磷酐 0.2%，全氧化鉀 0.4%
大勝化學工業股份有限公司	溶磷菌肥料（8-03）	溶磷菌（*Bacillus safensis*）、澱粉、黃豆粉	溶磷菌有效活菌數 1×10^9 CFU/g
台灣肥料股份有限公司苗栗廠	溶磷菌肥料（8-03）	溶磷菌（*Bacillus amyloliquefaciens*）、大豆蛋白、乳糖、糖蜜、水	溶磷菌有效活菌數 1.0×10^9 CFU/mL，全氮 0.5%
微新生物科技股份有限公司	溶磷菌肥料（8-03）	溶磷菌（*Candida guilliermondii*）、糖蜜、砂糖、酵母粉	溶磷菌有效活菌數 1.0×10^8 CFU/mL，全氮 0.2%，全磷酐 0.2%，全氧化鉀 0.2%
漢寶工業有限公司	溶磷菌肥料（8-03）	溶磷菌（*Bacillus safensis*）、澱粉、砂糖、黃豆粉	溶磷菌有效活菌數 2×10^9 CFU/g，全氮 0.2%
陽田生物科技有限公司	溶磷菌肥料（8-03）	溶磷菌（*Bacillus subtilis*）、糊精	溶磷菌有效活菌數 4×10^8 CFU/g
福壽實業股份有限公司	溶磷菌肥料（8-03）	溶磷菌（*Bacillus licheniformis*）、高嶺土	溶磷菌有效活菌數 2.5×10^9 CFU/g，全氮 0.4%，全磷酐 0.3%，全氧化鉀 0.3%

公司	肥料品目	原料名稱	登記成分
光華化學股份有限公司	溶磷菌肥料（8-03）	溶磷菌（*Bacillus subtilis* Y1336）、酵母粉、玉米澱粉、乳糖、大豆蛋白、糖蜜及水	溶磷菌有效活菌數 1×10^9 CFU/mL
綠世紀生物科技股份有限公司	溶磷菌肥料（8-03）	溶磷菌（*Bacillus amyloliquefaciens* ML15-4）菌粉、高嶺土	溶磷菌有效活菌數 1×10^9 CFU/g
臺益工業股份有限公司	溶磷菌肥料（8-03）	溶磷菌（*Bacillus amyloliquefaciens* ML15-4）菌粉、高嶺土	溶磷菌有效活菌數 1×10^9 CFU/g
藍田生物科技有限公司	溶磷菌肥料（8-03）	溶磷菌（*Bacillus amyloliquefaciens* ML15-4）菌粉、高嶺土	溶磷菌有效活菌數 4×10^8 CFU/g，全氧化鉀 0.6%
亞亮生技股份有限公司	溶磷菌肥料（8-03）	溶磷菌（*Bacillus amyloliquefaciens* A1）、糖蜜、酵母菌粉、酵母蛋白腖、砂糖、大豆蛋白、麥芽糊精、磷酸二鉀、硫酸鎂、高嶺土、木質磺酸鈣	溶磷菌有效活菌數 2.0×10^8 CFU/g，全氮 0.5%

註：(1) 目前登記有 28 種溶磷菌商品，但只分布在 14 家公司上。代表有公司是用相同菌種登記成不同商品，相反地，也有部分研發單位授權給多家公司，但皆登記為溶磷菌，只是不同的商品名。

(2) 雖有登記為溶鉀菌（8-04）但有混和肥料在使用。

(3) 資料重新編輯自農業部農糧署之國產微生物肥料品牌推薦名單一覽表。

五、案例說明

（一）案例一：短期作物，以水稻栽培為例

水稻生長週期大約可分成 (1) 育苗期、(2) 苗期、(3) 分蘗期、(4) 拔節期—孕穗期、(5) 抽穗開花期、(6) 灌漿成熟期六個時期。育苗期：健康的秧苗有利於減少移植到本田時缺株、減少殺草劑的傷害及低溫傷害問題；因此此時期可利用木黴菌或枯草桿菌，來增加根系生長及對病原菌之抗病性如減少徒長病菌及立枯病菌之危害（一般慣行農法通常會用化學藥劑做浸種處理）。插秧至分蘗前：在插秧前，本田最好在收穫後盡速整地將稻稈或綠肥（也增加氮肥）切碎埋入土中增加有機肥，或施用有機肥（基肥）與上述有益微生物加速分解與增加秧苗生長肥力；插秧前也可粗耕使雜草先長再細耕減少雜草並做淹水。之後分蘗期、孕穗期、抽穗開花期、成

熟期等,可根據各區農業試驗改良場的水稻栽培手冊(吳永培等,2020),在各時期做事前追肥時或推薦防治藥劑時,先行施用游離固氮菌、溶磷菌或溶菌等以增加水稻需要的相關元素。

當遇到會發生病害與蟲害時期(一、二期可能不同),可先行施用蘇力菌、木黴菌、枯草桿菌,防治稻熱病、紋枯病、胡麻葉枯病、白葉枯病、二化螟、褐飛蝨等。預期可以減少化學肥料 50%、替代化學藥劑至少 50% 以上。

(二)案例二:多年生作物,以芒果為例

芒果生長,除了幼年生長發育期外,到了成株應可區分成抽梢、抽穗與開花、著果與果實成長期。抽梢如同生長(需要有較多的氮肥),就芒果生理特性而言,在採收果實後正是枝梢成長與花芽分化時期,所以必須先有成熟健康的枝條,才能有良好的花芽分化,以作為明年有好的結果量與品質。因此採果後的管理主要以促進新梢形成,包括枝梢、土壤肥培與水分管理。因原有結果枝條已耗盡養分,不利明年產果,必須修剪以利新梢生長,此時須補充土壤元素與水分以促進新梢之生長,因此適時補充高氮磷鉀與其他元素含量的有機肥與水分,配合添加上述能促進生長與元素循環之微生物,將有利促進新根與新梢生長,包括後面花芽分化抽穗、開花與結果所需之營養循環利用。同樣地,栽培過程也會遇到病蟲害問題,如芒果炭疽病、白粉病、蒂腐病與果腐病、黑斑病、小黃薊馬、葉蟎、果實蠅等,則可利用木黴菌、枯草桿菌來防治病害,利用苦楝油或誘引劑或套袋等來替代化學藥劑。

參考文獻

行政院農業委員會(2019)。國際重要農情資訊:63-83。

吳永培、廖大經、周思儀(2020)。優質水稻栽培管理技術。**農業試驗所技術季刊**121 期:1-11。

沈佛亭(2015)。看不見的小幫手。**土壤微生物探索科學月刊**547 期。https://www.scimonth.com.tw/archives/2428

張錦興、林棟樑、張汶肇(2004)。芒果栽培行事曆—芒果採收後的田間管理作業。**台南農業專訊**49 期:1-4。

維基百科,硫循環。https://commons.wikimedia.org/wiki/File:Sulfur_cycle_-_English.jpg

維基百科，碳循環。http://commons.wikimedia.org/wiki/File:Carbon_cycle-cute_diagram.jpeg

維基百科，磷循環。https://commons.wikimedia.org/wiki/File:Phosphorus_Cycle_copy.jpg

Chang, J. H., Choi, J. Y., Jin, B. R., Roh, J. Y., Olszewski, J. A., Seo, S. J., O'Reilly, D. R., and Je, Y. H. (2003). An improved baculovirus insecticide producing occlusion bodies that contain Bacillus thuringiensis insect toxin. *J. Invertebr. Pathol.* 84, 30-37. doi: 10.1016/S0022-2011(03)00121-6

FAO. (2017). Global Soil Organic Carbon Map-Leaflet. Food and Agriculture Organization of the United Nations, Rome. also available at http://www.fao.org/3/18195EN/i8195.pdf

FAO. (2020). Pesticides use, pesticides trade and pesticides indicators Global, regional and country trends, 1990-2020. cc0918en.pdf (fao.org)

Kumar, J., Ramlal, A., Mallick, D., and Mishra, V. (2021). An Overview of Some Biopesticides and Their Importance in Plant Protection for Commercial Acceptance. *Pants*, *10*(6), 1185. doi:10.3390/plants10061185

Kumar, S., and Singh, A. (2015). Biopesticides: Present Status and the Future Prospects. *J Fertil Pestic.* 6, e129. doi:10.4172/jbfbp.1000e129

Lal. R. (2004) Carbon emission from farm operations. *Environment International*, *30*, 981-990.

Lal. R. (2018). Digging deeper. A holistic perspective of factors affecting soil organic carbon sequestration in agroecosystems. *Global Change Biology*, 1-17.

Markets and Markets. (2016). Biopesticides market- Global forecast to 2022. By type (bioinsecticides, biofungicides, bioherbicides, and bionematicides), origin (beneficial insects, microbials, plant-incorporated protectants, and biochemicals), mode of application, formulation, crop type and region. http://www.marketsandmarkets.com/

McArthur, J. V. (2006). *Microbial Ecology: An Evolutionary Approach*. Elsevier, pp.432.

Riaz, Saman (2013). Classification of Biofertilizers. https://pakagrifarming.blogspot.com/2013/03

Sharma, A. (2019). Worldwide pesticide usage and its impacts on ecosystem. *SN Applied Sciences*, *1*, 1446. https://doi.org/10.1007/s42452-019-1485-1

Statista. (2023). Global fertilizer demand by nutrient 2011-2023. Published by Statista Research Department, Jun 27, 2023. https://www.statista.com/statistics/438930

Woo, S. L., Ruocco M., Vinale, F., Nigro M., Marra, R., Lombardi N., Pascale, A., Lanzuise, S., Manganiello, G., and Lorito, M. (2014). Trichoderma-based Products and their Widespread Use in Agriculture. *Open Mycology J.* 8, 71-126.

CHAPTER 4

水田低碳耕作管理

— 郭鴻裕

農業部農業試驗所農業化學組前組長（退休）
hyguo@tari.gov.tw

一、為什麼低碳農耕如此重要？

碳農業（carbon farming）是指在農場層級對碳庫、碳流和溫室氣體通量進行管理，主要在減緩氣候變遷的衝擊。這涉及土地和牲畜的管理，土壤、材料和植被中的所有碳庫，以及二氧化碳（CO_2）和甲烷（CH_4）及一氧化二氮（N_2O）的通量（包含在相關通量中）；因政府間氣候變遷專門委員會（IPCC）對農業部門的溫室氣體排放進行統計，因此被視為碳農業的一部分。

碳農業和碳林業是全球關注的土地管理方法，首次在 2004 年《京都議定書》生效後引起關注。多個國家和組織，包括紐西蘭和驗證碳計畫（VCS），開始測試以市場機制為基礎的計畫，以鼓勵農民在農場或土地上管理陸地碳。近年來，隨著《巴黎協定》和「自然的解決方案」（Nature based Solution, NbS）的重要性認識，私營部門對此類方法的興趣不斷增加。然而，目前尚無國際合規計畫以信用形式承認土地利用、土地利用變化和林業（LULUCF）部門的緩解成果。

歐盟於 2019 年推出歐洲綠色新政（Green Deal），明確表示土地部門需要更多更好的碳管理激勵措施，以推動 2050 年的氣候中和目標。這包括從農場到餐桌策略、循環經濟計畫和即將推出的「適合 55% 通訊」。為實現這一轉型變革，碳農業的理解和應用至關重要，同時需要建立強大且透明的治理體系，以制定監測、報告和驗證（MRV）規則，確保碳農業活動的結果可信且明確。歐盟於 2021 年啟動碳農業倡議，以推廣這種新的商業模式，並計畫制定監管框架，以監測和驗證農業和林業部門的碳清除，2024 年 2 月 20 日，歐洲議會和歐盟理事會達成臨時協議，根據碳清除和碳農業（CRCF）法規，建立第一個歐盟範圍內的自願框架，用於認證歐洲生產的產品中的碳清除、碳農業和碳儲存。該法規制定了歐盟品質標準，並概述了監測和報告流程，以促進對創新碳去除技術以及永續碳農業解決方案的投資，同時解決綠色清洗問題。該法規為獎勵土地部門的氣候積極行動提供了可能性，但具體將考慮哪些做法，以及如何監測、報告和驗證（MRV）其影響，如實施細節所示方法將在未來幾個月內制定。

（一）臺灣面臨的問題

臺灣正面臨著氣候變化帶來的多種挑戰，包括乾旱、強降雨、低溫和疫病爆發；極端天氣事件越來越頻繁，導致近期多次乾旱。這對農業產量和糧食安全帶來嚴重威脅，並影響農民的生計。降水差距擴大成為國家水資源管理政策的緊迫問題。聯合國祕書長在 2023 年氣候會議中強調：「氣候格局已經變化，要遏止全球升溫，需要採取迅速而急劇性的氣候行動。」氣溫升高和降雨不足影響農業生產和食品安全，並威脅畜牧業、漁業和生態多樣性，這些氣候變化對糧食安全、農村經濟和水資源構成嚴重威脅，需要迅速行動以確保我國農業的永續發展和生態平衡。

2015 年 6 月，我國通過《氣候變遷因應法》，設定五年減碳監管目標，希望到 2050 年，我國溫室氣體排放量可減少至 2005 年（基準年）水平的 50%，目標是在減少溫室氣體排放，到 2020 年排放量減少 2%，到 2025 年減少 10%，到 2030 年減少 20%。我國提出具體的減少溫室氣體排放路線圖，包括 2030 年將排放量降低 50% 的計畫。

我國農業部制定到 2040 年實現碳中和的目標，主要包括以下四個策略：

1. 減少溫室氣體排放：採取多種措施，包括建立農業碳排放數據平台、推廣低碳農業技術、採用精準施肥和農藥、提高農業過程中的效率等，以減少排放。

2. 加強土壤碳匯：我國將加強森林、土壤、海洋碳匯的管理，改善土壤健康，增加碳吸存，有助於減緩氣候變化並提高土壤肥力。

3. 高效循環農業生物質：我國尋找可持續的方式將農業剩餘物轉化為資源和能源，提高沼氣和生物質效率，鼓勵合作，促進循環農業。

4. 推展綠趨勢：我國將推廣綠色能源，包括太陽能、漁電共生和小水電，建立碳定價和碳信用交易體系，促進綠色金融和綠色消費。

這些策略在於實現農業生產的碳中和，同時減輕氣候變化的影響，推動環保和永續發展。

（二）水稻生產對地球暖化的影響

水稻是世界上最重要的溼地糧食作物，也是唯一幾乎完全作為糧食種植的主要糧食作物。水稻收穫面積的增加主要是因為短週期、光週期不敏感的水稻品種的開

發和擴大灌溉使得一年二期作或三期作成為可能。水稻高度依賴水資源，這使得它非常容易受到氣候變遷事件的影響。同時，稻米被列為農業部門最大的溫室氣體排放源之一。稻米因其強烈的溫室氣體排放而成為全球環境問題；甲烷（CH_4）、一氧化二氮（N_2O，又稱氧化亞氮）以及土地使用和投入應用產生的其他環境問題。

全球超過一半的甲烷排放來自三個主要人為活動部門，包括化石燃料（占人為排放的 35%）、廢棄物（20%）和農業（40%）。儘管二氧化碳（CO_2）是迄今為止全球平均氣溫上升的主要原因，但 CH_4 也發揮著重要作用，因為它比 CO_2 吸收每單位品質更多的能量，對全球輻射迫使產生不成比例的巨大影響。除了導致氣候變化外，據世界衛生組織稱，甲烷是一種危險的短期氣候污染物（short lived climate pollutants, SLCP），貢獻 40% 的全球變暖；CH_4 也作為低層大氣臭氧污染的前驅物，對人類健康、作物產量及植被的品質和生產力產生影響，同時還加劇了對流層臭氧污染，每年導致超過一百萬人過早死亡。在水稻生產中，連續淹水的稻田中有機物質的厭氧腐爛會產生甲烷。此外，水稻生產中使用的肥料產生 N_2O，這也是 SLCP 污染的另一個來源。

甲烷是一種極具重要影響的溫室氣體，它主要源於人類活動（如天然氣系統洩漏和畜牧業）以及自然資源（如溼地）的排放。據估計，全球甲烷排放的約 60% 來自人為來源，約 40% 來自自然資源。其中，畜牧業（透過消化系統中的發酵過程產生 CH_4 和糞便管理）、水稻種植、垃圾掩埋場和污水處理占據全球人為排放總量的 55-57%。而來自石油、天然氣和煤炭等化石燃料生產的排放估計占 32-34%，其餘則來自生物質、生物燃料燃燒和小型工業過程。目前，大氣中的 CH_4 含量達到了過去兩千年以來前所未有的水準。截至 2017 年 12 月，全球平均甲烷濃度幾乎是工業化前（1750 年以前）的 3 倍。

N_2O 是第三主要溫室氣體，不僅對氣候有重要影響，還對臭氧層造成損害。其主要排放源自人類農業和土地利用活動。從工業時代至 2018 年，全球 N_2O 濃度增加了 20% 以上，達到 331 ppb，每年增加 0.95 ppb。2006 年，人為排放總量為 6.9 Tg N_2O-N，其中農業占主導（4.1 Tg N_2O-N），間接排放約 0.6 Tg N_2O-N。這種大量排放受多種因素影響，包括農業集約化、化學肥料使用、灌溉效率低下、動物排泄物管理不善、農場污水和動物糞便堆置、施用，以及土壤有機氮礦化和碳分解。

這些活動對氮循環產生複雜影響，包括反硝化和硝化過程，尤其在氧氣充足和接近厭氧狀態時，硝化細菌可將亞硝酸鹽轉化爲 N_2O 和 N_2，而非硝酸鹽。然而，氮循環仍存在不確定性。作物生產直接（來自種植系統）和間接（上游和下游）溫室氣體排放，例如：農作物系統施肥排放的氨逸出後可能氧化成硝酸鹽，硝酸鹽可以進一步反硝化，增加 N_2O 排放的風險。

CH_4 儘管其在大氣中的存留時間比二氧化碳（CO_2）短得多（約 12 年），但它對輻射的吸收效率要高得多。以單位品質計算，甲烷對氣候變化的影響在 20 年內是二氧化碳的 86 倍。因此溫室氣體的相對影響透過淨全球暖化潛勢（GWP）計算來描述，以比較大氣中不同氣體相對於單位質量二氧化碳的全球暖化影響。爲了評估綜合 GWP，需要將 CH_4 和 N_2O 排放量乘以它們 100 年時間內的 GWP 係數。CH_4 和 N_2O 是兩種主要的溫室氣體，根據 IPCC 第五次評估報告，CH_4 的這些係數爲 28，N_2O 的這些係數爲 265。由於水稻在連續淹沒土壤條件下生長，導致缺氧環境，因此 CH_4 的產生和排放增加。

水稻種植對氣候的影響分別是玉米和小麥系統的 2.7 倍和 5.7 倍，其中 CH_4 的貢獻占超過 90%。此計算並未考慮稻米的整個生命週期，例如投入物的特定排放量，農業中二氧化碳排放的主要來源是其他釋放土壤碳或透過化石燃料燃燒產生二氧化碳的種植作業，例如：耕作、播種或收割、灌溉抽水、噴灑農藥、肥料和穀物乾燥、加工及運輸等等。

在 2021 年 11 月的 COP26 會議上，超過 100 個國家承諾加入全球甲烷承諾（GMP），承諾到 2030 年將全球人爲甲烷排放量在 2020 年基礎上削減至少 30%。實現這一目標將有助於實現將全球升溫限制在 1.5℃ 的目標。氣候與清潔空氣聯盟（Climate and Clean Air Coalition, CCAC）是全球 CH_4 承諾的核心實施者，他們與參與國家合作，尋找支持甲烷減排的資源，並隨時爲各國提供協助，制定最有效的甲烷減排策略，以實現承諾的目標。

二、臺灣的水稻栽培面積的變遷

水稻也是臺灣最重要的糧食作物，現代高產稻品種加上改良的栽培技術能夠發揮其產量潛力，種植面積最廣。在臺灣光復初期，面臨一系列挑戰，包括農業生產資材短缺、水利設施損壞、中央政府遷臺導致人口急劇增加等問題，其中糧食需求尤其迫切。因此，戰後糧食增產的第一階段目標是恢復戰前最高產量，即每年生產140 萬公噸的糙米。1974 年我國政府核定實施「糧食平準基金設置辦法」，並撥款30 億元用於設立「糧食平準基金」，目的在收購稻穀以確保糧食供應。該基金的購買價格定爲生產成本加20% 利潤，並進行無限量的購買。由於購買價格對稻農有利，增產意願大增，截至1976 年，糙米產量達到271 萬公噸，創下歷史最高產量的紀錄。

1984 年我國農業部門開始實施「稻米生產及稻田轉作六年計畫」方案，將稻作面積由1983 年的645,479 公頃減少到1989 年的472,454 公頃；同樣地，糙米產量也從1983 年的248.5 萬公噸下降到1989 年的186.5 萬公噸。到1995 年，稻作面積縮減到363,479 公頃，糙米產量降至168.7 萬公噸，糧食供需逐漸趨於平衡。1997 年7 月和2001 年之後，政府繼續推動「水旱田利用整理後續計畫」，至2003 年，稻作面積已經降至27 萬公頃，糙米產量約爲134 萬公噸。然而，由於水資源緊缺問題，政府實施多次休耕停灌措施，導致到2022 年我國稻作的耕作面積已經降至23 萬公頃。

（一）臺灣水稻的溫室氣體排放估算

臺灣農業部門排放源分類與其所使用估算方法詳見2023 年版國家溫室氣體排放清冊報告（環境部），農糧產業之排放源主要有來自農地的「水稻種植」（甲烷及氧化亞氮）、「作物殘體燃燒」（甲烷及氧化亞氮）及來自土壤施肥的「農業土壤」（氧化亞氮）、「石灰處理」（二氧化碳）與「尿素施用」（二氧化碳）。我國2021 年統計農業部門溫室氣體排放量，二氧化碳當量排放量由高到低分別爲農耕土壤36.37%、畜禽糞尿管理27.78%、畜禽腸胃發酵18.36%、水稻種植16.63% 與其他約0.86%，前三大項爲主要農業碳減排重點。在農糧產業中，以「農業土壤」、「水稻種植」爲較大宗之溫室氣體排放來源，如換算成每千公噸之 CO_2 當

量，於 2020 年之統計資料分別為 1,231.06、601.74 kt CO_2e。

（二）水田浸水的氧化還原產生過程

水田進水後的土壤的氧化還原過程如下：

1. 淹水狀態：水稻田在大部分作物生長季節都需要保持土壤表面的淹水狀態。這些水透過土地平整和田埂建造來保持在土壤中。淹水狀態減少了大氣中氧氣向土壤的滲透，導致土壤中的氧氣含量減少，使得好氧微生物和兼氣性微生物相繼減少。

2. 氧化還原電位：氧化還原電位是衡量不同氧化和還原過程趨勢的指標，以毫伏特（mV）為單位測量。它反映土壤中產生特定化學和生化環境的過程。氧化還原電位的數值越高，表示土壤中強氧化物質的存在越多。

3. 還原過程：淹水導致土壤中的氧氣減少，這導致一系列還原過程按熱力學順序進行。首先，游離氧氣被還原，然後依序是硝酸鹽、鐵錳化合物、三價鐵化合物、硫酸鹽的還原，最終產生二氧化碳。因此，氧化還原電位急劇下降，同時二氧化碳分壓顯著增加。

4. 有機物的分解：淹水的水稻土壤中進行有機物的厭氧發酵，產生並累積各種物質，包括氣體、碳氫化合物、醇、羧基化合物、揮發性和非揮發性脂肪酸、酚酸和揮發性硫化合物。這些物質大都是短暫的，在通氣良好的土壤中不容易找到。有機物的分解速度取決於易降解有機物的量、分解速率、微生物活性、土壤氧化物和有機化合物的數量和種類。

5. 氧化還原緩衝系統：溼地土壤中最重要的氧化還原緩衝系統由鐵和有機化合物組成。最後，產生的最終產物是二氧化碳和甲烷。

6. 土層特徵：由於耕作，可能會形成一層稱為犁盤的土層，具有較低的滲透性、較高的容重和機械強度。犁盤可以減少有害的水滲透和養分浸出。

7. 淹水的好處：這些過程不僅影響土壤中的氧氣含量和氧化還原狀態，還影響土壤 pH 值和養分有效性，影響土壤 pH 值和養分有效性：淹水的結果使土壤的 pH 值維持在中性左右，有助於提高大多數養分的有效性。對水稻的生長和土壤肥力有著重要影響。此外，淹水還可以防止水土流失，抑制植物病害和雜草的生長，為水稻生態系統提供穩定性。

（三）水田的氧化亞氮排放過程

氮通常是水稻生產最限制的營養元素。在稻田土壤中，氮循環會發生各種生化過程，包括硝化、反硝化和固氮。自 1930 年代發現硝化－反硝化過程之後，陸續明瞭其可能會導致稻田土壤氮的流失，同時也可能減少硝酸鹽淋洗和氧化亞氮（N_2O）排放等環境污染以及全球氣候變遷的問題。

圖 4-1 說明：圖示的實線和虛線箭頭分別表示在稻田土壤中觀察到的一般反應和偶爾反應。在氧化層中，肥料釋放的銨和有機物礦化（ammonification）的銨會透過亞硝酸鹽氧化成硝酸鹽（硝化作用，nitrification），另由微生物同化有機碳與 NH_4^+ 將無機氮轉化為有機氮，是為氮固定化作用（immobilization）。硝酸鹽和亞硝酸鹽可以擴散到還原層，在還原層中這些化合物透過反硝化作用（denitrification）逐步還原為氣體最終產物（NO、N_2O 和 N_2）。除了氧化層和還原層之間的界面外，硝化反硝化過程也可以發生在水稻根圈。稻田土壤中可能不會顯著發生硝酸鹽異化還原成銨（DNRA），但在條件允許時可能會發生厭氧氨氧化（anammox）。硝化作用和不完全反硝化作用產生的一氧化二氮（N_2O）可被 N_2O 還原微生物進一步還原為 N_2。硝酸鹽／亞硝酸鹽的淋洗很少發生，很可能

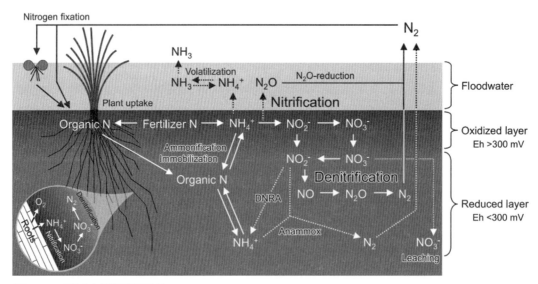

圖 4-1　稻田土壤氮循環圖

資料來源：Satoshi *et al.*, 2011

是由於稻田土壤中強烈的反硝化作用所致。此外，在大多數稻田土壤中，氨揮發（volatilization）對氮素損失的貢獻很小，在 pH 值較高（> 7.8）的稻田土壤中，氨揮發可能會變大。稻田或水稻根圈的地表水中可透過自由生活或植物相關細菌進行固氮作用（Nitrogen fixation）。

硝化—反硝化過程導致水稻損失可用氮的吸收，反硝化是將硝酸鹽（NO_3^-）轉化為氣態氮（N_2）並釋放氮化合物回大氣中的過程。這個過程在土壤中由硫桿菌屬和假單胞菌屬細菌在缺氧條件下進行。在這一過程中，革蘭氏陰性細菌將土壤和水生系統中的硝酸鹽化合物分解成一氧化二氮（N_2O）和氮氣，最終釋放到大氣中。因涉及大量微生物活動造成的結果，本過程也稱為微生物過程。

反硝化（脫氮）作用被定義為「硝酸鹽或亞硝酸鹽的微生物還原，產生氣態氮，無論是分子 N_2 還是氮氧化物」。根據這一定義，反硝化的關鍵是氮氧化物，亞硝酸鹽（NO_2^-）或硝酸鹽（NO_3^-）的可用性，它們由自養硝化途徑的受物氨（NH_3）形成，氨（NH_3）來源於銨（NH_4^+）。化學肥料的施加和土壤有機質礦化是 NH_4^+ 在環境中的主要來源。一氧化二氮在土壤中的生成涉及兩個生物過程，一個是在有氧條件下 NH_4^+ 的硝化過程，另一個是在厭氧條件下的硝化／反硝化（反硝化）途徑。硝化生物在硝化過程中釋放 N_2O 的途徑被定義為硝化細菌反硝化作用。土壤的硝化反應過程主要由自養硝化菌在兩個不同而連續的階段組成。第一階段由亞硝酸細菌將銨離子（NH_4^+）氧化成亞硝酸離子（NO_2^-），氮的氧化數從 –3 上升到 +3；硝化反應的第二階段是亞硝酸的氧化，亞硝酸細菌將亞硝酸離子（NO_2^-）氧化成硝酸鹽離子（NO_3^-），此階段氮的氧化數從 +3 上升至 +5。

一旦 NO_3^- 形成，並在低或無氧濃度以及高可溶性碳含量適當的環境條件下，反硝化途徑就會廣泛存在。術語「反硝化」或「呼吸反硝化」被定義為細菌呼吸過程，因此，需要明確區分反硝化途徑和硝化細菌反硝化途徑，因為從這些途徑產生的 N_2O 的相對比例受以下因素的影響：不同的環境條件。第三種涉及 NO_2^- 化學分解的途徑也在土壤中發現，且在低 pH 環境中普遍存在。非生物途徑或化學脫氮作用與硝化作用密切相關，因此通常很難確定產生的一氧化氮（NO）和 N_2O 是藉由硝化作用還是化學脫氮作用形成。早期的反硝化研究是因無法對農業系統中氮的總輸入和氮的輸出進行品質平衡而進行的。大部分未知的氮被確定為氣態氮損失，從

農業角度看，這作用導致氮肥效率下降。

　　研究全球變化進程發現硝化反硝化過程對氮氣損失產生影響。現在已知，一氧化二氮（氧化亞氮）是一種強效溫室氣體，對我們的環境產生重要影響。一氧化二氮的全球變暖潛力約為二氧化碳的 320 倍，主要是因為它在大氣中的壽命約為 120 年。隨著用於農作物生產的工業或生物固定 N_2 量的增加，硝化反硝化過程產生的 N_2O 也會增加，可能導致地球平流層臭氧層顯著消耗，影響地球表面變暖以及對流層的輻射平衡。

（四）影響脫氮（反硝化）作用主要影響：氧氣、有機物、pH、溫度、硝酸鹽

反硝化作用受多種因素影響，如下列說明：

1. 氧氣含量：主要由土壤水分含量控制，而土壤水分含量又取決於土壤質地（例如沙土、壤土或黏土）以及土壤排水的速度。當土壤中 60-70% 以上的孔隙充滿水時，呼吸細菌會迅速耗盡氧氣。在排水不良的土壤中，這種情況持續時間較長。表層土面水不一定可見水留存，即使在排水後，黏土與砂質或壤質質地土壤相比，黏土可能仍保有局部點位的厭氧狀態。

2. 有機物：細菌需要容易取得的有機物來源，可以來自土壤本身，也可以來自添加的植物或其他有機材料。

3. 土壤 pH 值：會影響反硝化的速率和產物。在酸性土壤中緩慢，在鹼性土壤中快速。在酸性土壤中，更多的一氧化二氮（N_2O）會流失；在鹼性土壤中，大部分以氮氣（N_2）的形式損失。

4. 溫度：反硝化作用在所有溫度下都會發生，但在較冷的條件下較慢，而在較熱的條件下則較快。該速率在 15℃ 至 30℃ 之間呈指數增加，並在 23℃ 至 27℃ 之間達到峰值。

5. 硝酸鹽濃度：需要足以進行反硝化。

　　硝化反硝化過程在水稻土氮素循環中扮演重要角色。與硝酸鹽相比，水稻更喜歡使用銨作為氮源。在銨和硝酸鹽同時存在的情況下，水稻幼苗吸收 NH_4^+ 的速度比吸收 NO_3^- 快，近年來的水稻種植普遍使用硫酸銨和尿素等銨基肥料。了解硝化

反硝化過程及發生環境與參與作用者，我們也許能夠以最少的化學肥料投入和減少一氧化二氮的排放來建立永續的農業實踐。有些固氮微生物還會作爲植物生長促進劑。由於氨的化學合成需要大量能量，因此利用固氮微生物有望建立永續農業。最近才發現氮循環的新過程和貢獻者，包括古菌氨氧化、厭氧氨氧化、真菌反硝化和共反硝化，需要進一步研究它們對稻田土壤氮循環的貢獻。

（五）水田的甲烷排放過程

甲烷是在氧氣（O_2）和硫酸鹽（SO_4^{2-}）稀缺的環境下，有機物分解過程中產甲烷菌產生的。淹沒稻田向大氣排放甲烷的過程包括：產甲烷細菌（methanogenic bacteria）在土壤中產生甲烷，甲烷氧化菌（methane-oxidizing bacteria 或 methanotroph，嗜甲烷菌）在土壤和淹水的含氧區內進行甲烷氧化，以及垂直氣體從土壤到大氣的輸送。淹水稻田土壤中產生的甲烷量主要取決於產甲烷底物的可用性和環境因素的影響。旱稻不是甲烷的來源，因爲它生長在通氣的土壤中，在很長一段時間內不會被浸水淹沒。

產甲烷底物的有機碳來源主要是水稻植物透過根部分泌物、根部老化和植物凋落物或添加用於施肥的有機物質，以及前期作物的殘留物。添加有機物的施肥效果取決於不同類型和數量。有機添加物質類型的例子，包括：綠肥（新鮮生物質）、前期作物的稻草、動物糞便或堆肥，每種物質對甲烷排放的影響不同。

稻田 CH_4 的排放取決於不同的因素，如圖 4-2 所示，如：水情、施肥頻率、劑量、土壤質地、氣候及農業操作，和施肥類型、土壤有機質含量、水稻品種和植物活動、溫度，以及土壤特性，如質地、pH、氧化還原電位和碳／氮比等。甲烷是在幾個厭氧微生物降解鏈的最終步驟中產生的。稻田釋放的大部分 CH_4 透過不同方式，例如：稻株的通氣組織發生，這種傳輸機制約占排放量的 90%，而揮散和透過浸水擴散的排放量占 8.2%。

水稻通氣系統不僅將甲烷從淹沒的水稻輸送到大氣中，而且還促進大氣中的氧氣移動到根圈，支持根呼吸和甲烷氧化。產生的甲烷 50% 以上在生長期的早期被氧化，而高達 90% 的甲烷在水稻成熟的後期被消耗。因此，所產生的甲烷的排放部分隨著水稻的生長和發育而減少。

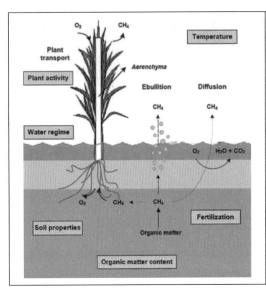

CH₄ 在水稻土壤中形成，透過三種途徑釋放到大氣中：沸騰（冒泡）、分子擴散和經由水稻植株的通氣組織運輸。

稻田的甲烷通量表現出明顯的晝夜和季節變化。影響稻田 CH₄ 的排放因素，如水情、施肥頻率、劑量和類型、土壤有機質含量、水稻品種和植物活動、溫度和土壤性質，例如質地、pH 值、氧化還原電位和碳／氮比等。

影響稻田甲烷排放的因素，有機質含量和水情被認為是對稻田甲烷排放影響最大的田間管理操作。

圖 4-2　稻田土壤甲烷排放模型圖
資料來源：Sanchis Jiménez *et al.*, 2012

三、水田溫室氣體排放量的田間量測方法

　　了解、量化和追蹤大氣中的溫室氣體（green house gas, GHG）和排放，對於解決影響氣候、經濟以及人類健康和安全的問題並為決策提供資訊至關重要。審查測量、監測、提交和編輯人為 GHG 排放清單，可以供為：討論 GHG 排放測量、監測數據和清單如何用於管理排放、科學研究和其他目的；評估對已發布的國家 GHG 排放清單的科學理解，包括對目前排放量的估計、近期趨勢和對未來排放量的預測；描述和評估用於測量和監測甲烷排放的方法；建議如何呈現 GHG 排放研究的結果，以促進研究之間的比較並確保結果對政策制定有用；描述和評估用於編製過去、現在和未來甲烷排放清單的方法；建議最佳可行的方法來解決 GHG 清單編製過程中的關鍵不確定性、不完全理解的領域和技術挑戰；建議改善 GHG 排放測量、監測和清單開發所需的研究。

　　在計算 CH₄ 排放量以及制定排放因子時，應考慮以下水稻種植狀況：水稻種植操作的區域差異：如果各地區自然地形環境複雜，且農業地區氣候和／或生產系統不同（例如灌水模式），應為每個區域執行一組單獨的計算。多種作物：如果一

年中某一面積的土地上收穫一種以上的水稻作物，並且不同種植季節的生長條件不同，則應按每個季節進行計算。水情：根據栽培期間的淹水模式，水稻生態系可進一步分爲連續性和間歇性淹水（灌溉水稻）、看天降雨、乾旱和浸水環境，也應考慮耕作期前的淹水模式。土壤有機添加資材：稻田土壤中摻入的有機材料會增加 CH_4 排放。有機添加資材對 CH_4 排放的影響取決於所用材料的類型和數量。混入土壤的有機物質可以是內源性的（秸稈、綠肥等），也可以是外源性的（堆肥、農家肥等）。排放量的計算應考慮有機添加資材的影響。其他條件：如土壤類型、水稻品種、含硫酸鹽修正案等，可顯著影響 CH_4 排放。

表 4-1　影響稻田 CH_4 和 N_2O 產生和排放的氣候及管理因素

氣候因素	對 CH_4 排放的影響	對 N_2O 排放的影響
土壤溫度	產甲烷過程很大程度上受到土壤溫度的影響，土壤溫度會增加或減少 CH_4 的產量。CH_4 的形成開始於 15 至 20℃，最高溫度約為 37℃。	土壤溫度升高會促進厭氧場所的土壤呼吸（微生物活動），從而增加 N_2O 排放率。
水分和通氣	土壤溼度增加導致氧氣交換減少，這會在土壤呼吸系統中產生厭氧條件，從而可能阻礙甲烷氧化菌的功能並引發甲烷排放。	當稻田土壤水分含量增加時，N_2O 排放量就會增加。水分含量過大時會阻礙微生物的活動。
土壤 pH	甲烷排放在 pH 值 6.5 至 7.5 範圍內較為容易；因此，大多數產甲烷菌本質上是嗜中性的。pH 值低於 5.8 和高於 8.8 完全阻止土壤懸浮液中甲烷的排放。	在酸性土壤條件下，反硝化過程的速率比微鹼性條件下的土壤降低，而在低 pH 值土壤條件下，N_2O 排放量增加。土壤酸度增加可能會降低土壤中有機物的分解速率，從而降低用於 N_2O 生產用的氮基材（substrates）的可用性。
土壤特性	有機碳含量高的土壤比碳含量相同的黏土排放更多的 CH_4。礦物學和土壤質地對土壤淤積的影響可能進一步影響淹沒稻田的甲烷淨排放和滲濾速率。	質地細緻且播種前未擾動的土壤會增加土壤中 N_2O 的排放率。這是因為黏土中出現微小的土壤孔隙聚集體並增加 N_2O 排放。黏土的 N_2O 排放量高於砂質土壤。
土壤 Eh	於 –150 至 –160 mV 開始生產甲烷。	超過 +250 mV 顯著產生 N_2O，而低於 +200 mV 並不顯著。
土壤化學條件	大量的 Mn^{2+}、NO_3^-、SO_4^{2-} 或 Fe^{3+} 透過防止土壤減少來減少產量。	土壤中的 NO_3^- 可能透過促進反硝化作用來增加產量，而其他的反應則不然。

資料來源：Gupta *et al.* (2021). *Environ Sci Pollut Res* 28: 30551-30572.

（一）測量方法

　　測量和排放估算是在一系列空間和時間尺度上進行的，從單一排放源的甲烷排放量的瞬時測量到每年甲烷排放量的全球評估。CH_4 和 NO_x 的土壤－大氣交換，通常透過測量放置在陸地上的密封外殼中，標的氣體濃度的短期積累或減少量體，來直接確定。收集系統的設計必須確保正常氣體通量不會受到顯著影響。這種測量氣體通量的方法稱爲「密閉罩法」。使用封閉罩來自土壤的氣體通量，可以透過定期從罩內收集氣體樣本，並測量線性濃度變化期間氣體濃度隨時間的變化來確定。選擇密閉罩方法的原因通常有：(1) 可以測量非常小的通量；(2) 不需要供電的額外設備；(3) 由於每次氣體通量估算需要蓋上蓋子的時間很短，因此對現場的干擾減少；(4) 密閉罩的建造簡單且相對便宜；(5) 它們易於安裝和拆卸，從而提供了使用相同設備在不同地點和不同時間進行測量的機會。

　　在特殊情況下，即無法使用靈敏的分析能力來直接測量從密閉罩中取出的空氣樣品中的氣體，並且需要更大的樣品，則可以採用「開放室方法」。在開放室方法中，空氣通過室被吸入收集系統，以濃縮標的的氣體。通常，具有火焰離子化或電子捕獲偵測器的氣相層析儀的廣泛使用，使得複雜的開放室變得不必要。

　　水蒸汽（$H_2O_{(g)}$）和 CO_2 的通量通常採用渦流相關或通量梯度微氣象方法測量，效果良好。這些技術需要精確測量幾個參數：對於通量梯度技術，需要測量反應出表面上方氣體的垂直濃度梯度，以及風速和空氣溫度的梯度；對於渦流相關技術，需要具備準確且快速測量（5 至 10 Hz）瞬時風速和氣體濃度的能力；所有微氣象測量都需要足夠大的陸地面積來提供足夠的數據。儘管微氣象方法比密閉室方法具有多項優點，但由於無法提供所需靈敏度的檢測系統去準確測量在大多數植被表面的垂直濃度梯度甲烷（CH_4）和氮氧化物（NO_x），因此並未普遍使用。總體來說，微氣象技術相比密閉室方法需要更昂貴的設備以及更困難的採樣和測量程序。

　　CH_4 和 N_2O 氧化物的排放量在空間上變化很大，甚至在幾厘米的距離內也是如此。最近一項關於 NO_x 排放的研究顯現，較大面積的密罩在重複之間表現出的變異性比小得多的密罩要小，但其他研究也有顯示沒有效果。作為一般規則，通量測量的變異係數（CV）小於 100%。那麼就可以使用正常的統計分析和少於 10 個

重複室（但至少 4 個）。如果通量測量值的 CV 高於 100%，則可以假設分布是偏斜的，並且它可能呈對數常態分布，至少在一年中的某些時期是如此。在這些條件下，每個待研究的處理方法應至少使用 20 個重複。

（二）量測數據的不確定性

大多數農業系統的甲烷排放是多種生物過程的結果，這些過程本質上在空間和時間上都有很大的變化。因此，即使非常仔細地測量，排放因子也具有高度不確定性。隨著更仔細選擇的實驗測量的增加，這種不確定性下降，這些測量考慮排放因子的幾個參數，時間變化（甲烷排放量的年度變化）和空間變化（甲烷排放量的土壤類型變化）及管理方法的差異。無論採用何種氣體通量方法，只有考慮到決定溫室氣體產生、消耗和排放的各種土壤、植物和氣候因素，才能正確解釋測量值。量測過程中，一些標準化調查過程（即室關閉時間、溫度紀錄、不穩定的灌水高度、不同的土壤環境等）和水稻生理變化所帶來的誤差，都是造成量測數據不確定的可能因素。

我國的水田甲烷及氧化亞氮排放量的估算具有相當大的不確定性，雖 2023 年的國家溫室氣體排放清冊的水田甲烷排放量估算是「考慮符合當地狀況的因素下，以 2006 IPCC Tier 2，引用本土排放係數進行計算……，但因多筆排放係數不確定性大於 60%，部分參數非常態分布」，雖經採蒙地卡羅模擬方法模擬補救估算水稻田甲烷排放量之不確定性為約為 –22.03% 至 22.61%。但量測點只考量行政區界而未考量主要影響水田甲烷排放的重要因素，包括；土壤質地、pH 值、有機質含量、水分含量、硝酸鹽和銨含量、氧化還原特性、植物覆蓋和組成，以及氣溫、入射輻射、相對溼度和降水等氣候因素。土壤物理因素，如容重、孔隙度和孔隙、坋粒／黏粒分布，對於確定土壤中氣體的儲存和移動也很重要。對於正確的估算我國水田溫室氣體的排放量還有很大的進步空間。

（三）估算區域甲烷排放量的模式

VISIT（微量氣體植被綜合模擬器，2018）是一種模擬陸地生態系統模型，模擬碳、氮和水循環。該模型以整合的方式包含生態系統中的植物和土壤成分，而能夠模擬陸地—大氣生物地球化學相互作用。該模型以評估全球主要溫室氣體

（CO$_2$、CH$_4$〔溼地排放和高地吸收〕和 N$_2$O）的土壤排放量，同時考慮氣候和土地利用條件。在大尺度模擬中，每個網格被細分為自然高地、自然溼地和農田，並分別計算。土壤氮動態也透過箱流（不同分區）方案進行模擬，該方案由有機和無機氮庫組成。土壤水分收支採用簡單的兩層水文方案進行模擬，考慮土壤質地決定的持水能力。該模型已用於與氣候變遷相關的各種研究，包括當前溫室氣體預算的診斷、情境開發、包括碳循環反饋在內的氣候預測、氣候影響評估以及緩解和管理方案的評估。評估甲烷的區域收排放量是未來氣候管理的重要任務，甲烷是強效溫室氣體和短暫的氣候驅動力。利用氣候和土地利用資料估算模型模擬陸地生物地球化學變化過程，估算東亞稻田的歷史甲烷排放量；結果仍存在嚴重的估計不確定性，模擬中造成較大的標準差的三個因素——甲烷排放方案、稻田地圖和浸水季節性——造成估計值的差異。模擬過程中，溫度敏感性分析指出，溫度升高 1-2℃（模擬氣候典型變暖）將大幅增加 CH$_4$ 排放；水管理的敏感性分析表明，較低的地下水位深度具有很大程度上緩解排放量的增加，未來需要進行更多研究來改進農業資料庫和模型，以實現更好的稻田管理。

　　CH$_4$MOD 的開發是為預測稻田土壤的甲烷通量。此模型將此過程與水稻生長、有機碳消耗和環境因素連結起來。模型的輸入參數包括水稻產量、土壤含沙量（土壤質地）、有機資材用量、水分管理模式、每日氣溫。輸出是 CH$_4$ 產量和排放量的日率和年率。此模型可以合理地模擬水澆稻田的甲烷通量。另芬蘭利用 CH$_4$MOD 於評估自然溼地的甲烷排放。產甲烷底物來自三個來源：根系分泌物、植物凋落物和有機土壤物質。溼地植物不會像稻田那樣收穫，植物凋落物的分解是產甲烷菌產甲烷底物的一部分。厚厚的草皮層，含有大量的有機物，可為產甲烷菌提供受質；在自然溼地中，土壤氧化還原電位的變化受地下水位深度的自然變化所控制。環境因素包括土壤溫度、土壤氧化還原電位和土壤質地。該模型包括一個用於模擬植物生長的子模組，植物物候資料（發芽日期、達到最大生物量的日期和死亡日期）由積溫決定。CH$_4$ 透過植物運輸、沸騰和擴散從土壤排放到大氣中。CH$_4$ 氧化發生在植物運輸和擴散過程中。模型輸入包括環境資料（沿海溼地的每日空氣或土壤溫度、每日水深和每日土壤鹽分）、土壤資料（土壤沙粒分數、土壤有機質和土壤容重）以及與植物相關的資料，此模型輸出估計的每日 CH$_4$ 排放量。

四、降低稻田溫室氣體排放的田間操作方法研究

過去，農業的增長主要依賴於全球化學肥料的大規模使用，但這些成就卻以環境破壞爲代價，包括生物多樣性減少、土壤侵蝕和退化加劇、優養化問題，以及農藥對人類和生態系統的不利影響。我們逐漸認識到，現代集約的農業耕作方式，依賴大量合成肥料和農藥的使用，難以在生產足夠食物的同時保護生態系統服務。

目前概略了解地球水稻土溫室氣體排放（CH_4 和 N_2O）的徵狀，全球平均年面積和產量單位的溫室氣體排放量分別約爲 7,870 kg CO_2e ha^{-1} 或 0.9 kg CO_2e kg^{-1}，其中 94% 來自 CH_4。然而，各地的排放量差異很大，主要反映管理實務的影響；特別是有機質的添加和稻田的持續淹水都會刺激 CH_4 排放，而施用化學肥料的氮素量是 N_2O 排放的最重要驅動因素。儘管目前排放量的變化尚不確定，但未來大氣 CO_2 濃度升高和氣候變暖的結果可能都將使 CH_4 和 N_2O 排放量分別再增加 4-40% 和 15-23%。

綜合農業管理策略，包括：品種、有機質、水、耕作和氮管理等，以提供溫室氣體減排潛力。特別是新水稻品種選擇、溼乾交替灌漑（alternate wetting and drying, AWD）和稻稈清除策略，平均分別減少 24%、44% 和 46% 的溫室氣體排放量。未來需要根據季節性 CH_4 排放模式對減排方法進行最佳化，從而需要改進量化並減少區域和全球溫室氣體估算的不確定性，特別是在低緯度地區。

了解爲何全球農業系統的營運對土地、水資源、生物多樣性和氣候造成嚴重損害，爲實現未來的全球糧食安全和永續發展，我們必須實現糧食生產的大幅增長，同時大幅減少農業對環境的不利影響。這需要依賴新的創新和研究技術，以發展永續的農業實踐，同時促進土壤碳的積累，從而實現負碳農業的目標。

（一）降低稻田甲烷排放

稻田中甲烷的排放是缺氧狀態而由厭氣性細菌產生甲烷的結果。目前有限地點的 CH_4 排放資料是暫時性的，必須增加量測值以減少個別來源的不確定性，以便制定可行且有效的緩解方案，且不會抵消水稻產量和生產力的提升。

　　國際水稻研究所的實地研究表明，土壤和添加的有機物是最初產生甲烷的來源，添加稻草可以提高甲烷產量。溼地水稻植物的根和根分泌物似乎是成熟階段的主要碳源。CH_4 的產生和向大氣的運輸取決於水稻植株的特性。在相同株距和施肥條件下，傳統品種 Dular 每天排放的 CH_4 量高於新品種 IR65597。當浸水整地時，厭氧條件會導致形成大量甲烷。中耕時乾燥田地顯著減少 CH_4 排放總量。當收穫季節乾燥後浸水退去時，大量被截留的甲烷逸出到大氣中。操作管理可能占季節性 CH_4 排放總量的 20%。

　　灌溉水稻在下列狀況下具有最高的 CH_4 源排放強度，包括：殘留物回歸農田、添加有機物、縮短通氣時間、土壤、施肥和水稻品種的差異等等，是灌溉水稻中 CH_4 通量變化的主要原因。在接受有機資材添加的田區中觀察到最高的 CH_4 通量。作物殘質物回收率低、通氣週期多、土壤貧瘠和施肥量低的農田記錄的甲烷通量最低，導致水稻生長不良和產量低。甲烷排放量因農業氣候（水稻生長季節）、土壤類型、地點（由於有機碳的差異）而異。雨養稻的來源強度最不確定，因為控制 CH_4 排放的所有因素都具有很大的變異性。傳統連續漫灌和施肥制度會產生大量 CH_4，這種做法透過降低氧化還原電位（< -150 mV）而致使土壤環境厭氧狀態，導致產甲烷菌對複雜有機物質進行厭氧降解並產生 CH_4。

　　在水稻集約化系統下，有效的肥料和水管理操作加上乾溼交替灌溉可以減少 40% 的溫室氣體排放。乾溼交替灌溉大大增強大氣中氧氣（O_2）向土壤的擴散，從而減少 CH_4 的排放。有些研究報告稱，AWD 灌溉中的 N_2O 排放量略有增加。由於乾旱期間 NH_4^+ 的硝化作用增加，以及隨後乾燥土壤再溼潤期間 NO_3^- 的反硝化作用，但它仍然減少稻田的溫室氣體總排放量，主要是由於 CH_4 排放量的減少。

（二）減少稻田甲烷排放的措施

多種低成本措施可為稻田的甲烷減緩排放做出貢獻

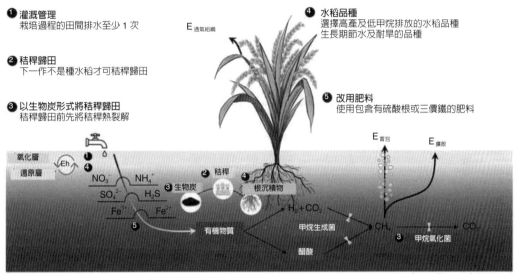

Jinyang Wang *et al.*, 2023

（三）降低氧化亞氮排放

施用氮肥和灌溉措施對於實現最佳水稻產量至關重要，但這些農業措施與植物和微生物的副產品一起，促進大量二氧化碳、甲烷和氧化亞氮的產生、積累和排放。

（四）提高用肥效率

在南亞和東南亞，雨養和灌溉移栽水稻占據了近 2/3 的水稻種植面積，生產 80% 以上的水稻。在這些地區，農民常規施用的顆粒狀尿素（PU）在移栽水稻中的使用效率非常低，這主要是因為 NH_3 揮發、反硝化、浸出和 / 或逕流造成嚴重損失（高達施用氮的 60%）。為了盡量減少氮素損失，特別是反硝化損失，日本歷史上曾採用不同的方式深施氮肥。1975 年，國際肥料發展中心（IFDC）提出使用大顆粒尿素顆粒（urea super granule, USG）代替含有尿素的泥球肥料，以達到同樣的效果，落實日本在移栽水稻中深施氮肥概念的實現與耕作管理效益。

USG 可以透過熔融型工藝（盤式造粒、落幕和流化床）和壓塊（一種特殊類型的壓實）製備。後一個過程似乎是最具成本效益的可行替代方案，印度已經開發出小型壓塊機，可以在村莊一級以 200-250 kg h^{-1} 的速度生產尿素壓塊（urea briquette, UB）。基本上，USG 是普通尿素（(NH$_2$)$_2$CO）的大而離散的顆粒，含有 46% N 作爲 NH$_2$（酰胺形式）；它們的重量可能從每個顆粒 1 到 2 克不等。熔融造粒的 USG 呈近球形，表面相對光滑，而壓塊的 UB 呈枕形，邊緣破碎。USG 的放置可以透過在常規線移植（例如：研究人員的方法或 IFDC 移植指導方法）或線移植（例如：IFDC 分配器方法）之後，以每四個稻丘中心附近的一個 USG 的速率到 7 個 7-10 厘米土壤深度。IFDC 方法主要是爲發展中國家經濟上處於不利地位的小稻農開發的，特別是那些在雨養地區隨機插秧的稻農。其他替代的人工方法，如結合播撒式 USG、在線路移植前用手隨機深埋 USG，或在移植前後用腳深埋，可能勞動強度較低；然而，它們的農藝效率一直很低且變化很大，因此不能推薦給農民。

菲律賓、印度和中國開發各種連續操作型施藥器（原型），用於將 USG 機械深植於線插水稻中。在研究農場進行測試時，已發現一些原型可以節省勞動力並提高農藝效率。然而，與它們的計量機制、放置深度、放置點的犁溝關閉、每個工作日的產量和／或操作員的舒適度等相關的幾個設計相關問題需要解決。簡而言之，在浸水和土壤條件差異很大的農田中，尚無法使用經濟實惠且仍能有效深施 UB 的連續作業型施藥器。IFDC 開發的非連續操作型 UB 塗抹器樣機在省力方面不如連續操作型塗抹器。然而，透過適當的練習正確使用它可以幫助最大程度地減少苦差事，並節省高達 40% 的人工放置方法所需的勞動力。這種完全手動的 UB 塗抹器由聚氯乙烯（PVC）製成，使用簡單、重量輕、價格適中，並且在農田上具有農田管理效率。經水解後轉化成銨離子，經由擴散傳輸和陽離子交換的結果，通常在放置位置存在銨的陡峭濃度梯度（或空間分布模式），並最終控制水稻植物使用 USG-N 的速率和持續時間。USG 本身不是一種緩釋氮肥，但表現得像一種緩慢釋放的氮肥。

由於深埋的 USG-N 在土壤中的放置位置受到各種 N 損失機制（淋溶除外）的保護，空間銨濃度梯度有助於提高其植物有效性，(1) 水稻植物對 N 的吸收（恢復）

顯著增加；(2) 相對較少量的 USG-N 作爲不可交換的銨和／或固定的有機 N 留在土壤中；和 (3) 最終 N 損失（氣態和逕流）顯著減少。因此，這種做法在農學上是高效的，而且對環境安全。然而，這種做法不應用於質地粗糙和陽離子交換容量（CEC）低的可滲透土壤，因爲 USG-N 透過浸出的大量損失會顯著降低水稻植物對 N 的吸收，最終也會降低穀物產量。自 1975 年以來，南亞和東南亞的國家和國際機構進行的數百項田間試驗證明農藝優勢。

技術和農業經濟方面的考慮表明，對於發展中國家資源稀缺的小稻農來說，在移栽期間或移栽後手工深埋 USG 的做法似乎是一種正確的農業技術，可以有效地使用負擔得起的氮肥劑量（30-60 公斤 UB-N ha^{-1}），顯著提高移栽水稻的產量。對於其他沒有經濟障礙、可以灌溉、按行插秧並且有能力使用高氮肥（> 90 kg N ha^{-1}）的稻農來說，如果合適的話，這可能是一種有吸引力的做法，已經開發出用於深埋 USG 的機器。因此，需要研發工作來開發經濟實惠、省力且農藝高效的連續操作型 UB 機械深埋施藥器。

使用 USG 作爲移栽水稻的氮源在發展中國家具有潛力。現在需要的是首先開發實用的逐步和區域特定的農業技術，包括適當的 UB 供應計畫和水稻種植系統，這些系統基於 UB 在給定國家不同地區的線移水稻中的人工或機器深度放置。然後，有必要採取適當的傳播策略，將特定區域的農業技術轉讓給稻農。在這項推廣活動中，需要國家政府組織以及非政府組織和化肥行業的長期承諾和綜合努力。

探討尿素深施（UDP）和綜合植物營養系統（IPNS）的研究，將家禽糞便和顆粒尿素（PU）與不同的灌溉制度相結合，對溫室氣體排放、氮肥利用效率（NUE）和水稻產量的影響。研究結果顯示，在間歇灌溉（AWD）下，與 IPNS 處理相比，PU 減少 6% 的 CH_4 排放量和 N_2O 排放量，但在連續灌溉（CF）下產生類似的排放量。同樣地，與 PU 和 IPNS 處理相比，在 AWD 灌溉下，UDP 使累積 CH_4 和 N_2O 排放量分別減少 9% 和 15%，在 CF 條件下分別減少 9% 和 11%。在全年和施肥處理中，AWD 灌溉顯著（p < 0.05）將累積 CH_4 排放量和溫室氣體強度分別降低 28% 和 26%，而且產量沒有顯著損失。儘管 AWD 灌溉使 N_2O 累積排放增加，但與 PU 相比，UDP 使水稻產量提高 21%，氮肥回收效率提高 58%。這些結果顯示，UDP 和 AWD 灌溉均可被視爲碳友善技術。具體來說，UDP 比撒施方式

提高 21% 的水稻產量，氮利用效率（NUE）提高 58%。此外，UDP 比撒施方式減少 8% 的全球暖化潛勢（GWP）。

五、水田減少溫室氣體排放的管理策略

透過調整灌溉模式、管理有機資材添加、使用適當比例和數量的氮肥、選擇合適的品種、耕作方法、耕作制度、覆蓋作物等多種管理措施，可以減少最大量的稻田溫室氣體排放（主要是 N_2O 和 CH_4），溫室氣體的產生主要取決於作物管理操作，但管理系統的改變也為緩解方案提供機會。調整整個水稻種植過程中的灌溉模式可以極大地影響溫室氣體排放，因為它們控制土壤微生物的活性以及 N_2O 和 CH_4 排放的產出物可用性。灌溉引起的土壤溼度變化會影響土壤氧化還原電位，從而極大地調節溫室氣體的釋放和消耗速率（Wang *et al.*, 2017）。

據觀察，中季灌溉、乾溼交替、間歇灌溉和控制灌溉等不同的灌溉方式比傳統灌溉模式減少 N_2O 和 CH_4 排放，且不影響作物生產力。透過採用期作中間斷灌溉，甲烷排放量將會減少，因為這個灌溉期會促進土壤氧化條件，這透過減少用水量會非常有效。乾溼交替會導致甲烷產量大幅減少，因為乾溼條件之間的時間間隔有助於土壤條件從需氧轉變為厭氧。

同樣，溼乾交替（AWD）的灌溉模式也有很大潛力減少土壤中 CH_4 和 N_2O 的產生，因為這種灌溉方法具有透過增強根系活性、土壤承載能力來增強土壤氧化條件的優點，並最終最大限度地減少土壤中的 CH_4 和 N_2O 產生。避免產生厭氧條件的水輸入田區，可增加氧氣向稻田土壤的擴散，最終減少甲烷的排放。印度及中國的研究顯示：與傳統漫灌相比，採用間歇灌溉可分別減少 34% 和 54% 的 CH_4 和 N_2O 排放。減少灌溉次數也可以減少氧化亞氮的排放。因為在低含水量的情況下，氧氣需要更多的時間擴散到土壤中，導致土壤中負責產生 N_2O 的微生物活動受到抑制。

大量的研究顯示農田 N_2O 和 CH_4 的排放互為消長。加強農田水肥管理是控制 CH_4 排放的主導因素，加大研發和推廣 CH_4 抑制劑力度是減緩水旱輪作系統 CH_4 排放的有力手段。對 N_2O 而言，提高緩釋肥、控釋肥料的使用對緩解其大量排放

具有更重要的科學意義和實踐價值。在今後研究過程中，應綜合考慮農作過程對農田土壤 CH_4 和 N_2O 排放的影響，積極研究探索有效的 CH_4 和 N_2O 綜合減排措施，減輕因農業活動產生的溫室氣體對全球氣候變暖及其所帶來的環境問題的影響。

近年來，許多學者對水旱輪作不同種植模式下農田溫室氣體排放進行了研究，大量研究結果表明，合理的水旱輪作有助於增加作物產量，維持土壤肥力。因此，如何在平衡其正面作用的同時減少溫室氣體排放是今後研究的趨勢。不同水稻品種間溫室氣體排放存在明顯差異，深入研究水稻品種改良對溫室氣體排放的影響及其機理，可在增加作物產量的同時實現溫室氣體減排。肥料的種類和用量等對水旱輪作系統土壤溫室氣體排放產生影響，肥料管理對土壤性狀造成的變化會直接影響根際土壤微生物如產 CH_4 菌、硝化細菌和反硝化細菌的種群豐度與活性。但目前針對這方面的研究還相對較少，因此，在今後的研究中可以考慮從輪作體系中作物的根際微生態效應等方面展開研究，了解水旱輪作系統養分狀況的週期性變化規律，深入地揭示肥料氮素的去向，爲土壤固氮和溫室氣體減排提供理論依據。

目前，雖然在溫室氣體綜合減排方面也有一些成果，但是沒有形成系統的全面的減排措施，目前公認的、廣泛應用的、效果明顯且持久的水旱輪作系統溫室氣體減排措施相對較少，缺少科學系統的評估。因此，在以後的研究中，可從整個水旱輪作系統的角度出發，利用碳足跡的評價方法，綜合考慮多種影響溫室氣體排放並在此基礎上制定合理的減排措施。

（一）越南施行水田減少溫室氣體排放方法

溼乾交替（AWD）是一種灌漑技術，透過用水對稻田進行間歇性排水，這與連續浸水的傳統灌漑方法形成鮮明對比。AWD 允許在水稻生長週期的某些階段進行間歇性乾燥，因由於最初的浸水，水稻根部仍能獲得充足的水分。由灌漑以後及允許稻田「沒被浸水淹沒」的天數至下次的灌水時間可能從 1 天到 10 天以上不等。使用穿孔水管「pani-pipe」監測稻田的水深（如圖 4-3）。移植後一到兩週，將田地排水，直到水位達到土壤表面下 15 公分。然後，將田地重新淹沒至 5 公分左右的深度，然後重新排水。除水稻開花前一週和開花後一週外，這一過程在整個種植季節持續進行。這種做法顯著減少灌漑次數，從而將灌漑用水量降低 30%，透過促進

水稻更有效的分蘗和根系生長，增加農民的淨回報，並減少每公頃抽水 30 公升的燃料消耗。在 AWD 操作中，稻田定期排水，以增強土壤的通氣性，抑制產生甲烷的細菌，從而減少甲烷排放。隨著乾旱季節日益嚴重的水資源短缺成為亞洲稻米生產的一個主要問題，大規模應用 AWD 可以節省淡水資源，並延長旱季的生長週期或擴大稻米生產面積。

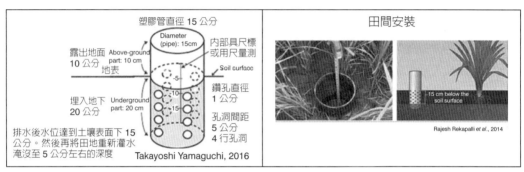

圖 4-3　穿孔水管「pani-pipe」監測稻田的水深

（二）1M5R 計畫

1M5R 是越南與國際水稻研究所的一項農藝計畫，目的在減少農民在水稻生產系統中使用化學肥料和其他投入。1M5R 是指使用經過認證的種子，減少種子、化學肥料、農藥、用水量和收穫後損失的數量。它由 IRRI 開發，自 2013 年起在越南應用。透過提高產量、減少種子、化肥、農藥和勞動力等投入品的使用以及減少收穫後損失，實現淨收入的增長。與傳統操作情境相比，溫室氣體排放量減少 20-30%。

數位技術以及 AWD 和 1M5R 等農藝技術的應用進一步增加效益。在越南使用物聯網（IoT）進行的試點（其中包括水感測器，可幫助農民更好地決定最佳用水量）顯示，與人工灌溉稻田相比，用水量減少了高達 42%。生產成本降低高達 22%，水稻產量提高 24%。與手動灌溉系統相比，這些智慧灌溉系統可減少高達 60-70% 的溫室氣體排放（相當於每個作物季節每公頃 4-6 噸二氧化碳當量）。因物聯網的系統整合雷射感測器，可精確測量水位，從而實現不同規模田地 AWD 技術的自動化。由於這些技術的可用性不斷提高且成本不斷降低，此類數位技術的使

用可透過利用各種感測器、無線鏈路和互聯網基礎設施進行升級。

（三）泰國

減少水稻種植 CH_4 排放的各種策略包括水管理實踐，特別是促進間歇性排水和乾溼交替（AWD）、水稻強化系統（System of Rice Intensification, SRI）；透過堆肥品質改善有機管理；使用無效分蘗少、根系氧化活性高、收穫指數高的水稻品種；應用沼液等發酵肥料並以水稻直播（Direct Seeded Rice, DSR）。

（四）國際合作對農業甲烷減量的精進作為

巴西於 2023 年加入氣象與清潔空氣聯盟（CCAC），制定解決巴西一些關鍵排放部門的短期氣候污染物問題議程。排在首位的是農業部門的排放，特別是牲畜糞便管理和反芻動物等分部門產生的甲烷排放。首要工作是建立減少巴西溫室氣體排放所需的資料管理系統，因為監測和評估是全產業減排的基礎。

將甲烷減排納入國家農業戰略的項目，目的在開發數據協調和監測工具以及機構能力，以採取行動透過糞便管理減少甲烷排放。巴西超過 90% 的甲烷排放來自農業（76%）和垃圾處理（15%）部門。在 COP26 上，巴西承諾為 2030 年全球甲烷排放量減少 30% 的目標做出貢獻，該國也加入全球甲烷承諾並批准《蒙特婁議定書》的基加利修正案。

泰國和巴基斯坦是 CCAC 在亞洲國家的兩個計畫，這些國家的人口有很大一部分依賴稻米作物作為其主要食物和收入來源。2019 年，31% 的泰國勞動人口從事農業部門；泰國約 420 萬戶農民依賴稻米種植，2016 年水田面積估計在 1,200 萬公頃，該產業每年水田甲烷排放約 27,000 萬噸 CO_2e，占全球人為排放量的 8%。

泰國和巴基斯坦都在努力減少 SLCP 排放，兩國向 UNFCCC 提交的國家自主貢獻（National Determined Contribution, NDC）中所述：2020 年泰國宣布計畫在 2030 年將溫室氣體排放量在預計正常水平的基礎上減少 20%，其後更新國家自主貢獻目標在將減排量增加 25%，包括引入促進技術實施的緩解措施的目標、創新和能力建設，以支持永續氣候智慧型農業的實踐，例如低甲烷水稻生產，CCAC 審查及協助追蹤永續稻米生產操作，包括：減少水的消耗和肥料的使用，以及交替溼潤和乾燥（AWD），這可以減少多達 48% 的全球 CH_4 排放量。

巴基斯坦和泰國的水稻產業甲烷排放降低計畫。要點如下：如何擴大低甲烷稻米的生產；關鍵在於建立測量、報告和驗證（MRV）系統，以幫助農民追蹤和測量田間產生的甲烷排放；促進永續的稻米管理，並藉由多方利益相關者的參與進行能力建設，支持私營部門參與，擴大減少短暫氣候污染物（SLCP）的國家計畫；整合稻米 MRV 系統到溫室氣體排放 MRV 系統，開發更全面的系統並降低數據測量和處理的成本；強化國家和計畫層面的溫室氣體數據品質，制定影響水稻生產永續發展的路線圖；研究如何以交替溼潤和乾燥灌溉方法產出溫室氣體排放減量轉為碳信用額，並成為農民和當地生產者減排的激勵措施。

（五）臺灣的水稻灌溉管理方式

水稻生育期可分為插秧後成活期、分蘗期、分蘗盛期、幼穗形成期、孕穗期、抽穗開花、成熟期等，傳統的水稻栽培灌溉需求依各生育期有所不同，各生育期灌溉需求最佳狀況如下：

臺中區農業改良場的傳統推薦水稻管理及灌溉方法如下：

1. 成活期至分蘗始期：本時期約為第一期作插秧後 10 天，第二期作插秧後 7 天內。為提高除草劑的藥效並促進水稻成活，田面以維持 3 公分左右水深即可。

2. 分蘗始期至分蘗終期：本時期水分管理應經常保持 3-5 公分的淺水狀態，以促進根群之發育與早期分蘗。有效分蘗終期第一期作約在插秧後 38 天左右，第二期作約在插秧後 28 天左右。施用第 1 次及第 2 次追肥時，需控制田間約 1 公分之淺水時施用追肥，俟田間水分完全滲入土壤內後，恢復灌水。

3. 有效分蘗終期至幼穗形成始期：俗稱的「晒田期」，讓田土乾燥而略呈龜裂狀態，供給氧氣，也因田土乾燥促進稻根向下生長，幫助稻株後期養分吸收及不倒伏之效。另外也可抑制無效分蘗，促進稻米產量及品質提升。原則上第一期作於插秧後 40 至 50 天，第二期作於插秧後 30 至 37 天左右，將田面曝晒至表土以腳踏入不留腳印程度，或有 1-2 公分寬、5-10 公分深的龜裂，晒田程度以稻株葉片不可捲曲（如發現葉片捲曲，即表示植物體內缺

水，應立即灌溉），其後灌溉管理採輪灌或間歇灌溉 1-2 次，灌水 3 至 5 公分深即可。

4. 幼穗形成始期至幼穗形成終期：此時期在水稻抽穗前 22 日開始，對養分與水分需求量高，應採行 5-10 公分之深水灌溉。若施穗肥時，應在幼穗長度 0.2 公分施用，並先將田間排水至 1.5 公分水深才施肥，其後在第 2 天行深水灌溉至幼穗形成終期為止，為期約 10 天。

5. 孕穗期：水稻抽穗前 7 至 10 天之孕穗期，土壤中氧氣消耗量達到最高峰，故此時期的水雖必要但不可湛水，可採輪灌方式，每 3-5 日輪灌一次，使土壤通氣良好，促進根系之強健。

6. 抽穗開花期：抽穗開始至齊穗為止的水稻葉面積為全生育期中最大，而在葉部光合作用所貯積的碳水化合物需有充足的水分才可以轉移到稻穀，所以此時期須維持 5-10 公分的水深。

7. 乳熟期至糊熟期：此一時期又稱為灌漿期，由於水稻齊穗後植株最上部三片葉子為主要進行光合作用生產碳水化合物的工廠，需仰賴充足的水分輸送轉存至穀粒，故仍應採用 5 至 10 公分的深水灌溉至抽穗後第 18 天止。

8. 黃熟期至完熟期：水稻抽穗後約 18 天開始進入黃熟期，此時上部葉仍繼續進行光合作用合成碳水化合物，所以仍不宜太早斷水，應採用 3 至 5 天約 3 公分水深之輪灌 2 至 3 次，直至收穫前 5 至 7 天排水，以防穀粒充實不飽滿。生產良質米，收穫前不可太早斷水，避免心腹白米及胴裂米之產生。

近期面對缺水及減碳需求，農業部苗栗區農業改良場發展出適宜臺灣使用之灌溉模式，將該方法實務操作詳述如下：

1. 成活期至分蘗盛期，插秧後即可開始進行水稻乾溼輪灌，灌水深度 3-5 公分，視土壤質地進行調整，待水位自然下降，隔日再進行灌水至 3-5 公分。

2. 分蘗盛期進入幼穗形成期前，進行晒田作業，將田放乾晒 7-10 天。

3. 幼穗形成期至收割前，依據水稻乾溼輪灌，灌水深度 3-5 公分，視土壤質地進行調整，待水位自然下降，隔日再進行灌水至 3-5 公分，灌溉至收割前約 7 天進行斷水。

（六）施肥方法及管理

水稻的氮素肥料推薦量依期作及各地產量而異，氮素肥料由 120 公斤至 180 公斤／公頃，但各區農改場階建議分次施肥，施肥量及方法如下所述：

1. 水稻基肥施用宜早，以確保早期之有效分蘗及避免植株過高。基肥施用量以施用量之 25% 氮肥、全量磷肥與 40% 鉀肥於整地前施用。

2. 第一次追肥於第一期作插秧後 12-15 天、第二期作插秧 8-10 天施用，施用量為 25% 氮肥。

3. 第二次追肥於第一期作插秧後 25-30 天、第二期作插秧 15-20 天施用，施用量為 30% 氮肥、40% 鉀肥。

4. 穗肥施用於第一期作插秧後 60-65 天、第二期作插秧後 40-45 天，至田間拔取生育中等之母株，將其葉片連同葉鞘由外而內一葉一葉剝去，若發現莖節先端顯出白色絨毛狀幼穗長度為 0.2 公分左右時適量施用穗肥，施用 20% 氮肥及 20% 鉀肥。

六、臺灣減少水稻溫室氣體排放的創新農業管理及科技研發

（一）水稻直播（氣候變遷的調適）

水稻直播種植方式為近年農業試驗所（TARI）推行的新耕作制度，主要解決氣候不穩定，渠道灌溉系統末端的供水問題與水稻育苗業者不能機動供應足夠秧苗，農民搶水稻栽培的農時的混亂。在沿海地區的雨季直播水稻的二期作產量可達 4.5 至 5 ton/ha，與插秧田的產量不相上下，但靈活機動進行不失農時的栽培，並節省秧苗、耕犁成本，節省水資源等優點，當地農民逐漸有興趣採行。

（二）設置 GNSS-RTK 精準定位環境

農業部農業試驗所在 2020 年完成運用全球導航衛星系統（global navigation satellite system, GNSS），設立基地站及採用 PPP-RTK 軟體，設立農用的高精度定位方法其定位精度（水平及高程誤差為 5 cm 以內）網絡系統，提供農業生產利用。

在這種精度可以增加機器人在農業實現的潛力，在大農或小農土地上進行高精度定位，可成為智慧農業強大的推動力量。農業的經營因此會發生巨大變化，包括：藉由機器人農業機械智能化實現精準農業；使用多架次小型輕巧的農業機械的優勢。配合使用精準定位系統與感測器來識別個別植株的位置、個體植物的生長狀況，落實農民執行個體作物管理（果樹）。

（三）雷射整平

傳統農田整平作業通常在水稻種植前進行，人工操作的平整精度較低，土地平整精度在達到一定程度後難以提高。雷射光控制技術已經廣泛應用於提高土地平整的效率和精度。農業試驗所的農業化學組自 2000 年起致力於推展雷射整平水田節水技術，評估水稻直播節水的效益，結果顯示使用雷射整平機，可以將高低差降至每 200 公尺水平距離的高程誤差不到 3cm，這意味著每灌一次水稻田可以節省 300 立方米 / 公頃的水量，全年用水量可以減少 25-30%。旱田的高低差通常比水田更大，因此雷射整平技術在這方面的應用尤其重要。最近在西南沿海區旱田引入雷射整平技術後，灌溉效率也有顯著提升，這不僅減輕農民的管理負擔，還增加產量（江志峰，2022）。雖然臺灣的田區面積較小，但過去因需要進行田區測量作業以及機械組件和迴轉型的選配問題，以及整平工時較長，導致無法普及和推廣雷射整平技術。然而，2021 年農試所已經建立全臺 GNSS-RTK 網絡，如果選擇配備具有精確整平功能的機組，這一技術應該可以在農業中普及和推廣，以提高土地平整的效率和節水效果。

（四）提高肥料利用效率的田間操作農場數據

農場田間操作的數據（FPD）的取得來源多元化，可由鼓勵農場的生產履歷紀錄、農場登記購買肥料而得（政府推廣的肥料實名制），特別是氮素肥料；以實現平衡施肥農田管理的目標，透過改進策略和營運管理來提高工作效能和營養管理預算。提高肥料利用效率的數據，需要包括：詳細的生產、農場地籍資訊和管理的技術數據有關資料等，分別由土地覆蓋資料庫、土壤資料庫、肥料實名制的購肥紀錄及田間坵塊的產量數據等產生，目前水稻已有 5 年記錄，可以優先以水稻為標的進行示範，評估水稻的氮素肥料利用效率及相關的溫室氣體排放量估算。

七、大顆粒尿素（USG）水稻深層施肥機械

尿素是主要的氮素肥料之一，但在水稻的氮肥利用率通常只有 20% 到 35%。為提高氮肥的利用率，尿素深層施用（Urea Deep Placement, UDP）是一種經過現場驗證的相對簡單的土壤養分管理技術，尤其適合小農農業系統。應用尿素深層施肥（UDP），稻農可以實現持續 15% 到 20% 的增產，同時肥料用量減少 1/3 到 1/2。UDP 技術允許氮肥在整個作物生長週期中更有效地供應，植物可以吸收更多的養分，從而提高作物產量並降低農民的生產成本。與表面施用的顆粒狀尿素不同，大顆粒尿素（USG）只需一次施用，這在作物生長季節中更為方便。在臺灣的田間試驗驗證：每公頃施用 88 公斤氮素的 USG 已經在一期作中實現超過 8 噸／公頃的產量。

商用尿素肥料（顆粒／顆粒）是用於製造 UDP 壓塊的原材料，透過高壓「壓實」過程製造。目前，印度和中國供應來自「村級作業」的肥料壓塊機，但目前還沒有大規模的 UDP 產品商業製造商。尿素壓塊機的銷售門檻約為 100 公噸（mt）UDP 肥料。

儘管深埋大顆粒尿素（USG）可以減少尿素損失並提高產量，但由於缺乏合適的施肥器材，該技術並未在臺灣得到應用。農業部農業試驗所目前正在開發小型電動 USG 水稻深層施肥機械，利用 GNSS-RTK 的精確定位和簡便的秧苗辨識系統，以實現精確的 USG 肥料深層施用。這將有望擴大 USG 水稻深層施肥技術的應用，並估計可以節省 40 千噸的氮素肥料在水田施用，有助於提高農業的永續性。

八、SAR 影像估測水稻產量技術

台灣農業試驗所（TARI）近期開發出一項農業技術，該技術利用水稻收割機上安裝的 GNSS-RTK 訊號裝置和穀粒重量裝置，這些數據每秒傳輸及整理後，可以獲得每個收割田區的完整數據序列並具有地理資訊屬性，每期作調查臺灣水稻產區總共 300 筆水稻產量數據，並蒐集 Sentinel-1A 衛星影像資料，根據不同插秧時期，針對每個田區獲取 Sentinel-1A 合成孔徑雷達影像的平均 dB 值的時序資料，然

後根據不同收割時間進行迴歸分析，以估算臺灣平原區各個獨立坵塊的水稻單位面積產量。目前，遙測模型的預測值與實際收割機測得的數據之間的相關性高達 R^2 = 0.87。未來，該研究將進一步研究產量數據的空間分布和差異性，並利用多期作物數據進行驗證，以確保水稻產量模型的穩定性和可靠性。這一技術有望提高臺灣水稻生產效率，並配合田間操作的農場數據，彙整每一田區的氮肥投入量與單位面積產量，估算每一田區的每期作水稻的氮肥利用效率，並為農業管理提供更精確的資訊。

九、臺灣在水田負碳行動的激勵措施的工作進展

　　全世界各國在因應氣候變遷的對應負碳（減排及增匯）議題都是參考國際相關規範進行，臺灣也盡量參考國際制定的規範執行。水稻是臺灣的主要糧食作物，其栽培過程中的甲烷排放亦列為國家農業產業溫室氣體排放調查清冊中獨立的一項重點。本報告呈現臺灣農業研究人員所開發的最佳方法、替代方案以及針對水稻和旱作栽培系統所進行的改變，旨在實現減排和碳匯增加、資源循環的目標。在水稻的減少甲烷排放的施政措施議題討論：整體過程雖是將水田稻草轉為生物質能源（bioenergy）利用，但是在負碳議題是區分為移除稻稈以減少下期作水田甲烷的排放，及稻稈等打包回收當為碳中和的生物質材料、能源、燃料等兩項。

（一）如果稻草循環回收可減少土壤甲烷等溫室氣體排放，農民能否因配合淨零循環而取得減碳價值？

　　依據 IPCC 的「國家溫室氣體清單中的良好實踐指南和不確定性管理」，農民可透過實施水稻稻草循環回收來減少土壤中甲烷等溫室氣體的排放。在該指南的水稻農業章節（4.7 CH_4 EMISSIONS FROM RICE AGRICULTURE）中提到，甲烷的主要有機碳來源來自水稻植物，包括根系分泌物、根系衰老、植物凋落物，以及施肥所添加的有機物質和前一季作物的殘留物。不同類型的有機改良劑，例如綠肥（新鮮生物質）、前季作的稻草、動物糞便或堆肥，都會對甲烷排放產生不同程度的影響。此外，影響甲烷生成的環境因素包括土壤質地、氣候和農業操作，例如水

情和管理方式。因此，如果我們移除水稻殘留植體、不添加施肥的有機物質，以及前一季作物的殘留物，並汰除不合適的有機資材，如綠肥、前季作的稻草、動物糞便或堆肥投入水田中，都有潛力減少水稻田的甲烷排放。

過去，對於區域或國家層面的甲烷排放研究相對有限，主要是因為受多種因素影響，導致排放量變化巨大。農田中的甲烷排放過程在時間和空間上都具有高度變異性，包括耕作階段（初期與後期）、季作（一期與二期）、年度變化，以及土壤類型的空間變化。甲烷排放率取決於有機成分的數量、種類以及前處理方式。由於有機土壤改良劑對甲烷排放的影響很大程度上取決於其中易分解碳的量和條件，即使進行仔細測量，排放因子仍然存在很大不確定性。

在農業部農科計畫「低碳排栽培模式及肥料配方研發及應用研究」的不同場所計畫中，針對水田進行甲烷等溫室氣體排放監測。建議強化各場所計畫的監測方法，並與中研院的精密甲烷排放監測值比對計畫合作，以確保對主要土壤類型的水稻種植區進行甲烷排放監測和環境資料蒐集。更重要的是，獲取各種低碳水田管理操作方法，包括移除水稻殘留植體、不添加施肥的有機物質，以及選擇適當的有機改良劑，如綠肥、前季作的稻草、動物糞便或堆肥等等，以完成我國水稻農業的甲烷排放資料，以符合 IPCC 方法 2（tier 2）的要求。這些資料將用於農委會和我國清單機構（由環境部統籌）確保提交的科學報告和清單的準確性，以及向《聯合國氣候變遷綱要公約》（UNFCCC）提供必要的文件和報告，並接受外部檢查和審核所需的完整資訊。

建議將「移除水稻稻草以減少下季作水田的甲烷排放」納入國家應對氣候變化的農業措施中，作為國家自主貢獻（nationally determined contributions, NDC）的新增項目。根據對水稻生物質分布比例的估算，移除農田稻草可能有潛力降低下季作水田的甲烷排放量，估計可達到原排放的 1/3 至 1/2（目前水田甲烷排放占農業溫室氣體排放的 18%）。由於水稻稻草的移除是一項全國性的操作，需涵蓋廣大面積達 20 萬公頃以上，且受多種因素影響，因此排放量變異很大。為評估移除和不移除稻草對水稻田甲烷排放的影響，建議由各改良場所轄區內的水稻田進行評估，以完成符合「IPCC 國家 GHG 排放調查指引」方法 2（tier 2）標準的報告資料，提供審查和審計所需的完整資訊。

農民實施移除水稻稻草的操作，根據環保署 2020 年的國家溫室氣體排放清冊報告估算，可能可達到約 10 億元的碳價抵減，每公頃農田約值 5,000 元。建議由農委會的綠色補貼支付或根據「溫室氣體抵換專案管理辦法」處理。這一政策推動符合歐盟議會關於碳農業的報告（Carbon farming: options, mitigation potential, and key challenges）中的觀點，即碳農業作為一種商業模式提供多種支付方式，包括公共資金（CAP）、供應鏈和自願碳市場支付，但這些支付方式必須與穩健透明的監測、報告和查證（MRV）相匹配。此外，新的 CAP 提供多種方式來支持碳農業，包括直接向農民支付土地管理操作費用以實施碳農業行動，確保氣候有效性。

農民可以參與碳農業實踐，以實現減碳價值。碳農業可以為農民和社會帶來共同利益，並可作為一種商業模式，提供多種支付方式以支持碳農業操作。然而，這也帶來需要謹慎管理的風險，因此需要謹慎設計政策並建立科學基礎以改進決策。

（二）國家應當努力重點

大氣甲烷（CH_4）被認為是最重要的溫室氣體之一，可能占預期全球暖化的 20%，水淹稻田是大氣中甲烷的重要來源。我國的水稻甲烷排放占農業 GHG 排放的 18% 或更高，水田甲烷排放也是最簡易管理達到減排目標的工項，當優先致力處理。

1. 國家稻田甲烷排放清單管理良好實踐指南的選項和問題。這些問題分為三個部分：方法問題、報告和紀錄以及清單品質。修訂後的 1996 年 IPCC 國家溫室氣體清冊指南（IPCC 指南）有兩個方法論層次。使用方法 2 測量甲烷排放量是準確的，因為資料反映一個國家內特定地點研究的農田操作管理、土壤特性和氣候的特定條件。如果無法取得實際測量結果，則必須使用第 1 層預設資料來取代特定地點的資料。方法 2 甲烷排放估算的準確度和精確度，隨著測試站點數量以及每個站點測量的頻率和數量的增加而增加。IPCC 指南推薦一種標準測量技術，可以作為參考資料的基礎。

2. 區域研究。土壤圖和氣候資訊等其他數據對於報告數據的成功也是必要的。農作物產量和其他糧食生產數據對於評估甲烷排放量的品質和準確性也很重要。目前，許多國家都資助稻田甲烷排放的科學研究，但影響這個

過程的因素眾多，導致甲烷排放量變化很大。這些研究大都關注小場地甲烷排放的過程水準差異，很少有研究解決擴大到區域或國家層級的問題。進行廣泛的研究以繪製國家各區的水田甲烷排放值。最近發布的各種預測模型也可能有助於報告甲烷排放值。

3. 確保清單的品質也要求各國實施品質保證（QA）和品質控制（QC）計畫。整個品質保證過程的共同點是需要完整的文檔和完全的透明度。品質保證／品質控制活動需要在流程的幾個步驟中進行。在稻田層面，關鍵要素應包括準確記錄伴隨測得的季節性甲烷排放的氣候、作物生長情形和土壤因素的測量結果。這些應有詳細紀錄並可供審核人員使用。執行清單報告機構必須確保提交的科學報告以及編製的清單的準確性。它還將負責向《聯合國氣候變遷綱要公約》（UNFCCC）提供文件和報告足夠的資訊。一種或多種不同類型的外部審查和審計也可能是必要的，並且每種都需要完整的文件。

4. 減少國水田稻種植排放甲烷的路徑及策略（預定減少 610.77 kt CO_2e/yr 排放）

(1)減少水稻生產面積（25 萬降至 22 萬公頃）。配合糧食政策實施減少水稻栽培面積（-2030 年）。

(2)減少稻稈投入土體（稻稈轉為 BECCS 或 BBE 用途）。立即可實施（-2025 年）並減少作物殘體燃燒的碳排放。

(3)擴大以土壤圖及土地耕作利用為基礎的監測水田的甲烷排放量，準確估算不同土類及管理的水田甲烷排放量。立即可實施（-2025 年）。

(4)發展減少排放量的管理方法。研究技術成熟後實施（2030 年）。

(5)避免有機水稻栽培。立即可實施（2030 年）。

(6)發展減低甲烷排放的水稻育種（陸稻栽培）。研究技術成熟後實施（2050 年）。

表 4-2　七種低碳技術的可能方案描述

低碳技術	技術簡略說明
稻米新品種	水稻品種，如抗蟲基改品種、高效利用氮肥品種，可減少農藥使用量和氮肥投入或提高水稻產量，或提高其根際氧化和傳輸能力，最終顯著減少甲烷（CH_4）排放。

低碳技術	技術簡略說明
再生稻系統減少耕犁	再生稻的糧食產量可達到主作的 **60%** 左右，且生產成本、勞動投入、用水量和施肥量都比主作少得多，因為再生季不需要整地、播種和移植。減少或避免耕犁，可以減少微生物分解有機質並增加土壤碳儲存，並促進作物殘質混入土壤。
最適肥料管理	深層施用氨態氮肥或尿素並改變施肥量，例如根據水稻不同生長階段的作物需肥量施肥，以提高肥料利用率，從而減少溫室氣體特別是一氧化二氮（N_2O）的排放。
節水灌溉策略	引入 AWD 技術，在一個期作過程包含一個或多個稻田排水期的水分管理，可防止土壤還原條件的發展，並顯著減少 CH_4 排放。
農藥減量技術	減少除草劑、手工除草或使用誘光燈防治害蟲、共養鴨除蟲以減少農藥投入，從而減少溫室氣體排放。
冬季休耕時種植綠肥	冬季休耕地種植綠肥，增加土壤碳儲量，減少化學肥料使用量，進而減少 N_2O 排放。
種植─養殖（鴨）技術	稻田普通栽培水產養殖，透過養鴨挖土尋找食物使稻田通氣，防止氧化還原電位下降，降低 CH_4 排放。

資料來源：修改自：影響中國水稻生產系統採用低碳技術的社會經濟因素（Socio-economic factors infuencing the adoption of low carbon technologies under rice production systems in China by Zhong-Du Chen & Fu Chen）

參考文獻

江志峰（2022）。農地雷射整平技術於畦溝灌溉應用與推展成效。**技術服務，130**，10-14。行政院農業委員會農業試驗所。https://scholars.tari.gov.tw/handle/123456789/17562

IFDC. (2017). Rapid introduction and market development for urea deep placement technology for lowland transplanted rice: A reference guide. By International Fertilizer Development Center.

Rekapalli, R., Tiwari, R. K., Nandan M. J., and Balaji, T. (2014). Coping groundwater depletion through scientific agronomical practices in Hard-rock areas of Nalgonda District, Telangana. *J. Ind. Geophys. Union.*, *18*(4), 434-439.

Sanchis, E., Ferrer M., Torres, A. G., Cambra López, M., and Calvet S. (2012). Effect of water and straw management practices on methane emissions from rice fields: A review through a meta-analysis. *Environmental Engineering Science*, *29*(12): 1053-1062. doi:10.1089/ees.2012.0006

Sass, R. L., Janssen, L., Yagi, K., van der Gon, H. D., Lantin, R., Mosier, A., and Irving, W. N. (2000). *CH₄ Emissions from Rice Agriculture Good Practice Guidance and Uncertainty*

Management in National Greenhouse Gas Inventories. (IPCC WORKBOOK 4.7).

Ishii, S., Ikeda, S., Minamisawa, K., and Senoo, K., (2011). Minireview Nitrogen Cycling in Rice Paddy Environments: Past Achievements and Future Challenges. *Microbes Environ*, *26*(4), 282-292. doi:10.1264/jsme2.ME11293

Wang, J., Ciais, P., Smith, P., Yan, X., Kuzyakov, Y., Liu, S., Li, T., and Zou, J. (2023). The role of rice cultivation in changes in atmospheric methane concentration and the Global Methane Pledge. *Glob Chang Biol*, *29*(10): 2776-2789. doi: 10.1111/gcb.16631

Wang, C., Lai, D. Y. F. Sardans, J., Wang, W., Zeng, C., and Peñuelas, J. (2017). Factors Related with CH_4 and N_2O Emissions from a Paddy Field: Clues for Management implications. *PLoS ONE*, *12*(1): e0169254.

CHAPTER 5

臺灣農地土壤類型與土壤碳匯地圖分布

簡靖芳 *、謝宏鑫 *、簡士濠 ¶、賴允傑 #、郭鴻裕 ※、陳尊賢 *§

* 財團法人台灣水資源與農業研究院
§ 國立臺灣大學農業化學系
¶ 國立屏東科技大學水土保持學系
\# 瑞昶科技公司 by Veolia
※ 農業部農業試驗所農業化學組

一、臺灣農地土壤類型與分布

（一）前言

　　土壤的生成主要受母質、時間、地形、氣候與生物等五大因子所調控，臺灣面積雖小，成土因子卻相當多樣且複雜，因此孕育出多采多姿的土壤樣態，如美國土壤分類系統中的 12 種土綱，在臺灣即可觀察到其中的 11 種。然而，此多樣性同時也反映了臺灣土壤資源的高歧異度，若欲合理且有效利用此一有限的土壤資源，則需對於土壤資源的特性與分布具有深切的了解，而非一概等同視之，才可適地適性地發揮土壤真正的功能（謝兆申、王明果，1989；王一雄等人，2001；陳尊賢、許正一，2002；Chen *et al.*, 2015）。

　　由於不同地理環境下所生成之土壤於性質上具有極大的變異性，若能取得具代表性的土壤特性資料，將可有效輔助作為各項土壤資源管理及長期永續利用。土壤調查（soil survey）觀念的發展即為透過系統性的田間觀察與檢驗，將複雜的土壤分門別類並在地圖上繪製其界線，並加以用於評估或預測不同的土地利用或管理方式對於土壤環境所可能造成的影響，亦即藉由科學性的方法將土壤基礎資料進一步轉化為具目的性與關聯性的土壤資訊，而可提供使用者作為決策管理上之參考（郭鴻裕等人，2002）。

　　臺灣早年的土壤調查多以推動農林業發展為主要目的，因此調查與分析項目多僅著重於土壤肥力改良、作物生產力提升與邊際土地利用規劃等應用上。然而，隨著環境污染問題日益嚴重以及社會大眾對於環境保護的意識逐漸提高，對於土壤資源的保育不再僅限於維持土壤於農業活動上的高生產力，更應以土壤品質（soil quality）的概念作為管理基礎，進一步擴及至水資源的涵養與淨化、作物生產安全、動物與人類的健康、污染土壤整治與預防管理及國土利用規劃等面向（陳尊賢、李達源，1993）。

　　由於國內過往的土壤調查資料多以農業生產所需的專業語言記載，因此在使用上普及不易且可能已不敷現今的管理需求，惟該時期所建立的全臺土壤調查報告與土系圖籍資料仍為重要的土壤資源基礎資料，可據以更新建置更為完善之土壤特

性資料庫，並應用已成熟發展的地理資訊系統工具，建構一個更易於獲取土壤資訊之資料庫與查詢平台。本文將說明國內歷年土壤調查執行概況與土壤資訊的應用面向，並彙整環境部自 102 年起逐年推動辦理臺灣平地代表性土系土壤剖面調查及全國土壤基本性質資料庫之建置成果，綜合說明臺灣各類土壤之主要特性與分布區間（行政院環境保護署，2015，2016，2018）。

（二）農試所臺灣農地土壤網格肥力調查

為了解全臺農耕土壤肥力，由農業部農業試驗所於 81 年至 97 年間辦理，以 250 公尺間距之網格採樣點分層採集土壤樣品（以 15 公分為一分層單位，採樣深度最深可達 150 公分），調查地區包含臺灣本島及澎湖縣農地，是為近年來採樣密度最高之土壤調查資料，採集樣品數量超過 60 萬個，計有 133,308 筆調查資料，分析項目包含 pH、有機碳含量、陽離子交換容量、可代表土壤肥力狀態之孟立克 3 號萃取磷、鉀、鈣及鎂含量，與可用以評估生物有效性之 0.1 N 鹽酸抽出法萃取鎘、鉻、銅、鎳、鉛及鋅濃度等（陳尊賢、李達源，1993；郭鴻裕等人，2002；郭鴻裕，2005-2008；郭鴻裕等人，2008；行政院環境保護署，2015）。

（三）經建會臺灣土壤資源資訊建置計畫

為更新與補足早年土壤詳測調查未竟之處，如提高土壤圖精準度與完備土壤性質資料等目的，由當時的行政院經濟發展委員會於 97 年起委由農業部農試所辦理，已於 109 年完成臺灣本島與外島之詳測土壤調查，調查範圍涵蓋平地、坡地與高山等。調查工作主要可分為以土鑽方法鑑別土壤分布界限、挖掘迷你剖面取得土壤樣品，與針對代表性土壤開挖大型剖面進行土壤分類等，布點方式係依觀測密度與調查人員專業判斷而定之。97-104 年共已採集逾 5,200 處大型剖面、24,000 處迷你剖面與 103,000 處土鑽觀測點，除於現地記錄土壤剖面形態特徵外，每一分層樣品將分析五十餘項基本性質，包含可用於評估水土保持與土地沖蝕之物理性質、與土壤肥力及環境品質相關之化學性質，以及可評估生態多樣性之生物性質等，是為近年調查數量最多與範圍最廣之調查計畫，然因為專業調查人力不足之限制，產出資料可能有所缺漏或品質不一之問題（郭鴻裕等人，2002）。

（四）環境部全臺代表性土系土壤性質調查

為建置與土壤品質及污染管理相關之土壤特性參數，由環境部自 102 年度起辦理，布點方式係以前述土壤調查報告書與土壤圖所記載之土系資料為基礎，綜合考量各土系所占面積與重要性選擇各縣市最具代表性的土壤辦理調查作業，實際採樣位置則委由專家現勘而定之。土壤剖面挖掘方式係參考美國農業部土壤調查作業手冊辦理，即以土壤化育概念劃分土壤層界並採集樣品，分析項目除一般基本性質外，亦特別著重與污染物傳輸相關之土壤特徵參數，如游離態與無定形態鐵錳含量，以及各類試劑萃取之重金屬有效性濃度等。截至 107 年共完成 84 處代表性土壤剖面與 417 組分層土壤樣品之採集作業，整體而言調查規模雖不大，然其特性資料項目較為完整且數據品質較佳，將有利於後續調查資料的分析與應用（蔡呈奇等人，1998；行政院環境保護署，2015）。

1. 臺灣土壤分類系統

土壤分類係指經由土壤調查方法學，將所蒐集的土壤做有系統性的分門別類，說明彼此間或與整體之關係，以利於土壤資源的利用與管理，然而受限於土壤的生成與使用具地區特異性，全世界目前仍無統一的分類方式。臺灣的土壤分類方式原則上大都係以美國農業部分類系統為基本架構，再依地區土壤特性及管理需求稍加調整而成，茲摘要說明目前國內最常使用之土壤分類方式（謝兆申、王明果，1989；Chen *et al.*, 2015）。

2. 土系與土類

此一土壤分類方式係源自於全臺耕地土壤詳測調查計畫，該項調查參採美國舊分類系統，使用以土系與土類為架構之土壤分類方法，即先判釋土壤母質類別，再依剖面排水狀態與分層土壤質地排列情形等因子之分歧建立土系，並以最先發現此一土壤的地名加以命名之（謝兆申、王明果，1989；蔡呈奇等人，1998）。另再進一步以成土母質來源、沉積時間與方式，以及是否有特殊的理化性質足以影響作物之選擇與管理措施等因子區分為若干土類，由其名稱即可明確見得該類土壤所屬特性，如紅壤、砂頁岩老沖積土、黏板岩石灰性新沖積土與東岸母岩沖積土等。然而，受限於土系數量過於龐雜及土類區分方式未能直接反映土壤田間特性等問題，

在推廣使用上較爲不易。

3. 美國土壤分類系統與新的土壤管理組

有鑒於前述分類系統於實際應用上所遭遇之問題，逐有國內土壤學者應用美國新土壤分類系統，給予既有土系新的分類名稱，分類結果顯示平地與坡地既有 924 個土系共可分爲 8 種土綱、17 種亞綱、29 種大土類與 48 種亞類，前三個分群即可充分說明土壤生成與化育作用對於土壤性質之影響（Chen *et al.*, 2015）。而不同土系雖分類上不同，但在某些應用方面卻具有共通性，爲解決土系數目繁多在土壤管理上所造成的困擾，國內土壤學者亦挑選數項於田間土壤可直接觀察到的主要特徵，包含土壤深度、土壤質地、土壤排水等級與土壤反應等項目，將性質相近的土系加以歸併分類爲不同的土壤管理組，後經多次修正，最終將全臺土系歸併爲 69 個土壤管理組，大幅增進土壤特性資料於後續應用分析上的可行性（許正一等人，2003；蔡呈奇等人，2003；賴朝明等人，2003）。

（五）土壤資訊的應用

土壤除可作爲植物的生長介質並提供其所需之養分，亦具有涵養水資源、促進元素循環、減緩污染物之環境危害與作爲工程施工基地等功能，可以見得土壤調查資料的應用層面相當廣泛，惟土壤特性於空間分布上具極大之變異性，因此如何選擇適當的資料來源並做合理的闡釋與應用，是爲土壤調查資料的使用者於應用土壤資訊前必須加以思量的重要問題（郭鴻裕等人，2002；劉天麟等人，2003；郭鴻裕，2005-2008；郭鴻裕等人，2008）。

1. 圖形資料的表達方式

土壤在空間分布上爲一具連續性變化之自然體，然而在土壤圖的繪製上卻又必須將其區分爲不同且界線明確的繪圖單位，復又在實務作業上允許某一程度內具有不同土壤特徵的土壤存在於同一繪圖單位內，而易於造成使用者之觀念混淆。因此，在土壤調查資料的使用上亟需確立「由於土壤在田間存在之情況複雜，且土壤特性之變化爲漸變性，因此即使屬同一繪圖單位內之土壤亦不可能有完全相同者，但其特徵變異程度若在調查報告書所敘述之特徵變異範圍內，則可視爲相同土壤」之中心概念（謝兆申、王明果，1989），以確保資料於闡釋應用上的適宜性。

此外，一般而言某些野外可直接觀察之土壤性質，如土層厚度、顏色與細黏粒含量等，其變化與地形單位的分布通常具有高度相關性（蔡呈奇等人，2003），而時常作為現場調查作業規劃或土壤界線繪製之重要參考，因此在土壤圖的使用上亦須加以考量既有環境特徵所造成之影響。

2. 屬性資料的代表性

一般土壤調查的屬性資料種類包含環境描述、剖面形態特徵描述、物理性分析數據、化學性分析數據、生物性分析數據與土地利用方式之適宜性等定性或定量化資料。受限於土壤調查的困難性與高成本，屬性資料的取得通常僅以各繪圖單位的代表性剖面表示之，如全臺耕地土壤詳測調查報告書僅列舉各土系一至二個不等之典型剖面形態描述與分析數據作為代表。土壤調查資料的品質優劣多取決於所選取之調查點位或土壤樣品之代表性，即土壤調查人員之專業性，因此使用者須具備對於調查作業規劃方式與執行單位專業程度之基本認知，以能確保資料來源之品質與可靠性。此外，由於土壤在空間分布上的高度變異性，相關實驗室分析數據亦具一定程度之變異性，另不同分析方法測定結果的代表意義亦不盡相同，使用者在後續應用上亦需將此些因素考量在內（郭鴻裕等人，2002；郭鴻裕，2005-2008；郭鴻裕等人，2008）。

（六）臺灣平地代表性土系土壤剖面調查

為建立可輔助環境資源永續發展之全國土壤基本性質資料庫，環境部自 102 年起即分階段執行全國平地代表性土系土壤之剖面調查作業（許正一等人，2003），調查作業之規劃係以全臺耕地土壤詳測調查所建立的土系資料與土壤圖為基礎，並考量以下原則：(1) 土壤深度小於 50 公分之淺層土系土壤，多位於接近溪床或舊沖積河道，不列入考慮；(2) 依據各縣市土壤調查報告書所記載之各類土系所占有面積，選擇各縣市面積前五大或大於 1,000 公頃之土系作為各縣市之代表性土壤土系；(3) 臺灣地區代表性土壤，或特殊的土壤分類（例如黑沃土、膨轉土、氧化土等），選擇各縣市最具代表性的土系土壤（陳尊賢、許正一，2002；Chen *et al.*, 2015；許正一等人，2017）。依前述原則，自 15 個縣市篩選出共計 84 個代表性土壤土系（表 5-1、5-2），將依縣市分別說明如後。整體而言，涵蓋面積可達 38 萬

公頃，約占臺灣本島耕地總面積的 42%（行政院環保署，2015）。

在採樣方法上則考量土壤為呈三維變化之自然體，且分層土壤形態及性質上的差異主要受化育作用所影響，因此參考美國農業部土壤調查作業手冊所規範之方式辦理土壤剖面之採樣作業。剖面之挖掘深度以至研判之土壤母岩或 100 公分處為原則，完成挖掘後開始清理剖面使其表面現出原始自然狀態，插上標示牌及刻度尺並攝影留存；其次劃分各化育層之約略層位界限，將各化育層編號，逐層詳細觀察並描述剖面形態特徵及地理環境特徵（郭鴻裕等人，2002；郭鴻裕，2005-2008；郭鴻裕等人，2008）。

土壤剖面形態特徵記錄主要內容為剖面所在位置之環境特徵與土壤特徵，環境特徵包括剖面所在地點、座標位置（以 GPS 定位）、植被、母質、海拔、坡度、坡向、含石量、地理位置、排水、診斷表育層、診斷化育層等；土壤特徵包括化育層、化育層厚度、顏色、質地、含石量、構造、結持度、植物根、生物孔洞與層界特徵等，若有其他土壤特殊特徵（氧化還原形態特徵）則補充記錄（郭鴻裕等人，2002）。

土壤採樣作業方式依據土壤層次採集，每 10-20 公分採集一組土壤樣品，每一層至少採鮮重 5 kg，分別裝入袋中註明編號，土樣攜回實驗室經風乾、磨碎、過篩（＜2 mm）後，儲存備用。採樣點的選擇以水稻田為優先選擇，其次為旱田土壤。採樣時，需清除暴露於空氣中的表層土壤，使其露出新鮮的土壤剖面，並向下挖掘，使剖面露出底部岩層，若因土層過厚，則挖掘深度以 100 公分為限（郭鴻裕等人，2002）。

模式土壤剖面樣品分析之基礎特徵參數資料包含基本性質、物理化學與生物性質近 20 個項目，由於部分分析項目可能因不同研究學者之研究偏好，會選用不同之分析方法，或於分析作業步驟中可能會出現些微差異（如土壤與萃取液之比例、萃取液之 pH 值等）。為避免未來於使用各項土壤性質參數資料時因分析方法之不同，以致影響數據資料之判讀以及資料庫運算結果之差異，本項調查參考使用國際上各國學者廣泛採用之分析方法，並將作為環境部未來土壤相關基礎資料建置時之標準分析方法（郭鴻裕等人，2002）。

1. 北部地區

新北市及基隆市部分的沖積平原多已被開發成住宅區或工商業的用途。農地前五大土系中，發育自洪積層紅壤母質的淡水系與北新庄系占有可耕地的大部分面積，為新北市最重要之農業生產土壤。

桃園市境內有許多發育自洪積層紅壤母質的紅土臺地，極育土與氧化物土為本區典型的土綱。平鎮系、龍中系與坡堵系為桃園市內極重要之生產茶葉與水稻的土壤；湖口系、銅鑼圈系、大竹圍系、龍崗系與後湖系分別屬於不同管理組，並占有相當面積，因此列入代表性土壤中。

新竹縣之農地土壤中，番子坡系與上枋寮系為農業上弱育土的代表土系，另平鎮系為本縣占大面積之氧化物土，極具代表性。苗栗縣之農地土壤中，番子坡系、福基系與大茅埔系為本縣農業上弱育土的代表土系，有不同的土壤深度與浸水狀況。

2. 中部地區

南投縣之典型極育土分布在臺地及丘陵地，以大埔美系與陳厝寮系占有較大的面積，作為本縣極育土之代表，另栗林村系則為本縣弱育土之代表性土壤。

臺中市的農地以砂頁岩沖積土為主要成土母質，弱育土占有極廣的面積，而極育土主要分布在臺地地區。陳厝寮系為本縣分布面積最廣的土壤，與大埔美系及吳厝系皆分類為極育土，為臺中市重要的農作土壤，另大肚系、栗林村系、上楓樹系與翁子系為本市農地典型的弱育土土壤，有不同的浸水境況。

彰化縣為臺灣主要的農業生產區之一，黏板岩沖積土占最大的面積，前五大土系之二林系、鹿港系、員林系與平和系為發育自黏板岩老沖積土之弱育土，下水埔系則為發育自黏板岩新沖積土，屬新成土綱，質地較粗並顯示新沖積的特性，因為屬於淺層土壤，因此不列入代表性土壤中。另外濁水系（砂質新成土）、二水系（新成土）、花壇系（二林系及鹿港系之過渡土系）、彰化系與伸港系為彰化縣的代表性土壤。

雲林縣的土壤以黏板岩沖積土或黏板岩與砂頁岩混合沖積土占最大的面積，代表性土壤為牛尿港系、下崙系、二林系、口湖系、中萬甲系、安定系、溝貝系與新港系，其中牛尿港系所占面積極廣，為雲林縣最重要的農業土壤之一。

3. 南部地區

嘉義與臺南沖積平原為臺灣地區最重要的農業生產區之一，土壤以弱育土與新成土為主，少部分面積為極育土與淋餘土。另土壤具有強化育之稜柱狀構造，俗稱「臺灣黏土」的土壤在此區域的分布面積較大。

嘉義縣之坡地土壤與農地土壤占有相當的面積，農地土壤中，將軍系、座駕系、仁德系與柳營系占有相當大的面積，對本縣之農業十分重要，而陳厝寮系為本縣極育土之代表土壤。新和系與岸內系在縣內亦占有 2,000 公頃以上面積，分別為新成土與弱育土的代表土壤，另選擇善化系為代表本縣之臺灣黏土。

臺南市選擇分布範圍較大之將軍系、岸內系、座駕系與仁德系分別為新成土與弱育土之代表土壤。林鳳營系則為臺南市「含石灰結核臺灣黏土」中所占面積最大者，加上善化系、太康系、官田系與歸仁系，為代表臺南市之淋餘土。

高雄市的土壤與臺灣西部沖積平原上各縣市的土壤相類似，多為化育程度較弱的土壤。農地土壤以弱育土及新成土兩者占大多數的面積，因此，選擇弱育土綱之獅頭系與仁德系，以及新成土綱之將軍系與豐德系為本市之代表土壤。

屏東縣亦為臺灣重要的農業生產區。本縣的農業生產區分布在沖積平原與臺地，五魁寮系為第二大農地土系，舊多腳系為第四大農地土壤，兩者都屬弱育土，具相當的重要性。另外，老埤系為縣內少數的氧化物土，面積雖然只有 630 公頃，但對農業的生產極為重要且具代表性。

4. 東部地區

宜蘭沖積平原為宜蘭縣市主要的農業生產區，土壤主要為發育自河川沉積物的新成土與弱育土。農地土壤中，淇武蘭系在蘭陽地區分布相當廣，面積頗大，且為宜蘭縣水稻最高產量之土壤，另大福系分布在平原較高之處，土壤排水較佳，作物產量較高，亦為重要的耕地土壤。

花蓮縣與臺東縣之地質與臺灣地區其他縣市不同，以變質岩占大部分，土壤除新成土、弱育土與極育土之外，尚有黑沃土與膨轉土之分布。永豐系為膨轉土的代表土系，三台系為黑沃土之代表土系，鹿野系為極育土之代表土壤，鳳光里系、吉安系與豐樂系為弱育土之代表土系。

表 5-1　臺灣平地代表性土系名稱、分類與所占面積（1/2）

地區	土系名稱	母質	土綱	土類	管理組	面積（公頃）
新北	北新庄系（Ps）	安山岩	極育土	安山岩母質黃壤	VD-L-MW+W-A	3,328
	淡水系（TTs）	安山岩	極育土	安山岩母質紅壤	VD-C-MW+W-N	6,621
桃園	湖口系（Hk）	洪積母質紅壤	極育土	洪積母質紅壤	D-C-MW+W-N	2,950
	銅鑼圈系（Tc）	洪積母質紅壤	極育土	洪積母質紅壤	D-L-MW+W-A	3,090
	龍中系（Lt）	洪積母質紅壤	極育土	洪積母質紅壤	VD-L-MW+W-N	4,690
	坡堵系（Pu）	洪積母質紅壤	極育土	洪積母質紅壤	VD-L-MW+W-N	3,060
	大竹圍系（Tw）	洪積母質紅壤	極育土	洪積母質紅壤	VD-L-MW+W-A	3,535
	平鎮系（Pc）	洪積母質紅壤	氧化土	洪積母質紅壤	VD-C-ED-A	11,228
	龍崗系（Lk）	洪積母質紅壤	極育土	洪積母質紅壤	VD-C-MW+W-N	1,584
	後湖系（Hh）	洪積母質紅壤	極育土	洪積母質紅壤	VD-C-P+VP-N	4,744
新竹	番子坡系（Fp）	砂頁岩	弱育土	北部砂頁岩沖積土	VD-L-P+VP-N	1,080
	平鎮系（Pc）	洪積母質紅壤	氧化土	洪積母質紅壤	VD-C-ED-A	2,260
	上枋寮系（Sl）	砂頁岩	弱育土	砂頁岩老沖積土	D-L-MW+W-A	910
苗栗	番子坡系（Fp）	砂頁岩	弱育土	北部砂頁岩沖積土	VD-L-P+VP-N	2,260
	福基系（Fc）	砂頁岩	弱育土	北部砂頁岩沖積土	MD-L-P+VP-N	1,700
	大茅埔系（Tm）	砂頁岩	弱育土	砂頁岩淡色崩積土	D-L-SP-N	1,290
南投	大埔美系（Tf）	洪積母質紅壤	極育土	洪積母質紅壤	VD-L-MW+W-A	2,872
	陳厝寮系（Ce）	洪積母質紅壤	極育土	洪積母質紅壤	D-L-MW+W-A	2,001
	栗林村系（TLb）	砂頁岩	弱育土	砂頁岩老沖積土	VD-L-MW+W-N	1,573
臺中	陳厝寮系（Ce）	洪積母質紅壤	極育土	洪積母質紅壤	D-L-MW+W-A	10,880
	大埔美系（Tf）	洪積母質紅壤	極育土	洪積母質紅壤	VD-L-MW+W-A	2,830
	大肚系（TTt）	砂頁岩	弱育土	砂頁岩老沖積土	VD-L-SP-N	5,470
	栗林村系（TLb）	砂頁岩	弱育土	砂頁岩老沖積土	VD-L-MW+W-N	3,350
	上楓樹系（TSg）	砂頁岩	弱育土	砂頁岩老沖積土	VD-L-MW+W-N	2,290
	翁子系（TWz）	砂頁岩	弱育土	砂頁岩老沖積土	D-L-MW+W-N	2,790
	吳厝系（TWt）	洪積母質紅壤	極育土	洪積母質紅壤	VD-L-MW+W-A	2,480

地區	土系名稱	母質	土綱	土類	管理組	面積（公頃）
彰化	平和系（Ph）	黏板岩	弱育土	黏板岩老沖積土	VD-L-MW+W-C	5,198
	濁水系（Co）	黏板岩	新成土	黏板岩新沖積土	VD-L-MW+W-C	1,360
	二林系（Eh）	黏板岩	弱育土	黏板岩老沖積土	VD-L-SP-C	15,211
	鹿港系（Lu）	黏板岩	弱育土	黏板岩老沖積土	VD-L-SP-C	6,031
	員林系（Yu）	黏板岩	弱育土	黏板岩老沖積土	VD-L-SP-C	5,575
	花壇系（Hn）	黏板岩	弱育土	黏板岩老沖積土	VD-L-SP-C	1,850
	二水系（Es）	黏板岩	新成土	黏板岩新沖積土	VD-L-SP-C	1,600
	彰化系（Cc）	砂頁岩及黏板岩	新成土	砂頁岩及黏板岩混合沖積土	VD-L-SP-N	2,200
	伸港系（Su）	砂頁岩及黏板岩	新成土	砂頁岩及黏板岩混合沖積土	VD-L-P+VP-N	1,330
雲林	牛尿港系（Nn）	砂頁岩及黏板岩	新成土	砂頁岩及黏板岩混合沖積土	VD-S-SP-C	9,121
	下崙系（Hl）	砂頁岩及黏板岩	新成土	砂頁岩及黏板岩混合沖積土	VD-L-SP-C	6,885
	二林系（Eh）	黏板岩	弱育土	黏板岩老沖積土	VD-L-SP-C	4,900
	口湖系（Kh）	砂頁岩及黏板岩	新成土	砂頁岩及黏板岩混合沖積土	VD-L-SP-C	3,800
	中萬甲系（Cw）	砂頁岩及黏板岩	新成土	砂頁岩及黏板岩混合沖積土	VD-L-SP-C	2,540
	安定系（At）	砂頁岩	新成土	砂頁岩新沖積土	VD-L-SP-C	1,700
	溝皂系（Kc）	砂頁岩及黏板岩	新成土	砂頁岩及黏板岩混合沖積土	VD-L-SP-C	1,190
	番子溝系（YFt）	砂頁岩及黏板岩	新成土	砂頁岩及黏板岩混合沖積土	VD-L-MW+W-C	2,228
	新港系（Hk）	砂頁岩及黏板岩	新成土	砂頁岩及黏板岩混合沖積土	VD-L-MW+W-C	1,850

土壤管理組代號說明：

1. 土壤深度（土壤表面至接觸岩石層的深度）：VS = 極淺（< 25 cm），S = 淺（25-50 cm），MD = 中等深度（50-100 cm），D = 深（100-150 cm），VD = 極深（>150 cm）

2. 土壤質地：S = 砂質土，L = 壤質土，C = 黏質土

3. 土壤排水（發現斑紋與灰斑距離土壤表層的深度）：ED = 過度排水（極粗質地、石質地或淺土層土壤），W = 排水良好（> 40 inches），MW = 中等排水良好（20-40 inches），SP = 些微

排水不良（10-20 inches），P ＝ 排水不良（0-10 inches，少許灰黏化），VP ＝ 排水極不良（0 inches，強灰黏化）

4. 土壤反應：A ＝ 酸性（pH < 5），N ＝ 非酸性（pH 5-7），C ＝ 石灰性（pH > 7）

資料來源：

1. 許正一、蔡呈奇、陳尊賢（2003）。台灣新研擬土壤管理組之歸併。**土壤管理組規劃及應用研討會論文集**。頁 21-40。陳尊賢（主編）。國立中興大學農業環境大樓 10 樓演講廳。臺中市。2003 年 12 月 12 日。行政院農委會補助經費。

2. 環境保護署土壤與地下水污染與整治基金管理會（2015）。全國土壤品質性質特徵管理計畫。EPA-102-GA13-03-A257。

表 5-2　臺灣平地代表性土系名稱、分類與所占面積（2/2）

地區	土系名稱	母質	土綱	土類	土壤管理組	面積（公頃）
嘉義	將軍系（Cf）	砂頁岩	新成土	砂頁岩新沖積土	VD-L-MW+W-C	8,347
	新和系（Hq）	砂頁岩	新成土	砂頁岩新沖積土	VD-L-MW+W-C	2,756
	岸內系（An）	砂頁岩	弱育土	砂頁岩新沖積土	VD-L-MW+W-C	2,100
	座駕系（Ts）	砂頁岩	弱育土	砂頁岩新沖積土	VD-L-MW+W-C	7,331
	仁德系（Je）	砂頁岩	弱育土	砂頁岩新沖積土	VD-L-MW+W-C	7,181
	柳營系（Ly）	砂頁岩	新成土	砂頁岩新沖積土	VD-L-MW+W-C	3,788
	陳厝寮系（Ce）	洪積母質紅壤	極育土	洪積母質紅壤	D-L-MW+W-A	1,060
	善化系（Sk）	砂頁岩	弱育土	臺灣黏土	VD-C-MW+W-C	1,000
臺南	官田系（Kt）	砂頁岩	淋餘土	砂頁岩新沖積土	D-L-MW+W-C	950
	善化系（Sk）	砂頁岩	弱育土	臺灣黏土	VD-C-MW+W-C	2,600
	太康系（Tk）	砂頁岩	淋餘土	臺灣黏土	VD-C-MW+W-C	1,300
	將軍系（Cf）	砂頁岩	新成土	砂頁岩新沖積土	VD-L-MW+W-C	17,834
	岸內系（An）	砂頁岩	弱育土	砂頁岩新沖積土	VD-L-MW+W-C	10,385
	座駕系（Ts）	砂頁岩	弱育土	砂頁岩新沖積土	VD-L-MW+W-C	9,614
	林鳳營系（Lh）	砂頁岩	淋餘土	臺灣黏土	VD-L-MW+W-C	3,500
	歸仁系（Ku）	砂頁岩	淋餘土	臺灣黏土	VD-L-MW+W-C	1,980
	仁德系（Je）	砂頁岩	弱育土	砂頁岩新沖積土	VD-L-MW+W-C	5,438
高雄	獅頭系（St）	砂頁岩	弱育土	砂頁岩新沖積土	VD-L-SP-C	2,405
	將軍系（Cf）	砂頁岩	新成土	砂頁岩新沖積土	VD-L-MW+W-C	2,100
	豐德系（Ft）	砂頁岩	新成土	砂頁岩新沖積土	VD-L-MW+W-C	2,046
	仁德系（Je）	砂頁岩	弱育土	砂頁岩新沖積土	VD-L-MW+W-C	1,150

地區	土系名稱	母質	土綱	土類	土壤管理組	面積（公頃）
屏東	五魁寮系（Wl）	黏板岩	弱育土	黏板岩老沖積土	VD-L-SP-N	7,250
	舊冬腳系（Ci）	黏板岩	弱育土	黏板岩老沖積土	VD-L-SP-C	2,370
	老埤系（Lo）	洪積母質紅壤	極育土	洪積母質紅壤	VD-C-MW+W-A	630
宜蘭	淇武蘭系（Ca）	黏板岩	弱育土	黏板岩沖積土	VD-L-SP-N	2,020
	大福系（Df）	黏板岩	新成土	黏板岩沖積土	VD-L-SP-N	1,010
花蓮	三台系（St）	東部火成岩	黑沃土	火成岩與泥岩混合黑色土	D-L-MW+W-N	2,100
	鳳光里系（Fk）	片岩	弱育土	片岩老沖積土	MD-L-SP-N	1,090
	永豐系（Yf）	東部火成岩	膨轉土	火成岩與泥岩混合黑色土	D-C-MW+W-N	160
	吉安系（Ca）	片岩	弱育土	片岩老沖積土	D-L-SP-N	75
	鹿野系（Ly）	洪積母質紅壤	極育土	洪積母質紅壤	VD-L-MW+W-N	70
臺東	三台系（St）	東部火成岩	黑沃土	火成岩與泥岩混合黑色土	D-L-MW+W-N	1,500
	豐樂系（Fl）	片岩	弱育土	片岩老沖積土	D-L-SP-N	1,040
	鹿野系（Ly）	洪積母質紅壤	極育土	洪積母質紅壤	VD-L-MW+W-N	780
	永豐系（Yf）	東部火成岩	膨轉土	火成岩與泥岩混合黑色土	D-C-MW+W-N	3
工業區所在地	水汴頭系（Sp）	洪積母質紅壤	極育土	紅壤母質沖積土	D-L-SP-N	2,233
	南崁溪系（Nc）	洪積母質紅壤	新成土	紅壤母質沖積土	D-L-SP-N	1,886
	草漯系（Ts）	洪積母質紅壤	新成土	紅壤母質沖積土	D-L-SP-N	1,862
	弧山系（Ht）	砂頁岩	弱育土	砂頁岩新沖積土	VD-L-MW+W-C	4,379
	下埤頭系（Hg）	砂頁岩	新成土	砂頁岩新沖積土	VD-L-SP-C	630

資料來源：

1. 許正一、蔡呈奇、陳尊賢（2003）。台灣新研擬土壤管理組之歸併。**土壤管理組規劃及應用研討會論文集**。頁 21-40。陳尊賢（主編）。國立中興大學農業環境大樓 10 樓演講廳。臺中市。2003 年 12 月 12 日。行政院農委會補助經費。

2. 環境保護署土壤與地下水污染與整治基金管理會（2015）。全國土壤品質性質特徵管理計畫。EPA-102-GA13-03-A257。

二、土壤碳匯量計算方法

（一）土壤剖面碳匯資料庫

農業試驗所於 2008 年至 2020 年期間，建立臺灣農地土壤調查網格資料庫（250 公尺 ×250 公尺）共計 133,308 個土壤剖面（郭鴻裕，2005-2008；郭鴻裕等人，2008）。

- 6 個土壤深度資料分別為 0-15 公分、15-30 公分、30-60 公分、60-90 公分、90-120 公分，與 120-150 公分資料。
- 土壤剖面形態特徵（斑紋、含石量 %）。
- 土壤物理性：土壤質地、導水度、通氣性、排水性。
- 土壤化學性：酸鹼度、導電度、容積比重、保肥力、陽離子交換容量（CEC）、土壤碳含量、鹽基飽和度（BSP %）。
- 游離性鐵、鋁濃度。
- 可交換性離子 K, Na, Ca, and Mg。
- 土壤有效性萃取養分（氮、磷、鉀、鈉、鈣、鎂、鐵、錳）。
- 有效性重金屬濃度（鎘、銅、鉻、鎳、鉛、鋅）；0.1 N HCl 可萃取 Cd, Cu, Cr, Ni, Pb, Zn。

（二）土壤剖面碳含量分析與碳匯計算

將上述 16 縣市之土壤剖面資料以地理統計技術（Geostatistics）與克利金法（Kriging）進行分析研究，分別繪製農地表土 0-30 公分、0-50 公分、0-100 公分、0-150 公分土壤碳匯量分布圖，並相繼評估其泛化程度（generalization）及魯棒性（robustness），以確立其模型解釋能力及穩定性，單位可為（公斤碳／平方公尺）或（公噸碳／公頃）。其中土壤碳含量（soil organic carbon content）可藉由土壤有機質含量（soil organic matter）與轉換函數計算得知如（式 1）（郭鴻裕等人，1995；郭鴻裕，2005-2008；郭鴻裕等人，2008；Tsui *et al.*, 2017）。

- 土壤碳含量（SOC）（%）＝土壤有機質含量（SOM）/1.724

  （Van Bemmelen factor 為 1.724）   （式 1）

- 可利用土壤轉換函數（pedotransfer function）估算土壤容積比重（Bd）

  $Bd = 1.3026 + 0.169 \log(d) - 0.256 [\ln(SOC)]^2$　　　　　　　（式2）

- 經過計算可知不同特定深度（h）之土壤碳匯量（SOCS, kg/m^2）

  $SOC\ stock\ (kg/m^2) = [SOC\ (g/kg) \times Bd\ (g/cm^3) \times thickness\ (cm)]/100$　（式3）

- 進一步計算某地區之土壤碳匯總重量

  $SOC\ stock_h = \sum_{i=1}^{n} SOCD_{ih} \times Area_{grid}$　　　　　　　　　（式4）

- 經過 GIS 地理統計技術可繪製土壤碳含量空間分布圖

（三）臺灣農地土壤碳含量、容積比重與土壤碳匯量

1. 臺灣農地土壤碳含量

Chen 和 Hseu（1997）選擇 100 個代表性土壤剖面，對臺灣農地表土 0-30 cm、30-50 cm 與 50-100 cm 之有機碳進行統計分析，結果如表 5-3。

表 5-3　農地土壤 100 個代表性土壤剖面對臺灣農地表土 0-30 cm、30-50 cm 與 50-100 cm 之有機碳含量

Soil Orders	0-30 cm			30-50 cm			50-100 cm		
	Mean	CV	n	Mean	CV	n	Mean	CV	n
Cultivated soils (n=100)									
Entisols	0.78	44	36	0.44	63	36	0.27	67	36
Inceptisols	0.87	31	35	0.27	42	35	0.22	58	35
Alfisols	0.78	23	8	0.45	30	8	0.30	24	8
Ultisols	1.40	22	10	0.49	38	10	0.20	42	10
Oxisols	0.63	45	3	0.89	27	3	0.46	26	3
Mollisols	1.84	22	3	1.25	35	3	0.65	16	3
Vertisols	1.56	28	3	1.52	30	3	0.74	15	3
Andisols	12.7	–	1	2.03	–	1	2.61	–	1
Histosols	18.5	–	1	11.6	–	1	14.4	–	1

資料來源：Chen and Hseu, 1997

- 新成土（Entisols）36 個代表性農地表土 0-30 公分土壤有機碳含量平均 0.78%（變異百分比〔CV%〕為 44%）。農地表土 30-50 公分土壤有機碳含量平均 0.44%（變異百分比〔CV%〕為 63%）。農地表土 50-100 公分土壤有機

碳含量平均 0.27%（變異百分比〔CV%〕為 67%）。

- 弱育土（Inceptisols）35 個代表性農地表土 0-30 公分土壤有機碳含量平均 0.87%（變異百分比〔CV%〕為 31%）。農地表土 30-50 公分土壤有機碳含量平均 0.27%（變異百分比〔CV%〕為 42%）。農地表土 50-100 公分土壤有機碳含量平均 0.22%（變異百分比〔CV%〕為 58%）。

- 淋溶土（Alfisols）8 個代表性農地表土 0-30 公分土壤有機碳含量平均 0.78%（變異百分比〔CV%〕為 23%）。農地表土 30-50 公分土壤有機碳含量平均 0.45%（變異百分比〔CV%〕為 30%）。農地表土 50-100 公分土壤有機碳含量平均 0.20%（變異百分比〔CV%〕為 24%）。

- 極育土（Ultisols）10 個代表性農地表土 0-30 公分土壤有機碳含量平均 1.40%（變異百分比〔CV%〕為 22%）。農地表土 30-50 公分土壤有機碳含量平均 0.49%（變異百分比〔CV%〕為 38%）。農地表土 50-100 公分土壤有機碳含量平均 0.20%（變異百分比〔CV%〕為 42%）。

- 氧化物土（Oxisols）3 個代表性農地表土 0-30 公分土壤有機碳含量平均 0.63%（變異百分比〔CV%〕為 45%）。農地表土 30-50 公分土壤有機碳含量平均 0.89%（變異百分比〔CV%〕為 27%）。農地表土 50-100 公分土壤有機碳含量平均 0.46%（變異百分比〔CV%〕為 26%）。

- 黑沃土（Mollisols）3 個代表性農地表土 0-30 公分土壤有機碳含量平均 1.84%（變異百分比〔CV%〕為 22%）。農地表土 30-50 公分土壤有機碳含量平均 1.25%（變異百分比〔CV%〕為 35%）。農地表土 50-100 公分土壤有機碳含量平均 0.65%（變異百分比〔CV%〕為 16%）。

- 膨轉土（Vertisols）3 個代表性農地表土 0-30 公分土壤有機碳含量平均 1.56%（變異百分比〔CV%〕為 28%）。農地表土 30-50 公分土壤有機碳含量平均 1.52%（變異百分比〔CV%〕為 30%）。農地表土 50-100 公分土壤有機碳含量平均 0.74%（變異百分比〔CV%〕為 15%）。

- 火山灰燼土（Andisols）1 個代表性農地表土 0-30 公分土壤有機碳含量平均 12.7%。表土 30-50 公分土壤有機碳含量平均 2.03%。表土 50-100 公分土壤有機碳含量平均 2.61%。

- 有機質土（Histosols）1 個代表性農地表土 0-30 公分土壤有機碳含量平均 18.5%。表土 30-50 公分土壤有機碳含量平均 11.6%。表土 50-100 公分土壤有機碳含量平均 14.4%。

2. 臺灣代表性農地土壤容積比重（soil bulk density）

Jien 等人（2010）選擇 140 個代表性土壤剖面，對臺灣農地表土 0-30 cm、30-50 cm 與 50-100 cm 之容積比重（g/cm³）進行統計分析，結果如表 5-4。

表 5-4 農地土壤 140 個代表性土壤剖面對臺灣農地表土 0-30 cm、30-50 cm 與 50-100 cm 之容積比重（bulk density）

Soil Orders	0-30 cm			30-50 cm			50-100 cm		
	Mean	CV	n	Mean	CV	n	Mean	CV	n
Cultivated soils (n=140)									
Inceptisols	1.52	19	40	1.63	17	40	1.62	22	40
Alfisols	1.44	8	11	1.57	7	11	1.63	6	10
Ultisols	1.16	30	29	1.49	9	29	1.52	8	29
Entisols	1.40	11	39	1.55	10	38	1.54	9	38
Andisols	0.48	—	1	0.69	—	1	0.69	—	1
Mollisols	1.47	38	9	1.47	24	8	1.48	20	8
Oxisols	1.49	0	3	1.51	5	3	1.46	4	3
Histosols	0.20	—	1	0.20	—	1	0.20	—	1
Vertisols	1.81	21	7	1.82	17	7	1.80	13	6

資料來源：Jien *et al.*, 2010

- 弱育土（Inceptisols）40 個代表性農地表土 0-30 公分土壤容積比重（g/cm³）平均 1.52（變異百分比〔CV%〕為 19 %）。農地表土 30-50 公分土壤容積比重（g/cm³）平均 1.63（變異百分比〔CV%〕為 17%）。農地表土 50-100 公分土壤容積比重（g/cm³）平均 1.62（變異百分比〔CV%〕為 22%）。
- 淋溶土（Alfisols）11 個代表性農地表土 0-30 公分土壤容積比重（g/cm³）平均 1.44（變異百分比〔CV%〕為 8%）。農地表土 30-50 公分土壤容積比重（g/cm³）平均 1.57（變異百分比〔CV%〕為 7%）。農地表土 50-100 公分土壤容積比重（g/cm³）平均 1.63（變異百分比〔CV%〕為 6%）。

- 極育土（Ultisols）29 個代表性農地表土 0-30 公分土壤容積比重（g/cm^3）平均 1.16（變異百分比〔CV%〕為 30%）。農地表土 30-50 公分土壤容積比重（g/cm^3）平均 1.49（變異百分比〔CV%〕為 9%）。農地表土 50-100 公分土壤容積比重（g/cm^3）平均 1.52（變異百分比〔CV%〕為 8%）。

- 新成土（Entisols）39 個代表性農地表土 0-30 公分土壤容積比重（g/cm^3）平均 1.40（變異百分比〔CV%〕為 11%）。農地表土 30-50 公分土壤容積比重（g/cm^3）平均 1.55（變異百分比〔CV%〕為 10%）。農地表土 50-100 公分土壤容積比重（g/cm^3）平均 1.54（變異百分比〔CV%〕為 9%）。

- 火山灰燼土 1 個代表性農地表土 0-30 公分土壤容積比重（g/cm^3）平均 0.48。表土 30-50 公分土壤容積比重（g/cm^3）平均 0.69。表土 50-100 公分土壤容積比重（g/cm^3）平均 0.69。

- 黑沃土（Mollisols）9 個代表性農地表土 0-30 公分土壤容積比重（g/cm^3）平均 1.47（變異百分比〔CV%〕為 38%）。農地表土 30-50 公分土壤容積比重（g/cm^3）平均 1.47（變異百分比〔CV%〕為 24%）。農地表土 50-100 公分土壤容積比重（g/cm^3）平均 1.48（變異百分比〔CV%〕為 20%）。

- 氧化物土（Oxisols）3 個代表性農地表土 0-30 公分土壤容積比重（g/cm^3）平均 1.49（變異百分比〔CV%〕為 0%）。農地表土 30-50 公分土壤容積比重（g/cm^3）平均 1.51（變異百分比〔CV%〕為 5%）。農地表土 50-100 公分土壤容積比重（g/cm^3）平均 1.46（變異百分比〔CV%〕為 4%）。

- 有機質土（Histosols）1 個代表性農地表土 0-30 公分土壤容積比重（g/cm^3）為 0.20。表土 30-50 公分土壤容積比重（g/cm^3）為 0.20。表土 50-100 公分土壤容積比重（g/cm^3）為 0.20。

- 膨轉土（Vertisols）7 個代表性農地表土 0-30 公分土壤容積比重（g/cm^3）平均 1.81（變異百分比〔CV%〕為 21%）。農地表土 30-50 公分土壤容積比重（g/cm^3）平均 1.82（變異百分比〔CV%〕為 17%）。農地表土 50-100 公分土壤容積比重（g/cm^3）平均 1.80（變異百分比〔CV%〕為 13%）。

3. 臺灣農地土壤碳匯量（soil carbon stock）

Jien 等人（2010）選擇 140 個代表性土壤剖面，對臺灣農地表土 0-30 cm、0-50 cm 與 0-100 cm 之有機碳匯量（kg C/30 cm/m^2、kg C/50 cm/m^2、kg C/100 cm/m^2）進行統計分析，結果如表 5-5。

表 5-5　農地土壤 140 個代表性土壤剖面對臺灣農地表土 0-30 cm、0-50 cm 與 0-100 cm 之有機碳匯量（kg C/30 cm/m^2、kg C/50 cm/m^2、kg C/100 cm/m^2）

Soil Orders	0-30 cm			0-50 cm			0-100 cm			Ratio[a]	
	Mean	CV	n	Mean	CV	n	Mean	CV	n	A	B
	kg/m^2	%		kg/m^2	%		kg/m^2	%		%	%
Vertisols	10.0	45	4	13.4	37	4	17.0	31	4	59	79
Mollisols	7.27	31	10	9.49	36	10	11.7	54	10	62	81
Inceptisols	5.58	56	128	7.88	58	128	11.5	82	128	48	68
Entisols	5.44	55	146	6.96	60	146	8.66	65	146	63	80
Ultisols	4.86	79	66	6.95	80	66	9.68	73	66	50	72
Altisols	4.75	55	18	6.43	52	18	9.49	51	18	50	68
Oxisols	3.82	67	15	5.26	74	16	8.86	73	16	43	59
Average	**5.97**			**8.06**			**11.0**			**54**	**72**

[a] A stand for the ratio of the soil organic carbon stock of 0-30 cm divided by in the 0-100 cm zone; B stand for the ratio of the soil organic carbon stock of 0-50 cm divided by in the 0-100 cm zone.

資料來源：Jien *et al.*, 2010

- 膨轉土（Vertisols）4 個代表性農地表土 0-30 公分土壤碳匯量（kg C/30 cm/m^2）平均 10.0（變異百分比〔CV%〕為 45%）。農地表土 0-50 公分土壤碳匯量（kg C/50 cm/m^2）平均 13.4（變異百分比〔CV%〕為 37%）。農地表土 0-100 公分土壤碳匯量（kg C/100 cm/m^2）平均 17.0（變異百分比〔CV%〕為 31%）。

- 黑沃土（Mollisols）10 個代表性農地表土 0-30 公分土壤碳匯量（kg C/30 cm/m^2）平均 7.27（變異百分比〔CV%〕為 31%）。農地表土 0-50 公分土壤碳匯量（kg C/50 cm/m^2）平均 9.49（變異百分比〔CV%〕為 36%）。農地表土 0-100 公分土壤碳匯量（kg C/100 cm/m^2）平均 11.7（變異百分比〔CV%〕為 54%）。

- 弱育土（Inceptisols）128 個代表性農地表土 0-30 公分土壤碳匯量（kg C/30 cm/m^2）平均 5.58（變異百分比〔CV%〕為 56%）。農地表土 0-50 公分土壤碳匯量（kg C/50 cm/m^2）平均 7.88（變異百分比〔CV%〕為 58%）。農地表土 0-100 公分土壤碳匯量（kg C/100 cm/m^2）平均 11.5（變異百分比〔CV%〕為 82%）。

- 新成土（Entisols）146 個代表性農地表土 0-30 公分土壤碳匯量（kg C/30 cm/m^2）平均 5.44（變異百分比〔CV%〕為 55%）。農地表土 0-50 公分土壤碳匯量（kg C/50 cm/m^2）平均 6.96（變異百分比〔CV%〕為 60%）。農地表土 0-100 公分土壤碳匯量（kg C/100 cm/m^2）平均 8.66（變異百分比〔CV%〕為 65%）。

- 極育土（Ultisols）66 個代表性農地表土 0-30 公分土壤碳匯量（kg C/30 cm/m^2）平均 4.86（變異百分比〔CV%〕為 79%）。農地表土 0-50 公分土壤碳匯量（kg C/50 cm/m^2）平均 6.95（變異百分比〔CV%〕為 80%）。農地表土 0-100 公分土壤碳匯量（kg C/100 cm/m^2）平均 9.68（變異百分比〔CV%〕為 73%）。

- 淋溶土（Alfisols）18 個代表性農地表土 0-30 公分土壤碳匯量（kg C/30 cm/m^2）平均 4.75（變異百分比〔CV%〕為 55%）。農地表土 0-50 公分土壤碳匯量（kg C/50 cm/m^2）平均 6.43（變異百分比〔CV%〕為 52%）。農地表土 0-100 公分土壤碳匯量（kg C/100 cm/m^2）平均 9.49（變異百分比〔CV%〕為 51%）。

- 氧化物土（Oxisols）15 個代表性農地表土 0-30 公分土壤碳匯量（kg C/30 cm/m^2）平均 3.82（變異百分比〔CV%〕為 67%）。農地表土 0-50 公分土壤碳匯量（kg C/50 cm/m^2）平均 5.26（變異百分比〔CV%〕為 74%）。農地表土 0-100 公分土壤碳匯量（kg C/100 cm/m^2）平均 8.86（變異百分比〔CV%〕為 73%）。

三、盤點臺灣各縣市農地土壤調查時土壤碳匯數據及各縣市分布圖

（一）全臺灣各縣市建立之土壤剖面資料庫

　　全臺灣 16 縣市多元的土壤種類、地形樣貌、作物種類與氣候型態，造成過去蒐集資料不易與土壤調查困難。農業部農業試驗所郭鴻裕組長率領其團隊自 1992-1998 年，至全臺各地蒐集農地表土至 150 公分深度近 13 萬個土壤剖面，每個縣市數量約 4,000 至 14,000 個土壤剖面資料（表 5-6），建立臺灣土壤調查網格資料庫（250 公尺 ×250 公尺），經本研究盤點、彙整與統計後可作為土壤管理，耕作制度與施肥推薦、土地利用、國土規劃之依據，同時可提供水土保持、環境管理、土壤環境品質評估、污染物傳輸與預測、健康風險評估等相關科學資料（台灣水資源與農業研究院，2022）。

表 5-6　各縣市土壤調查之剖面數與網格資料數

縣市別	土壤剖面數	網格資料數	縣市別	土壤剖面數	網格資料數
宜蘭縣	6,171	875,871	雲林縣	12,161	535,277
桃園市	10,773	483,565	嘉義地區	12,222	804,044
新竹地區	7,522	611,341	臺南市	12,985	886,190
苗栗縣	10,687	724,215	高雄市	6,782	1,189,474
臺中市	7,384	891,217	屏東縣	14,563	1,115,709
彰化縣	11,773	444,036	花蓮縣	6,475	1,839,327
南投縣	5,697	1,639,117	臺東縣	3,896	1,431,546
全臺總和				129,091	13,470,929

資料來源：郭鴻裕，2005-2008；郭鴻裕等人，2008；台灣水資源與農業研究院，2022

　　依照上述之土壤調查剖面數與網格資料進行盤點與彙整後，將不同縣市以不同深度下之土層數依北、中、南、東四區進行分類（表 5-7）。

表 5-7　各縣市在不同深度下之土壤資料數

四大分區	縣市別	土壤剖面不同深度資料數（個）			
		0-30 公分	30-50 公分	50-100 公分	100-150 公分
北區	宜蘭縣	6,171	2,733	2,612	796
	桃園市	10,773	7,210	7,024	3,304
	新竹地區	7,522	5,419	5,212	1,124
中區	苗栗縣	10,687	4,789	4,447	588
	臺中市	7,384	4,643	4,604	1,449
	彰化縣	11,773	9,350	8,196	3,134
	南投縣	5,697	2,118	2,117	80
	雲林縣	12,161	9,529	8,114	4,893
南區	嘉義地區	12,222	11,626	9,671	2,526
	臺南市	12,985	11,529	11,489	8,729
	高雄市	6,782	4,186	4,151	1,255
	屏東縣	14,563	6,193	5,958	2,914
東區	花蓮縣	6,475	2,011	2,011	680
	臺東縣	3,896	1,386	1,386	559
總和		129,091	82,722	76,992	32,031

資料來源：郭鴻裕，2005-2008；郭鴻裕等人，2008；台灣水資源與農業研究院，2022

（二）各縣市農地土壤不同深度碳匯量分布地圖

1. 基隆市、臺北市與新北市農地土壤碳匯地圖

以地理統計技術（Geostatistics）與經驗貝氏克利金法（Empirical Bayesian Kriging, EBK）進行土壤剖面分析基隆市、臺北市與新北市調查資料，並繪製農地表土 0-30 公分，及綜合表土 0-50 公分、0-100 公分、0-150 公分土壤碳匯量分布圖（圖 5-1），單位可為公斤碳／平方公尺或公噸碳／公頃。換算公式為

1 公斤碳／30 公分深度／平方公尺＝10 公噸碳／30 公分深度／公頃

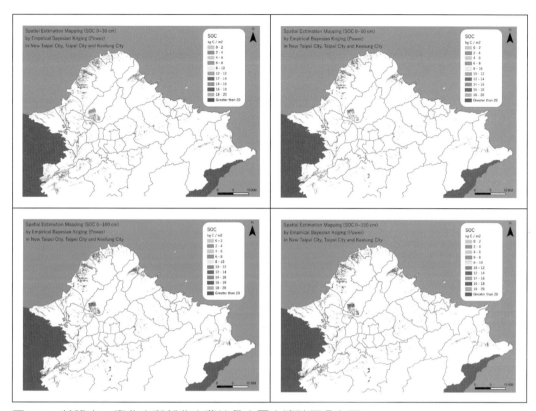

圖 5-1　基隆市、臺北市與新北市農地各土層土壤碳匯分布圖

資料來源：台灣水資源與農業研究院（2022）。111 年農委會農糧署補助計畫。

　　基隆市農地土壤碳匯表土 0-30 公分深度每公頃約 50-120 噸碳，表土 0-50 公分深度每公頃約 50-160 噸碳，表土 0-100 公分深度每公頃約 50-200 噸碳，而表土 0-150 公分深度農地土壤每公頃約 50-200 噸碳。基隆市農地表土 30 公分深度土壤碳匯量約 0.39 萬噸碳，表土 50 公分深度土壤碳匯量約 0.46 萬噸碳，表土 100 公分深度約 0.52 萬噸碳，表土 150 公分深度土壤碳匯量約 0.56 萬噸碳（表 5-8）。

　　臺北市農地土壤碳匯表土 0-30 公分深度每公頃約 75-250 噸碳，表土 0-50 公分深度每公頃約 100-355 噸碳，表土 0-100 公分深度每公頃約 105-455 噸碳，而表土 0-150 公分深度農地土壤每公頃約 105-475 噸碳。臺北市農地表土 30 公分深度土壤碳匯量約 4.55 萬噸碳，表土 50 公分深度土壤碳匯量約 6.51 萬噸碳，表土 100 公分深度約 9.21 萬噸碳，表土 150 公分深度土壤碳匯量約 9.29 萬噸碳（表 5-8）。

　　新北市農地土壤碳匯表土 0-30 公分深度每公頃約 45-155 噸碳，表土 0-50 公分深度每公頃約 55-230 噸碳，表土 0-100 公分深度每公頃約 55-315 噸碳，而表土 0-150 公分深度農地土壤每公頃約 55-360 噸碳。新北市農地表土 30 公分深度土壤碳匯量約 33.06 萬噸碳，表土 50 公分深度土壤碳匯量約 48.78 萬噸碳，表土 100 公分深度約 67.02 萬噸碳，表土 150 公分深度土壤碳匯量約 75.67 萬噸碳（表 5-8）。

表 5-8　基隆市、臺北市與新北市農地不同深度之土壤碳匯量

| 敘述統計 | 土壤深度 | 土壤採樣點 | 有機碳含量（kg C/m²） | | | 網格數量 | 網格總數值 | 總碳量（萬噸碳） |
縣市別	公分	個數	平均數 ±標準差	中位數	全距	個數		
新北市	0-30	4,149	9.95±5.34	9.28	0.25-54.3	3,475	33,057	33.06
	0-50	4,149	14.1±8.74	12.8	0.25-70.6	3,475	48,779	48.78
	0-100	4,148	17.9±13.2	15.1	0.25-87.7	3,475	67,017	67.02
	0-150	4,142	19.4±16.5	15.4	0.25-98.8	3,475	75,669	75.67
臺北市	0-30	118	16.3±8.65	15.4	1.79-43.3	561	4,549	4.55
	0-50	118	22.7±12.8	22.0	1.79-55.8	561	6,511	6.51
	0-100	118	27.7±17.5	25.8	1.79-80.9	561	9,207	9.21
	0-150	117	28.4±19.2	26.1	1.79-96.5	561	9,290	9.29
基隆市	0-30	59	8.34±3.74	8.31	1.29-15.7	51	390	0.39
	0-50	59	10.4±5.82	8.53	1.29-27.3	51	463	0.46
	0-100	59	12.2±8.45	9.11	1.29-33.2	51	522	0.52
	0-150	59	12.2±8.45	9.11	1.29-33.2	51	562	0.56

資料來源：台灣水資源與農業研究院（2022）。111 年農委會農糧署補助計畫。

2. 宜蘭縣農地土壤碳匯地圖

　　以地理統計技術與經驗貝氏克利金法進行土壤剖面分析宜蘭縣調查資料，並繪製農地表土 0-30 公分，以及綜合表土 0-50 公分、0-100 公分、0-150 公分土壤碳匯量分布圖（圖 5-2），單位可為公斤碳／平方公尺或公噸碳／公頃。換算公式為

$$1 公斤碳 / 30 公分深度 / 平方公尺 = 10 公噸碳 / 30 公分深度 / 公頃$$

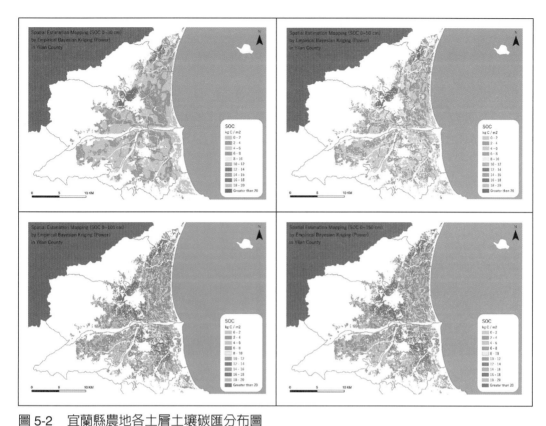

圖 5-2　宜蘭縣農地各土層土壤碳匯分布圖

資料來源：台灣水資源與農業研究院（2022）。111 年農委會農糧署補助計畫。

　　宜蘭縣農地土壤碳匯表土 0-30 公分深度每公頃約 10-130 噸碳，表土 0-50 公分深度每公頃約 10-175 噸碳，表土 0-100 公分深度每公頃約 10-195 噸碳，而表土 0-150 公分深度農地土壤每公頃約 10-205 噸碳。宜蘭縣農地表土 30 公分深度土壤碳匯量約 105.13 萬噸碳，表土 50 公分深度土壤碳匯量約 139.20 萬噸碳，表土 100 公分深度約 170.04 萬噸碳，表土 150 公分深度土壤碳匯量約 182.83 萬噸碳（表 5-9）。

3. 桃園市農地土壤碳匯地圖

　　以地理統計技術與經驗貝氏克利金法進行土壤剖面分析桃園市調查資料，並繪製農地表土 0-30 公分，以及綜合表土 0-50 公分、0-100 公分、0-150 公分土壤碳匯量分布圖（圖 5-3），單位可為公斤碳 / 平方公尺或公噸碳 / 公頃。換算公式為

表 5-9　宜蘭縣農地不同深度之土壤碳匯量

敘述統計	土壤深度	土壤採樣點	有機碳含量（kg C/m²）			網格數量	網格總數值	總碳量（萬噸碳）
縣市別	公分	個數	平均數 ± 標準差	中位數	全距	個數		
宜蘭縣	0-30	6,169	6.24±6.67	4.88	0.07-79.6	18,123	105,132	105.13
	0-50	6,158	8.16±9.19	5.85	0.07-99.4	18,123	139,196	139.20
	0-100	6,108	9.68±9.85	6.12	0.07-95.6	18,123	170,039	170.04
	0-150	6,079	10.2±10.4	6.08	0.07-99.1	18,123	182,827	182.83

資料來源：台灣水資源與農業研究院（2022）。111 年農委會農糧署補助計畫。

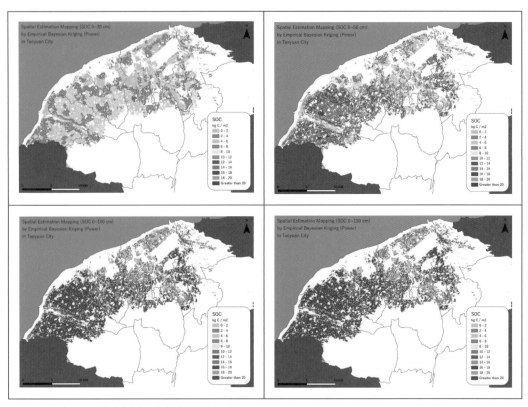

圖 5-3　桃園市農地各土層土壤碳匯分布圖

資料來源：台灣水資源與農業研究院（2022）。111 年農委會農糧署補助計畫。

1 公斤碳／30 公分深度／平方公尺＝10 公噸碳／30 公分深度／公頃

　　桃園市農地土壤碳匯表土 0-30 公分深度每公頃約 50-130 噸碳，表土 0-50 公分深度每公頃約 65-185 噸碳，表土 0-100 公分深度每公頃約 70-280 噸碳，而表土 0-150 公分深度農地土壤每公頃約 70-350 噸碳。桃園市農地表土 30 公分深度土壤碳匯量約 144.47 萬噸碳，表土 50 公分深度土壤碳匯量約 204.93 萬噸碳，表土 100 公分深度約 301.75 萬噸碳，表土 150 公分深度土壤碳匯量約 368.20 萬噸碳（表 5-10）。

表 5-10　桃園市農地不同深度之土壤碳匯量

敘述統計	土壤深度	土壤採樣點	有機碳含量（kg C／m²）			網格數量	網格總數值	總碳量（萬噸碳）
縣市別	公分	個數	平均數 ± 標準差	中位數	全距	個數		
桃園市	0-30	10,771	9.00±3.85	8.93	0.47-70.7	15,984	144,465	144.47
	0-50	10,771	12.4±6.15	12.69	0.47-76.3	15,984	204,928	204.93
	0-100	10,769	17.4±10.6	16.57	0.47-93.8	15,984	301,749	301.75
	0-150	10,766	20.5±14.6	17.22	0.47-92.5	15,984	368,197	368.20

資料來源：台灣水資源與農業研究院（2022）。111 年農委會農糧署補助計畫。

4. 新竹縣市農地土壤碳匯地圖

　　以地理統計技術與經驗貝氏克利金法進行土壤剖面分析新竹縣市調查資料，並繪製農地表土 0-30 公分，及綜合表土 0-50 公分、0-100 公分、0-150 公分土壤碳匯量分布圖（圖 5-4），單位可為公斤碳／平方公尺或公噸碳／公頃。換算公式為

1 公斤碳／30 公分深度／平方公尺＝10 公噸碳／30 公分深度／公頃

　　新竹縣市農地土壤碳匯表土 0-30 公分深度每公頃約 35-120 噸碳，表土 0-50 公分深度每公頃約 45-170 噸碳，表土 0-100 公分深度每公頃約 50-220 噸碳，而表土 0-150 公分深度農地土壤每公頃約 50-250 噸碳。新竹縣市農地表土 30 公分深度土壤碳匯量約 65.15 萬噸碳，表土 50 公分深度土壤碳匯量約 91.56 萬噸碳，表土

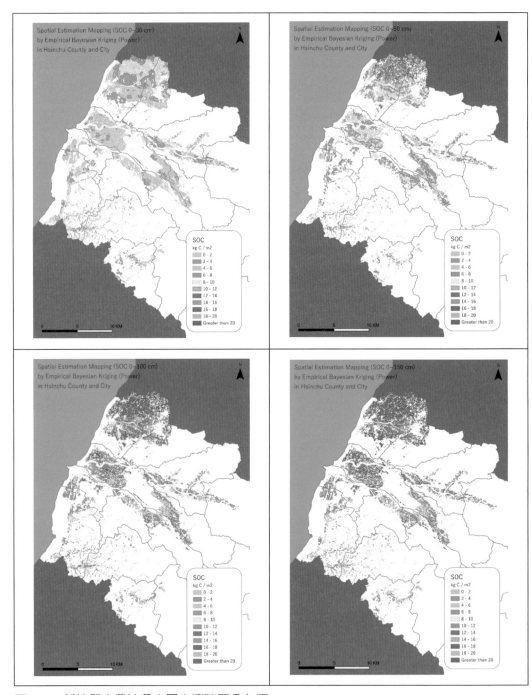

圖 5-4　新竹縣市農地各土層土壤碳匯分布圖

資料來源：台灣水資源與農業研究院（2022）。111 年農委會農糧署補助計畫。

100 公分深度約 128.07 萬噸碳，表土 150 公分深度土壤碳匯量約 147.47 萬噸碳（表 5-11）。

表 5-11　新竹縣市農地不同深度之土壤碳匯量

敘述統計	土壤深度	土壤採樣點	有機碳含量（kg C/m²）			網格數量	網格總數值	總碳量（萬噸碳）
縣市別	公分	個數	平均數 ± 標準差	中位數	全距	個數		
新竹縣市	0-30	7,521	7.60±4.17	6.85	0.43-80.0	8,722	65,146	65.15
	0-50	7,521	10.6±6.13	9.52	0.43-93.7	8,722	91,560	91.56
	0-100	7,518	13.4±8.31	11.7	0.43-84.3	8,722	128,069	128.07
	0-150	7,518	14.5±10.0	11.8	0.43-84.3	8,722	147,467	147.47

資料來源：台灣水資源與農業研究院（2022）。111 年農委會農糧署補助計畫。

5. 苗栗縣土壤碳匯地圖

以地理統計技術與經驗貝氏克利金法進行土壤剖面分析苗栗縣調查資料，並繪製農地表土 0-30 公分，以及綜合表土 0-50 公分、0-100 公分、0-150 公分土壤碳匯量分布圖（圖 5-5），單位可為公斤碳／平方公尺或公噸碳／公頃。換算公式為

1 公斤碳／30 公分深度／平方公尺 = 10 公噸碳／30 公分深度／公頃

苗栗縣農地土壤碳匯表土 0-30 公分深度每公頃約 20-90 噸碳，表土 0-50 公分深度每公頃約 20-120 噸碳，表土 0-100 公分深度每公頃約 20-155 噸碳，而表土 0-150 公分深度農地土壤每公頃約 20-160 噸碳。苗栗縣農地表土 30 公分深度土壤碳匯量約 52.6 萬噸碳，表土 50 公分深度土壤碳匯量約 65.47 萬噸碳，表土 100 公分深度約 77.97 萬噸碳，表土 150 公分深度土壤碳匯量約 79.95 萬噸碳（表 5-12）。

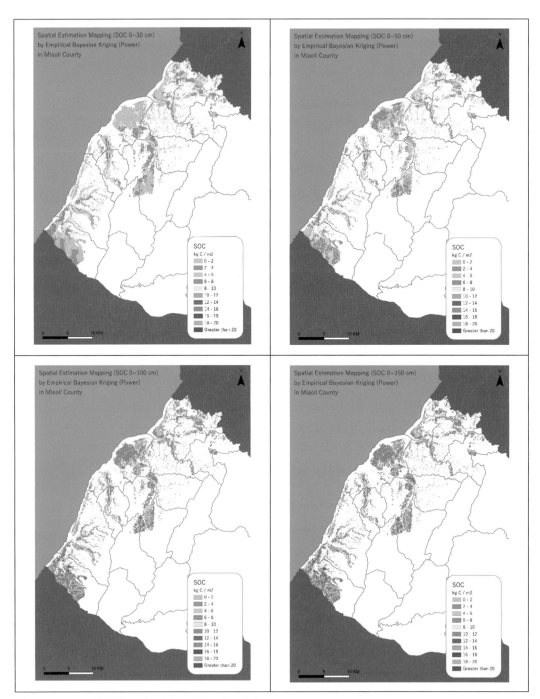

圖 5-5　苗栗縣農地各土層土壤碳匯分布圖

資料來源：台灣水資源與農業研究院（2022）。111 年農委會農糧署補助計畫。

表 5-12　苗栗縣農地不同深度之土壤碳匯量

敘述統計	土壤深度	土壤採樣點	有機碳含量（kg C/m²）			網格數量	網格總數值	總碳量（萬噸碳）
縣市別	公分	個數	平均數 ± 標準差	中位數	全距	個數		
苗栗縣	0-30	10,685	5.28±3.50	4.63	0.39-77.4	10,712	52,600	52.60
	0-50	10,686	6.80±5.09	5.56	0.39-90.7	10,712	65,470	65.47
	0-100	10,686	8.29±7.04	6.08	0.39-95.8	10,712	77,969	77.97
	0-150	10,686	8.52±7.47	6.09	0.39-95.8	10,712	79,954	79.95

資料來源：台灣水資源與農業研究院（2022）。111 年農委會農糧署補助計畫。

6. 臺中市農地土壤碳匯地圖

以地理統計技術與經驗貝氏克利金法進行土壤剖面分析臺中市調查資料，並繪製農地表土 0-30 公分，以及綜合表土 0-50 公分、0-100 公分、0-150 公分土壤碳匯量分布圖（圖 5-6），單位可爲公斤碳／平方公尺或公噸碳／公頃。換算公式爲

1 公斤碳／30 公分深度／平方公尺 = 10 公噸碳／30 公分深度／公頃

臺中市農地土壤碳匯表土 0-30 公分深度每公頃約 40-90 噸碳，表土 0-50 公分深度每公頃約 45-120 噸碳，表土 0-100 公分深度每公頃約 50-170 噸碳，而表土 0-150 公分深度農地土壤每公頃約 50-195 噸碳。臺中市農地表土 30 公分深度土壤碳匯量約 96.53 萬噸碳，表土 50 公分深度土壤碳匯量約 126.4 萬噸碳，表土 100 公分深度約 170.87 萬噸碳，表土 150 公分深度土壤碳匯量約 194.53 萬噸碳（表 5-13）。

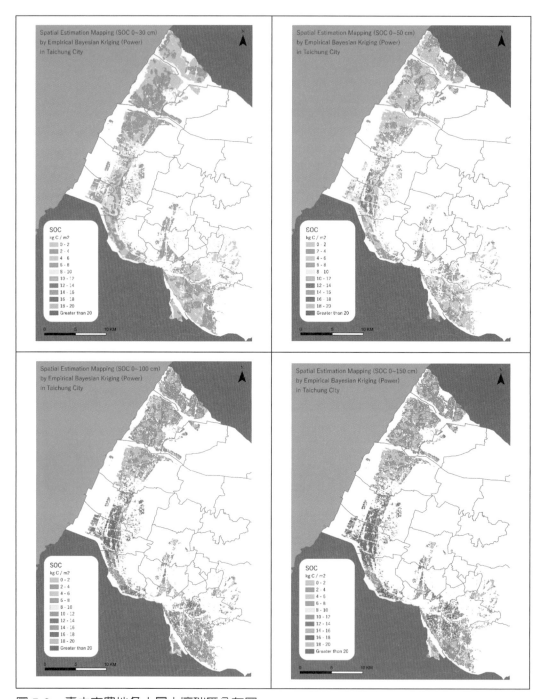

圖 5-6　臺中市農地各土層土壤碳匯分布圖

資料來源：台灣水資源與農業研究院（2022）。111 年農委會農糧署補助計畫。

表 5-13　臺中市農地不同深度之土壤碳匯量

敘述統計	土壤深度	土壤採樣點	有機碳含量（kg C/m²)			網格數量	網格總數值	總碳量（萬噸碳）
縣市別	公分	個數	平均數 ± 標準差	中位數	全距	個數		
臺中市	0-30	7,383	6.34±2.57	5.95	0.31-32.5	15,296	96,525	96.53
	0-50	7,383	8.37±3.74	7.95	0.31-49.8	15,296	126,403	126.40
	0-100	7,383	10.9±5.94	9.98	0.31-61.3	15,296	170,870	170.87
	0-150	7,383	11.9±7.59	10.1	0.31-77.7	15,296	194,529	194.53

資料來源：台灣水資源與農業研究院（2022）。111 年農委會農糧署補助計畫。

7. 彰化縣農地土壤碳匯地圖

以地理統計技術與經驗貝氏克利金法進行土壤剖面分析彰化縣調查資料，並繪製農地表土 0-30 公分，以及綜合表土 0-50 公分、0-100 公分、0-150 公分土壤碳匯量分布圖（圖 5-7），單位可為公斤碳 / 平方公尺或公噸碳 / 公頃。換算公式為

$$1 公斤碳 / 30 公分深度 / 平方公尺 = 10 公噸碳 / 30 公分深度 / 公頃$$

彰化縣農地土壤碳匯表土 0-30 公分深度每公頃約 30-80 噸碳，表土 0-50 公分深度每公頃約 40-115 噸碳，表土 0-100 公分深度每公頃約 40-160 噸碳，而表土 0-150 公分深度農地土壤每公頃約 40-200 噸碳。彰化縣農地表土 30 公分深度土壤碳匯量約 325.57 萬噸碳，表土 50 公分深度土壤碳匯量約 450.87 萬噸碳，表土 100 公分深度約 580.33 萬噸碳，表土 150 公分深度土壤碳匯量約 665.04 萬噸碳（表 5-14）。

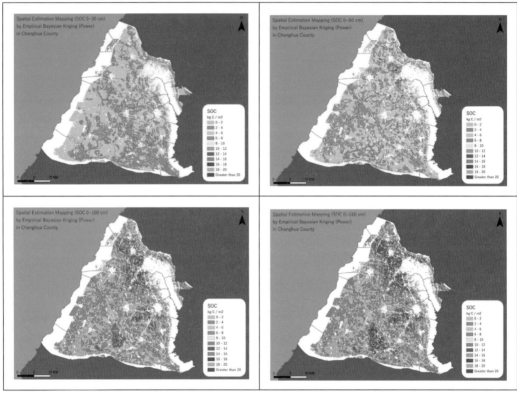

圖 5-7　彰化縣農地各土層土壤碳匯分布圖

資料來源：台灣水資源與農業研究院（2022）。111 年農委會農糧署補助計畫。

表 5-14　彰化縣農地不同深度之土壤碳匯量

敘述統計	土壤深度	土壤採樣點	有機碳含量（kg C/m²）			網格數量	網格總數值	總碳量（萬噸碳）
縣市別	公分	個數	平均數 ±標準差	中位數	全距	個數		
彰化縣	0-30	11,678	5.39±2.58	4.98	0.33-43.0	61,694	325,570	325.57
	0-50	11,677	7.47±3.79	6.92	0.33-83.6	61,694	450,870	450.87
	0-100	11,676	9.80±6.22	8.32	0.33-69.2	61,694	580,332	580.33
	0-150	11,675	11.2±8.50	8.5	0.33-71.6	61,694	665,043	665.04

資料來源：台灣水資源與農業研究院（2022）。111 年農委會農糧署補助計畫。

8. 南投縣土壤碳匯地圖

以地理統計技術與經驗貝氏克利金法進行土壤剖面分析南投縣調查資料，並繪製農地表土 0-30 公分，以及綜合表土 0-50 公分、0-100 公分、0-150 公分土壤碳匯量分布圖（圖 5-8），單位可為公斤碳／平方公尺或公噸碳／公頃。換算公式為

$$1 公斤碳／30 公分深度／平方公尺 = 10 公噸碳／30 公分深度／公頃$$

南投縣農地土壤碳匯表土 0-30 公分深度每公頃約 20-75 噸碳，表土 0-50 公分深度每公頃約 20-105 噸碳，表土 0-100 公分深度每公頃約 20-125 噸碳，而表土 0-150 公分深度農地土壤每公頃約 20-135 噸碳。南投縣農地表土 30 公分深度土壤碳匯量約 14.84 萬噸碳，表土 50 公分深度土壤碳匯量約 21.06 萬噸碳，表土 100 公分深度約 24.11 萬噸碳，表土 150 公分深度土壤碳匯量約 24.2 萬噸碳（表 5-15）。

表 5-15　南投縣農地不同深度之土壤碳匯量

敘述統計	土壤深度	土壤採樣點	有機碳含量（kg C/m²）			網格數量	網格總數值	總碳量（萬噸碳）
縣市別	公分	個數	平均數 ±標準差	中位數	全距	個數		
南投縣	0-30	5,697	4.92±2.67	4.42	0.15-30.7	2,484	14,844	14.84
	0-50	5,697	6.21±4.10	5.03	0.15-31.8	2,484	21,055	21.06
	0-100	5,697	7.00±5.46	5.15	0.15-36.6	2,484	24,108	24.11
	0-150	5,697	7.14±6.14	5.15	0.15-48.8	2,484	24,200	24.20

資料來源：台灣水資源與農業研究院（2022）。111 年農委會農糧署補助計畫。

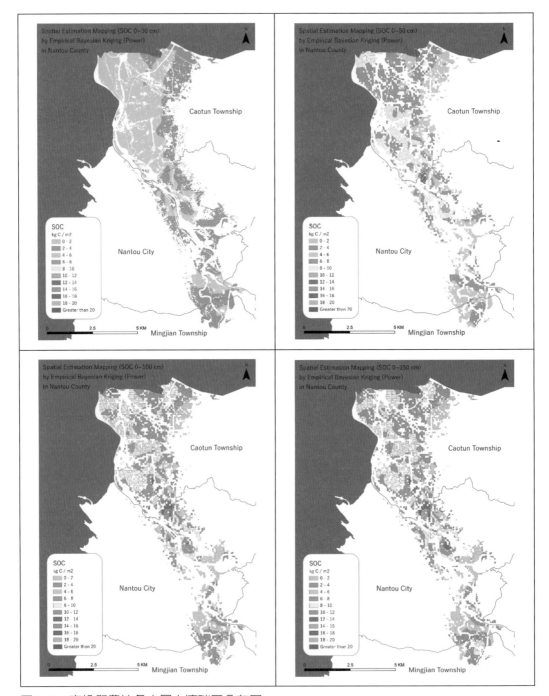

圖 5-8　南投縣農地各土層土壤碳匯分布圖

資料來源：台灣水資源與農業研究院（2022）。111 年農委會農糧署補助計畫。

9. 雲林縣土壤碳匯地圖

以地理統計技術與經驗貝氏克利金法進行土壤剖面分析雲林縣調查資料，並繪製農地表土 0-30 公分，以及綜合表土 0-50 公分、0-100 公分、0-150 公分土壤碳匯量分布圖（圖 5-9），單位可為公斤碳／平方公尺或公噸碳／公頃。換算公式為

$$1 公斤碳／30 公分深度／平方公尺＝10 公噸碳／30 公分深度／公頃$$

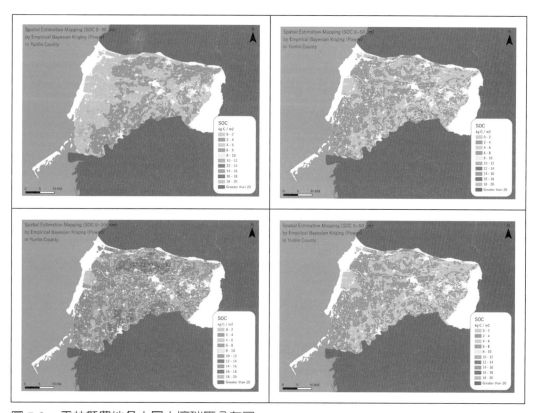

圖 5-9　雲林縣農地各土層土壤碳匯分布圖
資料來源：台灣水資源與農業研究院（2022）。111 年農委會農糧署補助計畫。

雲林縣農地土壤碳匯表土 0-30 公分深度每公頃約 25-70 噸碳，表土 0-50 公分深度每公頃約 30-100 噸碳，表土 0-100 公分深度每公頃約 35-145 噸碳，而表土 0-150 公分深度農地土壤每公頃約 35-185 噸碳。雲林縣農地表土 30 公分深度土壤碳匯量約 340.45 萬噸碳，表土 50 公分深度土壤碳匯量約 489.55 萬噸碳，表土 100

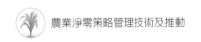

公分深度約 668.82 萬噸碳，表土 150 公分深度土壤碳匯量約 810.07 萬噸碳（表5-16）。

表 5-16　雲林縣農地不同深度之土壤碳匯量

敘述統計	土壤深度	土壤採樣點	有機碳含量（kg C/m^2）			網格數量	網格總數值	總碳量（萬噸碳）
縣市別	公分	個數	平均數 ±標準差	中位數	全距	個數		
雲林縣	0-30	12,160	4.61±2.28	4.28	0.25-53.1	79,035	340,448	340.45
	0-50	12,161	6.53±3.54	6.12	0.33-90.8	79,035	489,546	489.55
	0-100	12,161	9.08±5.51	8.22	0.45-94.1	79,035	668,815	668.82
	0-150	12,160	11.0±7.66	9	0.45-94.1	79,035	810,066	810.07

資料來源：台灣水資源與農業研究院（2022）。111 年農委會農糧署補助計畫。

10. 嘉義縣市農地土壤碳匯地圖

以地理統計技術與經驗貝氏克利金法進行土壤剖面分析嘉義縣市調查資料，並繪製農地表土 0-30 公分，以及綜合表土 0-50 公分、0-100 公分、0-150 公分土壤碳匯量分布圖（圖 5-10），單位可為公斤碳／平方公尺或公噸碳／公頃。換算公式為

$$1 公斤碳／30 公分深度／平方公尺 = 10 公噸碳／30 公分深度／公頃$$

嘉義縣市農地土壤碳匯表土 0-30 公分深度每公頃約 35-100 噸碳，表土 0-50 公分深度每公頃約 60-150 噸碳，表土 0-100 公分深度每公頃約 70-200 噸碳，而表土 0-150 公分深度農地土壤每公頃約 70-235 噸碳。嘉義縣市農地表土 30 公分深度土壤碳匯量約 358.03 萬噸碳，表土 50 公分深度土壤碳匯量約 549.31 萬噸碳，表土 100 公分深度約 728.94 萬噸碳，表土 150 公分深度土壤碳匯量約 841.93 萬噸碳（表5-17）。

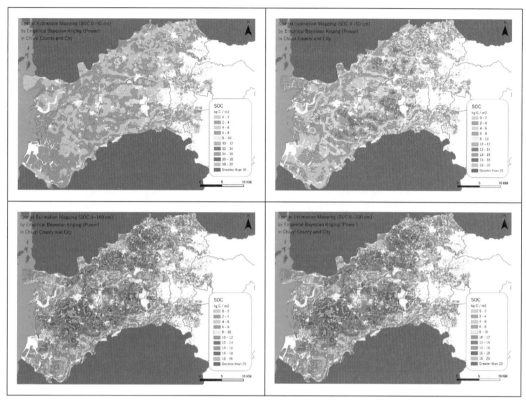

圖 5-10　嘉義縣市農地各土層土壤碳匯分布圖

資料來源：台灣水資源與農業研究院（2022）。111 年農委會農糧署補助計畫。

表 5-17　嘉義縣市農地不同深度之土壤碳匯量

敘述統計	土壤深度	土壤採樣點	有機碳含量（kg C/m²）			網格數量	網格總數值	總碳量（萬噸碳）
縣市別	公分	個數	平均數 ±標準差	中位數	全距	個數		
嘉義縣市	0-30	12,222	6.83±3.22	6.3	0.73-74.88	56,731	358,028	358.03
	0-50	12,222	10.4±4.66	9.69	0.85-92.26	56,731	549,305	549.31
	0-100	12,222	13.2±6.40	12.05	0.85-96.77	56,731	728,939	728.94
	0-150	12,221	14.7±8.58	12.58	0.85-96.77	56,731	841,932	841.93

資料來源：台灣水資源與農業研究院（2022）。111 年農委會農糧署補助計畫。

11. 臺南市農地土壤碳匯地圖

以地理統計技術與經驗貝氏克利金法進行土壤剖面分析臺南市調查資料，並繪製農地表土 0-30 公分，以及綜合表土 0-50 公分、0-100 公分、0-150 公分土壤碳匯量分布圖（圖 5-11），單位可爲公斤碳／平方公尺或公噸碳／公頃。換算公式爲

$$1 公斤碳／30 公分深度／平方公尺 = 10 公噸碳／30 公分深度／公頃$$

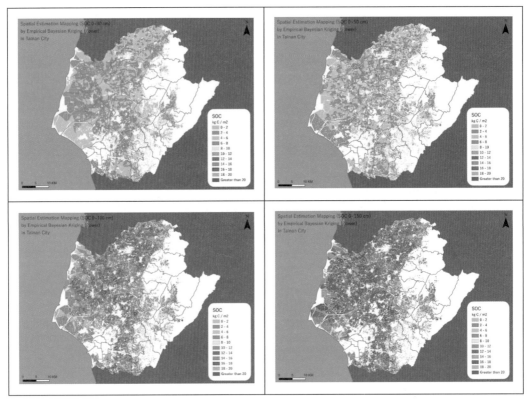

圖 5-11　臺南市農地各土層土壤碳匯分布圖

資料來源：台灣水資源與農業研究院（2022）。111 年農委會農糧署補助計畫。

臺南市農地土壤碳匯表土 0-30 公分深度每公頃約 30-75 噸碳，表土 0-50 公分深度每公頃約 45-120 噸碳，表土 0-100 公分深度每公頃約 70-200 噸碳，而表土 0-150 公分深度農地土壤每公頃約 80-275 噸碳。臺南市農地表土 30 公分深度土壤碳匯量約 452.99 萬噸碳，表土 50 公分深度土壤碳匯量約 688.66 萬噸碳，表土 100

公分深度約 1,147.16 萬噸碳，表土 150 公分深度土壤碳匯量約 1,542.38 萬噸碳（表 5-18）。

表 5-18　臺南市農地不同深度之土壤碳匯量

敘述統計	土壤深度	土壤採樣點	有機碳含量（kg C/m²）			網格數量	網格總數值	總碳量（萬噸碳）
縣市別	公分	個數	平均數 ± 標準差	中位數	全距	個數		
臺南市	0-30	12,983	5.26±2.39	5.03	0.54-79.94	88,074	452,989	452.99
	0-50	12,983	8.02±3.74	7.7	0.54-85.27	88,074	688,663	688.66
	0-100	12,979	13.2±6.50	12.84	0.54-98.43	88,074	1,147,160	1,147.16
	0-150	12,973	17.7±9.57	16.94	0.54-98.90	88,074	1,542,380	1,542.38

資料來源：台灣水資源與農業研究院（2022）。111 年農委會農糧署補助計畫。

12.高雄市農地土壤碳匯地圖

以地理統計技術與經驗貝氏克利金法進行土壤剖面分析高雄市調查資料，並繪製農地表土 0-30 公分，以及綜合表土 0-50 公分、0-100 公分、0-150 公分土壤碳匯量分布圖（圖 5-12），單位可為公斤碳／平方公尺或公噸碳／公頃。換算公式為

1 公斤碳／30 公分深度／平方公尺＝10 公噸碳／30 公分深度／公頃

高雄市農地土壤碳匯表土 0-30 公分深度每公頃約 15-80 噸碳，表土 0-50 公分深度每公頃約 45-115 噸碳，表土 0-100 公分深度每公頃約 45-155 噸碳，而表土 0-150 公分深度農地土壤每公頃約 45-185 噸碳。高雄市農地表土 30 公分深度土壤碳匯量約 125.39 萬噸碳，表土 50 公分深度土壤碳匯量約 180.4 萬噸碳，表土 100 公分深度約 243.63 萬噸碳，表土 150 公分深度土壤碳匯量約 279.59 萬噸碳（表 5-19）。

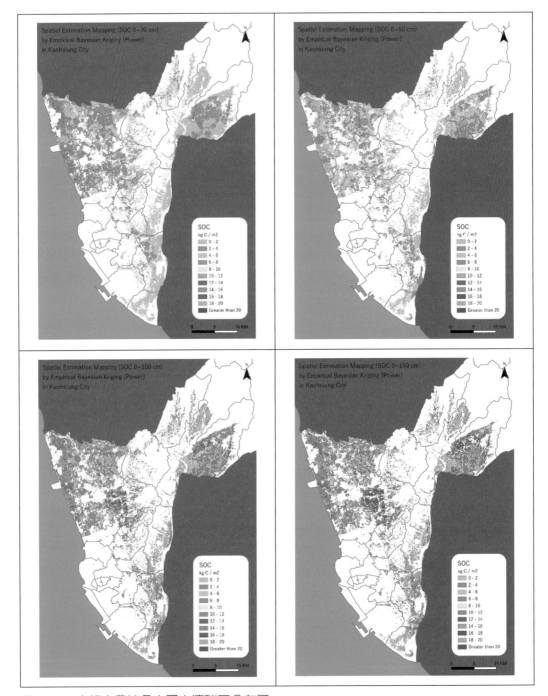

圖 5-12　高雄市農地各土層土壤碳匯分布圖

資料來源：台灣水資源與農業研究院（2022）。111 年農委會農糧署補助計畫。

表 5-19　高雄市農地不同深度之土壤碳匯量

敘述統計	土壤深度	土壤採樣點	有機碳含量（kg C/m²）			網格數量	網格總數值	總碳量（萬噸碳）
縣市別	公分	個數	平均數 ±標準差	中位數	全距	個數		
高雄市	0-30	6,779	4.56±3.18	4	0.08-74.6	30,204	125,386	125.39
	0-50	6,781	6.55±5.03	5.8	0.11-95.6	30,204	180,398	180.40
	0-100	6,779	8.55±6.78	7.35	0.11-96.2	30,204	243,627	243.63
	0-150	6,778	9.67±8.55	7.61	0.11-96.2	30,204	279,594	279.59

資料來源：台灣水資源與農業研究院（2022）。111 年農委會農糧署補助計畫。

13. 屏東縣農地土壤碳匯地圖

以地理統計技術與經驗貝氏克利金法進行土壤剖面分析屏東縣調查資料，並繪製農地表土 0-30 公分，以及綜合表土 0-50 公分、0-100 公分、0-150 公分土壤碳匯量分布圖（圖 5-13），單位可為公斤碳／平方公尺或公噸碳／公頃。換算公式為

$$1 \text{ 公斤碳／30 公分深度／平方公尺} = 10 \text{ 公噸碳／30 公分深度／公頃}$$

屏東縣農地土壤碳匯表土 0-30 公分深度每公頃約 20-65 噸碳，表土 0-50 公分深度每公頃約 20-90 噸碳，表土 0-100 公分深度每公頃約 20-125 噸碳，而表土 0-150 公分深度農地土壤每公頃約 20-150 噸碳。屏東縣農地表土 30 公分深度土壤碳匯量約 273.52 萬噸碳，表土 50 公分深度土壤碳匯量約 350.49 萬噸碳，表土 100 公分深度約 459.05 萬噸碳，表土 150 公分深度土壤碳匯量約 525.69 萬噸碳（表 5-20）。

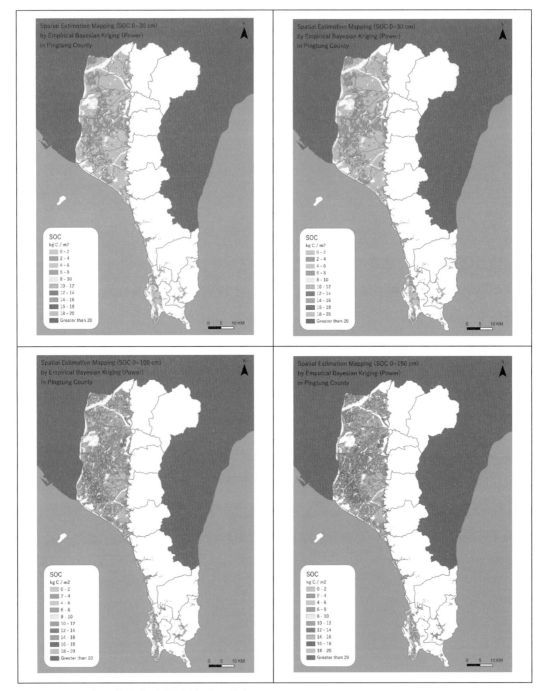

圖 5-13　屏東縣農地各土層土壤碳匯分布圖

資料來源：台灣水資源與農業研究院（2022）。111 年農委會農糧署補助計畫。

表 5-20　屏東縣農地不同深度之土壤碳匯量

敘述統計	土壤深度	土壤採樣點	有機碳含量（kg C/m²）			網格數量	網格總數值	總碳量（萬噸碳）
縣市別	公分	個數	平均數 ±標準差	中位數	全距	個數		
屏東縣	0-30	14,563	4.23±2.38	3.66	0.14-79.7	66,266	273,516	273.52
	0-50	14,562	5.36±3.60	4.3	0.14-81.4	66,266	350,490	350.49
	0-100	14,561	6.80±5.50	4.76	0.14-85.2	66,266	459,048	459.05
	0-150	14,561	7.67±7.04	4.77	0.14-86.7	66,266	525,693	525.69

資料來源：台灣水資源與農業研究院（2022）。111 年農委會農糧署補助計畫。

14. 花蓮縣農地土壤碳匯地圖

以地理統計技術與經驗貝氏克利金法進行土壤剖面分析花蓮縣調查資料，並繪製農地表土 0-30 公分，以及綜合表土 0-50 公分、0-100 公分、0-150 公分土壤碳匯量分布圖（圖 5-14），單位可為公斤碳／平方公尺或公噸碳／公頃。換算公式為

1 公斤碳／30 公分深度／平方公尺＝10 公噸碳／30 公分深度／公頃

花蓮縣農地土壤碳匯表土 0-30 公分深度每公頃約 5-65 噸碳，表土 0-50 公分深度每公頃約 10-75 噸碳，表土 5-100 公分深度每公頃約 5-90 噸碳，而表土 0-150 公分深度農地土壤每公頃約 0-100 噸碳。花蓮縣農地表土 30 公分深度土壤碳匯量約 43.77 萬噸碳，表土 50 公分深度土壤碳匯量約 51.9 萬噸碳，表土 100 公分深度約 64.76 萬噸碳，表土 150 公分深度土壤碳匯量約 71.6 萬噸碳（表 5-21）。

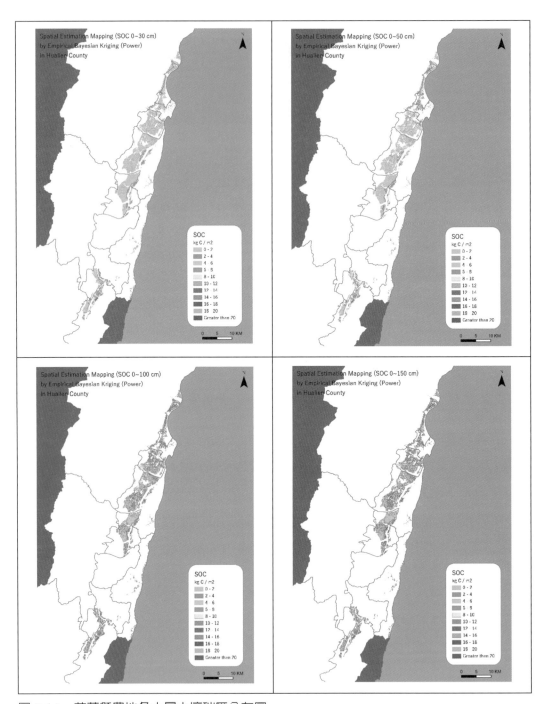

圖 5-14　花蓮縣農地各土層土壤碳匯分布圖

資料來源：台灣水資源與農業研究院（2022）。111 年農業部農糧署補助計畫。

表 5-21　花蓮縣農地不同深度之土壤碳匯量

敘述統計	土壤深度	土壤採樣點	有機碳含量（kg C/m²）			網格數量	網格總數值	總碳量（萬噸碳）
縣市別	公分	個數	平均數 ±標準差	中位數	全距	個數		
花蓮縣	0-30	6,475	3.45±2.87	2.57	0.05-38.6	14,715	43,769	43.77
	0-50	6,475	4.05±3.35	3.12	0.05-38.6	14,715	51,896	51.90
	0-100	6,475	4.78±4.36	3.54	0.05-39.8	14,715	64,756	64.76
	0-150	6,475	5.10±5.08	3.59	0.05-62.0	14,715	71,595	71.60

資料來源：台灣水資源與農業研究院（2022）。111 年農委會農糧署補助計畫。

15.臺東縣農地土壤碳匯地圖

　　以地理統計技術與經驗貝氏克利金法進行土壤剖面分析臺東縣調查資料，並繪製農地表土 0-30 公分，以及綜合表土 0-50 公分、0-100 公分、0-150 公分土壤碳匯量分布圖（圖 5-15），單位可為公斤碳／平方公尺或公噸碳／公頃。換算公式為

1 公斤碳／30 公分深度／平方公尺 = 10 公噸碳／30 公分深度／公頃

　　臺東縣農地土壤碳匯表土 0-30 公分深度每公頃約 15-85 噸碳，表土 0-50 公分深度每公頃約 10-115 噸碳，表土 0-100 公分深度每公頃約 10-160 噸碳，而表土 0-150 公分深度農地土壤每公頃約 10-190 噸碳。臺東縣農地表土 30 公分深度土壤碳匯量約 34.51 萬噸碳，表土 50 公分深度土壤碳匯量約 43.97 萬噸碳，表土 100 公分深度約 58.96 萬噸碳，表土 150 公分深度土壤碳匯量約 65.56 萬噸碳（表 5-22）。

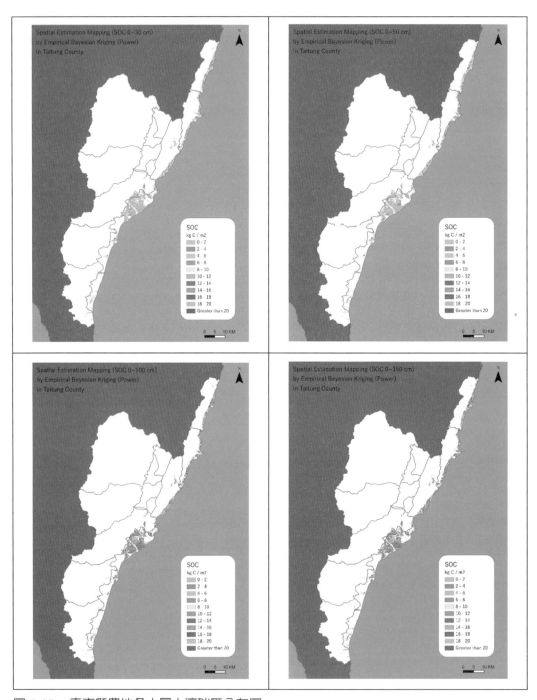

圖 5-15　臺東縣農地各土層土壤碳匯分布圖

資料來源：台灣水資源與農業研究院（2022）。111 年農委會農糧署補助計畫。

表 5-22　臺東縣農地不同深度之土壤碳匯量

敘述統計	土壤深度	土壤採樣點	有機碳含量（kg C/m²）			網格數量	網格總數值	總碳量（萬噸碳）
縣市別	公分	個數	平均數 ± 標準差	中位數	全距	個數		
臺東縣	0-30	3,896	4.95±3.60	3.91	0.03-37.2	9,262	34,512	34.51
	0-50	3,896	6.18±5.22	4.37	0.03-48.5	9,262	43,973	43.97
	0-100	3,896	7.95±8.19	4.77	0.03-80.7	9,262	58,963	58.96
	0-150	3,895	8.81±10.0	4.84	0.03-99.7	9,262	65,560	65.56

資料來源：台灣水資源與農業研究院（2022）。111 年農委會農糧署補助計畫。

16.17 縣市土壤碳匯資料總整理

綜合上述 17 縣市土壤碳匯資料，進一步彙整與比較 0-30 公分深度各縣市土壤總碳量如表 5-23。0-50 公分深度各縣市土壤總碳量如表 5-24。0-100 公分深度各縣市土壤總碳量如表 5-25。0-150 公分深度各縣市土壤總碳量如表 5-26。

（三）臺灣本島土壤碳匯分布地圖

以地理統計技術與經驗貝氏克利金法進行土壤剖面分析臺灣本島調查資料，並繪製農地表土 0-30 公分，以及綜合表土 0-50 公分、0-100 公分、0-150 公分土壤碳匯量分布圖（圖 5-16），單位可為公斤碳 / 平方公尺或公噸碳 / 公頃。換算公式為

1 公斤碳 / 30 公分深度 / 平方公尺 = 10 公噸碳 / 30 公分深度 / 公頃

臺灣本島農地土壤碳匯表土 0-30 公分深度每公頃約 20-95 噸碳，表土 0-50 公分深度每公頃約 25-135 噸碳，表土 0-100 公分深度每公頃約 25-185 噸碳，而表土 0-150 公分深度農地土壤每公頃約 25-225 噸碳。臺灣本島農地表土 30 公分深度土壤碳匯量約 2,470.93 萬噸碳，表土 50 公分深度土壤碳匯量約 3,509.51 萬噸碳，表土 100 公分深度約 4,901.19 萬噸碳，表土 150 公分深度土壤碳匯量約 5,884.35 萬噸碳（表 5-27）。

表 5-23　各縣市 0-30 公分農地土壤總碳量

土壤深度	分區	敘述統計 縣市別	土壤採樣點 個數	有機碳含量 (kg C/m²) 平均數±標準差	中位數	全距	網格數量 個數	網格總數值	總碳量 (萬噸碳)
0-30 公分	北區	臺北市	118	16.26±8.65	15.41	1.79-43.29	561	4,549	4.55
		新北市	4,149	9.95±5.34	9.28	0.25-54.35	3,475	33,057	33.06
		基隆市	59	8.34±3.74	8.3	1.29-15.79	51	390	0.39
		桃園市	10,771	8.99±3.85	8.93	0.47-70.71	15,984	144,465	144.47
		新竹縣市	7,521	7.60±4.17	6.85	0.43-80.01	8,722	65,146	65.15
		宜蘭縣	6,169	6.24±6.67	4.88	0.07-79.62	18,123	105,132	105.13
		苗栗縣	10,685	5.28±3.50	4.63	0.39-77.40	10,712	52,600	52.60
	中區	臺中市	7,383	6.34±2.57	5.95	0.31-32.54	15,296	96,525	96.53
		彰化縣	11,678	5.39±2.58	4.98	0.33-43.05	61,694	325,570	325.57
		南投縣	5,697	4.92±2.67	4.42	0.15-30.76	2,484	14,844	14.84
		雲林縣	12,160	4.61±2.28	4.28	0.25-53.10	79,035	340,448	340.45
	南區	嘉義縣市	12,222	6.83±3.22	6.3	0.73-74.88	56,731	358,028	358.03
		臺南市	12,983	5.26±2.39	5.03	0.54-79.94	88,074	452,989	452.99
		高雄市	6,779	4.56±3.18	4	0.08-74.60	30,204	125,386	125.39
		屏東縣	14,563	4.23±2.38	3.66	0.14-79.75	66,266	273,516	273.52
	東區	花蓮縣	6,475	3.45±2.87	2.57	0.05-38.67	14,715	43,769	43.77
		臺東縣	3,896	4.95±3.60	3.91	0.03-37.18	9,262	34,512	34.51
		全臺灣	133,308	5.79±3.73	5.09	0.03-80.01	481,389	2,470,927	2,470.93

資料來源：台灣水資源與農業研究院（2022）。111 年農委會農糧署補助計畫。

表 5-24　各縣市 0-50 公分農地土壤總碳量

土壤深度	分區	敘述統計 縣市別	土壤採樣點 個數	有機碳含量（kg C/m²） 平均數 ± 標準差	中位數	全距	網格數量 個數	網格總數值	總碳量（萬噸碳）
0-50 公分	北區	臺北市	118	22.74±12.78	22.05	1.79-55.84	561	6,511	6.51
		新北市	4,149	14.11±8.74	12.82	0.25-70.60	3,475	48,779	48.78
		基隆市	59	10.42±5.82	8.53	1.29-27.37	51	463	0.46
		桃園市	10,771	12.46±6.15	12.69	0.47-76.34	15,984	204,928	204.93
		新竹縣市	7,521	10.61±6.13	9.52	0.43-93.71	8,722	91,560	91.56
		宜蘭縣	6,158	8.16±9.19	5.85	0.07-99.42	18,123	139,196	139.20
		苗栗縣	10,686	6.80±5.09	5.56	0.39-90.75	10,712	65,470	65.47
	中區	臺中市	7,383	8.37±3.74	7.95	0.31-49.80	15,296	126,403	126.40
		彰化縣	11,677	7.47±3.79	6.92	0.33-83.59	61,694	450,870	450.87
		南投縣	5,697	6.21±4.10	5.03	0.15-31.80	2,484	21,055	21.06
		雲林縣	12,161	6.53±3.54	6.12	0.33-90.85	79,035	489,546	489.55
	南區	嘉義縣市	12,222	10.42±4.66	9.69	0.85-92.26	56,731	549,305	549.31
		臺南市	12,983	8.02±3.74	7.7	0.54-85.27	88,074	688,663	688.66
		高雄市	6,781	6.55±5.03	5.8	0.11-95.62	30,204	180,398	180.40
		屏東縣	14,562	5.36±3.60	4.3	0.14-81.41	66,266	350,490	350.49
	東區	花蓮縣	6,475	4.05±3.35	3.12	0.05-38.67	14,715	51,896	51.90
		臺東縣	3,896	6.18±5.22	4.37	0.03-48.51	9,262	43,973	43.97
		全臺灣	133,299	8.00±5.58	6.99	0.03-99.42	481,389	3,509,509	3,509.51

資料來源：台灣水資源與農業研究院（2022）。111 年農委會農糧署補助計畫。

表 5-25　各縣市 0-100 公分農地土壤總碳量

土壤深度	分區	敘述統計 縣市別	土壤採樣點 個數	有機碳含量（kg C/m²） 平均數±標準差	中位數	全距	網格數量 個數	網格總數值	總碳量（萬噸碳）
0-100 公分	北區	臺北市	118	27.75±17.50	25.8	1.79-80.90	561	9,207	9.21
		新北市	4,148	17.96±13.28	15.14	0.25-87.77	3,475	67,017	67.02
		基隆市	59	12.23±8.45	9.11	1.29-33.27	51	522	0.52
		桃園市	10,769	17.45±10.69	16.57	0.47-93.84	15,984	301,749	301.75
		新竹縣市	7,518	13.45±8.37	11.66	0.43-84.31	8,722	128,069	128.07
		宜蘭縣	6,108	9.68±9.85	6.12	0.07-95.63	18,123	170,039	170.04
		苗栗縣	10,686	8.29±7.04	6.08	0.39-95.82	10,712	77,969	77.97
	中區	臺中市	7,383	10.90±5.94	9.98	0.31-61.29	15,296	170,870	170.87
		彰化縣	11,676	9.80±6.22	8.32	0.33-69.20	61,694	580,332	580.33
		南投縣	5,697	7.00±5.46	5.15	0.15-36.65	2,484	24,108	24.11
		雲林縣	12,161	9.08±5.51	8.22	0.45-94.14	79,035	668,815	668.82
	南區	嘉義縣市	12,222	13.22±6.40	12.05	0.85-96.77	56,731	728,939	728.94
		臺南市	12,979	13.24±6.50	12.84	0.54-98.43	88,074	1,147,160	1,147.16
		高雄市	6,779	8.55±6.78	7.35	0.11-96.25	30,204	243,627	243.63
		屏東縣	14,561	6.80±5.50	4.76	0.14-85.21	66,266	459,048	459.05
	東區	花蓮縣	6,475	4.78±4.36	3.54	0.05-39.78	14,715	64,756	64.76
		臺東縣	3,896	7.95±8.19	4.77	0.03-80.71	9,262	58,962	58.96
		全臺灣	133,235	10.60±8.10	8.87	0.03-98.43	481,389	4,901,192	4,901.19

資料來源：台灣水資源與農業研究院（2022）。111 年農委會農糧署補助計畫。

表 5-26　各縣市 0-150 公分農地土壤總碳量

土壤深度	分區	敘述統計 縣市別	土壤深樣點 個數	有機碳含量 (kg C/m²)			網格數量 個數	網格總數值	總碳量 (萬噸碳)
				平均數±標準差	中位數	全距			
0-150 公分	北區	臺北市	117	28.4±19.2	26.1	1.79-96.5	561	9,290	9.29
		新北市	4,142	19.3±16.5	15.4	0.25-98.8	3,475	75,669	75.60
		基隆市	59	12.2±8.45	9.11	1.29-33.2	51	562	0.56
		桃園市	10,766	20.5±14.6	17.2	0.47-92.5	15,984	368,197	368.20
		新竹縣市	7,518	14.6±10.1	11.8	0.43-84.3	8,722	147,467	147.47
		宜蘭縣	6,079	10.2±10.2	6.08	0.07-99.1	18,123	182,827	182.83
		苗栗縣	10,686	8.52±7.47	6.09	0.39-95.8	10,712	79,954	79.95
		臺中市	7,383	11.9±7.50	10.1	0.31-77.7	15,296	194,529	194.53
	中區	彰化縣	11,675	11.2±8.50	8.50	0.33-71.6	61,694	665,043	665.04
		南投縣	5,697	7.14±6.14	5.15	0.15-48.8	2,484	23,991	23.99
		雲林縣	12,160	11.0±7.66	9.01	0.45-94.1	79,035	810,066	810.07
		嘉義縣市	12,221	14.7±8.58	12.6	0.85-96.7	56,731	841,932	841.93
	南區	臺南市	12,973	17.7±9.57	16.9	0.54-98.9	88,074	1,542,380	1,542.38
		高雄市	6,778	9.67±8.55	7.61	0.11-96.2	30,204	279,594	279.59
		屏東縣	14,561	7.67±7.04	4.77	0.14-86.7	66,266	525,693	525.69
	東區	花蓮縣	6,475	5.10±5.08	3.59	0.05-62.0	14,715	71,595	71.60
		臺東縣	3,895	8.81±10.0	4.84	0.03-99.7	9,262	65,560	65.56
		全臺灣	133,185	12.1±10.3	9.27	0.03-99.7	481,389	5,884,351	5,884.35

資料來源：台灣水資源與農業研究院（2022）。111 年農委會糧署補助計畫。

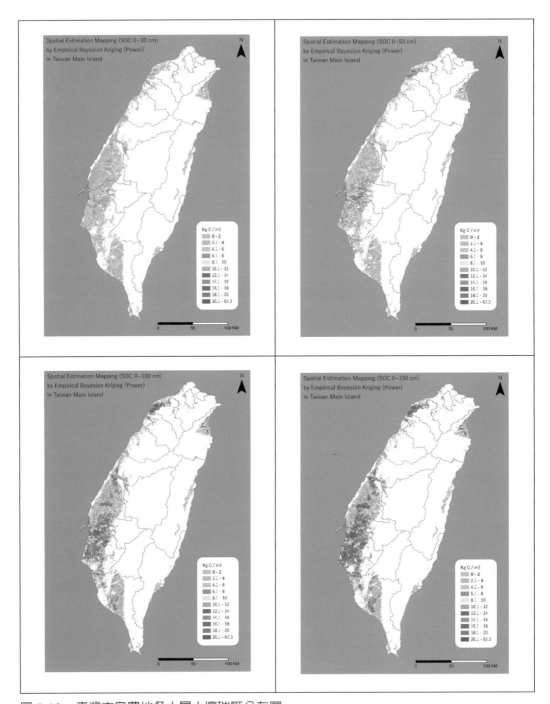

圖 5-16　臺灣本島農地各土層土壤碳匯分布圖

資料來源：台灣水資源與農業研究院（2022）。111 年農委會農糧署補助計畫。

表 5-27　全臺灣農地不同深度之土壤碳匯量

敘述統計	土壤深度 公分	土壤採樣點 個數	有機碳含量（kg C/m²）			網格數量 個數	網格總數值	總碳量（萬噸碳）
			平均值 ± 標準差	中位數	全距			
全臺灣	0-30	133,308	5.79±3.73	5.09	0.03-80.0	481,389	2,470,927	2,470.93
	0-50	133,299	8.00±5.58	6.99	0.03-99.4	481,389	3,509,509	3,509.51
	0-100	133,235	10.6±8.10	8.87	0.03-98.4	481,389	4,901,192	4,901.19
	0-150	133,185	12.1±10.3	9.27	0.03-99.7	481,389	5,884,351	5,884.35

資料來源：台灣水資源與農業研究院（2022）。111 年農委會農糧署補助計畫。

四、致謝

國際農地土壤碳匯與減排相關議題之操作與試驗研究成果相當豐碩，彙整世界各國優良農地土壤管理模式與耕作制度爲臺灣探討農業淨零路徑之重要開端，本文特別感謝農業部農糧署給予補助計畫（計畫編號：111 農再 -2.2.2-1.7- 糧 -049(5)），讓「彙整國際增加土壤碳匯與減少土壤碳排之管理技術與耕作制度及評估在臺灣推動之策略與效益」計畫得以順利進行。

感謝國立屏東科技大學水土保持系簡士濠教授土壤調查及保育研究室陳俊元、劉冠男、江詠歆協助指導臺灣土壤碳匯資料整理與土壤碳匯分布圖繪製。

感謝台灣水資源與農業研究院林冠妤、洪珮容研究專員協助彙整國際重要科學文獻，並針對文獻重要內容予以歸納；感謝張必輝博士、徐鈺庭、葉怡廷研究專員協助蒐整國內外水稻田有助於減排及增匯之田間管理方法相關文獻，執行農民調查問卷之發放與回收並完成問卷之統計分析；感謝陳逸庭博士、鍾岳廷研究專員協助彙整臺灣水旱輪作效益相關研究及提供政策方向參考；感謝游慧娟博士、劉哲諺研究專員協助針對水稻轉作效益進行評估與討論。

參考文獻

王一雄、陳尊賢、李達源（2001）。**土壤資源利用與保育**。國立空中大學印行，335 頁，臺北縣。

台灣水資源與農業研究院（2022）。111 年農委會農糧署補助計畫「彙整國際增加土壤碳匯與減少土壤碳排之管理技術與耕作制度及評估在臺灣推動之策略與效益」計畫。計畫編號：111 農再 -2.2.2-1.7- 糧 -049(5)。

行政院環境保護署（2015）。全國土壤品質性質特徵管理計畫。EPA-102-GA13-03-A257。

行政院環境保護署（2016）。全國土壤性質調查與管理計畫。EPA-104-GA02-03-A075。

行政院環境保護署（2018）。全國土壤性質調查與管理計畫（第 2 期）。EPA-106-GA12-03-A081。

許正一、蔡呈奇、陳尊賢（2003）。台灣新研擬土壤管理組之歸併。**土壤管理組規劃及應用研討會論文集**。頁 21-40。陳尊賢（主編）。國立中興大學農業環境大樓 10 樓演講廳。臺中市。2003 年 12 月 12 日。行政院農委會補助經費。

許正一、蔡呈奇、陳尊賢（2017）。**土壤在腳地下的科學**。五南圖書出版股份有限公司，臺北。

郭鴻裕（2005-2008）。計畫名稱：農田土壤性質調查。農業委員會農業試驗所。審議編號：9721012101040203C225。計畫期間（全程）：94 年 1 月 1 日至 97 年 12 月 31 日。

郭鴻裕、朱戩良、江志峰、吳懷國（1995）。臺灣地區土壤有機質含量及有機資材之施用狀況。**農業試驗所特刊，50**，72-83。

郭鴻裕、朱戩良、江志峰、劉滄棽（2008）。計畫名稱：農田土壤性質調查。97 農科 -4.2.3-農 -C2。行政院農業委員會農業試驗所農業化學組。

郭鴻裕、劉滄棽、朱戩良、劉禎祺、江志峰、葉明智（2002）。台灣地區土壤調查資料之建置與未來發展。**土壤資訊應用研討會論文集**，頁 1-43。

陳尊賢、李達源（1993）。台灣地區重要土系中重金屬全量之調查。環境保護署研究計劃報告。87 頁。

陳尊賢、許正一（2002）。**臺灣的土壤**。遠足文化事業股份有限公司。

劉天麟、李達源、陳吉村、郭鴻裕、陳尊賢（2003）。台灣新研擬土壤管理組資料系統之建立。**土壤管理組規劃及應用研討會論文集**。頁 41-60。陳尊賢（主編）。國立中興大學農業環境大樓 10 樓演講廳。臺中市。2003 年 12 月 12 日。行政院農委會補助經費。

蔡呈奇、陳尊賢、許正一、郭鴻裕（1998）。臺灣地區農地與坡地代表土壤的選定與其相關資料庫的建立。**土壤與環境**，**1**(1)，73-88。

蔡呈奇、陳尊賢、劉天麟、李達源、簡士濠、吳森博、郭鴻裕（2003）。台灣新研擬土壤管理組之應用。**土壤管理組規劃及應用研討會論文集**。頁101-128。陳尊賢（主編）。國立中興大學農業環境大樓10樓演講廳。臺中市。2003年12月12日。行政院農委會補助經費。

賴朝明、劉馥綺、林宜眞、林惠淑、何聖賓、陳尊賢（2003）。台灣新研擬土壤管理組之土壤特性之比較。**土壤管理組規劃及應用研討會論文集**。頁61-78。陳尊賢（主編）。國立中興大學農業環境大樓10樓演講廳。臺中市。2003年12月12日。行政院農委會補助經費。

謝兆申、王明果（1989）。**台灣土壤**。國立中興大學土壤調查試驗中心。

Chen, Z. S., and Hseu, Z. Y. (1997). Total organic carbon pool in soils of Taiwan. Proc. National Sci. Council ROC. Part B: Life Sci. Vol. 21: 120-127.

Chen, Z. S., Hseu, Z. Y., and Tsai, C. C. (2015). The soils of Taiwan. 127 pages. World Soils Book Series (Series editor: A.E. Hartemink). Springer Dordrecht Heidelberg New York London, USA. ISBN 978-94-017-9725-2, DOI 10.1007/978-94-017-9726-9.

Jien S. H., Hseu, Z. Y., Guo, H. Y., Tsai, C. C., and Chen, Z. S. (2010). Organic Carbon Storage and Management Strategies of the Rural Soils on the Basis of Soil Information System in Taiwan. pp. 125-138. In Z. S. Chen and F. Agus (Eds.), *Proceedings of the International Workshop on the Evaluation and Sustainable Management of Soil Carbon Sequestration in Asian Countries*. Organized by Food and Fertilizer Technology Center (FFTC). Bogor, Indonesia, Sep 27-Oct 2, 2010. ISBN-978-602-8039-27-7.

Tsui, C. C., Jien, S. H., Guo, H. Y., and Chen, Z. S. (2017). Current estimation of soil organic carbon stocks and policies for storing carbon in Taiwan. 2017 International Conference on Pedometrics. Wageningen University, Netherlands. June 26-July 1, 2017.

CHAPTER 6

旱田低碳耕作管理

郭鴻裕

農業部農業試驗所農業化學組前組長（退休）

hyguo@tari.gov.tw

一、為什麼要進行作物的低碳耕作管理？

　　全球暖化對植物造成一系列負面影響，特別是由於溫度的快速變化、降雨模式的改變、洪水或乾旱條件以及病蟲害的爆發。這些影響進一步對作物生產造成損害，降低農產品的品質和產量。極端氣候事件和人口高速成長明顯地增加全球糧食需求壓力。科學家確認因為人類大量地使用化石燃料產生溫室氣體，是造成地球暖化的主因，人類需要積極努力以滿足糧食需求並支持永續農業生產力，以應對氣候變遷。

　　氣候變遷被定義為長期（超過三十年）的氣象狀態統計上的明顯變化。化石燃料的燃燒和土地利用模式的變化，導致二氧化碳濃度從工業化前的 280 ppm 上升到當今的 400 ppm。二氧化碳濃度上升可能引發氣候變化，進一步導致病蟲害爆發，而這在過去的研究中經常被忽略。自然事件如艾尼諾－南方震盪（El Niño Southern Osillation, ENSO）進一步加劇氣候事件的變化，即使驅動因素微小的變化也會對這些事件產生重大影響。這些事件在氣候模型中難以準確模擬，導致預測的不確定性。這種現象伴隨著溫度和降雨量的變化，導致極端天氣事件。

　　農業生產高度依賴特定地區氣候條件選擇適合的農作物，因此農業一直被認為是依賴氣候、具有區域特色的生物產業。聯合國糧食和農業組織（FAO）最近的作物前景和糧食狀況報告顯示，如果目前的溫室氣體排放和氣候變化趨勢持續下去，極端天氣條件的頻率將增加，導致作物歉收、病害蟲和傳染病爆發、非生物威脅以及許多主要作物的產量下降。因此，必須透過深入的研究來尋找創新的解決方案，以提高作物的生產力、營養狀況和抵抗力。

（一）氣候變遷對農作物的影響和調適

　　十年前，普遍認為二氧化碳濃度增加對植物生長有正面影響，但現在多項研究表明，當二氧化碳濃度飽和時，農作物反應趨向穩定。這導致農作物中鈣、鎂、硫和氮含量的降低，以及水稻葉片中葡萄糖含量的增加，使其可能更容易受到昆蟲侵襲。大豆對昆蟲病原體變得更敏感。熱帶地區的氣溫升高也對農作物造成威脅，因為蒸發對植物造成壓力，導致水稻粒數減少和穀實灌漿時間延長。霜凍影響水稻的

繁殖器官，使其不育。此外，高溫降低玉米的澱粉質量，並導致顆粒尺寸縮小，進而影響產量。極端溫度對農作物造成重大損害，尤其是對開花期的壓力。預計，氣溫上升 3-4℃將導致非洲、亞洲和中東地區作物產量減少 15-35%。

這些氣候變遷引發的問題對全球主要作物的產量造成嚴重下降，尤其是溫帶和亞熱帶地區的作物更容易受到減產的影響。可用水量減少導致產量下降，加劇土壤水分不足，進而減少農業耕地。在過去幾十年中，全球小麥和玉米產量分別下降了 20.6% 和 39.3%。考慮到食物需求的增加，水資源供應成為一個關鍵問題，因為農業占用全球 70% 的水資源。未來五十年，預計乾旱將影響一半以上的作物產量。長期乾旱對水稻等作物的產量損失可能超過 40%，尤其在南亞和東南亞地區，這些地區有大片靠雨水灌溉的水稻田，每公斤水稻種子需要 3,000-5,000 升水。此外，氣候變遷對營養不良風險較高的國家，如撒哈拉以南非洲和南亞等地區造成的打擊尤為嚴重。

全球暖化還加劇地下水鹽鹼化的問題，這是由於海水入侵沿海含水層和海平面上升引起的。預計到 2050 年，氣候變遷將使鹽污染面積增加一倍，進一步危害農業土地。植物對鹽分逆境表現出多種負面反應，包括氣孔關閉、芽伸長抑制和葉溫升高。在長期逆境下，植物生長受到抑制而影響作物種子的形成過程。

糧食安全是一個重要問題，並對全球經濟基本面產生深遠影響。農業在許多地區是經濟和金融危機的緩衝手段，尤其是發展中國家的農村地區。然而，全球有超過 7.5 億人面臨嚴重飢餓，而估計有 8 億至 9 億人營養不良，這只是食物匱乏率的低估。因此，實現糧食安全將對耕地造成巨大壓力，尤其是在當前的氣候趨勢和人口成長下，糧食需求和生產之間的差距將進一步擴大。根據聯合國糧農組織的預測，到 2050 年，農業生產力需要增加 60% 才能應對全球人口的需求。這也將導致糧食價格上升，進一步加劇全球糧食安全的挑戰。特別是發展中國家，尤其是南亞國家，將受到糧食產量大幅下降的嚴重影響。

（二）各國距離實現國家和全球氣候目標還有多遠？

不同國家在實現國家和全球氣候目標方面還存在一定的距離；《聯合國氣候變遷綱要公約》宣布截至 2022 年 9 月 1 日，136 個國家已經採納或提出淨零排放目

標，覆蓋全球碳排放的約 83%。然而，考慮到截至 2021 年 12 月 31 日全面實施各國國家自主貢獻（193 個國家自主貢獻），包括有條件的承諾，預計到 2030 年，全球溫室氣體排放總量將比 2010 年水準增加 10.6%。為實現本世紀末將全球暖化限制在 1.5℃ 的目標，到 2030 年，溫室氣體排放量需要比 2019 年的水準下降約 43%。

經合組織（OECD）國家的總淨排放量於 2007 年達到峰值，過去十餘年逐漸下降。排放量減少 11% 的部分原因是 2008 年經濟危機後經濟活動放緩，但也受益於氣候政策的加強和能源消費模式的改變。各國必須在未來 10-30 年內減少排放，以實現《巴黎協定》的目標。美國、歐盟和日本等排放人國的總排放量大幅下降，2010 年至 2019 年分別下降 7%、14% 和 5%，但距減排目標仍相去甚遠。要求從 2019 年到 2030 年分別減少 44%（美國）、38%（歐盟）和 34%（日本）。

自 2005 年以來，大多數經合組織國家的單位 GDP 和人均排放強度均有所下降，顯示出與經濟增長的整體強烈脫鉤。然而，僅靠能源效率的進一步提高不足以使排放走上實現淨零目標的道路。如果不大幅改變不可持續的消費和生產模式，就不可能長期應對氣候變化。1990 年至 2017 年間，全球原材料開採量增加一倍以上。在全球層面，原材料開採量預計將持續增長，預計到 2060 年將比 2017 年的水準再次加倍，加劇全球環境影響。

2015 年簽署的《巴黎協定》承諾簽署國將全球氣溫升高限制在遠低於 2℃，並努力將升溫限制在 1.5℃。要實現升溫高限制低於 2℃ 目標，每年的農業排放量減少量估計為 14-33%；我國在巴黎協定上承諾全國減少排放 20%。土地利用、土地利用變化和林業（LULUCF）部門預計將發揮更大的作用，因為如果不大量清除大氣中的二氧化碳，就不可能實現這些溫度穩定目標等。儘管大部分注意力都集中在森林碳吸存上，認為森林碳吸存是全球減緩努力的核心，但農業和土地利用、土地利用變化和林業仍然可以透過農業土壤碳吸存做出貢獻。評估農業土壤中的土壤碳吸存（soil carbon sequestration, SCS）可以在多大程度上抵消全球溫室氣體（GHG）排放，並確定解鎖的政策約束和解決方案。

用於清除溫室氣體（Greenhouse Gas Reduction, GGR）的土地管理方案包括造林或再造林（Afforest or Reafforest, AR）、溼地恢復（Wetlands Restoration,

WR）、土壤碳吸存（Soil Carbon Sequestration, SCS）、生物炭（Biochar, BC）、陸地增強風化（Terrace Enhanced Weathering, TEW）以及具有碳捕獲和儲存功能的生物能源（Bioenergy with Carbon Capture and Storage, BECCS）。聯合國農糧組織（FAO）期待各國將土壤碳目標納入其國家氣候減緩政策框架，但固碳的政策激勵尚未產生大規模影響。使用市場機制的工具來激勵農業部門淨碳減排的情況很少見，迄今為止，大多數國家都以農業政策在保護和增強土壤碳儲量方面取得成果，儘管它們並不是直接為這些目的而設計的。但由農民、政府和工商業界主導的研發和推廣相結合，以及自願激勵和交叉合規措施，促進許多經合組織國家的保護性農業操作的案例逐漸地增加。

（三）土壤在固碳扮演的角色

在農業領域，確立了四項基本職能：(1) 農業的永續運營—側重於生產；(2) 綠色基礎設施—主要用於水土、邊坡穩定等工程目的；(3) 改善—恢復植物、水、土壤或空氣的條件，減緩氣候變化；(4) 保育—側重於生物多樣性和生態系統的連通性。農業部門的自然解方案（Nature-Based Solutions, NBS）被提議為「利用自然過程或要素來改善受農業操作影響的環境和景觀的生態系統功能，並在不同的時間和空間尺度上增強生計和其他社會和文化功能。」

土壤固碳主要發生在大氣中的二氧化碳轉移到土壤中。根據土地管理方式，隨著時間的推移，這些過程可能導致碳從大氣淨轉移到土壤。雖然全球範圍內每年植物在光合作用過程中消耗大量大氣二氧化碳，但其中大部分在短時間內透過呼吸作用的逆過程返回大氣。

土壤是農民生產農作物和創造收入的最佳盟友。地球暖化對農業造成的影響讓每個人別無選擇，只能採取應對氣候變遷的變革並為其影響做好準備。土壤中含有大量碳，在全球範圍內儲存的碳量是大氣的兩到三倍。然而，如果土壤受到干擾，其碳含量可能會流失。將未受干擾的土地轉變為農業通常會降低土壤的有機碳含量。幾個世紀以來，農業擴張導致全球土壤有機碳儲量大量縮減。人類的耕作導致土壤中所含的有機物質分解，並累積約 133 Gt C 的大量碳債。部分碳損失可以透過農業土壤上的淨土壤碳吸存實踐來恢復。如果將碳債的概念描述為人類土地利用

導致的土壤有機碳損失，以歷史和當前土壤有機碳水準之間的差異來衡量，或許更能冷靜地關注農業土壤中的淨土壤碳吸存，包括對農田和草地以及用於農業生產的有機土壤實施的措施。

　　碳農業是一種基於農場的氣候變遷解決方案，為農民轉向土壤碳吸存農業技術提供收入。這是一個涉及監控、報告和驗證（MRV）的過程，以產生碳信用額，並將其出售給希望抵消溫室氣體排放的組織。該框架連接生產和保護之間的傳統界限，以增加專案設計的功能、目的和規模。儘管特定技術工具有標誌功能，但審查確認農業系統中 NBS 的證據有限，特別是在發展中國家。人類更廣泛的採用需要採取分階段的方法來產生證據，同時將國家統計納入國家和地方政策以及農業發展策略。一套正確的氣候智慧型農業方法可以為農場帶來創收成果；了解農場中採用哪些做法對於充分利用碳農業至關重要。

　　土壤固碳措施

　　土壤碳吸存（SCS）並非只有增加投入土壤有機資材，整理所有能夠增加土壤碳儲量的做法（無論是透過增強土壤碳吸存或透過防止土壤碳損失）統稱為碳吸存的做法。碳吸存操作包括種植農作物或支持牲畜放牧的有機土壤。概述可用的主要碳吸存措施的選擇，如表 6-1。

二、土壤需要多少量的有機物質就夠了？

　　通常情況下，細坋粒和黏粒含量較高的土壤會比砂質土壤含有更高含量的有機物質。然而，與植物養分或 pH 值不同，關於特定農業土壤中足夠的有機物質含量，幾乎沒有公認的指南，但確實有些一般性準則可參考；例如：維持沙土中 2% 的有機物含量極端困難並難以達到，但黏土中 2% 的有機物含量則表示已經嚴重貧瘠。土壤有機物成分的複雜性，包括生物體的生物多樣性以及實際存在的有機化學物質，意味著土壤總有機物測試不是單純以數值高低做簡單的解釋。

　　坋粒和黏粒含量較高的土壤，需要更多的有機物質來產生足夠的水穩定性團粒構造體，以保護土壤免受侵蝕和表土結皮。有些研究報告確定，細質地土壤礦物顆粒吸附很多量的有機化合物時成為飽和的有機物狀態，此為土壤的現況與潛在

表 6-1　農地土壤的碳吸存措施

方法分類	措施重點
精進輪作方法	長年作物
	短期作物
	覆蓋作物
覆蓋作物	豆科覆蓋作物
	栽培增加土壤碳的作物，如深根作物
養分管理	最適養分投入
有機資源管理	前期作物殘質管理
	有機資材投入
	生物炭
土壤酸鹼度管理	保持作物生長最適當的土壤 pH 值，如施用石灰
耕犁管理	減少耕犁 / 不整地栽培
水分管理	土壤水分管理
碳酸化	增強風化包括透過礦物碳酸化來封存大氣二氧化碳的化學途徑。選用富含鈣和鎂的鹼性矽酸鹽，如橄欖石、輝石和蛇紋石礦物的材料。礦物在土壤風化過程中導致形成土壤碳酸鹽，並在土壤中累積。
控制土壤侵蝕	防止 / 控制土壤侵蝕
火災管理	防止火災

有機物含量水準以及土壤是否處於較高平衡有機物含量的水準的關鍵，它也告訴我們作為碳農業努力的一部分，土壤是否有潛力儲存更多的有機物（碳占有機物的58%）。在這個計算中，例如：假設含有20%坋粒和黏粒的土壤最多可以儲存3.6%的有機物，而含有80%坋粒和黏粒的土壤可儲存6.1%的有機物。這不包括額外的顆粒有機物，這類有機物可能會被快速分解（活性）或被微小團粒構造體內的土壤生物所保護而免於分解。黏粒含量和類型會影響微團粒構造體中「儲存」的顆粒有機物的數量。

　　土壤有機物質積累是很緩慢過程，很難在短期內透過測量土壤有機物質總量來檢測。然而，改進管理操作即使沒有大幅增加土壤有機物質，雖可能需要數年時間才能知道會產生多大影響，也可以改善土壤健康。投入有機資材、更好的輪作和減少耕作將有助於維持土壤中目前的水準。提醒注意的是，不斷添加各種殘留物會產

生大量的「死」有機物質（相對於新鮮的顆粒有機物質），經由為土壤生物提供食物並促進土壤團粒構造體的形成來幫助維持土壤健康的方向才是正確的。

（一）熱帶地區與溫帶地區的土壤碳的積累差異

由於熱帶和亞熱帶土壤年平均氣溫較高，制定有效的政策來創造陸地碳匯是一項嚴峻的挑戰。它可以透過實施改進的土地管理操作來實現，這些操作包括向土壤中添加大量生物量，對土壤造成最小的干擾，保護土壤和水，改善土壤結構，並增強土壤動物活動。連續免耕作物生產等等是最好的例子。但這些土壤需要技術上合理且經濟上可行的策略來增強其土壤有機碳庫。

試舉下列兩個在不受人為干擾的環境條件下，對於森林土壤有機碳（SOC）的變化為例，說明氣候等自然條件對於土壤有機碳儲存量影響。中國的林學家曾對中國亞熱帶森林 523 個森林建立清查樣區的大型資料集，調查生物多樣性與 SOC 儲存之間的關係，並檢驗環境條件（溫度、降水、土壤性質）、凋落物數量（葉凋落物和根生物量）和品質（落葉碳氮比〔枯枝落葉的 C/N〕）是否對 SOC 儲存有影響；具體的結論為：物種多樣性以及氣候因素（年平均氣溫和年平均降雨量）、凋落葉碳氮和根系生物量，是決定亞熱帶森林的有機碳儲存量主要因子。SOC 儲存受氣候因子的影響最為強烈，其次是凋落葉 C/N。考慮到環境條件後，物種多樣性對 SOC 儲存有直接和間接（透過根生物量和落葉 C/N）影響。同時也發現，在中低年平均降雨量中，顯現物種多樣性與 SOC 儲存的正相關係數更強。研究結果強調，較高的物種多樣性可以導致較高的 SOC 儲存量，因此生物多樣性的保護可以在緩解氣候變遷方面發揮重要作用。

美國學者利用溫帶和熱帶生態系的在核武爆炸前和爆炸後土壤剖面中 ^{14}C 的比較，以兩者土壤有機質中碳的數量、特徵和週轉率的差異，以及在大氣的核武測試結束後 30 年間觀察到的有機物庫中 ^{14}C 增加量，並進行土壤碳動態的方法評估建模。在代表熱帶（巴西亞馬遜盆地）和溫帶（加州內華達山脈西坡）森林生態系統的土壤有機質觀察到碳庫存和停留時間的差異，資料整理如表 6-2。熱帶土壤上部 22 cm 的大部分有機碳（7.1 kg C m^{-2}）的停留時間為 10 年或更短，其中少量是非常難分解的碳。根據 ^{14}C 資料建模，估計進出礦質土壤層土壤有機質的碳年通量在

1.9 至 5.5 kg C m^{-2} yr^{-1} 之間。相較之下，在溫帶土壤類似深度區間（0-23 cm；5.2 kg C m^{-2}）的有機質由大致等量的碳組成，停留時間為 10 年、100 年和 1,000 年，估計每年進出該土壤的碳通量為 0.22 至 0.45 kg C m^{-2} yr^{-1}。以密度（以重金屬鹽溶劑離心液的方法）區分為兩種土壤有機碳，密度小於 1.6-2.0 g cm^{-3} 的有機物（未分解完成的維管束殘質及木炭）的快速週轉是每年進出的碳通量的主要組成部分；密度大於 1.6-2.0 g cm^{-3} 的土壤有機質（與土壤礦物粒子結合的有機物及殘碎細胞壁）經強酸水解去除，在溫帶土壤中留下耗盡 ^{14}C 的殘留物，但對熱帶土壤 0-22 cm 層殘留物的 ^{14}C 含量沒有影響。結果顯示將土壤碳動態視為單一庫的碳循環模型，再以大量土壤有機質的放射性碳測量評估其週轉率，一般低估熱帶地區土壤有機質庫的有機質的年度通量。

表 6-2　熱帶與溫帶森林生態系的土壤碳庫存動態變化

土壤來源（氣候環境）表土深度	有機碳 Kg C m^{-2}	停留土壤時間（年）	碳年度通量 Kg C m^{-2} yr^{-1}	高密度有機物酸解殘留物 ^{14}C 含量
巴西亞瑪遜盆地（溼熱型熱帶氣候）0-22 cm	7.1	10，或更短	1.9-5.5	殘留物 ^{14}C 含量不影響
美國內華達山脈西坡（乾冷型溫帶氣候）0-23 cm	5.2	10，100，1,000	0.22-0.45	殘留物 ^{14}C 幾乎不存在

資料來源：Susan E. Trumbore (1993). *GLOBAL BIOGEOCHEMICAL CYCLES*, VOL. 7, NO. 2.

（二）臺灣的農地土壤有機質含量調查

農業部農業試驗所在 1959 至 1967 年間進行全面性的農田肥力測定，全省共計採樣 78,635 個樣本，在 1967 年林家菜著的土壤肥力調查報告對於臺灣近 2/3 面積農田土壤有機質含量是「低（1-2%）」等級以下；後續農業試驗所進行土壤肥力能限調查（1978-1980）顯示臺灣大多數農田土壤有機質含量的變化是朝「增加」方向發展，但增加速率不大，在 0.01% ／年以下。（備註：一般認為土壤有機質〔soil organic matter, SOM〕含碳 58%，所以換算為土壤有機碳〔SOC〕即以有機質含量乘以 0.58；SOC 含量換算為 SOM 含量，則以 SOC 含量乘 1.724 係數。）

　　1978 年至 1981 年間農試所、各改良場、中興大學、屏東農專及臺糖研究所等進行臺灣土壤肥力能限分類規範調查研究，計採取 5,730 個樣品。將土壤整理區分為九大土類，各土類之 SOM 含量範圍及平均質，依平均值高低排序依次為：黑土、安山岩沖積土、低地腐植土及湖積土、板岩沖積土、東岸母岩沖積土、紅壤、片岩沖積土、臺灣黏土、砂頁岩沖積土。此乃不同母質來源之土壤物質對於 SOM 之聚積能力不同故，臺灣平地農地南北之氣候變化不大，SOM 含量高低分布以土類、排水等級、土壤質地及氣候因子等為主要決定權重。

　　以板岩沖積土為例，詳如表 6-3，分布在宜蘭、彰化及屏東地區之農田表土 SOM 含量，平均值分別為 3.2%、2.5% 及 1.5%。而在屏東地區之細、中、粗質地板岩沖積土之 SOM 含量分別為 3.1%、2.2% 及 1.6%，彰化地區則分別為 3.1%、2.6% 及 1.5%，其差異皆達極顯著水準。但在宜蘭地區之細、中、粗質地板岩沖積土之 SOM 含量，分別為 3.4%、3.3% 及 2.1%，除部分位於高地、河灘砂地與濱海砂丘之粗質地土偏低外，其於土壤質地之影響差異並未達顯著水準。在中部地區之細、中、粗質地砂頁岩沖積土之 SOM 含量分別為 2.2%、1.8% 及 1.1%，差異達極顯著水準；南部地區之之細、中、粗質地砂頁岩沖積土之 SOM 含量分別為 2.0%、1.7% 及 1.7%。上述資料顯示中南部地區之板岩與砂頁岩土壤類別間之 SOM 含量有所不同，同土類之不同土壤質地之 SOM 含量亦同有差異。宜蘭地區因常年多雨且氣溫稍低，故雖同為板岩沖積土，本地區其 SOM 含量較中南部地區為高；但在因土壤排水相對不良，故土壤質地之差異並不造成其 SOM 含量之差異。

表 6-3　宜蘭彰化與屏東地區細、中、粗質地板岩沖積土之土壤有機質含量（1980）

	土壤有機質含量（%）			
	宜蘭	彰化	屏東	平均
細質地	3.4±0.7	3.1±1.0	3.1±1.0	3.2
中質地	3.3±0.8	2.6±0.8	2.2±1.1	2.5
粗質地	2.1±1.2	1.5±0.6	1.6±0.8	1.5

平均值 ± 標準偏差

資料來源：農業試驗所 1980 臺灣省土壤肥力能限分類規範調查研究

　　臺灣地區多山，不能不提及山區與平地間之 SOM 含量差異。高山地區從山麓至山頂隨高度變化，在不同高度上由氣溫、降水及植被特徵等綜合表現出氣候帶狀分布，臺灣中西部平原至高山間呈現垂直氣候帶之土壤與植生變化。因地形及高度造成之氣候條件而影響土壤之生成，在高處的土壤比低處土壤處於較冷之氣溫及低蒸發量，同時接受較多之雨量。這種地形造成之氣候差異亦造成山區土壤有機質含量差異之主要原因。

　　農業試驗所（1994）比較分別在 1967 年（330 公尺距網格內隨機採樣）與 1994 年（固定 250 公尺距網格採樣）在臺南縣鄉鎮為單位之 SOM 含量資料，整理如表 6-4。在臺南之永康、西港、佳里、七股及安定鄉，目前各鄉農田 SOM 含量平均值在 1.5% 至 1.7% 之間與 1978 至 1981 年間調查本區域之 SOM 含量相近，但與 1959 至 1967 年間此五鄉鎮分別比較，高出範圍約在 0.3% 至 0.5% 之 SOM 含量，沿海鄉鎮如七股鄉增高較少，內陸鄉鎮增高較多。

表 6-4　1967 及 1994 年間臺南縣部分鄉鎮之土壤有機質含量之變化

年度	土壤有機質含量（%）				
	永康	西港	佳里	七股	安定
1967	1.00±0.36	1.15±0.28	1.19±0.27	1.36±0.36	1.24±0.31
1994	1.52±0.30	1.65±0.29	1.70±0.32	1.68±0.28	1.69±0.30

平均值 ± 標準偏差
資料來源：農業試驗所

　　嘉南平原是水旱輪作田區，自 1973 年曾文水庫完成後，臺南近海平原地區的輪作區農田由三年一作增為三年二作，栽植水稻次數增加，應為本區現今較三十年前的 SOM 含量增加之主要原因之一，另一原因是肥料用量增加，田間的上部與地下部的作物生物質量也增加之故。依據英國 Rothamsted 之長期試驗結果顯示各種人為之操作影響 SOM 含量之變化，其平衡時間大約為 20 至 40 年間，故當時（1994）臺南地區之輪作制度區之 SOM 含量新平衡點應已接近當時之測值。如有新的耕作制度導入，如實施水田的轉作、大區輪作、四選三等調整耕作政策措施，則 SOM 含量可能又日趨降低並朝新的平衡點移動。

　　茹皆耀等（1947）調查臺中縣土壤指出山區森林土之 SOM 含量約為 7.0%，臺地則約為 3.3%，平地則約為 2.4%。張守敬（1950）調查中部地區不同地形高度與土壤有機質之關係，在草屯、民間海拔 100 公尺以下之農田 SOM 含量約為 1.5% 左右，中寮、國姓、集集、埔里、魚池等地位於 500 至 1,000 公尺間，其 SOM 含量在 2.0%，和平、信義、仁愛諸山地鄉其表土 SOM 含量多在 2.5 至 3.0% 之間。郭鴻裕等（1993）調查阿里山脈至布袋海邊之土壤剖面的 SOC 含量，在海拔 2,400 公尺 SOC 含量可達 67 Kg.m^{-3}，而布袋農田之 SOC 含量為 6.7 Kg.m^{-3}。

　　臺灣平地農田之開發甚早，除東部地區外，開發已有三百年以上，故臺灣平原區土壤 SOM 含量變化應是以土壤母質、地形、土壤質地與土地之利用變化為主。水田耕作需經常浸水，土壤屬於厭氣狀態，有機質分解較慢，故同地區之 SOM 含量應較旱田為高。農業試驗所郭鴻裕（1992）整理調查資料分析顯示：嘉義地區耕地水田 266 個樣品及旱田 285 個樣品之比較，水田 SOM 含量為 1.9%，旱田 SOM 含量為 1.6%，差異極顯著。依據台糖公司（1979）之調查資料顯示，全臺蔗園之土壤有機質含量在 1% 左右，遠較全臺農田土壤 SOM 之平均值為低。水田耕作較旱田耕作對 SOM 之維持或聚積更具效益。

　　SOM 在土體中不斷地進出，在分解過程受環境因子（氣溫、土壤水分、植生覆蓋及土壤性質等）影響，再加時間之因素相當複雜，非常難以精確估算土體 SOM 之存量，除非能充分洞悉 SOM 變化之歷程。以土壤調查之採樣配合化學分析法，雖較耗費人力、時間，但可直接了解當地之土壤有機質含量。

　　農業試驗所郭鴻裕（2015）年以土壤地文圖繪製原理結合傳承土壤資料，如：土壤詳測圖及土壤地文圖及 250 公尺網格與土壤基本調查資料等，分別關聯地形成因與土壤繪圖單元，並套以田間觀測資料，及地理統計方式歸納整理繪製為地表層 SOM 含量分布圖。初步完成苗栗、彰化及臺南縣市，如圖 6-1、圖 6-2 與圖 6-3。

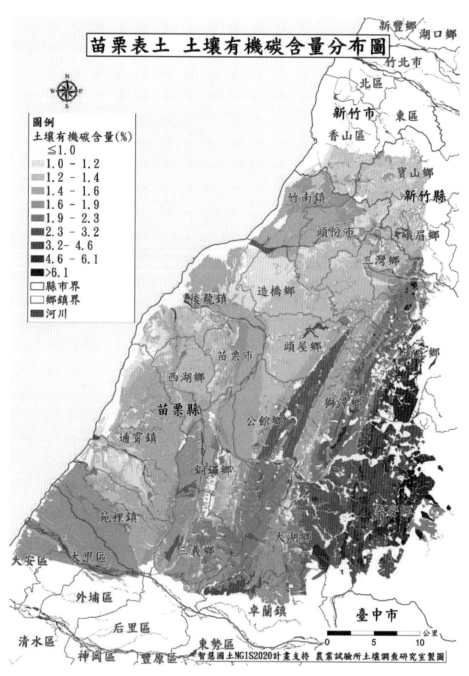

圖 6-1　苗栗縣表層土壤有機質含量分布圖

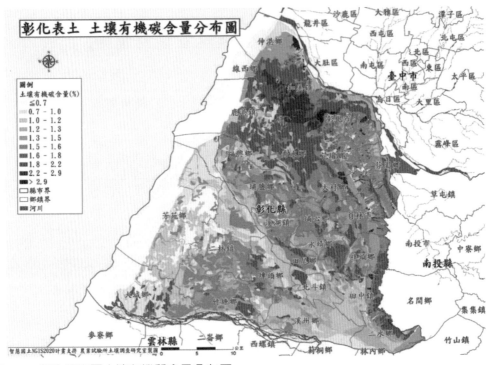

圖 6-2　彰化縣表層土壤有機質含量分布圖

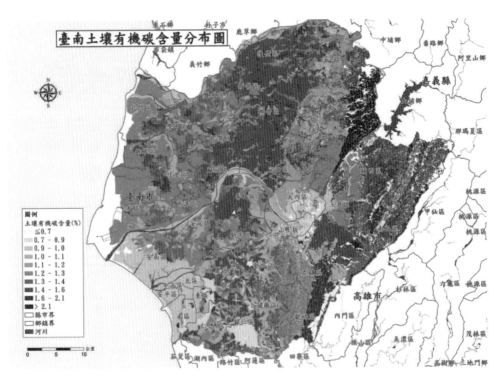

圖 6-3　臺南市表層土壤有機質含量分布圖

（三）耕作系統造成土壤有機物質含量的變化

自然（原始）土壤的有機質含量通常比農業土壤高得多。然而，不同的種植系統之間也存在相當大的差異，可以總結如下：在現金糧食經營中，大約 55-60% 的地上植物生物量被收穫為穀物並在農場出售，因此返回到土壤的有機物質量不到一半。雖然作物中去除的養分可以用肥料來補充，但碳卻無法被輕易替代。另一方面，在乳牛農場，通常將作物完全收穫用作飼料供動物食用，然後大部分植物生物質，包括養分和碳，以糞便的形式返回到農田。儘管大多數奶牛農場也種植自己的飼料穀物，但有些乳牛農場從其他地方進口穀物，從而積累額外的有機物和養分。考慮到典型的傳統蔬菜種植系統，與現金穀物類似，大部分植物生物質都在農場內收穫並出售，土壤的有機質回饋有限。

然而，典型的有機蔬菜系統通常會大量引入堆肥或糞肥來維持土壤肥力，從而向土壤添加大量有機物質；此外，它們更有可能種植綠肥作物來增強主要經濟作物的養分。美國農學家在溫帶地區的一項耕作系統對 SOM 含量和土壤健康的影響研究，結果發現用於種植一年生穀物作物（如玉米、大豆、小麥）的土壤平均 SOM 含量為 2.9%，傳統加工蔬菜的土壤平均 SOM 含量為 2.7%；乳牛場的平均 SOM 含量略高，達到 3.4%，而混合蔬菜（主要是小型有機農場）的平均 SOM 含量為 3.9%。牧場的 SOM 含量最高，達到 4.5%，其中大部分植物都被用作肥料，土壤不經常翻耕。由於土壤管理和有機質動態，土壤的物理狀況也受到影響。當 SOM 含量較高且土壤不經常翻耕時，土壤團粒穩定性較高，這是土壤物理健康的一個良好指標。

（四）添加有機物在土壤中的變化

當改變有機質貧乏的土壤的管理方式，尤其是長期受到密集耕作的土壤時，原本的土壤團粒構造可能已經遭受損失，使有機質增加的速度變得緩慢。首先，任何可與有機物形成鍵結的礦物表面都將與有機物形成有機－礦物鍵結。微細土壤粒子聚集團也會形成在有機物顆粒周圍，如死亡土壤微生物的外層或相對新鮮的殘留物碎片。隨後，這些微細土壤粒子聚集團造會組成較大的土壤粒子聚集體，並以多種方式保持穩定，通常是透過菌根真菌和微根系。一旦所有可能的礦物位點都被有機

分子占據，而所有微細土壤粒子聚集團也形成在有機物顆粒周圍，有機物主要以游離顆粒的形式存在於較大的微細土壤粒子聚集團中，或者與礦物質無關，這被稱為游離顆粒有機物。

如持續採用相似的土壤管理方法（例如覆蓋種植或糞肥施用）數年後，土壤將在種種的管理下達到平衡，土壤中的有機質總量不再會年年變化。從某種意義上說，只要管理方式不改變，土壤就會被有機物「飽和」。所有保護有機物的位點（包括黏土上的化學鍵結位點和小骨材內的物理保護位點）都已被占據，只有有機物的游離顆粒可以積累。然而，由於這些游離顆粒的保護相對有限，它們在正常（氧化）條件下通常會相對快速地分解。

當採用耗損有機物的管理操作時，情況則相反。首先，有機物的自由顆粒會被耗盡，然後當土壤粒子聚集體被分解時，物理保護的有機物才會被分解。經過多年的土壤消耗實踐後，通常剩下的有機物質會緊密固定在黏土礦物顆粒上，並困在非常小的微細土壤粒子聚集團中。

（五）提高和維持土壤有機質含量

提高和維持土壤有機質含量是一項具有挑戰性的任務。大幅度增加土壤有機質含量或在達到特定水平後維持高水平並不容易。除採用有機物質積累的耕作系統外，需要持續不斷的努力，包括多種方法來添加有機物質到土壤中，同時盡量減少損失。特別是對通氣良好的土壤（如粗沙），提高有機質含量尤其困難，因為聚集物形成的可能性較低（這些聚集物可以保護有機質免受微生物的分解），而且它們與細粒礦物質的保護結合有限。由於在通氣受限的高黏土土壤中分解速度較慢，因此相對於粗沙土壤，添加較少的有機殘留物即可維持土壤有機質水平。鑒於土壤的質地和排水條件，已經缺乏有機質的土壤比已經含有大量有機質的土壤更容易實現有機質的增加。

（六）土壤有機質含量的平衡值

有機物的平衡值可以用簡單的模型來估算，前提是存在長期穩定的管理模式。該模型要求合理的有機材料添加率和土壤中有機質分解率。不同組合的添加率和分解率會導致土壤中有機物百分比的差異。例如：在砂質土壤中，每年每公頃添加約

5,000 公斤有機殘留物，預計每年分解率為 3%，最終土壤有機質含量約達到 1.7%。相比之下，在排水良好且質地粗糙的土壤中，每年每公頃添加 7,500 公斤殘留物，假設每年分解率為 5%，但最終土壤有機質含量僅達到 1.5%，潮溼熱帶地區可能更低的土壤有機質含量。每年每公頃的有機物增加速度通常在數十至數百公斤之間，但要注意，含有 1% 有機物的表層 15 公分土壤中，每公頃土壤有機質的重量高達約 20,000 公斤。因此，即使每年每公頃添加 5,000 公斤，土壤中的有機質總量的變化通常需要數年才能檢測出來。除最終含量外，相同的方程式也可用於估計幾年或幾十年內的有機質變化。例如：每年每公頃添加 5,000 公斤殘留物，第一年剩下 1,000 公斤，然後以 3% 的速度分解。隨著時間的推移，土壤最終達到 1.7% 的有機質平衡。在土壤初始含量為 1% 的情況下，前十年的年淨增量約為 350 公斤，但隨著土壤達到穩定狀態，淨增量將減少。

在極度貧瘠的土壤（有機質含量從 0.5% 開始）中，有機物上升速度更快，因為它可以以生物體無法利用的形式保存在有機礦物中。這種情況可能出現在嚴重退化的土壤並首次接受糞肥或堆肥，或者開始種植覆蓋作物或多年生作物。一旦所有可以保護有機物的可能位點都已經飽和，有機物的累積速度就會變慢，主要以游離顆粒材料形式存在。

（七）土壤碳的預測模式

土地利用變化（LUC）對土壤有機碳（SOC）儲量和全球碳循環具有重要影響。由傳統農業（水田、旱田）轉向的特定土地利用（牧草、蔬菜、果樹）的農地已經有所增加，但對 SOC 儲量的影響了解尚有限。特定地點的 SOC 儲量隨時間而增加和減少，這種變化受到多種因素的影響，包括環境條件在內。

土壤碳預測模型可以量化土壤碳儲量的變化，從而準確理解控制土壤碳週轉和封存過程。這些模型還可以深入解釋封存過程，並預測 SOC 的未來變化和趨勢。自 20 世紀 30 年代以來，已經開發多個 SOC 模型，以數學方式描述土壤中的生物地球化學過程，可參考 Manzoni 和 Porporato（2009）的完整的回顧報告。儘管存在許多不同複雜程度的模型，但自 1945 年首次出現以來，主要形式是普通微分方程組（ordinary differential equations, ODE）。在這種方法中，每個 ODE 描述土壤不

同區域內 SOC 的品質平衡，每個區域的特點是 SOC 的特定分解速率。研究人員後續開發電腦類比模型，如 RothC（1987）和 Century（1988）模型，有助於使用多年蒐集的時間序列資料來推斷碳儲量趨勢，例如：爲改進農產品碳足跡中現場排放的核算，曾有學者根據 IPCC 的第三層方法中使用 RothC 模型的類比評估 SOC 的變化，並將其與其他方法進行比較 IPCC 的默認方法。所有模型都有其侷限性，對於特定需求，模型構建者通常會進行修改以更適應之。

Roth C 模型的核心是將總 SOC 品質劃分爲特定的池（pool）。這些池包括可分解植物物質（DPM）、抗性植物物質（RPM）、腐植化有機物（HUM）、微生物生物量（BIO）和惰性有機質（IOM）。然而，建模者可以自由地研究替代分配土壤碳的方法，以適應不同的研究目標。絕大多數 SOC 模型是確定性的，對於給定的一組參數和初始條件，產生土壤碳動力學的單一可能軌跡。另一方面，統計 SOC 模型可以生成可能的土壤碳軌跡集合。

這些模型可以在不同尺度（如微觀、生態系統或全球尺度）應用，用於理解驅動 SOC 分解和累積的過程，研究它們對氣候或土地利用變化的敏感性，並預測生態系統 SOC 庫存隨時間的變化。這些模型可能具有或多或少的顯式過程。例如：某些模型具有描述 SOC 分解的微生物顯式庫，而其他較簡單的模型則不考慮微生物活動，僅表示微生物藉由活性池的影響迅速分解 SOC。系統非常複雜，完整地在模型中描述所有這些過程基本上是不可能的。模型是對現實的簡化表示，因此必須選擇包括哪些過程、如何參數化它們以及忽略哪些 SOC 動態的部分，以預測 SOC 儲量在不同時間段內的演變，並考慮 SOC 過程中的現有不確定性。

土壤建模領域鮮有採用多模型整合於 SOC 庫存預測的，與單一模型類比相比，由於 SOC 模型類比誤差相對獨立，採用多模型整合方法有望改進估計值，由於存在潛在的重要回饋效應，提高 SOC 模型的可靠性對於改善未來的氣候變化預測特別重要；另外，因爲模型類比可以作爲政策制定者的基礎，包括：政策制定者可能需要提供財政支援，以支持 SOC 庫存的增加實施。

在簡易的土壤碳的模型中，有機碳礦化的一階方程；描述外源有機碳（易分解與難分解）的組成及原土壤有機碳的礦化作用爲一階動力學方程式，受土壤溫度、水分、土壤黏粒含量與 pH 的影響（詳如圖 6-4）。土壤溫度對有機碳礦化的影響，

其反應程式的變數為土壤溫度（℃）及 Q_{10} 的有機碳礦化的溫度係數，取值為 2.5。有機碳礦化與土壤水分條件的量化關係為二次曲線的關係，在田間容水量時，有機碳的分解度最快，土壤太乾或淹水情況都偏低。黏土中的空氣較砂土要少，好氣性微生物的活性受到抑制，外源有機碳在土壤的分解量隨著黏粒含量的增加而減少，是一次式反應曲線。不同的微生物在相同的土壤 pH 條件下活性不同，細菌類對土壤 pH 的活性的適應範圍是 4-9，真菌類是 4-6。在較低的土壤 pH 條件下，土壤有機質的分解速度較慢。土壤 pH 對有機碳的分解的影響速率在低於 pH 4 以下偏低，大於 pH 4 至 pH 6.5 則呈現速度增至最大，超過 pH 6.5 以後維持水準至 pH 8。

　　模型有其限制，大多數模型都具有相似的動力學和化學計量定律，這些定律目的在機械地表示複雜的潛在生化約束，並為其分類提供基礎。非線性的複雜性、程度和數量通常隨著時間的推移而增加，而隨著感興趣的空間和時間尺度的增加而減

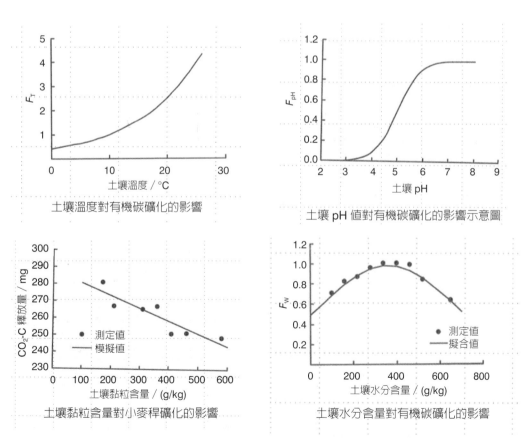

土壤溫度對有機碳礦化的影響

土壤 pH 值對有機碳礦化的影響示意圖

土壤黏粒含量對小麥稈礦化的影響

土壤水分含量對有機碳礦化的影響

圖 6-4　氣溫、土壤 pH、土壤質地及土壤水分與土壤有機質的分解速率影響

資料來源：摘錄自農業生態系統碳收支模型（黃耀等，2008）

少；另也有專門為某些尺度開發的數學公式（例如：在年時間尺度分解模型中假設的一階衰減率）通常也傾向於在與原始尺度不同的其他空間和時間尺度上使用，可能導致理論之間的不一致。因此，未來的建模工作必須仔細考慮其數學公式的尺度依賴性，特別是當應用於廣泛的尺度時。

（八）秸稈移除與否的爭論

目前各界努力進行負碳工程，透過生物質的直接燃燒或將其轉化為乙醇，更有效地將植物結構材料（纖維素）轉化為燃料。目前國內僅建成非常少數的纖維素乙醇工廠，長期商業可行性仍不確定，但這在未來可能會改變。

美國有些人士擔憂對長期移除田區生物質後對於農地土壤健康的危險之一是，如果將植物結構材料（而非穀物）轉化為乙醇在商業上可行，則可能傾向於使用農作物殘留物作為能源，從而剝奪土壤所需的有機投入。例如：大多數地上玉米殘留物需要返回土壤以維持土壤品質。據估計，需要 2 至 5 噸玉米殘渣來維持土壤的有利特性。許多愛護土壤人士擔心在經濟糧田採用傳統耕作方式，並且沒有額外糞肥或堆肥返回有機物質，這造成非常負的碳平衡。雖然清除農作物殘留物就應該種植覆蓋作物，但它們可能無法生長到足以彌補損失的殘留物。他們另提出質疑：打包和儲存玉米粒殘渣的成本，加上替換殘渣中的營養成分，損益平衡成本（取決於產量和收穫殘渣的百分比）等出售農產品與作物殘植的價格的報酬，與農民維護土壤健康需要的投入的成本是否平衡或農民可以獲得更多的利益，才能使殘留物出口從長遠來看具有經濟意義。以及如果農田以收穫柳枝等多年生作物作為能源燃燒或轉化為液體燃料，由於廣泛的根系和缺乏耕作的貢獻，至少土壤有機質可能會繼續增加。

臺灣地處亞熱帶、熱帶交界地季風區，高溫潮溼的環境土壤有機質不易留存；在農業部農業試驗所農場的長期水旱田輪作及施肥管理對土壤性質的影響聯合計畫研究，林毓雯整理 1994-2022 年計畫的 29 年的土壤有機資材管理的處理，其試驗結果如圖 6-5 顯示。

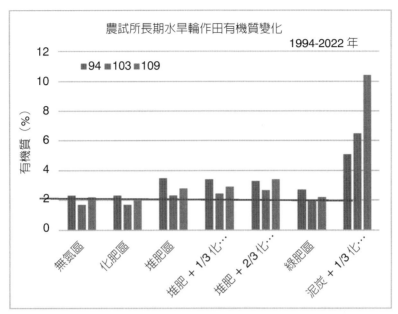

圖 6-5　臺灣中部農田有機資材投入對土壤有機質含量影響的長期試驗

資料來源：林毓雯，2022

　　水稻及旱作的輪作田，以推薦水稻氮素用量為基礎，計算堆肥、綠肥、泥碳及化學肥料的添加與調整用量，二期作玉米的肥料管理也相同的處理模式。持收穫物外，秸稈全部回歸農田，綠肥除在田區栽種外，並自外田栽種綠肥以補充不足的氮素。

　　有機質肥料施入土中的增匯效果因資材而異，長期試驗的土壤有機質變化，可分為三群，第一群是無氮肥區、化肥區及綠肥區處理，它們的土壤有機質含量幾乎沒有變化，綠肥則幾無增匯效果；第二群的不同堆肥施用量的處理，土壤有機質含量略有增加，但近三十年來的土壤增匯有限；第三群泥碳等經炭化或腐植化資材可留存較久，明顯地增加土壤有機質的含量。表明在熱帶、亞熱帶環境下農田投入堆肥養分（肥力）的效果並不連同帶動土壤有機質增加碳匯的效應，只有施入碳化資材（生物炭）方可長期留存。

　　在堆肥區處理每年約施用 8,000 公斤／公頃有機肥，平均年累積增 0.03% 土壤有機質，約增加 348 公斤有機碳／公頃 = 1.25 t CO_2e。以經濟效益估算等同於每年投入 32,000 元購買堆肥施入土壤，以環境部 2022 年訂定的碳價每公噸二氧化碳為

300 元計價，農田土壤累積的土壤碳計價換回 375 元／年。

多年來產量和土壤有機碳（SOC）的相關性演變成為評量土壤生產力高低的指標，但一般忽略土壤肥力的長期動態變化及其對作物的影響，較短時間的觀測資料變化反成為各種爭議的開端，吾人同意廣泛監測產量和 SOC 並權衡土壤肥力和碳吸存之間相關性是必要的。然而，假如在熱帶及亞熱帶的季風區投入土壤的作物生物質快速地被消化，且不能累積成為土壤碳匯，在土壤的養分供應與土壤有機質的含量維持是可以替代達成，且無損於糧食安全之議題，則吾人應當思考，如何有效運用生物質對於緩解地球的暖化比較有效益？這是我國在農業的負碳工程必須優先追求的答案。

（九）為什麼我們需要永續農業操作來捕捉土壤中的碳？

鑑於土壤可儲存大量的碳，土壤碳儲量的小幅增加可以減少大量的全球溫室氣體（GHG）排放。土壤是 CO_2 排放源，但它們也可以從大氣中去除 CO_2。當 CO_2 清除量和 CO_2 排放量之間的差異為正時，就會發生淨土壤碳吸存（SCS）。IPCC 情境表明，如果不從大氣中大量清除 CO_2，到本世紀末將全球溫度升高限制在 1.5℃ 或 2℃ 是不可能的，而淨 SCS 可以為這一過程做出重要貢獻。又土壤有機碳（SOC）是對土壤肥力、農業生產和糧食安全產生正面影響的重要因素。然而，目前的耕作方式、集約化耕作、全球暖化加劇和氣候變遷造成有機碳損失的風險，從而影響糧食供應。因此，不斷採取各種建立土壤碳累積和固存的管理策略。

在本世紀剩餘的時間裡，估計農業用地的土壤淨碳吸存有可能抵消全球每年人為溫室氣體排放的 4%，為實現《巴黎協定》的減排目標做出重大貢獻，並承諾採取各種計畫和政策來建立農業社會責任。到 2030 年，全球必須創造 2.5-3.0 Gt 二氧化碳當量的碳匯；這樣的一套計畫將包含限制土壤碳流失、鼓勵永續發展以及針對當前問題和許多其他氣候變遷風險的「雙贏」解決方案。但土壤學家研究估計，淨 SCS 做法在短期內每年可封存高達 2 Gt C。然而，當考慮採用動態和土壤碳匯的有限容量時，在本世紀餘下的時間裡，它們的全球封存潛力平均每年下降到 0.3 至 0.6 Gt C。這可以分別抵消全球溫室氣體排放量的 2% 至 4%。

經合組織（OECD）最近的研究發現，這一潛力的大約一半可以藉由碳價格的

SCS 補貼來實現，這與全球經濟範圍內將全球溫度升高限制在 2℃的努力相一致。由於淨 SCS 是一個存量積累過程，因此需要一套政策，透過保護現有存量來防止 CO_2 損失，並增加 CO_2 清除。這些想法是透過利用土壤將二氧化碳排除在大氣中的能力以及永續農業實踐，來捕獲土壤中的碳以扭轉這一趨勢；覆蓋作物等碳農業技術在最大限度地提高土壤捕獲碳的能力，使其能夠長期儲存。

碳農業的運作方式不僅是幫助世界消除空氣中的溫室氣體排放。碳農方法有益土壤健康、減少化學物質外漏到水源、改善生物多樣性等。從長遠來看，這些碳農業實踐可以降低成本，影響產量質量，並為農民帶來新的收入來源。

（十）旱田的低碳農耕管理與維持並提高礦質土壤的 SOC 重點

旱田低碳農耕管理重點在於：(1) 如何維持並提高礦質土壤的 SOC；(2) 如何增加氮素利用效率與避免氧化亞氮的排放。由於大部分農田土壤（礦質土壤）在不改變管理的情況下將持續逐漸失去 SOC，因此停止和扭轉損失同樣重要。歐盟學者的評估：與其他負碳農業方案相比，農地和草地 SOC 封存的緩解潛力更加有限且不確定，可行的緩解潛力可能受到更多限制。

由於在農場和地區土壤的異質性、氣候條件、現有的 SOC 存量和管理操作，封存碳的潛力可能會有很大差異。這也增加施行 MRV 的成本，並使可行儲碳潛力難以評估，在黏土和目前 SOC 含量較低的土壤具有較高的緩解潛力，主要是因為負碳之緩解潛力受到土壤是否達到 SOC 飽和水準的限制。另一個有爭議的問題是，使用生物炭作為增加礦質土壤中有機碳的策略，考慮到整個生命週期以及潛在污染物對土壤健康和生物多樣性的負面影響，例如市場生物炭的淨效應高度不確定，另一重要的其他風險也來自市區堆肥或沼渣的應用，因為品質標準難以控制，並且存在微塑膠和其他污染物污染的風險。

維持和增強 SOC 需要碳輸入和土壤碳損失之間的正平衡。它與任何農業系統以及廣泛的碳農業操作有關，主要重點在於農田和草地的 SOC 固存。最有可能維持和提高 SOC 水準的做法包括：(1) 覆蓋種植；(2) 改善作物輪作（例如：透過種植豆類和其他固氮作物）；(3) 不翻耕維護草地；(4) 耕地轉草地；(5) 有機農業；(6) 牧場和草地的管理（例如：優化放養密度或草地改造）。

維持和提高 SOC 水準可以改善土壤結構和土壤肥力，提高持水能力和對氣候影響的整體抵抗能力，還可以減少壓實風險和土壤侵蝕。但有部分人士認為：由於對土壤健康的顯著益處及其不確定的緩解潛力，維持和改善 SOC 應該主要作為一種調適方案來推廣。另強調由於對土壤健康和生物多樣性的風險，應限制生物炭和城市堆肥的使用。

三、負碳的農業技術

碳農業的主要目的是將碳儲存在土壤中，以下做法對土壤碳吸存有正面影響，通常可獲農學家推薦。

（一）減少化肥施用

比爾・蓋茲曾指出：「如今，地球上每五個人中就有一人的生命歸功於化學肥料帶來的更高農作物產量。」在農業的綠色革命時期，全球糧食安全嚴重仰賴化肥，其中氮（N）是主要的投入，以尿素、硝酸銨、磷酸二銨等形式存在。然而，自 1960 年至 1995 年，全球氮（N）肥料的使用量增加七倍，但大部分氮都流失到環境中。對於理解氮肥的生產和使用如何導致大量溫室氣體排放，以及減少這些排放的機會，具有重要意義。

作物養分管理的核心在於避免施肥和糞便管理產生的氧化亞氮排放。改善糞便管理和施用、結合牲畜管理，以及減少合成肥料造成的排放是重要策略之一。必須改進養分規劃，並優化施肥時機和用量，以避免過度施肥。在豆科作物、殘留物管理、輪作等農藝操作中採用精準農業，可以顯著影響養分管理的效果。

化學肥料的使用會降低土壤固碳能力，過度使用則會造成浪費。隨著無機肥料價格的上漲，製造也釋放大量溫室氣體。因此，減少化肥施用成為降低成本的方法之一。永續農業系統以土壤養分為基礎，但面臨著無法獲得或負擔得起提供大部分養分的肥料的挑戰。在化肥價格上升的情況下，如何提高效率並節省資金成為關鍵問題。農民需要更有效地使用肥料，廣泛宣傳肥料使用、養分利用效率（NUE）、平衡肥料以及作物和土壤專用肥料的知識，對於提高農業企業的投資回報至關重

要。空氣和水的氮污染對健康、生物多樣性和氣候變遷產生不利影響。一氧化二氮是一種比二氧化碳強 300 倍的溫室氣體，已取代甲烷成為印度農業排放的第二大溫室氣體。若僅減少或去除傳統系統中的氮肥就會導致產量相應減少，因此許多研究著重於最大化每個溫室氣體排放的作物產量。

提高施肥效率有助於減少總量和過度施肥，進而減少氮淋失和逕流。這有助於保護地表水和地下水，降低與飲用水中硝酸鹽含量相關的成本，並減緩富營養化的負面影響。提高效率雖不會導致產量下降，但對農民而言是成本效益的，因為他們節省了投入成本。然而，可能需要一些投資成本（例如精密技術）來實現，這取決於參與的活動類型，可能使農民在維持生產類型和規模方面面臨挑戰。

根據學者的估算（2021 年），歐盟改善養分管理的成本效益潛力可以減輕約 19 Mt CO_2e/yr 的排放，這考慮直接和間接的氧化亞氮（N_2O）減排以及減少化肥生產和硝化抑制劑的上游二氧化碳排放。然而，僅應用於農場的部分提高肥料效率本身並不會帶來絕對的減排，必須採用整個農場的方法來監測化肥總量，以確保絕對減排。

完全不使用任何氮肥是有機作物生產系統的核心。這種方法減少農場的溫室氣體排放，但可能會對產量產生一定的影響。有機農業依賴於使用豆科作物來增強肥力，並將這些作物納入土壤中，從而釋放溫室氣體。相對於傳統生產的小麥，有機小麥的碳排放量並不顯著不同。有人認為，由於有機耕作需要在輪作中增加肥力建設部分，而輪作並不能生產供人類消費的食用穀物或油籽，因此較低強度的有機系統需要在不增加食物總體供應的情況下，生產相同總量的產品。同時，挑戰當前大量生產穀物和油籽的「需求」，然後將這些作物用於飼養牲畜，可能導致可用食物總量的減少，以及與牲畜生產相關的所有溫室氣體排放。

豆科作物輪作、糞肥和有機物管理、正確的氮肥選擇及正確的時間和數量施用，以及採用精準農業等最佳農藝操作，都可以在一定程度上減少氮素損失。然而，為了進一步提高氮的有效利用，改善作物的氮獲取、同化、易位和內部再動員等過程是必要的。過去十年的發展中出現了一些可能實現永續和氣候友善農業的新前景，包括分子育種和轉基因等領域的進展。

為了保持土壤健康和持水能力，提高合成肥料的使用效率應與改善土壤健康的

措施相結合，例如：改善輪作、覆蓋作物、納入臨時草地和防止土壤結皮。值得注意的是，乳製品中已檢測到硝化抑制劑，並對陸地和水生生物具有生態毒性風險，硝化抑制劑的使用應遵循預防原則，否則是為減少 N_2O 的排放，而造成另一次的食品安全的危機，影響動物及人體健康。

　　清楚了解氮肥如何在溫室氣體排放總量中占據如此大的比例，以及減少這些排放的機會，是首先關注的重點。已經有許多研究，包括現場研究和透過建立模型技術研究減少所有氮（N）肥料施用的效果。改良的植物遺傳學也提高作物氮的利用效率，從而可以在減少肥料需求的情況下獲得相同的產量。

（二）影響肥料施用的因素

1. 土壤養分移動和可用性

　　土壤養分透過質量流和擴散的結合，向植物根部移動。質量流發生於養分溶解後，經由蒸發散、滲濾、地下水流等對流水運動，運送至根表面。相對地，擴散是當離子吸收率超過供給的質量流量時，形成的濃度梯度驅動的運動。土壤類型和條件、植物種類，以及養分的化學特性決定了每個過程對養分運動的貢獻。在耕地土壤中，氮以硝酸鹽形式存在，透過質量流移動；而銨氮、磷、鉀等主要透過擴散。然而，缺乏時任何養分可能主要透過擴散，而在供應充足且土壤對養分吸附有限時，大多數養分可以透過質量流移動。磷肥施用的養分移動在許多研究中被指出為重要。

　　在大多數土壤中，磷主要透過擴散移動，特別是在較冷條件下，數月內僅前進幾公分。可溶性磷與土壤中的黏土、鈣、鐵和鋁化合物反應，容易轉化為不易利用的形式。細質土壤具有更大的固磷能力。鉀被吸引到黏土礦物表面，可以以植物緩慢利用的形式結合或固定在黏土層之間。土壤中的黏土礦物類型和含量影響可用的磷和鉀含量。高降雨和溫暖條件下形成的土壤有助於磷的固定。相比之下，硝酸根離子在土壤中移動性強，容易移動到植物根部，特別是硝酸鹽形式肥料施用或透過硝化轉化時。

　　大多數作物喜歡吸收硝酸態氮，因此通常認為氮肥在成熟植物中不如磷等固定肥料重要。然而，對於某些忌鈣植物或「喜酸」植物，如藍莓和杜鵑花，氨態氮可

能更爲關鍵。硫酸鹽形式的硫也可在土壤中像硝酸態氮一樣移動，但更容易被黏土顆粒吸收。

　　肥料和養分的移動量受土壤或無土基質中水的可用性影響。當土壤含水量低時，質量流和擴散減少，根部吸水減少，養分分離子到達根部表面的路徑變得更加曲折。在這種情況下，施肥在土壤表面以下有助於增加乾旱時期氮和其他養分的利用率。灌溉比不灌溉更有效，表明施肥和土壤溼度之間可能存在協同作用。

　　許多其他因素影響土壤養分的移動和可用性，包括溫度、土壤 pH 值、氧化還原電位、土壤有機質含量、土壤壓實、養分相互作用、根系分泌物，以及土壤和根際土壤動物和微生物的生物活性。每種因素對養分有效性的相對重要性通常因地點而異，並可能隨季節而變化。在春季土壤溫度較低時，土壤化學反應和養分向植物根部的移動通常比夏季慢。在春季播種時，通常會在種子附近施用少量磷肥和鉀肥，以提高發芽時的養分利用。

　　在高 pH 值的土壤中，大量施用有機材料，如糞肥、植物殘體或綠肥作物，不僅提供土壤養分，還可產生酸性化合物，增加礦物質形式的磷和微量營養素的利用率。各種土壤養分之間的相互作用，如植物生理學、土壤生物學、陽離子競爭等，也可能影響肥料的施用。例如：施用 NH_4-N 和磷肥可以單獨增加磷的吸收，而高鉀施肥可能降低植物對鎂的利用率。因此，在施肥計畫中應考慮各種因素，以最大程度地提高養分的移動和利用效率。

2. 根系的成長

　　隨著植物根系的不斷生長，活躍的根部會延伸進入新的土壤區域，攔截植物所需的養分。一般而言，擁有較大根系表面積的植物更能有效地截留土壤中的養分。菌根眞菌的存在有助於增進這些養分的截留能力，根部和菌絲的合作截留促使對鈣、鎂、鋅和錳等養分的大量吸收。

　　爲了有效吸收植物所需的養分，肥料應盡量施用在接近植物根部的區域。在種植的頭 20 天，幼根是最主要的養分吸收點，吸收率最高；隨著根部的老化，吸收率急劇下降。因此，在新根生長的區域施用肥料可促使植物更有效地吸收養分，同時減少肥料損失的風險，前提是保持足夠低的養分濃度，以避免鹽分問題並防止根部受損。

新根的生成在一定程度上受到土壤溫度的調節，但也受到植物發育階段以及土壤水分和養分可用性的影響。新根通常被認為在土壤中延伸的距離相當於樹枝尖端的伸展距離，稱為樹木或灌木滴水線或稍遠。肥料的建議通常基於這一假設。總的來說，樹根的伸展度接近樹枝伸展度的 3 倍，建議施肥前確定栽種的作物最佳肥料施用位置。在施肥時，根部的深度也可能是一個重要的考慮因素。根的垂直分布隨著植物年齡的增加而增加，並且在不同作物之間差異很大，甚至在同一物種的栽培品種之間也是如此。

灌溉也會刺激根系的生長，在乾燥的土壤中，根系會集中在土壤水分利用率最高的地方。透過灌溉水注入可溶性肥料，以實現更容易控制施肥的數量、濃度和時間。透過調整滴頭間距以及每行滴水支管的數量和位置，也可以輕鬆控制肥料的投放。

（三）評估施肥方法提高養分的有效供應

1. 混和式施肥

混和式撒施通常在種植前進行，適用於任何作物以提高整體土壤肥力。由於肥料混合在土壤中，移動性較低的養分（例如磷和鉀）更容易被植物根部接觸利用，並以均勻撒布而大程度地減少肥料傷害。然而，在深厚的砂質土壤上，氮和硫可能會因淋洗而損失，特別是在大雨過後。行列式作物（玉米、高粱等等）需肥量要比條帶作物更多的肥料才能獲得相同的產量。

2. 條狀施肥

條狀施肥是將肥料沿著作物行下或旁側集中放置的方法。肥料可以在種植時與種子一起放置，稱為「彈出」（pop-up）肥料，或放置在種子附近或作為「啟動」肥料移植。種植後施於土壤表面或土壤表面以下的一系列肥料，通常稱為「側施」施用。這對於寬行種植的作物特別有效。常見的帶狀肥料包括氮和磷，儘管硫和鋅等微量營養素可以作為起始肥料有效施用。彈出式肥料和啟動肥料含有少量的可溶性氮和大量的磷，有助於早期生長。

使用彈出式肥料和啟動肥的一個主要問題是，如果施肥量過高，可能會造成鹽害或氨中毒。即使在較大的植物中，過量使用種子肥料或移植肥料也可能導致嚴重

的林分減少和產量損失。某些氮肥和鉀肥的鹽指數很高，因此應適度施用，以避免影響種子發芽和植物存活率。

彈出式肥料和起始肥料會集中於施肥處的根系生長，可能降低植物在成熟期後期獲取水分和養分的能力。起始肥料溶液集中了新根的發育，隨後增加作物的灌溉需求，需要調整灌溉計畫以確保作物獲得足夠的水分。

3. 側條施肥

側施肥料用於補充種植前或種植期間施用的肥料。蔬菜在間苗後通常需要側施氮肥以滿足作物持續生長的氮需求。側施肥料可以帶狀施於土壤表面，透過澆水或耕作方式摻入，或用小刀或小柄深深地帶狀施於土壤表面以下。地下放置有助於減少氮素損失，特別是對於像無水氨這樣的肥料。綜合而言，施肥方法的選擇應根據土壤性質、作物類型和生長階段的需求進行調整，以最大程度地提高效率並減少可能的損失。

4. 肥灌施肥

灌溉施肥是透過灌溉水施用可溶性肥料的做法。近年來，隨著滴灌和其他低流量灌溉系統的普及，這種施肥方式在農業中急劇增加。這些系統包括微噴頭等，利用它們使得肥料能夠輕鬆注入。相較於傳統的淹灌、溝渠和噴水系統，滴灌和微噴灌通常能減少灌溉用水，提高水和肥料施用的均勻性。灌溉施肥的優點包括：降低運輸成本、更好地控制施肥地點和時間、能夠有針對性地施用特定養分，以及根據需要僅向植物提供少量肥料。然而，也存在一些缺點，如與肥料品質和設備成本相關的挑戰。

市面有多種固體和液體肥料適合灌溉施肥，但在混合肥料時需預防營養元素沉澱，以免堵塞灌溉滴水器。應注意避免混合含有鈣的肥料溶液和含有磷酸鹽或硫酸鹽的肥料溶液，除非溶液 pH 足夠酸性。此外，應選擇不腐蝕灌溉系統金屬部件的塑膠或不鏽鋼材料。肥料注射系統的種類從簡單、便宜的設備（如虹吸型注射器）到複雜的系統（如正壓注射泵）都有。這些系統的使用需考慮成本和實際需求，以提高灌溉施肥的效率。

灌溉施肥的效率受到多種因素的影響，包括根系生長、作物發育階段和灌溉系統的控制。在多年生作物中，初期使用滴灌或轉換為滴灌的幼苗根系可能較少，因

此，在根系發育之前，使用顆粒肥料可能更爲有效。

5. 葉面施肥

葉面施肥是一種透過手動噴霧器、噴霧裝置或飛機，以可溶性肥料的形式直接施用在植物葉面上的方式。這種方式能快速修正養分缺乏，尤其對微量營養素的補充效果顯著。儘管效果迅速，但由於葉面吸收能力有限，需要重複施用才能滿足全年的營養需求。

6. 微注射施肥

景觀產業使用微量肥料注射來修復或恢復出現脅迫或衰退症狀的樹木，特別是當土壤施肥不切實際時（例如城市行道樹之環境）。肥料要以溶液形式注入，或以固化成明膠膠囊並嵌入在樹幹上鑽的孔中；然後樹木透過木質部吸收材料，從而將肥料分布到整個樹木。這項技術最好在春季或秋季進行，此時樹內的液流最高。它適用於許多不同的樹種，儘管有些樹種（例如美洲榆樹）含有環孔木質部（其中大部分水分運輸僅限於最外層的生長層），因此無法吸收大量的養分方式。微注射的幾個問題包括與鑽孔和埋入或注射肥料相關的樹幹變形和腐爛，以及肥料在樹冠內的不均勻分布。它通常被認爲是營養缺乏的短期解決方案，但通常與注射殺蟲劑和殺菌劑結合使用。爲營養供應的永久性，通常需要土壤和葉面肥料並用。

（四）施肥方法的改善建議

在「正確」的地方施用肥料涉及將施用養分的位置，與土壤中作物根部容易評估的位置相匹配。潛在的好處包括增強種子發芽和出苗、改善植物生長、提高產量和改善作物品質、減少雜草競爭以及提高獲利能力。適當的放置還可以提高肥料的利用效率，有助於減少與養分揮發、逕流、淋洗和土壤侵蝕相關的養分流失。前列出多種施肥方法，但最佳選擇通常因養分和肥料而異，並且根據作物及其相關根部發育、土壤類型和整體土壤肥力、所實施的伴隨栽培措施、施肥階段而有所不同，依賴作物生長和區域天氣條件而調整。

總體而言，4R策略，即：正確的肥料來源、正確肥料施用率、正確的肥料施用時間、正確肥料施放放置。這個概念適用於幾乎任何類型的園藝系統中種植的大多數作物。如何促進作物生根，提高施肥效率？不同基因型的生根差異很大，並

且在育種過程中可以選擇某些有利於養分捕獲的性狀。蔬菜之間生根深度有較大差異；例如：生菜、韭菜和洋蔥是淺根的；胡蘿蔔處於中等水準；和十字花科物種通常是深根性的，這導致收穫時土壤中礦物質氮的含量不同。一些管理措施，如：土壤耕犁、種植間作和輪作，作物的布置等也可以用來改善肥料的施用。

（五）精準施肥技術

精準施肥技術的資料運用技術在現代農業中扮演著關鍵的角色，整合地理資訊、遙感技術、快速分析方法、天氣資料、作物生長模型和互聯網決策支援系統，農民能夠更好地了解農田狀態，實現精準施肥，提高農業生產效益，同時減少對環境的不良影響；它融合多種先進的科技手段，以提高農田管理的效能和永續性。其中，以下五項技術是特別重要的資料運用技術。

首先，利用發展的 3S 技術（地理資訊系統、遙感探測、全球定位系統）成為實現精準施肥的基石。地理資訊系統（GIS）可以整合空間資訊，提供農田的地理位置和空間分布；遙感探測（RS）則能夠透過衛星或飛機影像，獲得關於植被健康狀態和土地利用的寶貴資訊；全球定位系統（GPS）則可確保農業機械和設備在農田中的準確定位。這三者的結合可以實現對農田狀態的全面監測，從而提供精準的施肥建議。其次，快速的土壤和作物養分的分析方法對於確定施肥需求至關重要。傳統的實驗室測試可能耗時冗長，而現代的快速分析技術可以在短時間內提供更準確的土壤和作物養分資訊。有助於及時調整施肥方案，以滿足作物在不同生長階段的需求。第三，與天氣資料和預測的結合也是一個重要的技術，天氣對於作物的生長影響深遠，包括：降雨、溫度和陽光等因素。透過與即時的天氣資料和預測結合，農民可以更好地調整施肥計畫，以應對氣象變化對作物生長的影響。第四，作物生長模型的應用使得農民能夠更好地了解作物在不同條件下的生長趨勢和養分需求。這些模型運用大量的科學資料和實地觀測，能夠預測作物的生長狀態，從而指導合理的施肥計畫。

最後，隨著互聯網的發展，決策支援系統的應用更加方便和即時。農民可以透過互聯網平台獲取和分享農田資料，並接收即時的施肥建議。這些動態的施肥策略服務使得農業管理更加靈活和高效，有助於提高農產品的產量和品質。總的來說，

精準施肥技術的資料運用技術是現代農業永續發展的一個關鍵因素。

（六）創新作物施肥管理技術

1. 農田創新作物施肥管理技術

農田創新作物施肥管理技術包含多個重要方面，以確保作物的健康生長和最佳產量，提高農作物生產效益。對作物的管理包括：選種、輪作和防病等措施，以確保作物的健康和品質。其次，對土壤和水的有效管理是至關重要的，以確保它們提供足夠的養分和水分，以滿足作物的需求。強調豆科覆蓋作物、糞肥、沼渣、液和堆肥中養分的循環利用，落實資源的永續利用，有助於降低對化學肥料的依賴。

在農作物的選擇和調整方面，因基因型改良扮演關鍵的角色。透過科學方法改良作物的遺傳基因，可以增加作物抗病性、適應性和產量。同時，基因—環境交互作用的研究也變得愈發重要，特別是在水、養分、土壤和根系之間的相互作用方面。了解這些因素之間的動態平衡，有助於精確調節農業生產環境，提高作物的適應性和產量。綜合而言，這些農田創新技術的綜合應用將有助於實現更永續、高效的農業生產。

2. 改進的土壤檢測技術

改進的土壤檢測技術目的在推進農業永持續性和效益，引入新的分析方法，特別是利用近紅外線（NIR）光譜技術，使得我們能夠快速且精確地測定土壤中的多個參數，迅速且準確地了解土壤的養成分組成和特性。這種技術能夠同時測定土壤樣本中的養分含量、pH 值以及其他重要的土壤特性，為農民提供更全面的土壤健康資訊。

肥料有效性評估建議的提供是這項技術的一個重要方面。這包括：對養分、土壤特性和 pH 值之間的複雜的交互作用進行全面評估，更進一步，這項技術需要充分利用現代科技的力量，整合大量來自不同來源的資料，包括：土壤、作物、田地和氣象等相關資料，有助於農民量身定制肥料應用方案，能夠更智慧地選擇適當的肥料種類、使用方法和時機，以最大程度地提高農業生產效益；在技術開發方面，我們專注於建立精確的模型和計算規則，並透過現場和盆栽實驗的校正和驗證，確保這些技術的可靠性和穩定性；確保土壤檢測技術的可靠性和穩健性，使其能夠應

對不同地區、不同土壤類型和不同作物需求的挑戰。這些綜合的方法將為農民提供更深入、客觀的肥料建議，從而讓土壤和作物得到最佳的管理和保護，確保未來的糧食安全和農業永續發展。

3. 肥料類型的創新

肥料類型的創新在農業領域扮演著關鍵的角色，不僅涉及到多種主要營養素如氮、磷、鉀肥，更加重視次要元素，包括鈣、鎂、硫，以及微量元素和硒肥的研發。這種全面的營養素考量是為了更好地滿足不同作物的生長需求，促進作物產量和品質的提升。為了實現精準農業，肥料的研發趨向於根據各種作物對養分的比例提供精確的養分供應，這樣可以最大程度地發揮肥料的效益，同時減少不必要的浪費。以實現更精確的養分供應，促進精準農業的發展。

在肥料的應用方面，新的技術包括緩釋肥料的使用，透過塗層披覆等方式實現養分的逐步釋放，從而達到長效施肥的效果。同時，抑制劑的應用，例如脲酶和硝化作用的抑制劑，有助於減緩氮素的流失，提高肥料利用率。此外，固體和液體肥料的應用技術，以及肥灌（滴灌＋施肥）是一種整合灌溉和施肥的現代農業操作；這種方法透過將肥料與灌溉水混合，精準地提供所需的養分，都是促進肥料有效使用的關鍵因素，同時節約水資源，並也在不同的種植情境應用，以更好地滿足不同土壤和植物的需求。這種結合使得農民能夠更靈活地適應不同作物的需求，實現更高效的生產。

此外，肥料中使用來自廢棄物和副產品的回收養分也是一個具有潛力的創新方向。這不僅有助於減少廢棄物，還能充分利用這些資源，落實循環經濟的理念，同時提高肥料的可持續性。總的來說，肥料創新的多元化和綜合應用，不僅有助於提高農業生產效率，還能夠減少對環境的不良影響，推動農業向更永續的方向發展。

（七）最少耕犁或免耕犁（不整地栽培）

最少耕犁或免耕犁（不整地栽培）不僅對土壤有機碳庫存有影響，還對整體土壤生態系統和農業永續性產生積極效應。頻繁和重複的耕作不僅增加土壤微生物的活動，還會導致土壤有機質的快速分解，進而提高二氧化碳的釋放率。此外，這種常規的耕作也容易破壞土壤結構，引發侵蝕現象，並最終降低耕地的生產力。

相對而言，宿根耕作最少耕犁（minimum till）或根本不耕犁的做法能夠有效維護土壤的品質和碳含量，進而促進作物的生長和產量。免耕（no-till）是一種植系統，透過直接在前次作物採收後未經耕犁處理的苗床上種植新作物。這種保育性農業方法，又被稱為零耕犁（zero tillage），主要的操作包括一次性的種植和施肥作業，以最小化對土壤和表面殘留的干擾。

在免耕系統中，避免播種前機械苗床的準備工作，而是透過在地面上切割或耕犁一條窄帶，將種子放入，確保種子與土壤充分接觸。整個土壤表面會被作物殘餘物、覆蓋物或草皮所覆蓋，這有助於水土保持。而雜草的管理則通常透過使用除草劑、覆蓋作物和輪作等方法進行控制，維護農地的生態平衡。總的來說，最少耕犁或免耕犁不僅有助於土壤碳庫存的穩定，還在多方面促進永續農業的實踐，包括水土保持、減少二氧化碳排放，以及提高農地的生產力。

1. 免耕犁對土壤有機碳庫存的衝擊

對土壤有機碳庫存的影響是一個涉及多方面因素的複雜課題。相較於慣行耕犁，轉變為免耕通常與土壤有機碳庫存的正向增加相關。然而，值得注意的是，大多數研究顯示，這種增加主要體現在表層土壤中。一些研究甚至指出，這種正面影響有時會受到慣行耕犁的影響而被部分或完全抵消，因為慣行耕犁處理接近耕作層底部的土壤，其有機碳含量較多。

為了更全面地評估土壤有機碳庫存的變化，研究必須擴展測量深度到至少 30 公分。同時，研究者應考慮等量的土體來表示土壤有機碳庫存，特別是在計算固定深度的土壤層時。慣行耕犁轉變為免耕，通常土壤有機碳庫存增加約 0.15-0.40 噸碳／公頃／年；如果不考慮等量的土體，將會導致高估免耕栽培對土壤有機碳的實際貢獻。

此外，有研究指出，轉向免耕方法增加的土壤有機碳儲量似乎與作物碳投入的增加密切相關。這表明，作物的生長和殘餘物的回歸土壤中對土壤有機碳庫存的影響是至關重要的考慮因素。總體而言，支持免耕的效應可能隨著實驗持續的時間而有明顯增加，因此評估土壤有機碳的變化應該採用長期實驗，以更準確地了解這一轉變對土壤生態系統的影響。

2. 免耕犁方法對溫室氣體的排放的評估

隨著對淨零議題的關注，對於養分和土地管理的栽培耕作方法改進，越來越多種植者考慮條耕法。配合各領域機具進步的技術，如：機械設備、GPS 和控制系統等等解決過去農業機械的障礙。整合利用條耕機的不整地栽培提供潛耕、施肥、播種、澆水等一貫作業的創造根系伸展環境和養分供應優勢，另包括減少碳排及增匯的優勢，現在是考慮使用不整地條耕機的耕作的時機，分析其耕作效益包括：

(1)節省時間和資金：條耕機將機具整合一起，不僅節省購置不同機具的資金，還能一次完成耕種和施肥，節省寶貴的時間。製造商提供直接將養分施入耕作區的功能，有些還同時應用覆蓋作物的系統。另添加養分需考慮肥料來源和輸送方式，可自行處理。

(2)精準施肥：確保作物獲得所需的養分，條帶耕作區直接施肥可減少浪費和逕流損失。農機具可以提供多種營養施用系統，可選擇最適合操作和營養目標的產品。

(3)高效生產：條耕機寬度廣，運行速度快，每小時可輕鬆覆蓋大片土地。帶有施肥系統的大型條耕機需要額外動力，應考慮土地地形和土壤類型。

(4)精確導航：使用 RTK GNSS 校正確保精確的定位，可直接在條帶耕作區執行。機具轉向有助於保持直線行進，適應起伏地形。市場提供多種掛接裝置，一些條形耕作機已整合操縱裝置。

(5)更接近精準農耕的操作方式：操作員操作條耕機需要不同思維方式，操作員關鍵於達到成功。定期檢查條耕機後方確保最佳工作品質，特別是從常規耕作轉向新式耕作時。條帶式耕作單元需要適應不同的土壤條件，選擇系統應基於田地土壤和條件。選擇合適的單元設計：不同耕犁行單元設計，可針對不同土壤和條件進行定製。操作注意事項應根據所選設計進行考慮。

(6)條耕機的整合效益評估：條帶耕犁寬度在 15 至 25 公分之間，耕犁深度深（15 至 25 公分之間），只有 30% 的土壤表面使用條帶耕作技術進行處理，而其餘 70% 的部分保持不變並被覆殘留物；行距可在 45 至 75 公分之間變動，適合各種作物栽培條件。新機種與常規耕作每公頃平均油耗，相同耕犁的土壤面積節省 1/3 以上傳統耕犁時間，減少到田間次數 3 次，節省燃料

和機械 80% CO_2 損耗，節省肥料（P, K）及增產效益等等。

免耕對溫室氣體排放產生複雜的影響，尤其是對氧化亞氮的排放。在通氣性較差的土壤中，免耕通常會導致氧化亞氮排放的增加；而在通氣性較好的土壤中，排放量則保持在正常範圍內。一項綜合分析比較免耕和慣行耕犁對土壤氧化亞氮排放量的影響，結果顯示在熱帶氣候（74.1%）和暖溫帶氣候（17.0%）的環境下，免耕的氧化亞氮排放量明顯較高，而在冷溫帶氣候下則相對較低。近期的文獻回顧指出，採用增加種植頻率和作物多樣性的方法，如雙作物輪作比起單一作物連作系統，可以有效減少溫室氣體的排放。這種做法顯示出明顯的環境優勢，包括減少甲烷吸收量、降低氧化亞氮排放量，以及減少全球暖化潛勢。例如：相較於單一作物的連作，雙作物輪作可減少約 18.4% 的甲烷吸收量、21.0% 的氧化亞氮排放量，以及 20.8% 的全球暖化潛勢。

這些研究結果強調在考慮免耕時需要綜合考慮多個因素，包括土壤特性、氣候區域和種植管理方式。透過充分利用種植頻率和多樣性的優勢，可以更有效地降低免耕對溫室氣體排放的影響，同時實現永續農業的目標。

3. 不整地栽培的其他可能影響

不整地栽培（免耕）的影響涉及多方面，包括雜草管理、土壤結構、氣候環境、社會衝突，以及農業經濟等方面。免耕對雜草種子庫的影響是重要的。雜草種子庫的垂直分布受到光照的影響，免耕情況下容易促使雜草種子發芽，進而導致雜草的生長更為旺盛。除草劑在免耕環境中的效能通常較低，特別是對土壤具有活性的除草劑。這可能增加雜草的防治難度，需要更加精密的管理措施。

其次，社會衝突與免耕下農藥殺蟲劑用量的增加有關。這不僅關係到農業生產方式的變革，還牽涉到對農藥使用和環境衝擊的社會爭議。因此，在免耕轉變中，需要更加全面的農業管理策略，以平衡產量、經濟效益和環境可持續性。

總體而言，免耕對雜草生態的影響需要引起更多的注意，特別是在雜草防治方面。此外，排水不良和結構軟弱的土壤不利於免耕系統；在乾燥氣候中，還存在殘留物起火的風險。在寒冷的氣候中，土壤表面的作物殘留可能導致更潮溼和涼爽的環境，這有利於疾病和害蟲的發生，同時也為病原體提供額外的能量來源，促使其大量繁殖。在不同氣候環境下實施免耕需要更為謹慎的考慮。

最後，大量採用免耕的地區通常特徵為大規模機械化，主要種植單一作物如玉米、大豆、小麥等。實施免耕需要大量投資新的機械，而一項美國的收益性分析顯示，實施免耕後大約需要 10 年才能回收一開始的支出，且隨著採用免耕的時間延長，可能獲得較高的相關利潤。這也突顯在免耕轉變中需要考慮長期效益與成本平衡的重要性。

（八）改進殘留物管理

農作物秸稈管理旨在維持土壤表面覆蓋，防止養分流失和侵蝕，同時改善土壤特性。這包括防風雨侵蝕、保持土壤溼度、促進滲透和通氣等。殘留物管理包含多方面，如殘留物分解、土壤侵蝕控制、養分回收、植物利用率、雜草害蟲控制和耕作保護，旨在最大程度提高作物產量。植物養分在植物—土壤生態系統中的年度循環對維持高產農業系統和促進養分動員至關重要。

土壤、空氣、水和植物之間的相互作用釋放出植物所需的無機營養元素。農作物殘留物是土壤微生物的主要食物來源，啟動生物養分循環。在殘留物的微生物分解過程中，不同的化學物質釋放到土壤中，可被植物和其他生物有效利用。施肥管理和農田整合管理影響作物殘質養分的循環和植物有效性。農作物殘留物還有助於土壤中的碳吸存。

保留田間農作物殘留物提供多種環境服務，改善土壤物理性質、促進土壤有機碳形成。儘管常被視為廢物，當殘留物回歸土壤時，它們成為寶貴資源，提供豐富的生態系統服務。此外，農作物殘留物還減少對化石燃料的依賴，對環境產生積極影響。農業範疇擴大，全球農作物生產和殘留物管理需求變成多樣化。

1. 作物殘質管理對土壤性質的影響

(1)改善土壤物理性質：摻入豆科作物殘留物可改善土壤持水能力和滲透性，提高根區養分利用率，促進作物生長。在現代農業中，保育耕作和適當的殘留物利用有助於克服土壤結皮問題。

(2)改善土壤化學性質：可持續管理農作物殘留物有助於改善土壤 pH、電導度、陽離子交換能力，並促進植物養分轉化。保護性耕作和殘質管理提高系統生產力、鉀肥利用效率，並有助於土壤有效鉀回收。

(3)改善土壤微生物活性：適當保留作物殘留物增強土壤微生物活性，有助於提高土壤微生物生物量碳，並減少土壤線蟲數量。

(4)提高土壤生產力：合理的農作物殘留物管理有助於提高土壤生產力、改善營養狀況，促進農場動物的整體健康。

(5)農作物殘渣提高土壤肥力和生產力：農作物殘留物含有豐富的礦質營養素，可以提供土壤肥力。儘管難以確定養分可用性，但從長遠來看，對後續作物的養分可用性和有機物生成非常有效。

（九）輪作與間作

1. 輪作

作物輪作是多樣性的時間利用方式，通常在同一塊土地上按照確定的順序或沒有固定順序循環種植一系列不同植物種類的農業實踐。從農藝角度來看，輪作包括管理作物演替，以最大程度地優化作物之間的積極相互作用和協同作用。作物輪作是農場引入多樣性的最傳統方式之一，也是農業中最古老的實踐之一，自從古老的農業開始以來就一直被廣泛採用，因爲經驗證據表明單一作物的長期種植會導致產量下降。

從中世紀開始，輪作實踐逐漸演變爲一種提高可收穫產量的精確策略。然而，在綠色革命之後，商業化肥和農藥的廣泛使用在某種程度上掩蓋了輪作的有益效果。如今，作物輪作被重新視爲實現農場永續發展的重要手段，有助於減少對外部投入的依賴，打破農作物病蟲害循環，避免雜草對常用除草劑產生抗藥性，並增強整體系統的恢復力。作物輪作方案多種多樣，並且本質上是區域性的，適用於特定土壤和氣候條件的輪作可能不適用於其他地區，因此需要根據當地的土壤氣候和社會經濟背景制定多種輪作方式。

輪作的目的可能包括調整土壤養分供應策略，使吸收和移走的養分由接下來的作物恢復；如果目標是抑制雜草生長，成功與否在很大程度上取決於所選擇的作物順序。達成這些目標的策略可能包括選擇資源競爭模式、化感（allelopathy）干擾、土壤干擾和機械損傷各不相同的作物，這些因素有助於預防大量特定雜草種類的生長。由於豆類具有固定大氣氮的能力，它對有機農業系統提供活性氮至關重要。這

種活性氮被有機輪作中的所有耕作作物所利用，同時構成牲畜蛋白質供應的基礎。在傳統農業中，豆類為作物輪作帶來多樣性，尤其對以穀物為主的作物而言。豆類的種植打破這些種植系統中穀類作物的種植順序，其中斷效應的一個重要後果是中斷特定病原體的生命週期，同時節省相應的農藥使用。

關於有豆類和無豆類作物輪作的當前知識狀況，以及評估種植大型和小型豆科植物作為主要作物或農作物組成部分的農藝、環境和經濟影響，需要進一步的研究。這包括作物生產（傳統和有機）、植物保護、經濟、生態和氣候保護等多學科領域。

2. 間作

作物間作（intercropping）是多種作物利用空間的多樣化，替代作物（第2種作物）在可用區域混合在一起。間作是指在同一塊田地中同時種植多種作物（一年生或多年生），並持續相當長的時間，每種作物根據其生理機能發育和生長。間作可以視為一種生態功能集約化操作，目的在利用作物之間的關聯性；這種關聯作用可以提高單位土地的生產力，增加土地當量比（land equivalent ratio, LER），並優化可用資源。栽培品種或植物種類可以完全混合（混種間作，mixed intercropping）或條狀排列（行間作，row intercropping）。草豆間作在自然生態系中很常見，通常用於牧草以提高乾草的品質。間作在熱帶地區非常普遍，過去也很常見，但在已開發國家很少使用。然而，他們正在重新考慮在減少外部投入和更好利用資源的框架內進行這些操作。他們對有機農業充滿興趣，也關注可能的雜草和土傳疾病的抑制作用。間作可以包括僅在每個作物生命週期的一部分期間種植兩種或多種作物。間作作物的排列方式多種多樣：帶狀間作作物、巷道作物（alley crops）、混合間作作物甚至防風林，或多或少表現出空間異質性。

混合使用具有不同生根能力、樹冠結構、高度和營養需求的作物。所選植物的目標是最大限度地利用土地上可用的生長資源。而間作是在一塊土地上同時種植兩種或多種作物。人們建立間作地區的方式有很多種。當間作作物由兩種或兩種以上主要作物組成時，間作作物田間雜草生物量顯著低於單作和輪作田地。如果主要目標只是減少土地上雜草的數量，間作將是最佳的選擇。雖然輪作確實有助於限制雜草生長，但其效率不如間作。

3. 不同類型的間作

(1) 行（row）間作

在同一塊田地中，交替種植兩種或多種作物，每種作物生長在各自不同的行中；此法使得雜草控制、種植、收穫和作物的日常照護變得困難。以植物的特定組合、間距和種植日期來選擇作物。大多數的農場都傾向於避免使用這種方法。交替的行太靠近而限制傳統農業設備的使用。

(2) 補丁（patch）間作

將主要作物排成行，次生作物則填充在主要植物之間的未填充空間，減少雜草生長的空間。

(3) 條帶（strip）間作

將作物排成長行，即條帶，通常需要足夠寬以容納農業設備，並在條帶中交替種植其他作物類型。在交替種植其他作物類型之前，作物條帶通常包含多行同一植物。行需要足夠寬以允許使用農業設備。對於許多大型生產環境來說，條帶間作是最容易實施的，因為可以在帶上使用標準化的農場設備。

(4) 混合（mixed）間作或混作

同時種植至少兩種不同的作物，但不設計特定的作物行，使植物相互競爭資源和空間。一年生作物混合間作的例子，包括：中美洲種植玉米、豆類和南瓜，以及俄勒岡州種植飼料高粱和青貯玉米；在加拿大，透過在同一行中同時種植大豆和玉米作為青貯飼料，可以提高單位土地面積的產量；通行在農作物歉收率高的地區。

(5) 套作（relay）間作或套作

將兩種作物依序種植，使它們在一部分季節共享同一片土地，有助於增加太陽輻射和可用熱量。

(6) 多層（multi-storied）間作

也稱為多層裁剪，通常應用於種植園作物。較高的植物需要強烈的光照條件和高蒸發量，地面植物需要在高溼度的陰涼條件下茁壯成長，才能有效利用間作系統。許多種植園作物在高植物密度下最大限度地利用太陽能。這使得農民能夠更有效地利用垂直空間。

(7)巷弄式（alley）間作

巷弄式種植是指選擇一種植物來提供某種方式保護主要作物。目前使用兩種巷道作物方法（防護作物和陷阱作物）。

- 衛士（guard）作物：主要提供主要作物保護，將主要植物放置在場地的中心，周圍種植耐寒或有刺的作物（取決於我們試圖阻止的作物）將種植在主要作物周圍。

- 陷阱（trap）作物：陷阱作物則通常是吸引害蟲的植物，有助於減少使用農藥的需要。通常是芥菜、苜蓿、萬壽菊等作物，可以吸引昆蟲等害蟲，

4. 間作的優點

(1)農作物產量更高。

(2)有助於控制雜草和昆蟲。

(3)減少水土流失量。

(4)與經濟作物間作可增加利潤。

(5)適當的間作可以從多層土壤中吸收養分，有助於維持土壤肥力。

(6)提高工廠生產力並更有效地利用地面資源。

(7)充分選擇植物，可以避免作物間競爭，從而在單位面積上種植更多作物。

(8)它可以防止異常天氣模式造成的農作物歉收。

(9)通常選擇一種作物類型來為其他一些作物提供自然遮蔭和支撐。可以讓喜歡陰涼條件的植物自然地緩解夏季的炎熱。

5. 間作的缺點

(1)通常農作物的種植和收穫比較困難。

(2)大多數現代農業機械都是為單一作物類型而設計的。許多原本可以自動化的工作現在必須手工完成。收穫不僅需要更長的時間，而且還需要更多的人在田間工作（條帶間作試圖消除這些障礙）。

(3)當土地從單一作物轉變為間作作物時，土地所有者的初始成本會更高。

(4)某些作物的缺水或灌溉用水問題將更難以補救和管理，而且處理過程不會影響周圍的鄰近作物。

（十）輪作與間作的多功能效益探討

歐洲的生態學家認爲多功能作物輪作（Multifunctional Crop Rotation, MCR）的主要效益目標如下：

1. 降低作物多樣性所帶來的經濟風險。

2. 避免土壤枯竭，因爲不同物種有不同的營養需求並在不同的土壤層中伸展。

3. 透過增加多樣性來實現土壤中微生物生命的穩定平衡。

4. 減少氣傳或土傳病蟲害。

5. 減少與雜草的競爭。

6. 減少農場季節性就業。

這兩種方法選擇的不同作物至關重要。必須小心選擇合適的作物類型，確保它們有不同的營養需求、根系／樹冠高度等。爲了最大限度地提高單一栽培生產的生產力，需要增加投入。這些投入會損害人類的土壤健康。硝酸鹽、磷、農藥逕流／滲入我們的土壤以及溫室氣體排放到空氣中。這些做法不僅降低土壤的健康品質，而且還對我們的水和空氣產生了負面影響。多種種植系統可以讓更多的農場擺脫這些系統並使用更永續的耕作方法。轉向多種種植方法將有助於我們實現更永續的作物生產，並有助於保持土壤自然營養。

農學家和農民長期以來一直在探討物種在時間和空間上多樣化的原則，以及其提高農業可持續性的能力。然而，由於農藝、經濟和商業考慮，以及技術限制，這些原則在歐洲目前以穀物爲基礎的傳統系統中很少應用。爲顯著減少化學投入的使用並以多種生態系統服務替代它們，挑戰在於設計以物種高度多樣化的可盈利但永續的耕作系統。歐洲農學家的研究顯示，這在技術上是可行的，但也強調，仍需要優化一些因素和管理操作，以達到與前兩年種植制度相同的盈利能力。歐盟和國家政策框架沒有充分支持低投入農業，特別是忽視負外部性，這有力地強化高投入傳統農業更高的表觀利潤。

從技術和農藝角度來看，有許多做法可以減少農藥和氮肥的使用。然而，以技術操作取代某些化學投入的創新種植系統的生產力較低。特別是，結合機械除草、抗病品種和減少氮肥，僅部分減少收入是因土壤和天氣條件下造成的病害損害。有

效地使用多種技術的組合更加困難，因為每種技術的效果都是局部的和預防性的，與使用治療性防治技術相比，這常常導致病蟲害的控制不完全；此強調需要付出更多的科學和技術努力來減少不使用農藥時的產量損失。

　　長期的輪作和引入多功能覆蓋作物，或者在空間上採用品種和／或物種混合，都顯示出前者是在一個時期內最簡單和成本效益最高的多樣化方式。空間多樣化需要進一步的研究，以優化品種和／或物種混合，實現與傳統農業相同的盈利能力。針對高價值物種的利基市場，以彌補低投入系統中較低的產量，是設計具有可接受盈利能力的創新種植系統的重要選擇。對於物種混合，它必須是為人類消費而設計，而不僅僅是為提供低成本的動物飼料。

（十一）覆蓋作物

　　覆蓋作物的定義是：「在一般作物生產期間，或在果園的樹木和葡萄園的葡萄藤之間，提供土壤保護、播種保護與改良土壤的密植栽培作物。當覆蓋作物被犁翻混入土壤後，則可稱為綠肥（green manure）作物。」在某些情況下，覆蓋作物可以永久地留在土壤上，形成活的土壤覆蓋層。

　　覆蓋作物減少地表擾動，有助於捕獲養分，增強土壤肥力和土壤有機碳。這是農場最佳的土壤管理之一，不同於通常在農場種植的主要作物。在耕地種植系統中，透過單一作物連作或輪作時種植覆蓋作物，能夠避免土壤長時間裸露，並在播種下一個主要作物之前，將其當作綠肥犁入土壤。在木本作物的耕地中，通常在行間種植草本作物，以保護土壤免受侵蝕（包括多年生的品種、自然生長的天然植被或一年生的覆蓋作物）。在這些區域，當覆蓋作物被移除後，可作為綠肥、覆蓋物或家畜飼料使用。

　　種植覆蓋作物可改善土壤健康，有利於中長期作物的產量。通常，這種做法用於抑制雜草、管理土壤侵蝕、協助建立和改善土壤肥力及品質、控制疾病和害蟲，同時促進生物多樣性。

1. 覆蓋作物的類型

　　許多植物可作為覆蓋作物，其中以豆類和草類（包括穀物）最常見。對於蕓薹屬植物（如油荣籽、芥荣和油籽蘿蔔）的興趣不斷增加，夏季覆蓋作物（如蕎麥、

小米）和夏季豆類（如豇豆）也持續受到關注。

以下簡要介紹一些主要的覆蓋作物（因熱帶農田的覆蓋作物資訊缺乏，以溫帶國家的覆蓋作物管理爲例，供國人參考）：

(1) 豆類

豆科植物是優秀的覆蓋作物。夏季一年生豆類如大豆、豇豆，以及秋季種植預期越冬的多季一年生豆科植物如多豌豆、深紅三葉草、毛豌豆等，都是常見的選擇。這些植物在不同區域具有不同的越冬能力，例如深紅三葉草在耐寒區可靠地越冬，而 Berseem 三葉草僅在 8 區及以上地區越冬。豆類可固定大氣中的氮，是覆蓋作物的優秀選擇，同時也能吸引有益昆蟲、幫助控制侵蝕，並在土壤中添加有機質。

(2) 草類

常見的草覆蓋作物包括一年生穀物（如黑麥、小麥、大麥、燕麥）、一年生或多年生飼料草（如黑麥草）和熱暖季節草（如高粱蘇丹草）。草植物具有深根系統，可有效清除上一期作物的養分，特別是氮。它們的廣泛根系和迅速生長的根部有助於減少侵蝕，同時產生的殘留物和根部有助於土壤有機質的增加。地上殘留物還能有效抑制雜草的發芽和生長。值得注意的是，使用草作爲覆蓋作物的挑戰之一是在作物成熟時碳氮比較高，可能影響下一期作物的氮供應。解決這個問題的方法包括提前掩埋草，或在終止生長後添加額外的氮，也可透過種植豆科植物和草的混合物提供額外的氮。

2. 果園的敷蓋作物

果園的覆蓋作物管理系統對土壤品質和果樹生長產生深遠影響，然而，關於將覆蓋作物納入永續果園管理系統的研究相當不足。一項實地研究採用了不同處理方法，包括 (1) 季節性豆類（豇豆和深紅三葉草）、(2) 季節性草類（小米和一年生黑麥）或 (3) 未經管理的天然植被，將割下的植被吹送到樹行作爲覆蓋物（割草／吹掃）。與草或天然植被相比，豆科作物生成的覆蓋物組織中的氮含量高出兩倍以上。相對於其他處理，覆蓋豆科植物的土壤產生最高水平的不穩定氮，尤其是透過割草／吹掃將豆科植物覆蓋到樹行的處理。豆科植物處理中土壤的不穩定庫碳氮比（C/N）比較小，而以割草／吹掃方式覆蓋豆科植物的樹行土壤中氮的濃度最高。

在兩個季節後，豆科植物的不穩定庫 C/N 比例低於其他處理。此外，豆科植物處理中樹葉的氮含量最高。這些研究結果顯示，使用豆科植物覆蓋作物的割草／吹氣管理系統能提供顯著的氮效益，可能成為果園永續管理的可行替代方案。

溫室研究進一步配對了實地研究中的覆蓋作物品種與盆栽蘋果樹，以研究覆蓋作物的競爭效應和對樹木生長及營養狀況的影響。結果顯示，豆類覆蓋作物在生物量、氮和碳的方面表現更優，但與覆蓋作物競爭的果樹生長較差，並在覆蓋物收割後未能完全恢復。相比之下，未受競爭的樹木生長表現最佳。

（十二）覆蓋作物的評價

1. 覆蓋作物改善土壤性質

長期以來，覆蓋作物對土壤性質的積極影響十分顯著。它降低了土壤容積密度和壓實度，同時增加了土壤孔隙度和田間容水量。殘留在土壤表面的植物殘體有助於減少土壤蒸發，進而提高土壤含水量。覆蓋作物具有多重功能，包括提供雜草控制、透過固氮豆類生產養分、清除養分、減少化肥逕流和淋溶，同時調節土壤溼度和極端溫度，為植物提供適宜的棲息地。此外，覆蓋作物還能抑制害蟲，促進有益昆蟲的生態平衡，並以綠肥或覆蓋物形式改良土壤的有機物質。在果園中，覆蓋物和其他有機改良劑的添加可提高樹根區的生產力。

覆蓋作物覆蓋的應用可以有效降低土壤水分蒸發率，同時改善土壤的物理和生物特性。特別是對於地勢陡峭的蘋果園，它能夠顯著減少土壤侵蝕並改善土壤結構。在土壤侵蝕方面，覆蓋作物減少降雨對土壤的衝擊，使土壤團粒更大、更穩定，快速提高團粒穩定性和大孔隙率，進一步增加水的滲透，減少水逕流。同時，覆蓋作物的種植在一年生種植系統中，通常在田地休耕時進行，例如在主要經濟作物之後或在經濟作物之間，具有多種土壤建設功能，並提供侵蝕控制。另一方面，覆蓋作物也有助於養分的平衡和循環，增加固氮物種中的氮含量，減少因逕流所造成氮的淋洗和養分侵蝕。雖然短期內土壤穿刺阻力的改變有限，但具有深主根的覆蓋作物，如十字花科植物，能夠穿透壓實層，減少土壤壓實。一些覆蓋作物更能突破土壤層，使後續作物的根部更容易充分發育。此外，覆蓋作物的應用還有助於土壤水分管理，增加水的滲透，同時減少水逕流的風險。與裸土相比，地被植物可以

控制侵蝕，為收穫期間使用設備提供更好的條件，提高水的滲透能力，並增加土壤有機質。此外，如果覆蓋作物是豆科植物，未來幾年農作物可能會累積大量氮。

總體而言，覆蓋作物為土壤健康和後續作物提供了多方面的潛在益處，同時有助於維護清潔的地表水和地下水。然而，在多年生系統中應用時，需考慮不同的因素。在果園中，覆蓋作物可種植在樹行之間的車道上，允許同時生產覆蓋作物和經濟作物，但可能需要進一步管理，以確保樹根能夠吸收分解覆蓋作物的養分。果園行列的主要功能之一是承受用於噴灑、割草和收割的設備和機械的通過，因此，除了其他功能外，覆蓋作物的行列還必須提供機械穩定性。

2. 覆蓋作物增加產量

覆蓋作物的實際效益取決於您種植的作物的種類和生產力，以及在土壤為下一季作物做好準備之前還需要生長多長時間。在農業生產週期中使用覆蓋作物有許多公認的好處。覆蓋作物是指不是為了直接生產或收穫而種植的經濟作物，而是為使主要作物受益的各種目的而種植的植物，包括控制侵蝕和添加生物量，為土壤提供有機生物固定氮。另外，在土壤生物多樣性方面，覆蓋作物有助於增加土壤微生物參數，提升整體生態環境。

在半乾燥地區，在採用慣行耕犁情況下，覆蓋作物可能會降低經濟作物的產量；但若採用免耕管理則不會，因為蒸發散量較低且土壤水儲量較高。相較於低固氮能力或無固氮能力的品種，高固氮能力（即豆科植物）的覆蓋作物增加作物產量的效果，更快更有效。具體來說，由於夏季豆科植物潛在的生物量和投入的氮較高，故其固氮效果會比多季豆科植物佳。覆蓋作物可以為牲畜提供飼料，也能提供原料來生產纖維素生物燃料。

覆蓋作物的大部分使用和研究都與一年生種植系統有關，其中覆蓋作物作為輪作的一部分進行種植，其中覆蓋作物在經濟作物種植之前被殺死並併入土壤中。在保護性耕作或免耕系統中，另一種方法是種植淡季覆蓋作物。然後將覆蓋作物切割或用除草劑使其乾燥，並將主要作物直接種植在殘留物中。或者，在主要經濟作物的行間種植覆蓋作物。儘管對覆蓋作物在一年生蔬菜種植系統中的使用進行了大量研究，但對果園等多年生園藝系統的研究較少。一些研究使用果園樹行中的覆蓋作物進行雜草管理和／或潛在的養分貢獻，但這些研究較少進行樹木、灌木和藤蔓行

之間的驅動行種植。永續果園管理作為一種保護資源、改善土壤和環境、提供可行的商業水果作物、同時承擔社會責任的方法而受到關注。管理考慮因素包括減少機械使用、盡量減少害蟲防治噴霧的頻率、減少農藥的使用，以及以盡量減少合成投入來管理樹木營養。管理目標是開發一個有利於樹木健康及其生長土壤品質和健康的系統。

3. 覆蓋作物增加土壤有機物

覆蓋作物對土壤有機物的增加具有顯著效果，然覆蓋作物對土壤有機物的增加影響受到不同種類的作物和其根系、表層殘留物的供應量而異。相較於豆類，草覆蓋作物更有可能提高土壤有機質含量。土壤表層的殘留物和根系越多，它們對土壤有機質的影響就越大。通常，我們對覆蓋作物的根系了解有限，除非將其挖掘出來觀察，因為有些覆蓋作物在地下的生物量與地上相當，甚至更多，直接造福土壤。如果給予足夠生長時間，三葉草等覆蓋作物的良好產量可能達到 3 至超過 8 噸 / 公頃乾重。同樣，生命力強勁的草覆蓋作物，如黑麥，如果生長成熟，可以產生 6-10 噸 / 公頃殘留物。然而，提前終止生長的覆蓋作物所產生的殘留物量可能非常有限，每公頃僅 1 噸乾物質。儘管小型覆蓋作物植物能夠添加一些活性有機質，但如果根部生長和殘留物的形成不足，它們對土壤有機質的長期累積貢獻可能有限。

覆蓋作物生長的時間越長，耕作的頻率越低，土壤有機物的增加就越明顯。換句話說，減少耕作和結合覆蓋種植的好處可能是逐漸累積的，並且相較於獨立使用這些方法，將它們結合起來能夠產生更大的效益。雖然生長緩慢的覆蓋作物可能無法產生大量有機物，例如在春季就被殺死的穀物黑麥，但它們有助於防止侵蝕，至少能夠添加一些容易被土壤生物分解利用的殘留物。

4. 覆蓋作物與有益、有害生物

覆蓋作物對有益和有害生物產生著多方面的影響。首先，它有助於維持主要作物之間的大量菌根真菌，形成農作季節之間的生物橋梁。這種真菌與幾乎所有覆蓋作物（蕓薹屬除外）相關，有助於提高下一期作物的接種效果。覆蓋作物的花粉和花蜜也可能成為捕食性蟎蟲和寄生黃蜂的重要食物來源，這兩者在害蟲的生物防治中具有重要作用。此外，覆蓋作物為蜘蛛提供了優越的棲息地，有助於減少害蟲的數量。使用覆蓋作物還有助於減少薊馬、棉鈴蟲、芽蟲、蚜蟲、草地貪夜蛾、甜菜

夜蛾和粉蝨等害蟲的發生率。

覆蓋作物的種植還可能顯著增加蚯蚓的數量，尤其是當與免耕技術結合使用時。過度耕作可能損害蚯蚓族群，破壞它們通往地表的洞穴通道和老根的通道，進而減少在強降雨時的水分滲透。

對於雜草的控制，黑麥覆蓋作物的殘留物在收穫和施用後可抑制雜草生長達 6 週，其他覆蓋作物也具有雜草抑制的潛力。覆蓋作物釋放的植物化感物質能與雜草競爭，抑制其生長，同時也可能中斷害蟲的生命週期。此外，覆蓋作物還能釋放植毒性化學物質，進一步抑制土壤傳播的病害。

然而，與覆蓋作物相關的問題也需要考慮，包括物種選擇和管理操作。根區競爭會抑制樹木生長，導致根部減少、整體生長減少，改變根的分布。另一個好處是吸引有益昆蟲（例如捕食性蟎蟲）到開花植物。與單一栽培相比，混養下的昆蟲損害較少。

果園系統中使用覆蓋作物時，應謹慎選擇植物種類，以免引入不同的害蟲和線蟲、提供庇護給囓齒動物、引發植物相剋作用，以及競爭樹根的養分和水分。樹行中種植覆蓋作物作為活體覆蓋物，發現與裸地或木片覆蓋物相比，混合豆科作物處理中的田鼠種群數量顯著增加，與非豆科覆蓋作物相比，田鼠種群數量略高混合。在樹行中作為多年生覆蓋物種植的白三葉草導致田鼠數量顯著增加。覆蓋作物的使用可能會促進草地田鼠的出現。在多年生果園中，使用覆蓋作物需要謹慎管理，以避免對樹木的生長產生負面影響。此外，在一年生覆蓋物種植中，要注意可能促進草地田鼠的出現。綜合來看，覆蓋作物的合理選擇和有效管理操作對最大程度發揮其潛在益處至關重要。

覆蓋作物可減少施用無機肥的需求、提高作物產量、透過物理性方式保護土壤表面以減少水和風對土壤的侵蝕、減少休耕期土壤蒸發並改善降雨截流。少數關於減少施肥需求的資料顯示，農場的整體利潤會在短期內減少。一般而言，並未發現覆蓋作物對緩解和適應氣候變遷具有負面影響。在覆蓋作物週期中，因土壤的氮有效性較低，氧化亞氮的排放量會減少；然而它們的殘體會以排出氨、氧化亞氮、一氧化氮或氮氣的方式而失去氮。

5. 如何選擇適合的覆蓋作物

在選擇種植覆蓋作物之前，有一些關鍵問題需要考慮：

(1) 確定目標

A.究竟是為了增加土壤中的有效氮，還是清除養分以防止系統流失？（例如：豆類有助於氮的添加，而其他覆蓋作物可能占用土壤中的可用氮。）

B.是否希望覆蓋作物提供豐富的有機殘留物？

C.是否打算將覆蓋作物用作表面覆蓋物，還是將其混入土壤中？

D.是否追求控制晚秋和早春侵蝕？

(2) 考慮土壤條件

A.土壤是否過於酸性和貧瘠，養分利用率低？

B.是否存在土壤壓實的問題？某些物種如蘇丹草、甜三葉草和油籽（飼料）蘿蔔，可能有助於減輕壓實。

(3) 適應當地氣候

哪些作物品種更適應當地的氣候？有些物種可能更耐熱、耐寒、耐旱，或適應不同的日照長度。

(4) 氣候和持水特性

土壤的氣候和持水特性是否可能使覆蓋作物消耗過多水分，損害其他作物？

(5) 雜草防治

是否需要主要以防治雜草為目標？某些覆蓋作物可以透過快速生長和利用化感物質來抑制雜草的發芽。

(6) 後續作物考慮

是否需要處理根部病害或植物寄生線蟲問題？某些作物如黑麥穀物和蕓薹屬覆蓋作物可能對抑制線蟲有一定效果。

(7) 選擇單一或多種組合

考慮單一覆蓋作物和覆蓋作物的組合，以滿足多重目標和需求。

總之，選擇覆蓋作物應該是一個全面的計畫，考慮土壤、氣候、目標和後續作物的因素，以確保最佳效果。

6. 覆蓋作物的種植管理

在覆蓋作物的種植管理方面，可以透過三種不同的方法確定與經濟作物相關的覆蓋作物的種植時間。首先，選擇在整個生長季節內種植覆蓋作物；其次，可以在一種經濟作物收穫後，並在種植下一種經濟作物之前種植覆蓋作物；最後，是透過間種的方式，將覆蓋作物種植到正在生長的經濟作物中。具體的採取方法應該根據種植覆蓋作物的目的、經濟作物的特性、生長季節的長度以及當地氣候或整個生長季節的種植情況進行選擇。

如果主要目標是累積大量有機質，建議最好在整個生長季節內種植高生物量的覆蓋作物混合物，這意味著當年可能不會進行經濟作物的種植。這種做法對於極度貧瘠或受到侵蝕的土壤，以及進行有機農業轉型的情況特別有益。雖然在一些蔬菜農場和休耕系統中可能會使用這種方法，但穀物和油籽農民通常不會放棄一整年的田地生產。

在經濟作物收穫後播種是一種常見的管理策略。在這種情況下，覆蓋作物和主要作物之間不存在競爭，可以使用穀物條播機或行間作物播種機進行免耕播種，以確保更好的覆蓋作物林分效果。爲了最大限度地發揮覆蓋作物對土壤的健康效益，在播種前應避免耕作。在氣候溫和的情況下，通常可以在收穫主要作物後種植覆蓋作物，但在寒冷地區，由於時間有限，可能難以建立足夠的覆蓋作物。在北方氣候中，選擇適合的覆蓋作物受到嚴重限制，但穀物黑麥可能是一個可靠的選擇。還有一系列建立選項，例如在春末穀物收穫後種植覆蓋作物，或在初夏建立覆蓋作物，特別適用於溫暖地區和早熟蔬菜—多糧輪作序列。

第三種管理策略是進行間播，即在主要作物生長期間於其間播種覆蓋作物。這對於生長季節較短的地區建立覆蓋作物特別有幫助。在主要作物生長良好後再種植覆蓋作物，確保經濟作物能夠在競爭中繁茂。覆蓋作物的良好生長需要水分，特別對於小種子作物，應該使用土壤或作物殘渣對種子進行一定程度的覆蓋。在進行間播覆蓋作物時，高間隙穀物條播機是確保良好種子與土壤接觸的有效工具。當主要作物生長相當高時，可以使用空中播種或農機播撒綠肥種子，而在種植規模較小的情況下，手搖旋轉播種機可用於種植種子，特別適用於某些草類，其效果最佳，前提是土壤表面保持足夠的溼潤，有利於發芽和定植。

　　將覆蓋作物種植於主要作物行之間，已經有很長時間的歷史，被稱為地面覆蓋物，即在主要作物之前種植覆蓋作物。這種做法有許多好處，但也帶來了一些潛在的危險，因為間作作物可能攜帶害蟲。在使用間作作物的管理決策時，主要的目標是減少與主要作物的競爭，防止其生長過高干擾主要作物的光照、水分和養分。因此，在建立果園和葡萄園時，減少競爭的方法包括在主要的多年生作物生長良好後種植活性覆蓋物。

　　然而，農民缺乏覆蓋作物管理方面的專業知識，因此建議加強對農民的技術援助，提供適合當地土壤和氣候條件的植物品種和最佳管理方式的建議。例如：在半乾燥地區，可能需要特別注意植物可利用水分和潛在的不利影響，可能需要調整播種率、提前終止覆蓋作物生長，以及在土壤表面留下覆蓋作物殘體。最後，免耕方法種植經濟作物也是一種有效的方式，有助於保存土壤中的水分。總的來說，覆蓋作物的種植管理需要謹慎選擇種植時間和方法，以確保最佳的土壤健康效益和經濟作物產量。

四、混林農業

　　混林農業（agroforestry, AF）是在同一塊土地上有意將木本植被（喬木或灌木）與農作物和／或動物生產系統結合的做法。傳統的混林農業系統變化很大，需要適應當地的土壤、氣候條件和耕作系統；最近，在耕地和草地農場都建立新的混林農業系統，但很明顯，混林農業的潛力沒有得到開發，現有的長期建立的系統受到威脅。與傳統生產系統相比，混林農業對碳吸存有顯著貢獻，增加調節生態系服務，並增強生物多樣性。所採用的混林農業類型將影響固碳潛力和混林農業對減輕其他環境壓力的貢獻。與其他干預措施相比，農林業可能需要更多時間才能產生溫室氣體效益（IPCC, 2019），而固碳的持久性取決於樹木的類型及其最終用途。混林農業有意將樹木或灌木等木質元素與農作物和／或牲畜結合起來，已被提議作為一種替代土地利用方法，有可能增強生態服務供應。混林農業系統（AF）因其高自然價值和生物多樣性而受到認定，並因此列入《歐盟棲息地指令》NATURA 2000 的保護（1992）。它們對所有生態系服務功能（Ecosystem Service, ES）的三個支柱

（供應、調節及支持、文化）和生物多樣性的積極影響，在當地範圍內的樹木繁茂的牧場和果園中得到充分驗證。

混林農業操作可以幫助減少排放並在土壤和樹木中儲存碳。根據最近的報告世界混林農業面積在不久的將來將大幅增加，這將對陸地生物圈中碳的流動和長期儲存產生很大的影響，農業生態系在全球碳循環中發揮作用，約占全球陸地碳的12%。

混林農業不僅提供田間的地上效益，也提供重要的地下效益；這同時也提高農業生產力，加強土壤保護，改善了空氣和水質；提供野生動物棲息地，並引入多元化收入。混林農業系統提供的生態系統服務在數量和品質上都不同於傳統農業實踐，並且可以改善鄉村景觀。不同類型的農林業系統之間的生態系服務數量和提供有明顯差異。儘管如此，所有混林農業景觀的生態系服務調節均得到改善，硝酸鹽損失減少，碳吸存增加，土壤流失減少，以授粉為重點的功能性生物多樣性提高，半自然棲息地比例提高，棲息地多樣性增加。提供服務的結果不一致。雖然在沒有混林農業複合系統的農業景觀中，年生物量產量和地下水補給率往往較高，但總生物量庫可能依不同區域而各有增減而相異。總體而言，混林農業系統對調節服務的供應及其在增強景觀結構方面的作用有正面影響。

（一）混林農業的經濟和環境的協同效益與風險

根據 2019 年的 IPCC 報告，支付生態系統服務費用被視為支持混林農業的重要政策舉措。本研究聚焦混林農業提供氣候效益的潛力，然而，在推動混林農業擴展時，應同時考慮其他經濟和環境的協同效益，這些效益不僅對農業企業有益，還需實現社會目標，包括生態系統服務和生物多樣性。這些效益包括：

- 農場層級：減少土壤侵蝕和養分流失，改善土壤功能和水滲透；農場業務的多元收入來源；微氣候效益（提供陰涼和庇護所）；更好地適應氣候變遷；提供授粉服務。
- 更廣泛的效益：改善生態系統服務和生物多樣性（取決於所使用的樹種和管理強度）；增進景觀和棲地連通性的結構多樣性；參與洪水風險管理。

儘管有證據顯示引入混林農業對更廣泛環境的潛在負面影響有限，但仍存在一

些潛在風險：

- 在現有半自然林地棲地附近種植非本地樹種／基因型，可能對生物多樣性產生負面影響。

- 在制定和實施農林業干預措施時，若不考慮機會成本、對產量和供應／加工鏈的影響，可能影響農業收入和更廣泛的農村發展需求，同時忽略吸引投資者的共同效益，以及實現混林農業系統所有經濟機會的重要性。

碳農業系統的挑戰在於確定何處優先應用混林農業，以及何種類型的系統能最大程度地利用機會。然而，在監測、報告和驗證（MRV）方面應考慮更廣泛的生態系統服務效益，支付也應反映出，儘管碳的單位面積可能低於完全森林轉變，但其他效益仍然存在。

對於在熱帶地區實施的一些混林農業系統及其碳吸存潛力的綜述，碳的儲存取決於多種因素，包括氣候、土壤和社會經濟條件。全球碳庫的分析顯示，如果全球範圍內實施農林複合系統，未來五十年內可以從大氣中去除大量碳（1.1-2.2 Pg）。

1. 建立新的混林農業系統

根據 2019 年 IPCC 的修訂指南，農田中的多年生木本植被，例如茶、咖啡、油棕、椰子、橡膠、水果和堅果等，以及農林複合系統，都有潛力儲存碳。然而，在估算農田生物量碳儲量變化時，主要集中在多年生木本作物，而一年生作物的碳儲量變化則以當年收穫和死亡為基準。

在層級三的農田碳匯量計算方法中，可以使用統計的碳庫隨時間和／或流程模型的抽樣，按氣候、農田類型和管理制度進行分層。模型的選擇應基於其能夠代表所有管理操作，必須透過各國或區域的實地觀測進行驗證。

建立結合仁果樹和蔬菜的混林農業系統有多種選擇，並且重點在於評估混林農業相關的生物質和土壤碳吸存潛力。透過科學家、顧問和農民的參與，制定和評估不同空間布置和原型的提案，以優化經濟／技術限制和生態原則。

比利時（2014）的實驗性農林複合果園測試的三個假設：(1) 混合精選的水果和蔬菜品種可降低病蟲害風險；(2) 一年生作物和樹冠可能影響土壤功能、生物交互作用和調節；(3) 在集約和有組織的種植系統中，優化蔬菜和樹木之間的比例和距離，以確保樹木遮蔽不會降低光照水平。農林複合種植原型正在根據農民的生產

目標在試驗點農場進行評估，包括適應機械化和確保單位面積多樣化的需要。

　　歐洲混林農業結合木本植被與農作物和／或動物生產系統，對碳吸存有顯著貢獻，提供調節生態系服務並增強生物多樣性。最新研究顯示，在耕地和草地引入混林農業可能每年封存 210 至 6,390 萬噸碳。混林農業的潛力和貢獻取決於所選用的類型，且可能需要較長時間才能實現溫室氣體效益，固碳的持久性取決於樹木類型和最終用途。農林業系統也面臨著管理不善和自然事件引起的再排放風險。農林業系統（AFS）是將樹木、農作物和動物連結起來的農業系統。它們涵蓋各種管理選項和空間安排。為了設計物種的空間布局，參與者經常與物理模型互動，定位植物以定義系統結構。建立農林業模式越來越受到關注。

　　然而，混林農業模型很少同時表達結構和功能表徵，這些方法很難在協同設計中運用。例如永續耕作系統的設計，系統實驗是應對這項挑戰的創新方法，果園是由草層和樹木層組成的複雜的多年生農業生態系統，目標在生產新鮮水果，並在空間和時間上進行特定的設計和管理。為確定果園的特殊性並使設計框架適應這種多年生系統，設計框架需要考慮的特殊性是：(1) 果園的草、樹層、樹行和行列的空間異質性；(2) 年輕的非生產性階段和生產性階段之間的繼承與相互關係；(3) 果樹作物的永久性限制土壤肥力的管理；(4) 地被植物；和 (5) 害蟲防治，特別是在果園中完成其生命週期並可在多年內形成重要種群或接種物的害蟲，在沒有休眠季節的熱帶地區尤其如此；(6) 相反，如果採用非破壞性做法，果園棲息地的永久性有利於植物組合（例如地被植物、樹籬）的播種、種植或保護，以加強生物防治和／或競爭雜草。

　　農業面臨著生產糧食、纖維和燃料的潛在社會競爭需求，同時需要減少負面環境影響並提供調節、支持和文化生態系統服務。為了應對這些需求，需要進行新一代的長期農業田間實驗，目標在研究對比種植系統在多種結果方面的行為。Rothamsted 於 2017 年和 2018 年在兩個對比地點建立的這類新長期實驗的原理和實踐，並報告作物和系統層面的初始產量數據。這個大規模的輪作實驗的目的是建立系統特性和結果的梯度，以提高對英國耕作系統的基本了解；該實驗包括四個管理因素：分階段輪作、耕作（傳統與少耕）、營養（額外有機改良劑與標準礦物施肥）和作物保護（傳統與智慧作物保護）。觀察管理因素之間以及與環境對作物產

量的相互作用，證明系統及多地點方法的合理性。減少耕作導致小麥產量下降，但效果因輪作、前期作物和地點而異。整體上，耕作系統比少耕系統產生更高的熱量產量。

混林農業措施主要藉由枯枝落葉、根系轉換和根系分泌物，以及增加系統的整體淨初級生產力，影響土壤有機碳。與無樹林的系統相比，混林農業系統中促使額外的土壤有機碳吸存的關鍵過程，包括增加表層和底土層的有機物輸入，以及由於改善的土壤團粒形成而增加有機物的物理穩定性。混林農業在各種耕作系統和各種氣候帶都有應用，特別是在小規模和低投入的農業系統中尤為重要，尤其是在礦物肥料取得有限的情況下。混林農業在補充有限的肥料投入和控制山區的土壤侵蝕方面發揮著重要作用，尤其是樹木具有固氮能力的情況下。樹木也經常以防風林的形式整合到大規模的農業系統中，特別是在易受風蝕的地區，如東歐和北美。最近的研究顯示，將農田轉為混林農業系統對土壤有機碳庫存產生正面影響，但具體效果會受到氣候、場地條件、樹種和管理措施的影響。總的來說，在潮溼的氣候條件下，土壤有機碳的年積累率較高，這可能歸功於較高的淨初級生產力。

2. 東南亞各國混林農業發展現況

在東南亞，農業和林業部門正經歷蓬勃擴張。在 2000 年至 2020 年期間，該地區因環境災害所導致的損失超過 122 兆美元，影響人口逾 3.24 億。透過植樹，我們能夠多元化並穩定糧食供應和收入，同時提供實質保護以因應極端天氣事件。越來越多的小規模農民正轉向混林農業，作為應對和適應氣候變遷的手段。在過去十年中，湄公河地區的森林外樹木生長量是森林內樹木的三倍，顯示森林砍伐趨勢的逆轉。這些變化主要發生在農田、草原和定居區。

若未建立制度框架，農業和林業部門可能仍處於糧食、林業和土地利用部門的邊緣。國民核算體系缺乏對這些農業和林業活動的充分納入，強調修訂土地利用分類和業務定義的必要性，以有效監測這些轉變。國家農業和林業政策和規劃對於澄清土地使用政策的重疊和衝突，以及確保對森林內外的小農和社區森林使用者提供社會保護至關重要。大多數國家已經具備促進農林業發展的基本框架，包括農林機構、路線圖、規劃制定和融資機制。研究的焦點正在轉向農業和林業經歷逐步變化的方向，從關注地塊層面的相互作用轉向生態系統和景觀層面的相互作用。對東南

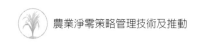

亞農業和林業操作的區域分析揭示各區域方法的相似性，強調這些操作的廣泛適應性，並強調建立區域知識管理系統以提取和利用經驗教訓的效用。

在國家和區域層面，制定農業和林業政策和規劃對於支持東協的願景和目標是必要的。最近農業和糧食系統的中斷已經暴露了區域供應和價值鏈的脆弱性。三個東協成員國已明確將農業和林業納入其對《聯合國氣候變遷綱要公約》的國家自主貢獻中，其他成員國均已將農林業發展納入國家林業和農業規劃，寮國、緬甸、菲律賓、越南等國都制定明確的農林業目標。

公私夥伴關係有潛力利用農業和林業的機會，實現氣候變遷和經濟發展的國家和國際目標，成為連結永續發展目標和國家自主貢獻的關鍵點。隨著人們對農業和林業在應對氣候變遷、糧食安全和土地退化方面的作用有更深入的認識，對該領域專家的需求不斷增長，儘管該地區的農業和林業教育計畫仍然有限。基於區域和國家農業和林業教育網絡的進展，可以加速滿足這一需求。發展以市場為基礎的方法，使碳成為可行的商品，可以鼓勵東協利益相關者投資農業和林業領域。目前，農業和林業的激勵和融資機制有限，但這些部門的效益隨著時間的推移而積累，它們是必不可少的。重點應放在商品價值鏈上，政策制定者和從業者應透過第三方認證計畫促進農業和林業發展，以增加小農進入穩定市場的機會。

五、提高農業管理效率

為實現未來的全球糧食安全和永續發展，我們必須實現糧食生產的大幅增長，同時大幅減少農業對環境的不利影響。這需要依賴新的創新和研究技術，以發展可持續的農業實踐，同時促進土壤碳的積累，從而實現負碳農業的目標。

為應對糧食安全和負碳農業之間的挑戰，這些建議包括：

1. 停止農業擴張：停止進一步擴大農業用地，以減少對自然生態系統的壓力。

2. 縮小表現不佳土地的「產量差距」：提高目前表現不佳的農業用地的生產力，以充分發揮土地資源。

3. 提高種植效率：改進農業操作，提高資源效率，以增加作物生產，同時減少對環境的不利影響。

4. 改變飲食模式：鼓勵人們改變飲食習慣，減少肉類和奶製品的消費，以減少碳排放。

5. 減少浪費：減少糧食損失和浪費，以確保資源的有效利用。

然而，僅依賴消費者（需求方）改變習性措施可能無法完全應對氣候變化所帶來的挑戰，因為這需要劇烈的行為和社會變革。生產方也需要參與，採取相應的措施。

在改進土地利用和農業操作時，應考慮以下思考邏輯：

1. 著重於農業系統的生物物理和經濟平衡點，以實現糧食生產和環境績效的改進，同時控制成本。

2. 增強糧食系統的韌性，因為高效率的農業容易受到氣候、疾病和經濟災害的衝擊。

3. 需要更好的數據和決策支持工具，以改進農業活動管理決策、提高生產力和環境管理。

4. 改善農業生產、糧食安全和環境績效應保持技術中立，不應侷限於特定方法，包括傳統農業、轉基因或有機農業。

5. 解決全球農業挑戰需要具體的土地利用、農業和糧食系統策略的制定和部署。

為減輕農業對氣候變化的影響，必須關注減少農業溫室氣體排放的技術和創新。這包括使用傳統技術，如改進農場能源使用、更有效的氮肥管理、改變水稻種植方法以及減少牲畜甲烷排放。這些綜合應用有望減少高達 45% 的農業溫室氣體排放。

至 2050 年前，可以規劃分為三階段完成農業淨零排放的目標，包括：第一階段利用現有技術優化效率，提高農業利用效率。首要目標是減少農用氮肥的使用，包括：改善氮肥的施用方式，以減少 N_2O 排放。利用精準農業施肥概念，提高肥料利用率。數值農業強調正確的速度、時間、地點和方式施用氮肥（5R），並利用數值農業和農藝建模技術來預測氮需求，根據土壤、天氣、地形和作物需求預測植物的最大氮肥反應。這些改變的實施預期使排放減少 23%。

第二階段目標在使用成熟的低排放替代品取代現有技術，以應對新的價值驅動

因素和政策。這些第二代技術是更環保的直接替代品，現已處於原型階段並且有望在市場上廣泛應用，這些改變的實施預期減排 41%。其中包括提高氮利用效率的作物遺傳學，專注於根和地下過程的新表型技術，以提高氮利用效率。還有氨的電合成，透過使用可再生能源來減少氨生產的排放。生物合成也是一種潛在的低排放氮源，微生物固氮能減少對化肥的需求。以及電動工具，如電動曳引機，可以使用可再生能源實現零排放的農業設備。

　　農業的第三階段轉型需要全面重新設計農業系統，以減少排放並提高土壤碳儲存。這個階段將推動分散的、小型、精密的系統，不再依賴於規模或集中度來提高效率。超低排放生產將使用更少的化學品和新穎的投入品，如本地生產的低濃度肥料、生物改良劑和專門針對農業遺傳學的品種。作物管理將倚賴分布式傳感器和網狀網絡引導的小型自動化工具，以精確施用化肥和化學品。全面實施後，這些技術可減少 71% 的現場排放。

六、改善農業用水管理

　　改善農業的水管理對於減緩氣候變化在農業領域的實踐，將在水資源方面產生積極和消極的影響。例如：在乾旱和半乾旱地區種植具有減緩效益的生物能源作物和造林的森林經營活動，往往會導致更多的蒸發散用水，可能造成減少溪流或地下水資源。實施用於減緩氣候變化的土地管理操作也可能影響水資源。例如：減少耕作、防止侵蝕和提高土壤保水能力等土壤碳保持措施。更有效地使用肥料也可以改善水質。同時，水管理還可以影響溫室氣體排放和減緩效果的產生。

　　灌溉農業僅占耕地總量的 20%，但灌溉土地的管理更為集約，肥料利用率量更高。灌溉農業比大多數看天田系統使用更多的無機肥料和其他農業化學品。利用農作物殘留物覆蓋土壤表面，可以增強土壤中的碳儲存並提高產量。但灌溉會影響能源消耗，因為抽水和處理水需要能源。水資源短缺和灌溉發展正在擴大地下水資源的絕對和相對利用。水資源短缺還導致農業部門利用非傳統手段（如海水淡化和廢水回用）來獲取灌溉用水。所有這些水源都具有很高的能源需求，通常透過燃燒化石燃料來滿足。38% 的灌溉土地使用地下水進行灌溉，地下水灌溉的能源消耗可能

很大。現代灌溉技術，如：滴灌，也增加了能源需求。在西班牙，1950 年至 2008
年間，灌溉現代化使用水量減少了 21%，但能源需求卻激增了 657%。

　　使用太陽能進行灌溉是減少灌溉相關排放的潛在選擇。太陽能灌溉是一種日益
可靠、成本相對較低的清潔能源解決方案，適用於高入射太陽輻射地區的農業用水
管理。在許多缺乏可靠電力供應或柴油價格昂貴的農村地區，太陽能灌溉措施可以
成為提供農業和其他用途更廣泛能源的一種方式。一些國家正在其應對氣候變化的
國家行動計畫中推廣太陽能灌溉，作為減少農業溫室氣體排放的一種方式。然而，
由於太陽能灌溉系統的運作成本較低，因此也有可能鼓勵農民過度使用地下水。應
制定適當的政策和法規來控制用水。總的來說，透過灌溉直接緩解氣候變化的選
擇與整個農業的選擇相同。在地下水密集灌溉的地區，緩解潛力可能更大。這種可
能性主要取決於灌溉強度的增加，在熱帶條件下發揮更大的碳吸存潛力並提高生產
力。然而，緩解效益可能會被更密集地使用資源所抵消。

　　農業節水對於環境健康和農業永續發展變得越來越重要。透過更有效地利用
水，產量更高的作物可以在使用更少的水的情況下生長，從而有助於保護大自然最
寶貴的資源之一。以下是可行的農業節水措施方法：

　　1. 滴灌

　　滴灌是提供農作物最佳生長所需的水分和養分的最有效方式。這種方法在正確
的時間以精確的量將水和養分直接輸送到每株植物的根部區域。因此，農民可以在
使用更少的水、肥料和能源的情況下獲得更高的產量。滴灌可以精確、有針對性地
應用資源，減少浪費並最大限度地提高農業用水和養分的利用效率。

　　2. 捕獲和儲存水

　　集水和再利用系統目的在收集和儲存逕流和雨水，以便以後用於各種目的。這
些系統對當地有好處，例如減少逕流量和防止下游水質惡化。它們還透過利用收集
的水供未來使用、減少對淡水資源的依賴以及促進節約用水，為永續水管理做出貢
獻。這些系統具有多種效益，包括當地可用水量、減少逕流、改善水質、加強整體
水資源管理。

　　3. 灌溉調度

　　灌溉系統管理員使用灌溉計畫來確定適當的澆水頻率和持續時間。水管理考

慮灌溉方法以及用水量、時間和頻率。農民定期監測天氣預報、土壤溼度和植物狀況，以相應地調整灌溉計畫，並防止農作物澆水不足和澆水過多。這種積極主動的方法有助於優化用水，確保作物在正確的時間獲得適量的水以實現最佳生長，同時避免水資源浪費以及對植物健康和生產力的潛在負面影響。

4. 耐旱農作物

農民可以透過種植適合當地氣候的作物來提高單位水的作物生產力。抗旱作物特別有利，因為它們可以降低缺水期間農作物歉收的風險，提高整體產量，並增強農民的經濟穩定性。這些作物可以為節水工作做出貢獻，這對於永續農業和環境保護至關重要。透過種植適應當地氣候並減少用水量的作物，農民可以優化用水，減輕與乾旱相關的風險，並促進農業的長期永續發展。

5. 旱作農業

旱作農業是一種在乾季不依賴灌溉，而是利用前一個雨季儲存在土壤中的水分的農作物生產方法。這是一種針對特定地點、在氣候限制下種植作物的低投入策略。在這種方法中，作物可能接受最少的灌溉或根本不接受灌溉。該方法強調最大限度地提高土壤的自然含水量，並調整作物選擇和管理操作以適應當地氣候，目標是以最少的用水實現可持續的作物生產。

6. 堆肥和覆蓋物

堆肥和覆蓋物的結合可以非常有效地改善土壤健康和肥力。堆肥在種植前被摻入土壤中，而覆蓋物則在植物生長後覆蓋在植物周圍。堆肥和覆蓋物都可以在農場生產，這使它們成為農民提高土壤品質的一種經濟高效的技術。堆肥使土壤富含有機物和養分，而覆蓋物有助於保存水分（透過減緩蒸發）、抑制雜草和調節土壤溫度。

7. 保護性耕作

保護性耕作目的在減少水土流失、節約用水和增強土壤健康的農業技術的集合。這些做法在土壤表面形成一層保護層，有助於保持水分，這使得它們在水資源有限或經常發生乾旱的地區特別有益。透過最大限度地減少或消除破壞土壤的傳統耕作方法，保護性耕作有助於維持土壤結構和有機質、減少水逕流並防止侵蝕。

8. 覆蓋作物

覆蓋作物透過提供保護層來減少風蝕和水蝕的影響，在保護裸露土壤免受侵蝕、水流失和板結方面發揮著至關重要的作用。它們還與雜草競爭水分和養分，有助於控制雜草生長，並有可能減少對除草劑和其他化學投入的需求。覆蓋作物是碳農業操作的一種形式，可以增強水分保護和土壤健康。它們在主要作物週期之間種植，以保護土壤免受侵蝕，提高土壤肥力和保水性，並提供抑制雜草等額外好處。

9. 有機農業

有機農業包括一套農業技術，優先使用自然方法和材料來提高土壤肥力，減少對合成化學品的依賴，並節省用水。例如：隨著時間的推移，輪作有助於使田間種植的作物類型多樣化，降低養分耗盡和害蟲滋生的風險，並促進土壤更健康，更好地保水。

七、新農機提升政策

（一）農機汰舊換新電動化，協助農業淨零排放

為實現農業的淨零排放目標，農業部農糧署積極推動農業機械現代化和電動化，以確保農業部門能夠有效地參與減排工作並為永續發展做出貢獻。為了擴大碳抵換的機會，政府已經採取多項措施，以鼓勵農友參與減排工作。農友可以透過基層農會提出申請，以獲得農業機械的補助措施。特別是，如果農友選擇購買電動農機，將獲得最高 50% 的補助。此外，鼓勵農友報廢 2018 年（含）以前購置的老舊燃油農機，並簽署相關的減排協議，以獲得更多的補助金額，最高可增加 1,000 元至 3 萬元。支持的新購農機機種包括電動中耕管理機、動力噴霧機、剪茶機等等 12 項。每台汰換老舊農機並購置新機的農友可以為減排效益貢獻 3.2 至 13.6 公噸二氧化碳當量，有助於農業達成淨零排放的目標，同時促進農業現代化和可持續發展。

（二）設置 GNSS-RTK 精準定位環境

農試所利用全球衛星定位系統，設立基地站及採用 PPP-RTK 軟體，設立農用

的高精度定位方法其定位精度（水平及高程誤差為 5 cm 以內）系統，提供農業生產利用。在這種精度可以增加機器人在農業實現的潛力，在大農或小農土地上進行高精度定位，可成為智慧農業強大的推動力量。農業的經營因此會發生巨大變化，包括：藉由機器人農業機械智能化實現精準農業；使用多架次小型輕巧的農業機械的優勢。配合使用精準定位系統與感測器來識別個別植株的位置、個體植物的生長狀況，落實農民執行個體作物管理（果樹）。

（三）雷射整平

傳統農田整平作業通常在水稻種植前進行，人工操作的平整精度較低，土地平整精度在達到一定程度後難以提高。雷射光控制技術已經廣泛應用於提高土地平整的效率和精度。農業試驗所的農業化學組自 2000 年起致力於發展雷射整平水田節水技術，評估水稻直播節水的效益，結果顯示使用雷射整平機，可以將高低差降至每 200 公尺水平距離的高程誤差不到 3 cm，這意味著每灌一次水稻田可以節省 300 立方米／公頃的水量，全年用水量可以減少 25-30%。旱田的高低差通常比水田更大，因此雷射整平技術在這方面的應用尤其重要。最近在西南沿海區旱田引入雷射整平技術後，灌溉效率也有顯著提升，這不僅減輕農民的管理負擔，還增加產量。雖然臺灣的田區面積較小，但過去因需要進行田區測量作業以及機械組件和迴轉犁的選配問題，以及整平工時較長，導致無法普及和推廣雷射整平技術。然而，2021年農試所已經建立全臺 GNSS-RTK 網絡，如果選擇配備具有精確整平功能的機組，這一技術應該可以在農業中普及和推廣，以提高土地平整的效率和節水效果。

八、生物炭

（一）生物炭的定義

生物炭（biochar, BC）的定義為「生物質在限氧環境中，透過熱化學轉化得到的固體材料」。熱裂解是生產生物炭最常用的技術。或「生物炭可以且應該由生物質廢料製成，在氧氣濃度控制在不燃水準的情況下，將生物質在 350℃ 以上的溫度下加熱而製成的固體材料」；它是一種被認為在土壤中具有碳儲存長久作用的生物

質碳。可用作生物炭原料的生物質包括木材、牲畜糞便、草木、稻殼、堅果和來自污水污泥的材料。生物炭應用的潛在好處，重點在於其在農業領域的應用。用於土壤改良的生物炭似乎可以提高土壤的養分密度、持水能力、減少肥料需求、增強土壤微生物群並提高作物產量。此外，生物炭的使用具有許多環境效益、經濟效益，並在碳信用系統中發揮可行的具體儲碳效能；生物炭可以滿足這些基本要求。

生物炭的應用歷史悠久，早在文明史之前即有人類使用，主要用於燃料。在臺灣丘陵地區，光復後仍有生產大量木炭的紀錄，供應本土燃料並出口。現代對生物炭價值的重新評估始於 1966 年 Sombroek 在亞馬遜流域發現 terra preta（黑色土壤），揭開生物炭對土壤肥力的重要性。後來，隨著各國對溫室氣體減量的共識，生物炭在土壤碳匯中的角色引起更多關注。

「2006 年 IPCC 國家溫室氣體清單指南 2019 年修訂版」首次把生物炭列入負碳的方法學並計算不同類別生物質產製生物炭的碳含量。由於田間試驗考慮的作物、原料材料和熱裂解環境參數因不同的研究而異，生物炭的施用率、土壤系統和農業氣候條件千差萬別，因此很難就結果達成普遍共識，阻礙目前對生物炭提高作物生產力和緩解氣候變化潛力的認識，必須在多處本土田間環境進行的田間試驗，以解大眾對於生物炭利用風險的擔憂。國外許多報告指出生物炭有助於提高土壤肥力、增加產量、幫助關閉養分循環，從而有助於確保一個地區的食品安全。原始土壤的性質及生物炭的土壤改良對土壤化學、物理和生物質量的影響，決定土壤健康和農業生產力，很大程度上歸諸原始土壤的性質。

投入生物炭是增加土壤有機碳（SOC）含量的最有效方法，優於作物覆蓋或保護性耕作。這一結論在所有氣候和土壤類型、質地及 pH 值下均一致。然而，在溫暖氣候（包括熱帶和亞熱帶地區）和低投入農業情境下，生物炭的效果似乎更為顯著，然而歐洲土壤對其反應則不如其他地區明顯，尤其對於歐洲土壤，對作物生產或 SOC 封存的影響並不明顯。同樣地，高水平的礦物氮投入似乎會削減生物炭的 SOC 封存效果。低水平的氮輸入（1-100 kg N ha^{-1}）似乎是生物炭對 SOC 封存最為有效的範疇。然而，由於農民主要關注最大程度地提高植物產量，實現這些低水平的氮輸入並不容易。

田間生物炭的施用，應當注意下列事項：

1. 生物炭的應用需求和對土壤的影響研究顯示：它有望成為處理土壤肥力和相關環境問題的永續解決方案。生物炭的應用對土壤健康和作物產量有積極影響，原因包括增加養分有效性、保水能力、土壤微生物生物量、土壤 pH 值和陽離子交換容量（CEC）。然而，在已經富含養分、肥沃且 pH 值中性的土壤中，生物炭的應用可能產生中性或負面影響，例如養分固定化或過度石灰效應。

2. 生物炭的應用可以提高土壤微生物活性和改善土壤的物理化學性質，包括土壤 pH 值、陽離子交換容量（CEC）、孔徑分布、容重、土壤構造、土壤有機碳（SOC）和保水能力（water holding capacity, WHC）的變化，進而影響土壤微生物活動。另生物炭還能提高土壤養分的生物有效性，減少養分流失，並固定有毒元素，從而改善土壤品質。

3. 生物炭在熱帶地區顯示出更高的效益。一般趨勢清楚地顯示：在熱帶地區，由於土壤性質偏酸、保肥力低、土壤質地較細，相較於其他溫寒帶地區，生物炭的應用在土壤特性和作物產量方面提供更多的效益。

4. 在多種 CO_2 吸附材料中，生物炭引起了相當大的關注。生物炭是一種由生物質熱裂解產生的碳豐富材料，具有高表面積（即孔隙率）。其物理化學性質受熱裂解過程的操作參數影響很大。生物炭的後處理通常也用於修改其所需的物理化學性質。

（二）生物炭在農田利用的優劣論證

許多學者對於生物炭在農業的施用前景充滿樂觀，有以下的試驗成果及期待：

1. 大量的生物質直接燃燒、堆肥化或就地掩埋流失碳

林業試驗所（2020）的前期農科計畫報告中指出估計臺灣目前每年產生約 50 萬公噸的林業剩餘資材，其中超過六成是以直接燃燒、堆肥或就地掩埋等低價值方式處理，建議利用農林廢棄資材開發「生物炭」應用，可以有效循環使用資源，也能減少廢棄材料所衍生的環境問題。

2. 生物炭利用與土壤改良效果

林業試驗所（2020）的「生物炭育苗生長介質之研究」，添加生物炭的育苗

介質在含水率與酸鹼值上，都有顯著增加。在「都市林竹炭土壤鋪面應用研究」方面，針對樟樹、櫻花、臺灣欒樹之苗木進行土壤生物炭（闊葉樹、農業剩餘物質、竹碳混和）添加試驗，發現添加者之生長性狀比未添加者為佳。

3. 生物炭特性與土壤改良效果

生物炭具有高比表面積、高表面電荷密度等特性，添加於土壤中可以改變土壤的孔隙、粒徑大小與分布密度，對於土壤之保水、保肥以及調節土壤酸鹼值和水、肥、氣、熱等土壤微環境相當有效。生物炭亦可以改善微生物的生存環境，能提高作物增產的效果。

4. 生物炭改良土壤 pH

日本的田間試驗發現在 20%（體積）的混合比下達到 pH 6.5；在臺灣的改良場及試驗所的試驗在 2%（重量）混和比例。這是許多作物最適 pH 的上限。關於木炭施用對生長的影響，生物炭的 pH 值是鹼性的（大約 pH 8-10），並且在試驗中土壤 pH 值隨著木炭混合比的增加而增加。由於作物有最適 pH 值和生長不良的 pH 值，因此需要注意根據作物施用木炭的量。

生物炭的（預期）高穩定性是其在 SOC 封存中有用的關鍵，也是其使用的主要原因。由於氣候條件的高度多樣化、土壤特性的高度多樣化、農業管理的多樣性和生物炭特性的多樣性，土壤中的生物炭穩定性變化很大，從幾年到幾千年。

尋找理想的生物炭應該在土壤中添加有機改良劑的需求之間尋求平衡，這種改良劑足夠穩定，可以維持數十年。許多報告由認為生物炭並不是非常穩定，乃至它代表一個惰性碳庫，對土壤生化沒有任何影響，但對植物生產和土壤生物化學的積極影響已被廣泛報導，似乎證明「某些生物炭可以很好地改善土壤，而其他生物炭則不能。為什麼？因為不清楚如何為土壤準備最好的生物炭。」對微生物活性和養分動態的影響取決於生物炭的特性，而生物炭的特性取決於它們是如何獲得的，因此生物炭是否對任何土壤性質產生積極影響的問題永遠不會有任何問題。

從上一段可以明顯看出，迫切需要對生物炭制定合理的標準。由於它們的作用多種多樣，取決於它們的精確成分，有必要建立幾類生物炭；這些類別應該能夠對目前市場上可用的生物炭進行商業標籤。對於農藝師或農民需要由標籤告知生物炭的主要特性，因此應預測這種生物炭對土壤肥力的影響。國際生物炭倡議（美國俄

亥俄州韋斯特維爾）建議根據其碳含量、肥料價值和粒度分布對生物炭進行分類，有人建議根據其有機碳含量對生物炭進行分類。為「合格」生物炭建立健全的標準應該是其在歐盟範圍內推廣使用的先決條件。如果沒有生物炭標籤和資格系統，在歐洲農田使用生物炭作為增加 SOC 庫存的方法的一般建議將是非常冒險的。

日本則對生物炭施用於農田有 5 個適用條件的規範，條件 (1)：生物炭必須施用於《農地法》第二條規定的「農田」或「牧場」的礦質土壤。條件 (2)：在 350℃以上的溫度下燒成，並將氧氣濃度控制在不造成燃燒的水準。條件 (3)：如果使用木材作為生物炭的原料，則必須是國產的。條件 (4)：生物炭原料不得有任何其他用途，例如未使用的間伐木材。（熱力炭的副產品也符合條件）條件 (5)：生物炭原料不含油漆、黏合劑等。

在生物炭的應用方面，一般認為施用於土壤可使作物生長約增加 10%。它主要有改進土壤酸性、提供養分、增加保肥力和保水力等效應，同時對微生物棲地、土壤生態維護、污染物吸附等方面也有貢獻。生物炭對氣候變遷的減緩效果也受到關注。然而，在應用過程中，也存在土壤因沖蝕而流失、施用過程導致土壤密實、污染風險、有機殘質移除，以及對健康和火災危險等潛在風險。

歐洲學者對於生物炭施用農田的正面與負面與待研究辯證，彙整如下表 6-5，表 6-6 與表 6-7。

表 6-5　生物炭施用於土壤中的正面評價事項

正面評價事項	說明
生物炭久存土壤	在世界上許多地區發現量體多的生物炭存在土壤中。
生物炭改良土壤原理已證明成功	許多小規模的人工改良農田存在世界各地，但大面積的試驗田區實施時，仍需要仔細審慎地了解生物炭對土壤及環境的影響效應。
施用生物炭後對於作物的產量是增加的	許多研究報告資料，但缺乏熱帶區域的特殊環境資料，許多試驗時間很短只有 1-2 年或盆栽。許多試驗報告結論是負面效果。
具石灰效應	生物炭大都為中性或鹼性，用來改良酸性土壤。但在鹼性土壤則有不利的效應。若要維持石灰效應，則需要定期的施用。
吸附效能可吸收土體微量的有機污染物	生物炭的吸附效能可以吸收土體的人工有機污染物，如農藥、殺草劑等，同時可以影響這些污染物的毒性、傳輸與宿命。

正面評價事項	說明
提供微生物棲地並提供放牧地微生物避難所	施用生物炭後增加微生物質量與活性，同時提高微生物的活動效能（在同樣微生物炭為單位而量測的 CO_2 釋出量）。但反應的尺度與土壤的養分含量多寡有相關性。
增加菌根菌數量並關連到增加植物產量	可能與生物炭改變土壤物理化學性質、間接受到生物炭對微生物效應的影響、植物—真菌信號效應、生物炭吸附有毒物質或相剋物質及生物炭提供棲息地或避難所功能有關。
增加蚯蚓數量及活性	許多報告顯示蚯蚓較喜歡在施用生物炭的土壤超過單獨的土壤。但也有報告顯示並非所有生物炭都是同樣結果，特別是施用大量的生物炭。

EUR 24099 EN-2010 Biochar Application to Soils by F. Verheijen *et al*.

表 6-6　生物炭施用於土壤中的負面評價事項

負面評價事項	說明
生物炭使用的評估資料非常有限	亞馬遜的黑土數量有限而且添加許多非生物炭的物質。熱裂解生物炭在世界各地發現，但原料類型與熱裂解方法資訊很少。
土壤因沖蝕而流失	將生物炭表面施用於土壤上方非常容易增加生物炭粒子的風蝕（灰塵）或水蝕；在土壤中的生物炭是否發生其他沖蝕效應，迄今仍未被驗證。
施用時造成土壤密實	在不適合的條件下，任何施用生物炭都可能造成土壤密實的風險。仔細的計畫與管理才能避免土壤密實的發生。
污染的風險	生物炭可能含有污染物，如多環芳烴、重金屬和戴奧辛，對土壤性質和功能產生不利影響。污染物可能來自受污染的原料，或在製造過程中控制較低的熱裂解溫度（< 350℃）產生潛在的土壤污染風險物。
殘質移除	作物殘質因移除供為產製生物炭後而減少作物殘質混入土壤中，可能對土壤產生多項的負面效益。
健康風險及火災危險	生物炭應用的生產、運輸、應用和存儲過程時，需考慮人體健康風險（如接觸粉塵）和火災危害；已有一些合適的措施可降低職業衛生風險。
減少蚯蚓的存活率（較有限的案例）	施用大於 67 公噸／公頃的雞糞生物炭對於蚯蚓的存活率顯示有負面效應，其原因可能為增加土壤 pH 或鹽分含量。

EUR 24099 EN-2010 Biochar Application to Soils by F. Verheijen *et al*.

表 6-7　生物炭施用於土壤中的待評價事項

待研究事項	說明
生物炭施用在現代農場經營的土壤缺乏驗證	生物炭原料來源及熱裂解方法多樣化，施入不同土壤後結果多有差異性。雖有 1-2 年的短期試驗資料，但缺少長期施用影響土壤與環境的效應資料。

待研究事項	說明
碳的負效果	生物炭的碳存效果假說獲廣泛接受，然而在不同尺度操作下的生物炭施用尚未充分量化其對生態、經濟和社會因子的影響。
氮循環的效應	氧化亞氮逸散量受土壤水文（土壤充水孔隙量）和微生物作用的調節的影響。添加生物炭對其具體機制尚不清楚，而相關的門檻值大都也尚未確定。
生物炭施用容量	作物與土壤的特性決定生物炭的施用量；這可能導致一旦土壤施入生物炭而產生不可逆的效應，擔憂可能與土壤和作物的需求量產生不相容。
環境中的移動性行為與宿命	土壤環境條件如何影響生物炭的短期和長期損失、生物炭在土壤剖面和進入水體的損失，以及流動性與傳輸機制等幾乎沒有量化資訊。
污染物在生物炭的分布與有效性	生物炭的形態短期或長期內對污染物的安全性、施用方法、原料、熱裂解方法、土壤形態，以及環境條件等方面，需要進行細緻的評估。
土壤有機質動態影響	缺少生物炭對土壤—氣候—管理的複合因子的綜合研究及對土壤有機質動態影響。
孔隙大小及聯通性	生物炭的孔隙大小分布顯著影響土壤物理性質及過程（保水、通氣及生物棲息地），但現階段少有直接量測報告資料，大都為假說。
土壤水分保持及有效性	生物炭的添加可能直接和間接影響土壤的持水性，並可能在短期或長期內產生效應，其效果受土壤類型而異，可能為正面或負面。正面效應取決於生物炭的高量施用。目前缺乏確定的證據來建立土壤持水性與生物炭施用之間的明確關係。
土壤密實	缺少土壤密實試驗資料，其風險或可以透過建立「生物炭應用良好規範指南」而減少。
啟動效應（primary effect）	啟動效應在此意指「土壤加入的新鮮碳來加速土壤碳的分解」；加入新的有機碳可能改變 pH 值、孔隙空間水、棲息地結構或養分有效性等而產生啟動效應。目前只有一些短期研究和非常有限生物炭與土壤類型的樣本。
對土壤大型動物的影響	不明瞭生物炭對土壤大型動物皮膚接觸或呼吸的影響，以及蚯蚓或其他小型動物是否因攝食生物炭後再被大型動物攝食因而影響大型動物的生存。
忌水性	一般對於土壤的忌水機制很不清楚，生物炭應會影響土壤的忌水作用亟待試驗。
農場管理加速生物炭分解	田間耕犁操作而破壞生物炭的結構，可能會加速分解，不利於土壤碳存的效果。
土壤陽離子交換能量	生物炭雖可提高土壤陽離子交換能量，但其持續性並不很清楚。
土壤反照性	生物炭可能使土壤反照率將低，其影響效應不明。
影響水中生態	生物炭的鹼基可能隨之田間逕流至水域，而影響水體的生態系可能性很大。

EUR 24099 EN-2010 Biochar Application to Soils by F. Verheijen *et al.*

隨著人口增長，各國面臨更大的糧食安全壓力。多年的全球糧食生產總量增長，但卻伴隨著掠奪式生產和大量使用化肥所引起的土壤退化、大量產生中低產田、水體污染等問題。生物炭在多樣的應用領域使其成為全球發展中國家研究的焦點，特別是在確保糧食安全、應對氣候變化、實現永續發展的契機。農業方面的研究顯示，生物炭在改善土壤結構和性質、提高作物產量、治理環境污染、增加農業碳匯、減少溫室氣體排放等方面發揮重要作用。雖然有研究顯示生物炭還田可能激發其他不利效應，但要進一步研究和產業化開發生物炭化還田技術，提升中低產田的生產潛力、確保糧食安全、落實農業永續發展。

生物質料源的收集是一個勞力密集的過程，需要處理大量物料。生物質轉化為生物炭後還田是有效的土壤改良方法，但小農田限制大型機械的使用，而焚燒秸稈則對空氣品質有負面影響。未來生物炭的發展目標建議在維護農作物產量和土壤地力、減少農業對環境的影響、促進小農經濟，以及碳吸存方面發揮作用。發展方向包括生物炭的產業化、資源的充分利用、解決不利因素、生物炭的國際碳吸存交易和認證。以生物炭技術為核心的秸稈碳化還田，成為實現農業循環利用和高效利用廢棄生物質資源的途徑。

（三）生物炭與碳權

在當前追求低碳、循環和永續發展的趨勢下，農業的碳匯能力受到關注。生物炭擁有固碳潛力，可能是唯一能夠改變土壤碳庫平衡、提高土壤碳庫容量的技術方式。生物炭的減排效果已經得到認可，其計量方法學也將進一步發展，為生物炭減排量的計算奠定基礎。

日本 J-Credit 制度是對溫室氣體減量及吸收量進行信用認證的制度（日本農林水產省、經濟產業省、環境省運作）。農林水產省正在透過針對作為該倡議核心的生產商和生物炭製造商制定各種促進措施來推動該倡議。透過此體系，促進民間企業、地方政府等節能低碳投資，利用信貸促進國內資本流通，實現環境與經濟的平衡。

碳信用透過雙邊交易、中介交易等方式出售。銷售價格會根據交易而有所不同，但如果農民可以透過銷售積分獲得收入，將能夠收回與應用生物炭相關的一

些成本。在農田中施用生物炭時，不僅要考慮信貸收入，還要考慮生物炭的土壤改良效果等自耕效益，以及透過利用未使用的當地生物質來改善當地環境等連鎖反應，這樣做很重要。此外，透過利用未使用的當地資源來降低生物炭採購成本也很重要。

在研究和開發生物炭產業時，應該遵循以下原則：

1. 生物炭技術應堅持以農林廢棄物的綜合利用為基礎，避免不合理的開發方式，確保環境生態平衡。

2. 生物炭產業應以克服土壤障礙和中低產田改造為主要方向，考慮到耕地品質的區別，生物炭應用應優先針對中低產田，特別是解決土壤酸化、結皮等土壤障礙的研究，開展秸稈碳化還田技術的研究與試驗示範。

3. 明確農林廢棄物的範疇，因地制宜實施秸稈碳化還田。對於已經被利用的農林剩餘資材，應根據當地經濟、技術開發程度和生態氣候等因素，因地制宜進行生物炭產業的技術開發與應用。

4. 相容並蓄大規模集中製碳與分散製碳模式，根據不同地區的廢棄生物質資源特點，可以選擇集中或分散的製碳方式，以達到更高效的利用。

這些原則的遵循有助於生物炭產業的永續發展，同時確保其在糧食安全、減排和土壤改良等方面發揮積極作用。

（四）土壤儲碳技術與其他計畫的聯合策略

從政策的角度討論和盤點增加土壤中碳儲存或避免其從土壤中流失的方法。特別是評估迄今為止很少受到關注的技術，列出可能增加土壤碳的主要方法，它們是：(1) 增加有機物的投入率；(2) 透過生物或化學方法降低其分解速度；(3) 透過聚集體和有機礦物複合物中的物理化學保護提高其穩定率；(4) 增加深度，或更準確地說，是增加土壤總體積以最大速率固碳。藉由種植多年生的作物，尤其是草類，可以立即獲得碳儲存的收益，草類透過育種能夠將更多的碳儲存到土壤中。長遠的研究目標，例如：了解酶在碳週轉中的作用以及開發底土的能力；藉由施用矽酸鹽廢物來增加土壤中 CO_2，作為無機碳酸鹽的固定可能有一定的作用。

九、負碳與氣候智慧型農業（CSA）

在農業政策領域，負碳概念正扮演著越來越重要的角色，其目標是以綜合方式應對氣候變遷減緩、調適和確保糧食安全。尤其在土壤退化和氣候變遷威脅農業的區域，氣候智慧型農業（CSA）著眼於實施基於土壤的策略，以恢復土壤功能並提高碳儲存。這些策略的成功實現，不僅有助於減緩氣候變遷影響，還有助於提高農業生產力。

鑑於現有綜合的氣候智慧指標無法充分衡量土壤有機碳（SOC）和產量之間的權衡和協同作用，學者提出一種稱為土壤的氣候智慧指數（Soil-based Climate Smart Index, SCSI）的指標。SCSI 的計算利用年度產量和 SOC 資料的變化趨勢和變異性的正規化指標（normalized index of variability）。SCSI 的計算用已發表的實驗數據，這些實驗對比保護性農業（CA）操作和傳統管理。在評估的前 5 年中，與傳統回復相比，CA 回復獲得更高的 SCSI 得分。

對氣候智慧的時間動態進行分析顯示，在實驗開始的前 5 年，SCSI 的最小值通常出現，這表明 SOC 和產量之間存在潛在的權衡。相反，在 5 到 10 年的時間內，SCSI 值達到頂峰。然而，20 年後，SCSI 趨向於零，這是因為 SOC 或產量的重大變化已經不再明顯。SCSI 能夠在不同土壤管理下計算一年生作物的不同時間段，提供一致的指標，支持跨操作和時間的氣候智慧。

（一）負碳與食物系統

糧農組織對 2050 年全球糧食產量的預測、糧食價值鏈排放強度和碳吸存潛力的快速評估，透過分析全球糧食需求並實施四項主要的糧食安全干預措施，建立六十多條通往 2050 年的路徑：(1) 實施低排放操作，透過提高生產效率來減少排放；(2) 農田及草原固碳；(3) 改變飲食以減少全球牲畜蛋白質的產量；(4) 在整個食品價值鏈中採用新視野技術。生態系統服務的提供受到食物系統（food system）的影響，反之亦然。

隨著數位技術在農業中的廣泛應用，考慮到這些技術嵌入的食物系統類型，數位技術可能對生態系統服務的提供發生影響。未來食物系統的發展方向以及數位科

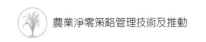

技在其中的角色，受到這些技術對未來食物系統所帶來的影響。

共同利益和風險

儘管許多碳排放操作提供環境協同效益，但反之亦然。一些做法，例如使用生物炭或市政堆肥來增加土壤有機碳，可能會對土壤生物多樣性產生負面影響。同樣，不適合當地實施的混林農業措施，會對生物多樣性和適應性產生負面影響。這對於在未來幾十年將發生強烈變化的氣候中進行評估尤為重要。

（二）設計碳農業商業模式的 MRV 的挑戰

MRV 代表監測（monitoring）、報告（reporting）和驗證（vcrification）；監測是指測量碳儲量的增加或碳排放的減少，農民繳交的減排增匯的負碳操作成果報告，並經由行政部門或外部審計機構驗證，供為具碳權效力的核定證明。可以藉由操作實施、直接測量、建模或這些方法的組合來達成監控減排增匯的結果。直接測量提供最高的準確性，但可能非常昂貴。藉建立模式估計量值替代直接量測（例如樹幹直徑）和科學證明的關係。透過建模，結果的確定性在很大程度上取決於科學研究的狀態，但它只需要較低的 MRV 成本。品質報告和驗證需要實施確效註冊、長期報告義務以及隨機和有針對性的審計。在自願碳市場，MRV 成本較高，因私人投資者需確保購買的信用已儲存或避免碳排放。

投入的成本包括農民或行政部門為項目提供的成本，如學習、培訓、機制設計、資助研究、數據蒐集和實施成本。農民、公共管理部門或碳信用購買者可能承擔這些成本。在這些商業模式中是否對所有的農民具有包容性，還是只有在他們的農場上具有很大增匯的農民才有機會參與；這意味著過去已經完全或部分轉型（例如轉向有機農業或再生農業）的農民可能沒有機會參與碳農業計畫，存有碳農業的獎勵可能落在過去最具破壞性的農民的潛在風險。

碳持久性問題，即在土壤和植被中長期儲存碳的挑戰。創建一個可以封存數年甚至數十年碳的系統幾乎不會產生任何緩解影響。碳吸存必須是永久性的。確切的時間值得商榷，但至少 100 年是最常見的參考。二氧化碳在大氣中停留時間長，估計人類活動排放的 CO_2 的一半在 100 年內轉移到海洋等自然儲層。然而，約有 20% 的過剩 CO_2 排放可能在 1,000 年後仍留存在大氣中，其餘可能需要長達 10,000

年轉移到其他碳庫。保持碳穩定儲存面臨困難，因為碳可能在火災、乾旱、洪水等自然災害中釋放。額外性原則指出，缺乏報酬激勵將阻礙碳清除或減排。這要求碳農業操作超越法定要求，尤其在歐洲 CAP 體系下，由於每 7 年重新協商一次，評估變得複雜。農民需要符合「良好的農業和環境條件」才能獲得直接付款，碳農業操作必須超越這些要求才能視為額外。然而，若未來 CAP 提高要求，農民之前的努力是否仍視為額外，存在問題。碳洩漏問題，即農場間減排轉移可能導致碳洩漏。碳農業實施應綜合考慮整個農場情景，以避免轉移對環境帶來負面影響。許多碳排放操作雖提供環境協同效益，但也可能對土壤生物多樣性產生負面影響。

基線設置和方法學

某些緩解機制（避免、減少）只能透過與基線情景進行比較來評估。用於定義基線的方法將影響結果，但是使用基線進行比較也提供了一些機會。將農場的所有緩解機制與經過良好校準的基線進行比較，可能是一種包容性的方法。過去做出努力的農民仍然可以與基線進行比較，並得到相應的獎勵。正在開發各種用於計算氣候變化減緩影響的方法學，其中一些方法的結果值得懷疑。

（三）農業土壤碳吸存的政策建議

農業用地的淨土壤碳吸存可對抗全球每年人為溫室氣體排放的 4%，為實現《巴黎協定》目標提供關鍵貢獻。為充分發揮農業部門的潛力，為可持續發展議程做出積極貢獻，需要實施一系列子政策以提高全球土壤碳儲量。這包括法規防止土壤碳流失、促進知識加值的農業操作政策，以創造「雙贏」解決方案，以及透過以市場為基礎的政策提供額外激勵措施。這些措施需要支持創新的合同解決方案，以應對碳儲量非永久性和降低交易成本的擔憂。

可以運用三種主要方法：知識轉移、防止土壤碳流失的政策，以及提高碳儲量的激勵措施。選擇適當的政策要素將取決於所針對的緩解途徑，以及相關緩解措施的成本和效益。首先，在特定土地利用的農業土壤碳飽和情況下，防止土壤碳流失的政策將比促進進一步封存的政策更為重要。防止損失的政策可能包括禁止使用不可持續做法的法規，如限制泥炭地土壤的排水和轉化。在這些情況下，基於市場的政策可能是對土地所有者負責的二氧化碳排放徵稅。但由於與排放測量相關的

不確定性和成本，實踐中缺乏這種政策的實例。其次，如果農業措施能夠提高農民的碳儲量和利潤（即「雙贏」解決方案），則知識轉移政策可能足以激勵他們的參與。一些經合組織國家的經驗表明，農民、政府和工業界聯合主導的研發和推廣已實現高採用率的保護性農業操作。在其他經合組織國家，自願激勵和交叉合規措施已被添加到政策組合中，進一步激勵農民採用高效淨土壤碳吸存（soil carbon sequestration, SCS）做法的成本。第三，儘管以市場為基礎的政策可能是提高土壤碳儲量的最經濟有效手段，但大規模實施面臨挑戰。這反映在實施以市場為基礎的政策來激勵網絡 SCS 的數量很有限。這些政策面臨的困難，來自於與分布在廣泛且高度異質景觀中的生產單位接觸的測量和協調難題。

另外，三個問題限制了 SCS 實踐中碳信用額度的生成和交易：土壤碳儲量的非永久性、交易成本和額外性。這些限制可以透過改進支付合同的設計來部分解決。

- 土壤碳儲量的非永久性帶來與在未來某個時間點損失減排的風險相關的挑戰。透過碳合同的創新和選擇，政策制定者應對這一挑戰做出應對，包括綜合核算，當碳儲存在土壤中時提供信用，當碳返回大氣時記入借方帳冊。需要定期測量以提高測量的準確性，但會增加與碳信用額的測量、報告和驗證（MRV）制度的相關的交易成本。

- 一般的交易成本，包括金融交易費用和 MRV，可以提高簽訂碳信用額度的成本並降低土地所有者參與碳交易的意願。這些成本可以透過使用農民團體來降低，這些團體將單個農民的合同集中到一個更大的團體中，以利用規模經濟和管理風險。隨著農民和政策制定者找到新方法來最大限度地減少遵守和管理新政策所需的時間和資源，交易成本也應該會隨著時間降低。

未來研究解決非永久性問題、降低交易成本並提供更大額外性保證的承包解決方案的政策設計方案，將有助於提高使用基於市場的政策措施來激勵淨 SCS 的可行性。這將包括解決氣候事件引起的土壤碳損失風險的選擇，以防止土地所有者因其控制範圍外的土壤碳儲量減少而受到懲罰。更綜合地說，對各種市場和非市場政策的成本和效益進行全面評估，以減少土壤排放或建立土壤碳儲量，也將有助於政策制定者設計成本效益的政策組合，以促使淨 SCS 大規模實施。最後，淨 SCS 實

踐可能在不同的溫室氣體來源之間，以及在溫室氣體和其他環境影響（包括對生物多樣性、空氣品質和水質的影響）之間產生協同作用和權衡。與農業中的大多數其他減排措施相比，淨 SCS 措施通常對農業部門的整體環境績效產生積極影響。為了提高效率，支持採用這些做法的政策需要考慮這些相互作用，以增強這些環境協同效益，並解決它們的環境權衡。

參考文獻

行政院農業委員會林業試驗所（2020）。**臺灣生物炭產製與農業應用指南**。農業委員會林業試驗所。台灣農業科技資源運籌管理學會。臺北。

茹皆耀、華孟（1947）。臺中縣之土壤。**臺灣省農業試驗所專報第三號**。

張守敬（1950）。臺灣省土壤肥力概述。**臺灣省農業試驗報告第七號**。

郭鴻裕（1992）。**臺灣地區酸性土壤之分佈及其利用現況**。酸性土壤之特性及其改良研討會。中華土壤肥料學會。臺中。

郭鴻裕（2015）。臺灣土壤調查 115 年回顧暨農業資源資料庫應用研討會。**農業試驗所 120 周年所慶—系列活動手冊**。臺中。

黃耀、周廣勝、吳金水、延曉冬（2008）。**中國陸地生態系統探收支模型**。第四章農田生態系統碳收支模型，87-163。科學出版社。北京。

台糖公司（1979）。**糖業手冊農務篇**。台糖公司。臺北。

覆蓋作物經濟學：改善大田作物效益的機遇 https://www.sare.org/wp-content/uploads/Cover-Crop-Economics-CHN-20200508.pdf

Clark, A. (Ed.) (2007). *Managing cover crops profitably* (3rd ed.) Sustainable Agriculture Research and Education (SARE) program handbook series; book 9., 244pp.

Jenkinson, D. S., and Rayner, J. H. (1977). The turnover of soil organic matter in some of the Rothamsted classical experiments. *Soil Science, 123*, 298-305.

Magdoff, F., and van Es, H. (2021). *Building soils for better crops: ecological management for healthy soils* (4th ed.) Sustainable Agriculture Network handbook series ; book 10, 410pp.

Manzoni, S., and Porporato, A. (2009). Soil carbon and nitrogen mineralization: Theory and models across scales. *Soil Biology and Biochemistry, 41*(7), 1355-1379. doi:10.1016/j.soilbio.2009.02.031

Minasny, B., Malone, B. P., McBratney, A. B., Angers, D. A., Arrouays, D., Chambers, A., Chaplot, V., Chen, Z.-S., Cheng, K., Das, B. S., Field, D. J., Gimona, A., Hedley, C. B., Hong, S. Y., Mandal, B., Marchant, B. P., Martin, M., McConkey, B. G., Mulder, V. L., O'Rourke, S., Richerde-Forges, A. C., Odeh, I., Padarian, J., Paustian, K., Pan, G., Poggio, L., Savin, I., Stolbovoy, V., Stockmann, U., Sulaeman, Y., Tsui, C.-C., Vågen, T.-G., van Wesemael, B., and Winowiecki, L. (2017). Soil carbon 4 per mille. *Geoderma*, *292*, 59-86. doi:10.1016/j.geoderma.2017.01.002

OECD. (2022). SOIL CARBON SEQUESTRATION BY AGRICULTURE POLICY OPTION. OECD publishing.

Parton, W. J., Stewart, J. W. B., and Cole, C. V. (1988). Dynamics of C, N, P and S in grassland soils: a model. *Biogeochemistry*, *5*(1), 109-131. doi:10.1007/BF02180320

Verheijen, F. G. A., Jeffery, S., Bastos, A. C., van der Velde, M., and Diafas, I. (2009). Biochar Application to Soils-A Critical Scientific Review of Effects on Soil Properties, Processes and Functions. EUR 24099 EN, Office for the Official Publications of the European Communities, Luxembourg, 149pp.

CHAPTER 7

農業剩餘資材再利用及其減碳效益：以稻草為例

鄭又綺、潘述元[*]

國立臺灣大學生物資源暨農學院生物環境系統工程學系

[*]負責作者，sypan@ntu.edu.tw

一、前言

為實現「2050 淨零碳排」目標，我國政府積極致力於促進各產業間橫向及縱向合作，以努力實現此國際性共同策略。為此，政府進行組織架構的重大調整，以確保更高效且更專門化地管理不同之產業部門，實際作為例如：我國政府決定對行政體系進行調整，將行政院環境保護署改組為更具代表性之「環境部」，同時增設「氣候變遷署」、「資源循環署」、「環境管理署」等專業機構，並同步實施其他改善措施，以更有效地應對在實行減碳任務時各個不同領域面臨之挑戰；農業在碳排放方面之影響亦不容忽視，為了更好地掌握並有效地管理農業部門所帶來之碳排放影響，行政院農業委員會亦於 2023 年 8 月 1 日完成改制成為「農業部」，此舉措亦被視為實現「2040 農業淨零」轉型目標之關鍵，農業淨零策略提倡及配合成為首要任務。

根據農業部提供之綠色國民所得帳農業固體廢棄物歷年統計表（農業部，2023），2022 年農業廢棄物（生物性）中之農產廢棄物總產生量約為 246 萬公噸，其中，以稻蒿（稻草）產出量約占總量之 64%，為我國農業剩餘資材中之最大宗。另一方面，以我國環境部「2023 年中華民國國家溫室氣體排放清冊報告」為例，我國農業部門於 2021 年之總溫室氣體排放量約為 323 萬公噸二氧化碳當量，於我國總溫室氣體排放量約占 1.08%（環境部，2023）。其中，「稻草多元去化再利用技術」與農業部門溫室氣體排放中之細項 3.C（水稻種植）、3.D（農業土壤）、3.F（作物殘體燃燒）皆有直接或間接相關性。

事實上，精進稻草處置之策略與技術將具有多面向之發展潛力，施行創新稻草之多元去化利用技術有助於減少傳統稻草處理技術之碳排放，同時也能在水稻種植、農業土壤管理（肥料施用）及作物殘體處理等方面採用更循環之做法，貢獻我國循環經濟（Circular Economy）與農業淨零等目標。有鑒於此，本章特別針對稻草多元去化再利用技術為標的，首先分析我國目前處理技術之碳排放情形，以深化對國內現行農業減排技術及政策之成效理解，檢視各技術之優劣，並藉由統整國際之農業減排技術細節，從中取得更多寶貴經驗。除技術層面之考驗，同時需了解地域性差異、技術推廣及社會接受度可能面臨之挑戰，評估未來於我國推行之可行

性，同步著手推行「永續農業」概念。藉由以上資料，得以較全面地窺見「淨零農業」挑戰與機會，確保能為我國「2040 農業淨零」目標做出實際貢獻。

二、我國稻草處理現況

「稻草還田」為我國最廣泛運用之稻草處理策略之一，包含以下兩種執行方式：就地翻耕掩埋及作物栽培覆蓋，處理量分別約占 84.6% 及 8.7%。稻草還田有效增加土壤有機質之餘，亦能改善土壤結構，並有助於提高作物產量，具有相當之經濟效益；然而，此種處理模式會產生溫室氣體直接排放，例如：稻草於厭氧環境下進行分解，可能導致甲烷產生，甲烷全球暖化潛勢（GWP-100）為二氧化碳之27.9 倍（IPCC, 2023），意味著甲烷排放造成之溫室效應影響相較二氧化碳更加嚴重。因此，配合妥善之管理方案、農戶之環保意識及積極配合，為有效減少碳排放之重要關鍵，實現稻草分解與降低碳排影響之雙贏局面，兼顧稻草還田方案仍能對於減碳有所貢獻，持續為農業生產與土壤改良帶來助益。

除稻草還田外，稻草「現地露天燃燒」亦是農友常見「務實」做法，此做法不僅可高效減少田間管理之複雜性，減少稻草運輸與處理成本，同時能夠抑制部分病蟲害，並增加土壤中之鉀肥元素含量；然而，焚燒過程中可能產生數種空氣污染物，例如：CO、NO_x、SO_x、$PM_{2.5}$ 及 PM_{10} 等，此類空氣污染物對生物及環境均造成相當程度之危害，因此，我國政府持續表示稻草焚燒違反《空氣污染防治法》，儘管如此，仍須建立完善之監督管理機制，以有效杜絕違法事件發生。此外，燃燒時之高溫雖可有效殺死部分病蟲害，卻可能同時破壞表土之微生物相，燃燒後之產物（俗稱草木灰），亦可能為土壤帶來過量之碳酸鉀及氧化鈣，增加土壤環境負荷，導致土壤酸化及肥力不均等情形。

事實上，稻草為具價值之生物質（biomass）資源，可透過許多成熟且商業化之技術，轉換變成生質能或生質資源（例如：化學品等），建構區域型生物質能資源供應中心轉換後之有效資源能於業內或跨產業間流動，從而實現資源利用最大化。根據我國農業部提供之綠色國民所得帳農業固體廢棄物歷年統計表（農業部，2023），於 2022 年之平均稻草產量約為 157.6 萬公噸，假設乾稻草熱值為 3,618

kcal/kg（蔡旻翰、陳律言，2011），此年產量相當於 5.7×10^{12} kcal 之潛在可利用能量，約為 13.6 萬公噸油當量（MTOE），可見稻草亦為不容忽視之潛在資源，可將其作為原料進行廢棄物循環利用。綜合以上，我國目前常見之稻草處理方式主要為就地翻耕掩埋、作物栽培覆蓋、焚燒掩埋等簡易處理方法，可能忽略稻草本身含有之潛在優勢，儘管以上處理技術均有其發展優勢，卻也同時存在侷限性。

三、建構稻草多元再利用體系

於上述稻草處置過程中，雖能有效地將農產廢棄物減量，卻也同時造成溫室氣體排放。因此，我國應持續整合產、官、學研究機構等量能，建構區域型農業剩餘資材能資源化體系，提升稻草附加價值，間接降低稻草於傳統處理過程中產生之溫室氣體排放，實現循環生物經濟。本節彙整說明國外常見稻草處置方式，包含：利用稻草分解菌加速稻草分解、製作生質燃料及製作建築材料等。

（一）稻草分解菌

稻草焚燒產出之廢氣常使鄰近周圍居民不勝其擾，因此我國各縣市（例如嘉義、苗栗、宜蘭等）正積極嘗試採用特定菌種之分解菌，以處理大量收割後之稻草，有效加快稻草分解速度，縮短稻草分解所需之時長（林慧貞等人，2014）。此外，使用分解菌就地分解稻草，可省去處理過程之勞力及運輸等各方面之費用；同時，施用液態分解液具方便撒布優勢，相較固態分解肥之人工撒布時間，可節省約 3-4 倍時間。稻草分解後可增加土壤有機質含量約 0.3-0.5%，補充田間肥分，減少化學肥料施用。

以嘉義縣施用稻草益菌肥為例，成功將原本稻草腐化所需時間由一個月縮短至二週，有效避免兩期稻作間之緊密時間衝突，且估計若農民積極配合政策執行，每年可減少相當程度之一氧化碳、氮氧化物及硫氧化物等物質排放（林慧貞等人，2014）。苗栗區農業改良場亦有相關成功案例，此類細菌可存在於土壤及植物體表，能在惡劣環境下存活，並且能迅速產生纖維分解酵素，將稻稈於 7 天內完全分解（朱盛祺等人，2020），分解效率與嘉義縣案例相近，同樣能縮短約一半之分解時間（行政院農業委員會臺中區農業改良場，2017）。儘管許多研究已證明其技術

可行性，稻草分解過程所產生之碳排放仍需進一步分析與評估，比較直接還田與施用稻草分解菌之減碳效益。

（二）稻草基生質能源

近年來，國際社會持續推動「生質能源」技術之發展，期望逐步替代傳統化石能源。氣候組織（The Climate Group）、碳揭露計畫（Carbon Disclosure Project）及國際再生能源署（International Renewable Energy Agency）等機構於 2014 年提出「RE100（全球再生能源倡議）」，此倡議與「EV100（全球交通電動化）」及「EP100（提升全球能源生產力）」概念相仿，旨在推動各企業攜手實現「100%再生能源」目標，採用百分百綠電供應所需能量，從而減少碳排放及環境污染，同時應對未來燃料短缺及氣候變遷等關鍵問題（高宜凡，2018）。根據 2018 年初公布之 RE100 年報指出，日本、韓國、馬來西亞、埃及、波蘭、印度、中國及美國等各國企業，紛紛積極參與其中（Dinnadge *et al.*, 2018）。此外，2020 年 RE100 年報顯示，微軟、星巴克、SAP 等共 53 家 RE100 成員已達成百分百綠電里程碑，65 家會員之綠電使用比例逾 90%（Glumac *et al.*, 2020）；且最新發布之 2021 年 RE100 年報顯示，會員之綠電用量超過 340 TWh，已超越全球第十二大用電國——英國之總用電量（Fedson *et al.*, 2022）。根據氣候組織及中華經濟研究院（Chung-Hua Institution for Economic Research，簡稱 CIER）於 2019 年共同發布之報告顯示：我國 85 家參與 RE100 之會員，主要分布於零售業、電子資訊業、工業、生物科技業、金融業、電信業及能源業等各產業，其中包含：大江生醫、台灣大哥大、葡萄王、台灣積體電路製造公司、聯華電子、友達光電等高能源消耗企業，由此可見臺灣各產業對於「綠電」積極行動可謂是力行不懈（Wang, 2023）。

部分國家以「農村」作為先導，參考其成功經驗，進行相應調適，逐步將再生能源納入能源結構，取代傳統化石能源，實現農村永續經營。日本以「國家農業與糧食研究機構」（National Agricultural and Food Research Organization，簡稱 NARO）為代表，由隸屬於「智慧社區及能源系統部門」以下之「新能源及產業技術發展機構」（New Energy and Industrial Technology Development Organization）負責計畫管理作業，於 2021-2022 年，NARO 實施「農村能源管理系統建置」（Development of Village Energy Management System），以貫徹 RE100 共同目標，

為國際再生能源之推動作出積極貢獻。

　　水稻於生長過程中吸收二氧化碳，透過光合作用將無機碳轉化為有機物，固定於生物體內，於收割後之農產廢棄物（稻草）可透過多種方式轉換成不同形式之生質能源，例如：發電燃料、生質酒精及固態衍生燃料等（吳佩芬、葛家賢，2002）等，於燃料利用過程中二氧化碳將再次循環釋放到大氣中，形成自然環境中之碳循環。使用稻草作為生質能源之原料，不僅可避免第一代生質能源於發展期間所引起之糧食供給安全等議題，亦可藉此減少傳統化石燃料燃燒過程中之大量碳排，是一較永續之能源選擇。稻草中之纖維素及半纖維素經水解、發酵過程後可產出生質酒精，剩餘之木質素則可作為後續酒精純化所需之固態燃料。我國於 2018 年始出現開發稻草產製生質酒精之成功案例，將稻桿中之纖維素及半纖維素利用稀酸或酵素進行水解反應轉化為五碳糖及六碳糖，糖液發酵後轉化為生質酒精；而稻桿中之剩餘成分——木質素，亦可回收再利用，作為後續生質酒精純化之固態燃料，抑或作為環氧樹脂、橡膠及其他熱塑性塑料之添加劑（盛中德，2009；陳香蘭，2018）。根據農業部研究——稻草能源再生利用報導指出，每公噸乾稻草可產生質酒精約 270 公升，以我國目前年產稻草量簡化計算，預計可產製約 42.5 萬公秉之生質酒精，符合國外具經濟規模酒精工廠之產能（年產 10 萬公秉），故稻草可視為有相當發展潛力之纖維酒精生產料源，能形成碳循環之封閉系統（盛中德，2009）。

　　相似地，將稻草經破碎、分選、乾燥、混合添加劑及成行等步驟進行加工，可製成固態廢棄物衍生燃料，擁有不易腐壞易於與運輸儲存、產物大小及熱值均勻等優點，故其燃燒過程完全且穩定，可有效提升熱能利用效率。根據工研院之技術報導顯示：RDF-5 之 CO_2 排放量約為直接焚化處理之 25-50%，可見其顯著之二氧化碳減量效果，且發電效率可達 35%（吳佩芬、葛家賢，2002）。此外，使用固態燃料亦可降低二次空氣污染（例如戴奧辛等有毒物質）排放量，並可作為煤焦或焦炭之替代品進行燃燒，減少化石燃料之使用，對碳排放之降低具有潛力。然而，生質能源製程亦可能涉及能資源消耗，造成額外溫室氣體排放，因此，推動生質能源利用時，須綜合考慮生產過程、碳循環及其他環境影響因素，建立工程（Engineering）－環境（Environment）－經濟（Economy）－能源（Energy）多層面綜合評估之 4E 模型，以確保生質能源之永續性和環境友好性。

（三）以稻草為原料再製建築材料

稻稈本身強度硬度表現出色，故早期我國鄉村普遍使用「土角厝」作為建築主要架構，利用收割後之土壤與乾稻草結合，經妥善壓實後便能成為具有強度之建築材料。雖然如今「土角厝」之情景在城市已不復見，然而，將稻草重新利用作為主要原料再製建築材料，為一環保低碳建材之選擇方案，並有助於減少對石材、水泥等傳統建築材料之依賴，降低對自然資源的壓力，更可間接解決建築及土木行業成為全球暖化之熱點產業之窘境，實現跨產業間之能資源循環。除上述稻草再製建築材料之優勢外，亦擁有許多經濟及環境層面之優勢，然現今此類材料仍面臨部分尚未解決之挑戰，詳如表 7-1 所示，包括耐久性及防火性能不足、水分與黴菌、建築法規與標準尚未完善，及專業知識需求等。儘管如此，此技術仍為稻草多元化再利用途徑之一，對於溫室氣體減量具有相當程度之貢獻，有助於建立跨產業間整合體系。

表 7-1　稻草再製為建築材料之優勢與挑戰

特點		說明
優勢	綠色再生資源	稻草為可再生之自然資源，相較傳統建築材料（水泥、鋼筋等）之生產過程節省大量能源，且大幅降低碳排。
	碳中和	稻草在生長過程中將碳固定於生物體內，有助於實現碳中和。
	隔熱及隔音性能出色	稻草具有優異之隔熱及隔音特性，作為建築材料可有效保持室內溫度，降低對空調系統需求，達到節能效果。
	低成本	稻草為農產廢棄物，施作廢棄物資源化可降低處理廢棄物時投入之勞力、運輸等成本，也同時可降低建築成本。
挑戰	耐久性及防火性能不足	稻草材料在防火性及長期耐久性方面不如傳統建築材料，因此需經過適當之處理與設計，以確保其安全性及持久性。
	水分與黴菌	稻草材料對水分敏感，若不施以保護措施，可能會受到黴菌、腐爛或分解之影響，影響建材之強度。
	建築法規與標準尚未完善	目前針對稻草建築材料之規範及標準，相較傳統建築材料不完善，因此在建築材料強度及耐久度等性能上可能受到疑慮。
	專業知識需求	製造稻草建築材料需要專業知識及技能（原料處理、結構設計、建築技術等），因此相較傳統建築材料較難以量產，故將面臨短期內之普及性挑戰。

目前國際上已有許多將稻草作為主材料加工製成建築材料之成功案例，包含：稻草板、稻草混凝土、稻草磚、稻草屋頂、稻草複合材料等稻草再製建材產品。以西班牙為例，研究將稻草與黏土砂漿及石灰砂漿混合，以達防水性能並避免生物侵蝕，將材料壓縮製成稻草板，後續可運用於建築立面牆等結構，並進行隔熱、隔音及生命週期評估（Life-Cycle Assessment, LCA）等後續性能測試及效益評估（Quintana-Gallardo *et al*., 2021）。

四、建立減碳效益評估：生命週期角度

鑒於農業部門對於溫室氣體排放之重要性，因此制定有效之減排策略對於緩解氣候變遷至關重要。參考上述多種稻草去化技術途徑，可了解各處理方式之優勢及挑戰，而本節說明從生命週期角度（LCA），評估各種稻草多元再利用技術之減碳效益。LCA 為基於 ISO 14040 之環境管理系統評估工具，透過系統性方法，在設定之邊界內評估產品或服務於完整生命週期內對環境造成之影響，產品生命週期通常包含原料取得、加工製造、運輸、銷售使用及廢棄物處理等五大步驟，而常見之評估模式如圖 7-1 所示，分為：搖籃到墳墓（Cradle-to-Grave）、搖籃到大門（Cradle-to-Gate）及搖籃到搖籃（Cradle-to-Cradle）。

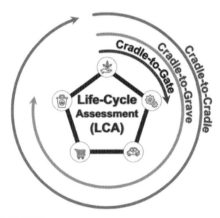

圖 7-1　生命週期評估模式示意圖

　　事實上，減碳效益評估須將多筆歷史碳盤查資料與基線（Business-as-Usual，簡稱 BAU）之碳排放量進行比較，始能公平地評估各處理方式間之減碳效益。例如：欲評估再生能源之減排效益，須根據生命週期各階段進行盤查，詳如圖 7-2 所示。盤查項目可能包含直接排放（例如：固定燃燒、間接燃燒、逸散等）與間接排放（例如：運輸、電力及能源輸入、商品使用階段等），以上均須詳列於報告書。此外，為確保碳盤查之可信度，盤查後須聘請第三方公正單位進行查證，透過其發布之聲明書配合公正之碳盤查歷史資料，可使研究人員、業界領袖、政策制定者能依據碳盤查結果，實際估算各方案之減排效益，即時針對政策進行滾動式調整，使減排效益最大化。

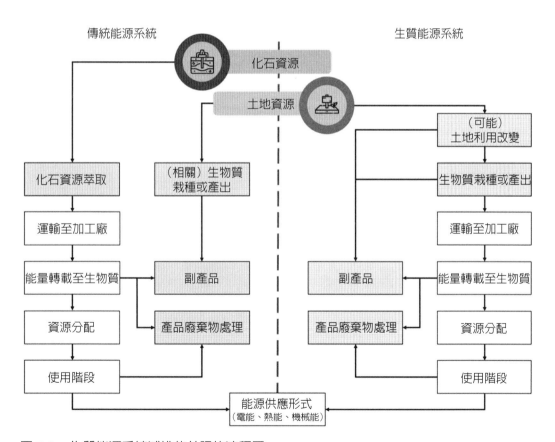

圖 7-2　生質能源系統減排效益評估流程圖

以評估稻草再利用作為建築材料為例，Quintana-Gallardo 等人（2021）研究通過搖籃到大門（Cradle-to-Gate）之生命週期評估，其計算邊界如圖 7-3 所示，能綜合評估此材料從生產、運輸及使用過程中對環境之影響。透過生命週期評估結果，可由圖得知每平方公尺之立面牆所造成之碳排放影響相較其他情境（例如肥料化、能源化）為低，每平方公尺立面牆之碳排放強度約為 16.69 公斤二氧化碳當量，且其擁有優異之隔熱及隔音效果；反觀若作為生質能發電，每平方公尺立面牆之碳排放強度約為 18.85 公斤二氧化碳當量；作為肥料，每平方公尺立面牆之碳排放強度約為 52.64 公斤二氧化碳當量。因此，此研究報告指出：將稻草作為建築材料可有效降低碳排放、減少對自然資源需求又同時提供良好性能，若克服其他挑戰，將有望於建築行業實現環保及永續目標。

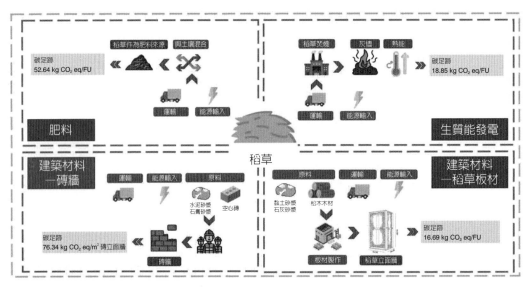

圖 7-3　建立稻草再利用之生命週期評估邊界

資料來源：參考自文獻（Quintana-Gallardo *et al.*, 2021），並重新繪製

上述研究僅為某一研究之案例分析，並特別針對減碳效益，本節並非提出作為建材利用為最佳稻草再利用技術。由於最佳技術選擇相當複雜，應考慮在地環境條件、法規、技術成熟度、利害關係人及社區發展等多元面向，因此，決策者應綜合多面向考量，建立完善之工程（Engineering）—環境（Environment）—經濟（Economy）—能源（Energy）之綜合 4E 效益分析。

五、建構完善永續農業政策與農民合作平台

　　「永續」概念是所有產業一直以來努力之目標，也是農業部門中關鍵之環境管理原則，對於保護生態系、應對氣候變化以及實現永續發展目標具有相當之重要性。永續農業強調減少對環境的負面影響，包含：減少土地、水與能資源浪費，以降低農業活動對生態系之衝擊，而這些改善措施常需要額外資源投入，利用政策、法規及經濟誘因措施支持永續農業，例如：稅收優惠或補助等鼓勵政策。若將稻草「統一回收處理」及「資源化」策略概念導入永續農業，透過經濟誘因可提高農民執行意願，同時能避免農民之「所有權」心態導致回收比例低落之窘境。因此，本節特別說明統一回收稻草執行規模化集中處理與稻草處置提高土地利用效率，供相關單位參考。

（一）統一回收稻草執行規模化集中處理

　　使用規模化設備處理稻草時，相對於個別農戶，回收及再利用程序中具有明顯較佳之比較利益，得以實現規模經濟以分擔大規模稻草處理成本，降低操作成本，減輕個別用戶之負擔。其次，透過稻草集中處理策略，可藉由高技術人員之聚集效應，在生質能源轉換或再製建築材料等高技術需求之處理程序中獲得更高之能資源回收效率；此外，稻草統一回收處理相較農戶個別處理容易進行水體及空氣等環境污染控管，可採取規模化之後續廢棄物處理設備進行淨化，避免有害物質進入環境，亦能使政府機構底下相關監督單位較高效掌握稻草管理、非法處置及後續排放情況，使稻草處置不僅不造成環境負擔，更能提高環境永續與資源循環之量能。

　　事實上，初期政策支援統一回收稻草執行規模化集中處理係相當重要之方式。以韓國為例，表 7-2 統整近年由韓國環境部推行之環境友善策略，致力於減少有機廢棄物處理時造成之額外能源消耗。韓國於 2020 年起，啟動「2050 碳中和策略」（2050 Carbon Neutral Strategy），強調生質能源轉換技術及有機廢棄物之有效利用，避免有機廢棄物於處置過程中之能源浪費及非二氧化碳之溫室氣體排放。於同年韓國環境部頒布「資源循環基本法」（Framework Act on Resource Circulation），規劃於 2027 年前全面禁止直接掩埋行為（目前已禁止食物廢棄物及脫水污泥之直

接掩埋），同時提倡有機廢棄物標準處理程序中之沼氣製造（South Korea MOE, 2018）。於 2022 年，韓國環境部再次針對再生能源之技術發展及利用提出嶄新策略，包含：「生物沼氣法案」（Biogas Act）及「再生能源增加路徑」（Roadmap for Renewable Energy Increase）等。「生物沼氣法案」中，特別提出：根據有機廢棄物產出量將生質能源分配至一般家庭及畜牧場使用，且透過經濟及政策支持厭氧消化及沼氣利用等技術；同時，「再生能源增加路徑」規劃將沼氣之產量由每年 3.6 億立方公尺提升至每年 5 億立方公尺。

表 7-2　韓國近年與農業剩餘資材循環促進再生能源發展相關政策

政策／法案	年份	說明	資料來源
2050 碳中和策略（2050 Carbon Neutral Strategy）	2020	• 將有機廢棄物作為再生能源原料 • 減少有機廢棄物處理過程中之能源消耗及非二氧化碳之溫室氣體排放	韓國中央政府
資源循環基本法（Framework Act on Resource Circulation）	2020	• 2027 年前全面禁止直接掩埋行為（已禁止食物廢棄物及脫水污泥之直接掩埋） • 倡導有機廢棄物標準程序中之沼氣製造	韓國環境部（Ministry of Environment）
生物沼氣法案（Biogas Act）	2022	• 依據有機廢棄物產出量，將生質能源分配至家戶及畜牧場 • 利用財務與政策支持厭氧發酵及沼氣利用等	韓國環境部（Ministry of Environment）
再生能源增加路徑（Roadmap for Renewable Energy Increase）	2022	• 提升沼氣產量 • 提高消化反應器個數	韓國環境部（Ministry of Environment）

（二）稻草處置提高土地利用效率

處理稻草最大之優勢在於同時解決多種環境問題，並為社區及農業部門等多方面帶來好處。首先，稻草處理減少大規模稻草堆置造成之視覺污染及土地閒置現象，有效提升社區美觀度及土地利用效率，同時將土地應用於更具經濟價值之用途，充分發揮土地利用潛力，從而最大化利用土地資源，並增加土地之多功能性，例如：可將原用於堆置稻草之土地轉為農田、休閒區、綠化帶等其他用途之土地，轉換用途能提高農地產能，增加農民收益，有助於改善農村地區之經濟狀況，以提升農戶配合意願。

若配合我國目前相關研究單位推行之稻草分解菌施用，農戶可於現地進行稻草分解，避免處理過程需耗費之大量人力、物力或運輸等費用；此外，在接受政府補助進行稻草分解菌之現地試驗時，可有效減少化學肥料之用量，間接降低作物種植成本，增加農戶淨利潤，也降低過量化肥造成之各種土壤及水質污染現象，綜合以上多種經濟及環境效益，目前已有許多地區農戶已投入實地施用，未來應再透過更多深入研究了解其施用過程中之溫室氣體排放情況，便可進行更詳細之環境影響評估。

六、結論與展望

農業淨零是我國農業部門目前積極推動之目標，旨在實現農業碳中和，使農業部門之溫室氣體排放量等於甚至小於其溫室氣體吸收量，此目標充滿許多挑戰及機會，其中涉及複雜之個人、經濟及政治等多層面考量因素，並將對未來我國或國際農業部門產生深遠影響，若能降低我國農業部門所造成之碳排放影響，便能向農業淨零邁出成功的一小步，也能為他國農業淨零計畫提供參考案例，集結各國之努力，攜手邁向淨零碳排。

鑑於前述提出我國農業部門於整體溫室氣體排放總量中占有一定比例，因此「農業淨零」一直是以往農業部門面臨之棘手問題；然而，我國農戶多習慣於遵照傳統耕種及處理技術進行作物栽培及後續處理之各項程序，因此實現農業減排需要倚靠大規模之技術改革及民間積極配合。首先，新技術研擬扮演著農業淨零過程中不可或缺之角色，如今國內外之資訊及技術交流更加便捷，可藉由研析國內外之施作經驗得以借鑑，進行地域性調整後使新技術能實現效益最大化。其次，技術之提出與執行固然重要，然而，資源管理於實現農業淨零過程中更是至關重要，透過對水源、土地、能源及肥料等資源之實際控管，可更高效地管控個別農戶之能資源消耗，並同時監管其排放物或污染物之去向，隨時能針對目標物進行追蹤；此外，目前全球暖化現象持續加劇，導致全球氣候變化不穩定，預測氣候變化趨勢之困難度大幅增加，間接增加農業淨零計畫執行之難度。

我國目前越來越多有志青年投入農村懷抱，期許本章內容能為永續農村目標更

上一層樓，改善農村陳舊、技術退步與世隔絕等刻板印象，透過青農力量投入結合創新技術示範、智慧農業之高效控管、具韌性之農業系統開發、國際間資源與技術共享等策略，相信農業能在嶄新的世代實際達成永續農業，並進一步實現「農業淨零」之目標。

七、致謝

感謝我國農業部農糧署「應用區塊鏈技術管理土壤碳匯暨推動農糧」（計畫編號：112 農糧 -3.1- 資 -08）經費支持，本章內容為此計畫部分成果。

參考文獻

農業部（2023）。綠色國民所得帳農業固體廢棄物歷年統計表。

IPCC (2023). *Climate Change 2023: Synthesis Report*. Contribution of Working Groups I, II and III to the Sixth Assessment Report of the Intergovernmental Panel on Climate Change [Core Writing Team, H. Lee and J. Romero (eds.)]. IPCC, Geneva, Switzerland, pp. 35-115. doi: 10.59327/IPCC/AR6-9789291691647

環境部（2023）。2023 年中華民國國家溫室氣體排放清冊報告。

蔡旻翰、陳律言（2011）。以稻草做生質燃料之能源平衡評估—以台灣為例。

林慧貞（2014）。焚燒稻草看法兩極 農民：提升稻草價值才是解決之道。https://www.newsmarket.com.tw/blog/61658/

朱盛祺、王志瑄、蔡正賢（2020）。微生物在稻草分解之應用技術。**苗栗區農業專訊，**1-3。

行政院農業委員會臺中區農業改良場（2017）。含稻草分解菌有機質肥料加速稻草分解施用技術。

高宜凡（2018）。企業瘋綠電【上篇】RE100 年報洩天機，綠電「直購」將成主流。https://csrone.com/topics/5035

Dinnadge, E., Alarcon, C., and Reynolds, M. (2018). MOVING TO TRULY GLOBAL IMPACT: Influencing renewable electricity markets.

Glumac, A., Telang, S., and Lambert, C. (2020). Growing renewable power: companies seizing leadership opportunities.

Fedson, N., Glumac, A., and Telang, S. (2022). Stepping up: RE100 gathers speed in challenging markets.

Wang, T.（2023）。RE100、EP100、EV100、B 型企業！ESG 界四大名詞介紹。https://edesg.com/?p=4101

吳佩芬、葛家賢（2002）。固態廢棄物衍生燃料技術簡介。

盛中德（2009）。稻草能源再生利用。

陳香蘭（2018）。生質能源再利用 元智大學化材系把稻草變酒精。https://newtalk.tw/news/view/2018-01-25/111922

Quintana-Gallardo, A., Romero Clausell, J., Guillén-Guillamón, I., and Mendiguchia, F. A. (2021). Waste valorization of rice straw as a building material in Valencia and its implications for local and global ecosystems. *Journal of Cleaner Production*, *318*, 128507. https://doi.org/10.1016/j.jclepro.2021.128507

South Korea MOE. (2018). Framework Act on Resource Circulation.

CHAPTER 8

利用各種土壤管理對臺灣農地土壤碳匯增加潛力與面臨的問題

張必輝[*]、陳逸庭[*]、簡靖芳[*]、陳尊賢[*§#]

[*]財團法人台灣水資源與農業研究院
[§]國立臺灣大學農業化學系
[#]負責作者，soilchen@ntu.edu.tw

一、評估未來在土壤管理技術及作物耕作制度下面臨的潛力與挑戰
　　策略

二、研提適用於全臺不同農業區位之水稻田複合式低碳農耕策略，
　　並評估實際減少溫室氣體排放及土壤有機碳提升之效益

三、致謝

一、評估未來在土壤管理技術及作物耕作制度下面臨的潛力與挑戰策略

（一）增加土壤碳匯潛力

　　Minasny 等人（2017）研究指出，土壤碳因不同尺度如：田間、區域、洲和全球之比例而有很大的變化，同時土壤有機碳儲量隨經緯度有起伏，對於高緯度地區土壤碳儲量較高，中緯度則較少，對於熱帶且潮溼地帶反而有較高碳儲量。以印尼為例，其位於潮溼熱帶地區，因降雨量及淨初級生產量較高，而有高碳儲存量。相較於一般高緯度地區的高碳儲存量，則來自於相對低溫的狀態。灰色點為全球土壤碳分布圖，黑色點為文獻中記錄各國碳儲存量，並以該地中心點為座標繪製（圖 8-1）（Minasny *et al.*, 2017）。臺灣農地土壤碳含量約 40 公噸碳 / 30 公分 / 公頃，印度約 30 公噸碳 / 30 公分 / 公頃，韓國約 25 公噸碳 / 30 公分 / 公頃，中國約 50 公噸碳 / 30 公分 / 公頃，紐西蘭約 100 公噸碳 / 30 公分 / 公頃，印尼約 110 公噸碳 / 30 公分 / 公頃，美國與法國約 70-80 公噸碳 / 30 公分 / 公頃（Minasny *et al.*, 2017）。

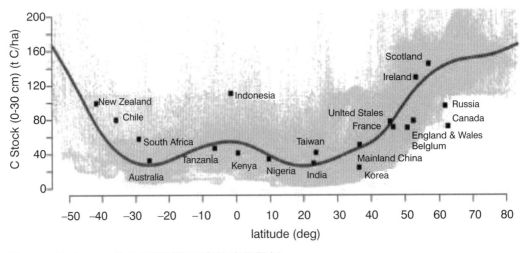

圖 8-1　表土 0-30 公分的碳儲存量與緯度的關係

資料來源：Minasny *et al.*, 2017

1. 並非所有農地土壤皆可增加碳儲存量

Minasny 等人（2017）所採用之數據有些是長期（10 年至 40 年）田間試驗得出的，從文獻推斷都存在一定的不確定性，且大多數記錄的土壤碳儲存（carbon stock）來自表層 30 公分土壤或耕犁層（0-30 公分，甚至僅為 10 公分深度）。不同國家依其氣候溫度、不同土壤管理與耕作制度所產生土壤碳匯亦不同，而世界各國所面臨之挑戰，包括：缺乏科學數據、有限的土壤碳匯能力、永續性、資源貧乏的農民和小土地所有者、財政承諾和實際執行狀況，加上各國潛力整理列舉如表 8-1。

澳洲擁有廣闊的農業區，具有增加土壤碳儲存量的潛力，但在其他國家，因用於種植的總面積有限（如比利時與韓國），在有高含量土壤碳儲存量的地區，因已達到平衡而難以提高碳的含量。在初期土壤碳儲存量低的地區，如印度也很難增加土壤碳儲存量，因為高溫促進土壤碳分解且當地常進行農作物殘留物的去除或燃燒，在印度需確保穩定的碳輸入，使淨變化為零，否則難以維持土壤碳儲存量（Minasny et al., 2017）。

在智利、蘇格蘭、愛爾蘭、紐西蘭與印尼，有機土壤耕作在自然條件下，泥炭地的碳含量基本上不會增加至千分之四，其挑戰在於需要恢復泥炭地的自然植被，以確保這些地區的碳中和。臺灣雖面臨因地形限制了種植面積，加上地處亞熱帶與熱帶交界之處，造成相對碳吸存速率較低之挑戰，但具有在優良土壤管理制度下高碳吸存效率之潛力。

2. 永續土壤管理策略

Minasny 等人（2017）研究指出，已知有促進有機物累積的永續土壤管理技術（sustainable soil management），但其土壤碳吸存速率（carbon sequestration rate）會因國家和氣候條件而異，其中植樹造林每年土壤碳吸存速率約可達 0.6 公噸碳 / 30 公分 / 公頃，農地轉為牧草地每年土壤碳吸存速率約可達 0.5 公噸碳 / 30 公分 / 公頃，使用有機改良劑每年土壤碳吸存速率約可達 0.5 公噸碳 / 30 公分 / 公頃，將植物殘體回田每年土壤碳吸存速率約可達 0.35 公噸碳 / 30 公分 / 公頃，減少耕犁或免耕每年土壤碳吸存速率約可達 0.3 公噸碳 / 30 公分 / 公頃，而輪作每年土壤碳吸存速率約可達 0.2 公噸碳 / 30 公分 / 公頃（Minasny et al., 2017）。

在最佳化的土壤管理之下，可以達成千分之四甚至更高的土壤碳吸存速率，但對於初始土壤碳儲存量較低者，如表層土壤 ≤ 30 公噸碳 / 30 公分 / 公頃的農田，存在較高的土壤碳吸存潛力，有機會到達千分之十至千分之三十的土壤碳吸存速率（圖 8-2）。但是對於具有高初始土壤碳儲存量者，如表層土壤 > 60 公噸碳 / 30 公分 / 公頃的草原，其土壤碳吸存速率限制為千分之四。此外，實施土壤管理技術之時間也很重要，從數據顯示最初的 5 年土壤碳吸存速率最高可達千分之二十，於 10 年或 20 年後仍可達千分之十，但變異數很大，在 40 年後限制在千分之四左右（圖 8-3）（Minasny *et al.*, 2017）。

重要結果列如下：

- 好的土壤管理及作物耕作制度下，對增加土壤碳匯速率確實可達千分之四（0.4%）目標，甚至可達千分之十至二十以上，科學上仍有許多不確定性與未知數。

- 土壤碳匯量較低者（10 至 35 公噸碳 / 30 公分 / 公頃），可利用土壤管理有效增加土壤碳匯速率。

- 土壤碳匯速率在達到千分之四以後（可高達千分之十以上），至少可以維持10 年至 20 年達最大碳吸存速率，30 年以後逐漸減少，40 年以上長期試驗極少，不可預期。

- 各種作物殘體利用對土壤碳匯速率影響在前 20 年之變化量很大，無法模擬，有很多未知之影響變數因子。

- 牧草地與森林地之土壤碳匯速率最高。

表 8-1　各國農地土壤面臨增加碳匯之潛力與挑戰

國家	潛力（potential）	挑戰（challenges）
紐西蘭	改良的草地管理模式；增加根部碳輸入量；聚焦特定土壤與特殊地形位置；建立或重建溼地	相對碳匯較高，於排水區土壤碳損失高，過度放牧與轉換成牧草地時高地區域有土壤侵蝕現象
智利	退化地造林與原始林與泥炭地保育	泥炭地轉換，有限的農地面積
南非	改良的牧場管理做法（草原—原始草地或草原與半原始草地）	改良牧場的土地退化

國家	潛力（potential）	挑戰（challenges）
澳洲	農地面積大，最佳的作物輪作模式與保留作物殘體，改良的草地管理模式	水源不足，不耕犁／少耕犁已用於 80% 的農耕地
坦桑尼亞	使用改良的農業管理做法與土地修復方法，科技方法減少土壤侵蝕	快速農地擴張造成土壤碳匯損失，將邊緣地轉換成農耕地
印尼	避免森林砍伐，稻草稈回田，優良人造林管理模式	泥炭土與火災帶來碳損失，碳吸存潛力資料不足
肯亞	使用改良的農業管理做法與土地修復方法，科技方法減少土壤侵蝕	快速農地擴張造成土壤碳匯損失，將邊緣地轉換成農耕地
奈及利亞	使用豆類、休耕時期與植物殘體回田模式，造林	缺少可信數據
印度	退化地再造林，農地區域植物殘體回田，推廣豆類食品	相對碳匯較高，雨量與高溫影響
臺灣	在優良管理制度之下有高碳吸存率	地形限制了種植面積，碳吸存速率低
南韓	擁有平衡之施肥與植物殘體回田模式之稻田可吸附碳	農地之減少與限制
中國	保育耕犁與植物殘體回田，平衡之施肥方法	缺少表土之碳吸存數據，不是所有地區都有好的管理制度
美國	改良的輪作模式，作物覆蓋與減少休耕，保育耕犁，改良的放牧系統與閒置之邊緣地	鼓勵生產者，於乾旱區或半乾旱區有更多限制
法國	監測土壤碳匯使碳增加減少都能被計算，土地利用改變與優良的農地管理方法	都市化與建設造成土壤表面水泥化
加拿大	減少夏天休耕，不耕犁包含更多多年生作物輪作，作物殘體回田與改良之土地退化方法	創新土地利用的發展與使用，改良退化地之管理模式
比利時	農地退化之改良管理方法	人口密度高與面積小，額外碳吸存策略可能無法用於高碳匯區域
英國	大量的優良管理農地，許多碳吸存策略可用	密集農業擴張，需要有農場型態或土壤種類有長期碳吸存策略之數據
愛爾蘭	提升草地的碳吸存速率，啟動永久農地土壤的碳吸存與新造森林	有機土壤排水影響，缺少碳吸存數據，森林擴張跟草地、農地競爭
蘇格蘭	減少泥炭地退化，森林與農業擴張	泥炭地面積大，密集農業的擴張
俄國	在農地擁有優良的管理模式，農地可轉成草地與森林	種植過程的碳損失

資料來源：Minasny *et al.*, 2017

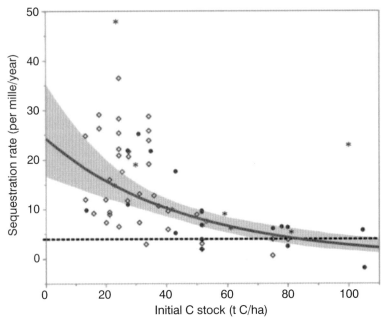

圖 8-2　初始土壤碳量與土壤吸存速率的關係

灰線為迴歸曲線，陰影部分為 95% 信心區間，虛線為千分之四目標。

灰色菱形代表耕地，黑色點帶表草地，星形代表森林與人造林地。

資料來源：Minasny *et al.*, 2017

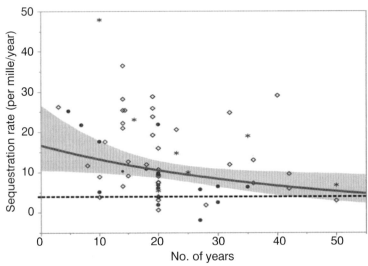

圖 8-3　土壤碳吸存速率與執行土壤管理技術時間（年）的關係

灰線為迴歸曲線，陰影部分為 95% 信心區間，虛線為千分之四目標。

灰色菱形代表耕地，黑色點帶表草地，星形代表森林與人造林地。

資料來源：Minasny *et al.*, 2017

3. 土壤碳吸存之最佳管理時間

由於土壤碳儲存量是動態的，在農田自然植被清除後可遵循所謂的「過渡曲線」。在優良農業土壤管理技術與耕作制度之下，土壤碳吸存速率在最初幾年可達千分之十以上，隨著時間的推移土壤達到平衡而下降。在理想狀態之下，將施用之有機物轉為具有更長停留時間的被動土壤碳匯是重要的。

綜合以上各種土壤碳匯潛力，初步評估後可行之土壤環境條件為：(1) 農田土壤碳匯量較低者（< 30 公噸碳 / 30 公分 / 公頃）較易增加碳匯（約千分之十至三十），如：紅壤地區及低肥力農田土壤；(2) 增加牧草地與造林地，地上部與土壤碳匯每年會明顯增加（0.6-0.8 公噸碳 / 30 公分 / 公頃）。

（二）面對未來挑戰之策略

針對 74 篇科學文獻進行綜合分析後得知，可增加土壤碳匯之土地利用改變為由原生森林轉為牧場的有機碳儲存量增加 8%，農田轉為牧場的有機碳存量增加 10%，農田轉為造林地的有機碳存量增加 18%，農田變為次生林地有機碳存量增加 53%（圖 8-4）（Guo and Gifford, 2002）。

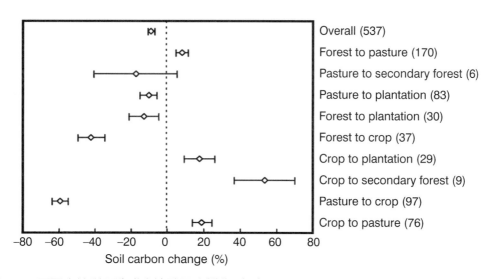

圖 8-4　不同土地利用造成土壤碳匯之變化（%）

資料來源：Guo and Gifford, 2002

　　以從森林轉為牧場的土地利用變化為例，可發現降雨和土壤採樣深度對於土壤碳庫的變化都有顯著影響（圖 8-5）。在降雨量為 2,000 至 3,000 mm（毫米）的地區，為了牧場而砍伐森林可以吸收更多的土壤碳存量，並增加 24%，但在降雨量較低或較高的其他地區，土壤有機碳則沒有明顯的增加（Guo and Gifford, 2002）。

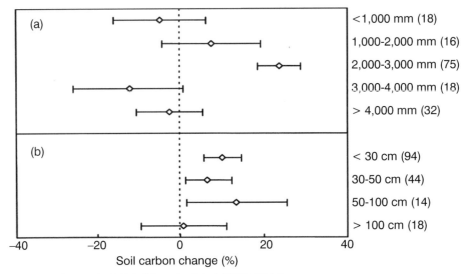

圖 8-5　不同降雨量與土壤採樣深度下之土壤碳匯變化

資料來源：Guo and Gifford, 2002

1. 農田轉換為造林地、次生林和牧場，確實可增加土壤碳吸存速率

　　從農田轉換為造林地、次生林或牧場，從大氣中土壤碳吸存速率結果是很明顯的，但這過程不能完全恢復土壤損失的碳含量，其中次生林的種植時間為一大關鍵。Brown 和 Lugo（1990）文獻發現，隨著次生林存在的時間越久，土壤碳存量會呈現增加的趨勢，次生林種植至 50 年左右，其土壤碳儲存量與亞熱帶森林大致相同。另一方面，土地利用變化過程中缺乏土壤的擾動，地上和地下的多層結構也將影響土壤碳含量（Guo and Gifford, 2002）。

　　植被和土壤管理措施發生改變時，有許多因素和過程將決定土壤有機碳含量的變化和速率。對增加土壤有機碳存量的重要因素包括：(1) 增加有機物質的投入速率；(2) 改變有機物質的可分解性，尤其增加輕質的腐植質；(3) 直接增加土壤下層的碳投入或混和表層與下層土壤中的有機物，使有機物質達到土壤裡土中；(4) 添

加有機礦複合物加強保護；(5) 有利於這些過程的條件，通常發生在土地利用從耕作用途轉變為永久性多年生植被的時候，比如從農田轉變為牧場、人造林和次生林（Guo and Gifford, 2002）。

由上述結果我們知道，不同土壤管理技術與耕作制度確實具有土壤增匯效益，但臺灣地形環境複雜、耕作制度多元，於各地區若想要增加土壤碳匯，要如何進行土地利用、所產生之變異如何評估，以及未來碳權驗證如何減少變異，會是一大挑戰。

2. 未來推動增加土壤碳匯量變化，在臺灣不同區域之碳分布確有差異

考量影響土壤碳匯包含氣候、溫度等環境因子，加上作物種類也一併影響各地土壤管理技術與耕作制度，因此以臺灣北、中、南、東四區分為不同地形與作物進行預測如表 8-2，透過土壤管理與耕作制度之模式可增加土壤碳匯（Minasny *et al.*, 2017）。

表 8-2　臺灣未來推動增加土壤碳匯技術之預測

地區	氣候	地形	作物	耕作與管理模式	是否可能增匯
北部	亞熱帶	平原	水稻	減少耕犁、殘體回田、有機質肥料施用	是
		平原	旱作	減少耕犁、地表覆蓋、有機質肥料施用	是
中部	亞熱帶	平原	水稻	減少耕犁、殘體回田、有機質肥料施用	是
		平原	旱作	地表覆蓋、有機質肥料施用	是
		山坡地	果樹	草生栽培、有機質肥料施用	是
	熱帶	平原	水稻	減少耕犁、殘體回田、有機質肥料施用	是
		平原	旱作	地表覆蓋、有機質肥料施用	是
		山坡地	果樹	草生栽培、有機質肥料施用	是
南部	熱帶	平原	水稻	轉作、減少耕犁、殘體回田、有機質肥料施用	是
		平原	旱作	地表覆蓋、有機質肥料施用	是
		山坡地	果樹	草生栽培、有機質肥料施用	是
東部	亞熱帶	平原	水稻	轉作、減少耕犁、殘體回田、有機質肥料施用	是
		平原	旱作	地表覆蓋、有機質肥料施用	是
	熱帶	平原	水稻	轉作、減少耕犁、殘體回田、有機質肥料施用	是
		平原	旱作	地表覆蓋、有機質肥料施用	是

為促使「彙整國際增加土壤碳匯與減少土壤碳排之管理技術與耕作制度及評估在臺灣推動之策略與效益」計畫之成果更加聚焦與精進，本計畫彙整與評估臺灣適用之困難與挑戰，邀請相關領域之專家學者，一同討論與研析解決方案與因應措施，期許提供完整規劃方案予政府，作為施政方針之參考。

（三）專家建議

1. 建議把現今農業較大之問題與負碳耕作議題一併討論，例如氣候變遷、天然災害、糧食安全、農業發展政策、農民福利及水資源等，若能有長期研究，可以替政策擬定未來發展路徑。

2. 建議永續土壤管理技術與耕作制度之推動，一定要與氣候型態、水資源等一併考量與評估。

3. 農地土壤碳匯資料的點位如果有海拔、坡度、土壤質地、氣溫、降雨等土壤環境資料差異，建議可分析其間之關係經驗式，得到進一步資訊。

4. 溫帶地區的放牧地（grazing zone）碳匯結果，與臺灣的狼尾草等牧草種植之結果可能不完全相同。

5. 目前所提出「各種優良的永續土壤管理與耕作制度」，可依其推動之可行性優先順序做評估，而非僅考慮其對土壤碳匯效益。

6. 初步評估後，較可行之土壤環境條件為：農田土壤碳匯量較低者，較易增加碳匯，但如何增加土壤碳匯之方法請再提出。

7. 有些永續土壤管理與耕作制度，雖然其增加碳匯效益不大，但其有促進土壤健康、提高農業生態系服務價值之社經價值，以及永續利用之作用，符合聯合國永續發展目標（SDGs），也值得推動，也能加以強調說明其價值。

8. 土壤管理模式與耕作制度於臺灣適用之土壤碳匯速率，增加部分數值之範圍較大，建議說明這些優良管理模式或耕作制度的執行條件，以限縮數值之範圍。

9. 農田土壤碳含量較低地區，未來易增加土壤碳匯，建議可針對臺灣未來推動增加土壤碳匯技術之預測結果，估算臺灣可執行之農地面積及碳匯量。

10. 篩選合理且可行性高，適用於臺灣的土壤管理模式與耕作制度，惟土壤碳

吸存速率宜有本土性且經查證的資料參數。

11. 使用有機質肥料可增加土壤儲碳，但於熱帶／亞熱帶區域，有機質肥料有一大部分亦直接轉換成二氧化碳排放，增加農地碳排。因此，於增匯同時，應著墨此作為是否能先至少維持兩項農業重點，如維持產量與減少土壤溫室氣體直接排放。

（四）臺灣農地土壤碳匯之推動潛力

研究指出（Minasny *et al.*, 2017）土壤碳匯之增加速率，於初始土壤碳匯較低之表土（表層土壤 ≤ 30 公噸碳／公頃），存在較高的土壤有機碳吸存能力（約為30‰），而初始土壤有機碳儲量較高的表土（表土 > 60 公噸碳／公頃）則有碳吸存上限（約為 4‰），於 111 年度進行「彙整國際增加土壤碳匯與減少土壤碳排之管理技術與耕作制度及評估在臺灣推動之策略與效益」計畫，使用農業試驗所郭鴻裕組長率領其團隊建立之農地表土至 150 公分深度近 13 萬個土壤剖面資料，繪製臺灣土壤碳匯潛力預測圖，與 Chen 等人（2015）研究中繪製之臺灣土壤類別分布圖比較，可發現土壤有機碳含量較低之區域多為弱育土（Inceptisol）與新成土（Entisol），又依 Chen 和 Hseu（1997）研究針對臺灣不同土綱之三種不同深度有機碳含量研究，可發現於 0-30 公分之表土，弱育土平均有機碳含量為 3.78 kg/m^2 變異量 46%，新成土平均 3.5 kg/m^2 變異量 36%，與「彙整國際增加土壤碳匯與減少土壤碳排之管理技術與耕作制度及評估在臺灣推動之策略與效益」計畫繪製之預測分布趨勢相符，為更加精準預測臺灣土壤碳匯之增加潛力，建議應針對農地坵塊分布、土壤別、作物別、預測碳匯量、土壤管理方式等資訊進行蒐集與套疊（圖8-6）。

永續土壤管理技術與永續發展目標（Sustainable Development Goals, SDGs）

聯合國於 2015 年之「2030 議程（Agenda 2030）」宣布了永續發展目標（SDGs）其中包含 17 項永續發展指標，其中與土壤碳匯、土壤健康相關者為 SDG2 消除飢餓、SDG6 環境品質、SDG13 氣候行動等。良好的永續土壤管理技術，除可增加土壤碳匯量外，亦可促進土壤健康或糧食安全等，如政府間氣候變遷專門委員會（Intergovernmental Panel on Climate Change, IPCC）第四次評估報告，針對農業減

緩溫室氣體排放提出四項建議，包含：作物輪作及農業系統設計、營養及糞肥管理、牲口管理與牧場飼料供應改善、土壤肥力的維護和退化土地的恢復；建議方式包含：使用覆蓋作物、採用減少依賴外部添加之農業系統（如：輪作中加入豆科作物）、使用最低限度或免耕策略，以減少不必要耕犁等（Niggli *et al.*, 2009），即為「彙整國際增加土壤碳匯與減少土壤碳排之管理技術與耕作制度及評估在臺灣推動之策略與效益」計畫蒐集國內外近 80 篇土壤碳匯技術研究歸納之 12 種友善土壤管理技術。建議未來可針對友善土壤管理技術應用於臺灣之碳吸存速率、對環境友善、糧食產量等是否有相關性進一步研究，接軌土壤碳匯議題至我國發布之 SDGs 國家自願檢視報告（Voluntary National Reviews, VNR）或地方縣市政府之地方政府自願檢視報告（Voluntary Local Reviews, VLR）中。

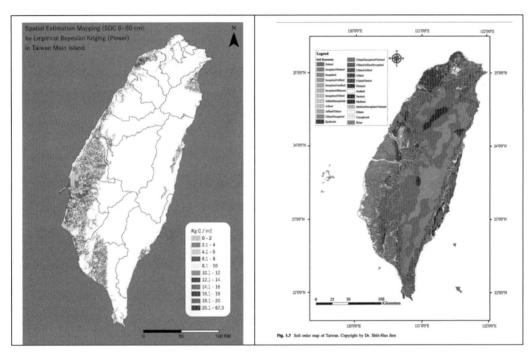

圖 8-6　臺灣表土 50 公分土壤碳匯預測與臺灣土壤類別分布圖

資料來源：左：「彙整國際增加土壤碳匯與減少土壤碳排之管理技術與耕作制度及評估在臺灣推動之策略與效益」計畫繪製；右：引用 Chen, Z. S., Hseu, Z. Y., and Tsai, C. C. (2015). *The soils of Taiwan*. Springer Netherlands.

二、研提適用於全臺不同農業區位之水稻田複合式低碳農耕策略，並評估實際減少溫室氣體排放及土壤有機碳提升之效益

以 2021 年第一期作為例，全臺稻作種植面積達 12.7 萬公頃，依糙米產量計算約有 77 萬公噸（農委會，2021）。由於水稻田土壤長期處於浸水還原的狀態，整體生產過程的溫室氣體排放量明顯高於旱田作物，水稻農若能應用國際上公認、與水田生產管理有關的良好土壤管理方法，應可有效降低水稻田溫室氣體排放。

另一方面，前人研究分析顯示土地利用發生變化，使得土壤有機碳（soil organic carbon, SOC）含量降低的過程是可逆的，也就是說，農地土壤雖然受到人為活動干擾影響，土壤有機碳存量可能減少 10-59%（Guo and Gifford, 2002），但在土壤有機碳含量達到飽和之前，都有機會透過土壤碳吸存（soil carbon sequestration, SCS），來減緩溫室氣體排放至大氣中的負面影響（McBratney et al., 2014）。

值得注意的是，文獻中經常將「土壤有機碳」與「土壤有機質」（soil organic matter, SOM）交替使用，兩者間的數值可依比例相互轉換，即「土壤有機質」約含有 58% 的「土壤有機碳」，也就是元素碳，而「土壤有機質」所包含的成分非常廣泛，相當於有機物、腐植質、木炭、微生物及植物細根等的混合物（Stockmann et al., 2013）。為了便於評估不同良好土壤管理方法，對於增加土壤碳匯的效益，本章節原則均以「土壤有機碳」含量為基準，進行討論。

至於土壤有機碳飽和度的概念，與土壤碳的累積能力有關，具體取決於土壤中細顆粒的多寡，例如：黏粒及坋粒的含量（McBratney et al., 2014）。而土壤有機碳積累的速率，則取決於土壤的種類。增加土壤有機碳存量的重要因素，包括 (1) 增加有機質的投入率；(2) 改變投入有機質的可分解性，尤其可增加輕劃分（fraction）的有機碳；(3) 經由直接增加土壤表面下的碳投入，或是以加強表面土壤微生物混合的間接方式，使有機質達到更深層的土壤中；(4) 透過團粒內（intra-aggregate）或有機礦質複合物（organo-mineral complexes）來加強物理性保護作用（Guo and Gifford, 2002）。

綜上所述，藉由良好的田間管理策略，降低水稻田溫室氣體排放，並增加土壤有機碳含量，將可有效促進農業部門達成淨零排放目標。然而，在實務上，良好土壤管理方法與農民普遍接受的慣行農法，田間操作過程不盡相同，如何說服農民改變既有的耕作模式，才是實現低碳農耕的關鍵因素。

本節首先歸納可有效減少水稻田溫室氣體排放，和／或增加土壤碳匯之因子與個別效益，並對全臺灣北、中、南、東不同農業區位之水稻農，進行是否願意採用良好土壤管理方法之意願調查，藉此了解水稻農對於農業部門淨零排放的想法，以利研提適合在臺灣推動的水稻田複合式低碳農耕策略（台灣水資源與農業研究院，2022）。

（一）蒐整國內外近十年發表之水稻田低碳栽培學術文獻，研析適用於臺灣之水稻田低碳耕作模式

聯合國農業及糧食組織（FAO and ITPS, 2021）彙整世界各國研究成果，歸納出有助於水稻田減排及土壤再碳化之推薦管理措施，可分為以下類型：

1. 土壤有機敷蓋（soil organic mulch）

這裡所指的土壤有機敷蓋，包含覆蓋耕種（cover cropping），以及使用有機敷蓋物（organic mulch），以達到防止土壤流失與沖蝕、抑制雜草、調節土壤溫度、改善土壤肥力與品質、控制病蟲害、增加作物產量、促進生物多樣性等目的。水稻田本身雖然鮮少使用土壤敷蓋，但稻米收割後所產生的稻草稈，卻是種植其他作物時，非常實用的表土敷蓋物。另一方面，水稻田休耕時期也可種植綠肥作物來培養地力，因此水稻田潛在發生的碳流通量，也會與此項田間管理措施有所關聯。一般而言，綠肥作物有部分減少氧化亞氮排放的功效，而有機敷蓋物則可能因碳氮比較低、分解快速，導致氧化亞氮排放增加。由於利用有機物覆蓋土壤的方法直接受到氣候及環境條件影響，不同作物或秸稈使用於不同農業區位，所能增加的土壤碳儲量各不相同，以溫帶至熱帶溼潤氣候為例，種植綠肥作物每年約可增加土壤碳儲量0.32-0.56公噸碳／公頃（Jian et al., 2020），而利用秸稈敷蓋土壤表面，每年約可增加土壤碳儲量0.23-0.41公噸碳／公頃。

2. 覆蓋耕種（cover cropping）

A. 定義與操作方法

覆蓋作物的定義爲：「在一般作物生產期間，提供土壤保護、播種保護與改良土壤的密植栽培作物。當覆蓋作物經翻耕混入土壤後，便可稱爲綠肥（green manure）。」覆蓋作物通常是草類（如黑麥草）、豆類（如野豌豆）、蕓薹屬（如油菜籽）或兩種以上的混合植物（Jian *et al.*, 2020）。在耕地種植系統中，在單一作物連作或輪作中種植覆蓋作物，能避免土壤長時間裸露，並在下一個主要作物種植前，將覆蓋作物當成綠肥犁入土壤。

B. 改善土壤功能

覆蓋作物會降低土壤容積比重和壓實度，增加土壤孔隙度和田間容水量，留在土壤表面的植物殘體能減少土壤蒸發散並增加土壤含水量。

C. 產量效益

相較於低固氮能力或無固氮能力的品種，高固氮能力（即豆科植物）的覆蓋作物增加主要作物產量的效果較佳。而夏季豆科植物潛在生物量和投入的氮較高，故其固氮效果會比冬季豆科植物佳。此外，覆蓋作物可以爲牲畜提供飼料，也能提供原料來生產纖維素生物燃料。

D. 溫室氣體排放影響

針對二氧化碳和甲烷排放的研究中，並未發現覆蓋作物的負面影響。在覆蓋作物週期中，因土壤的氮有效性較低，氧化亞氮的排放量會減少；而它們的殘體會以排出氨、氧化亞氮、一氧化氮或氮氣的方式而失去氮。

E. 執行建議與潛在障礙

雖然覆蓋作物對於環境的效益得到廣泛認可，但普及率並不高。可能原因爲覆蓋作物通常不具經濟價值，且缺乏相關管理技術，因此除了選擇具經濟功能的覆蓋作物外，亦應加強技術援助，提出適合當地土壤氣候條件的植物品種和最佳化管理方式（台灣水資源與農業研究院，2022）。

3. 有機敷蓋（organic mulch）

A. 定義與操作方法

有機敷蓋包括利用稻稈、樹葉、鬆散的土壤等材料，鋪在土壤表面，保護土壤

或植物根部免受雨滴、土壤結皮、冰凍和蒸發散等影響。而依材料種類，有機敷蓋可釋放出植物化感物質（allelopathic substances，即二次代謝物），對抗生物逆境（biotic stress），例如：雜草侵擾、蟲害和病害病原體。

B. 改善土壤功能

由於土壤表面結構的穩定性較高，敷蓋系統的土壤物理性質表現較佳。有機敷蓋能減少雨滴的衝擊和灌溉的影響。以作物殘體作為有機敷蓋所產生的碳投入，能夠增強土壤團粒的穩定性。因此，團粒間的孔隙變得更有連續性且穩定，進而方便水分滲入土壤，讓更多氣體擴散，增加土壤通氣性。

C. 產量效益

保持土壤表面的敷蓋物是蓄水的關鍵，在灌溉條件不佳的環境下，土壤儲水量是維持並提高作物產量的關鍵。2019 年在馬達加斯加的研究，是以小農為基礎的耕作措施，實施保育性農業措施對水稻生產的影響；作者觀察到，使用有機敷蓋的保育性農業，其抑制雜草的效果明顯提升，進而導致水稻產量增加 40%。

D. 溫室氣體排放影響

有機敷蓋在減緩氣候變遷方面能夠發揮重要的作用。例如：在浸水的環境種植水稻，將有機敷蓋保留在土壤表面可以減少甲烷的排放；而若將有機敷蓋耕犁混入土壤中，會加速其厭氧分解，從而導致產甲烷菌釋放甲烷。碳氮比低的有機敷蓋，如豆科植物的敷蓋，分解速度比穀類植物來得快，會提供土壤礦物態氮，成為排放氧化亞氮的基質。

E. 執行建議與潛在障礙

在特定土壤氣候條件下，過量的作物殘體可能會因植物二次代謝物、降低土溫、積水不足，而減少作物產量。此外，過量敷蓋亦會對農機具操作造成不便（台灣水資源與農業研究院，2022）。

4. 增加作物多樣性（increasing crop biodiversity）

改變單一耕作模式可增加作物多樣性，改善土壤資源的有效利用，例如：輪作、間作，其中間作又可分為條狀間作（row intercropping）、帶狀間作（strip intercropping）和完全混合間作（fully mixed intercropping）。以下主要探討作物輪作的方式，常見的操作是在種植主要作物後，接著種植豆科植物來增加土壤氮供給

量，並破壞害蟲的生命週期循環。由於農業活動中大量使用氮肥來種植作物，導致土壤氧化亞氮釋放至大氣中，透過種植可固氮的豆科植物來提供後作部分氮源，減少氮肥使用，確實可減少溫室氣體排放。前人研究也顯示，與單一作物相比，輪作系統在熱帶氣候下，每年約可增加土壤碳儲量 0.83 公噸／公頃，雖然在溫暖及冷涼的氣候下，土壤碳儲量呈現相反趨勢，但作物輪作確實可減緩土壤有機碳的流失（台灣水資源與農業研究院，2022）。

5. 作物輪作（crop rotation）

A. 定義與操作方法

作物輪作即為在同一塊土地上連續且依序種植作物（或休耕），一個週期通常需要花上數季或數年才能完成。

B. 改善土壤功能

多樣化的作物，其根系結構、根泌物、根圈微生物、作物殘體碳氮比、土壤病蟲害相、養分需求等皆不同，因此可提升土壤結構穩定性、減少土壤侵蝕、增加土壤微生物豐富度、打破土壤病蟲害循環、改善養分利用效率。

C. 產量效益

作物輪作可提升接續作物的產量，如種植小麥前先栽種中斷作物（break-crop），可以將小麥產量從 0.5 公噸／公頃提高到 1.2 公噸／公頃，尤其是在糧用豌豆、蠶豆、鷹嘴豆、小扁豆或羽扇豆等糧豆類（grain legumes）之後種植小麥，其產量提升幅度最大。

D. 溫室氣體排放影響

施用氮肥會導致土壤排放氧化亞氮，而氧化亞氮的全球暖化潛勢（global warming potential, GWP）是二氧化碳的 298 倍。由於豆科植物能夠與根瘤菌共生，固定大氣中的氮，故輪作豆科植物除了能提升作物多樣性，亦可減少作物對氮肥的需求，從而降低氧化亞氮的排放。

E. 執行建議與潛在障礙

實施任何作物輪作之前，必須分析並考量不同作物的土壤氣候限制，並探索潛在的市場，盡可能確保其市場銷售（台灣水資源與農業研究院，2022）。

6. 改變耕犁方式（change tillage types）：保育性（conservation）、少耕（reduced）和淺層耕犁（superficial tillage）

改變耕犁方式包含免耕、保育性耕犁、減少耕犁、淺層耕犁、帶狀耕犁、分區耕犁及非反轉耕犁等方式，通常水稻田之耕犁作業，爲避免破壞蓄水所需的犁底層，應屬於淺層耕犁，即耕犁深度約 15-25 公分。一般而言，減少耕犁及淺耕與慣行的密集耕犁方式相比，皆具有減少二氧化碳排放的效益，不僅減少農機活動所產生的二氧化碳排放，同時也減少土壤在每次耕犁後所出現的二氧化碳排放高峰期。另一方面，改變耕犁方式後，在熱帶溼潤氣候區，每年約可增加土壤碳儲量 1.56 公噸碳／公頃。

A. 定義與操作方法

由於保育性耕犁、少耕和淺層耕犁有共同的特點和效益，因此置於一起討論。保育性耕犁主要著重於降低耕犁深度，減少土壤和水分的損失，而讓土壤表面敷蓋作物殘體的比例大於 30%；少耕則是相較於慣行（集約）耕作減少耕犁總次數；淺層耕犁會於上層土壤層進行，需每年或定期鬆土。

B. 改善土壤功能

從慣行（集約型）耕犁轉變爲少耕和免耕時，可改善土壤水分滲透能力和作物可用的水分含量、團粒穩定性，以及增加土壤對溫度和溼度波動的韌性（Almagro et al., 2017）。

C. 產量效益

保育性耕犁通常對作物產量有正面影響，因爲增加投入系統中的有機質，可以提高土壤中的水分滲透和儲存能力，以及養分有效性，但仍受氣候、土壤條件、作物種類、管理方法等影響。

D. 溫室氣體排放影響

一般而言，相較於慣行（集約）耕犁系統，保育性耕犁、少耕和淺層耕犁的農業系統可以減少溫室氣體排放量，首先減少耕犁強度（頻率、深度）即可減少農機具因能源消耗所排出之二氧化碳，另一方面，可降低土壤氧化亞氮排放量，如保育性耕犁。

E. 執行建議與潛在障礙

若執行前述措施卻額外增加肥料施用量，可能抵消少耕的效益甚至增加土壤氧化亞氮的排放量。建議結合輪作、保留作物殘體、種植綠肥、施用有機質肥料等措施以增加效益（台灣水資源與農業研究院，2022）。

7. 田間養分管理

為了增加土壤肥力，可於田間添加動物糞肥、沼液沼渣、有機質肥料等物質，其中動物糞肥可分為生的禽畜糞便，以及腐熟後的堆肥。考量環境衛生，且避免動物糞便中的抗生素、微生物、雜草種子等影響農地生態，建議使用腐熟後的堆肥產品。一般而言，與有機質相關的溫室氣體排放並非直接來自土壤，主要的甲烷及氮氧化物排放來自畜牧業，以及動物糞肥在厭氧條件下的儲存過程。以溼潤的氣候條件為例，在不同土壤形態下，添加有機質每年約可增加土壤碳儲量 0.92-11.2 公噸／公頃（Poblete-Grant et al., 2020）。沼液沼渣則是禽畜糞尿廢水經厭氧發酵後施灌於農田土壤，不僅可回歸再利用養分元素，也可補充土壤水分含量，與合成化學肥料相比，在為期四年的研究中，每年約可增加土壤碳儲量 15.6 公噸／公頃。有機質肥料可利用動物性及植物性資材調配碳氮比，每年約可增加土壤碳儲量 0.9 公噸／公頃（台灣水資源與農業研究院，2022）。

(1) 添加有機質－沼液沼渣應用

A. 定義與操作方法

於厭氧消化槽中投入一至多種有機材料，以產生生質氣體及厭氧消化物。厭氧消化物液態（沼液）部分以氮肥為主，含碳量低；固態（沼渣）部分，富含有機碳，沼液沼渣在臺灣常直接施灌於農田，但為避免氨氣揮發損失，建議使用灌注方式施用於田間。

B. 改善土壤功能

與化學肥料相比，有機改良劑的施用只會在特定土壤中，如低肥力、砂質結構、接近中性 pH 值和熱帶氣候環境下才會增加作物產量。施用動物糞肥和厭氧消化物時，若謹慎調整施用量就會帶來好處，才能在養分利用效率最大化的同時把對於環境的不良影響最小化。

厭氧消化後的液體部分對氮具有很高的養分利用效率，使其有可能取代合成氮

肥。與合成肥料或未施肥的對照組相比，厭氧消化物能增加微生物活性，但比施用糞肥來得低。部分研究顯示施用厭氧消化物後有更多的蚯蚓數量和更高的土壤團粒穩定性。

C. 產量效益

與化學肥料相比，添加沼液沼渣能維持同樣好或更好的作物產量。

D. 溫室氣體排放影響

引進厭氧消化技術後，透過正確處理有機廢棄物及厭氧消化物（沼液沼渣）有可能減少農場溫室氣體排放量。

E. 執行建議與潛在障礙

生質氣體在生產過程中洩漏或厭氧消化物的不當儲存，會導致溫室氣體排放的風險，需透過適當設計生質氣體工廠和糞肥儲存的方式來避免。較高 pH 值的厭氧消化物組合的肥料，在沒有減排技術下，會有更多氮以氣態氨形式逸散的風險（台灣水資源與農業研究院，2022）。

(2) 添加有機質—堆肥應用

A. 定義與操作方法

堆肥法是指將有機材料在有氧環境下，經由受控制的微生物，進行生物分解成相對穩定的類腐植質材料，即為堆肥。因此，在土壤中施用堆肥可增加土壤有機碳、補充土壤養分，施用時同一般肥料依作物建議施用量直接於田間使用，並盡量在播種或種植前施用，同時避免施用在季節性極端氣候的高峰期，例如：乾旱期、雨季、霜期。

B. 改善土壤功能

堆肥會形成穩定的腐植質團粒以改善土壤結構，同樣也能夠減少侵蝕的風險、調節土壤溼度並增加土壤的微生物和動物多樣性。這些作用都有助於保護土壤中的土壤有機碳。

C. 產量效益

經常使用堆肥的田地比未施肥的對照組能表現出更高的產量。

D. 溫室氣體排放影響

使用農場生物質（如作物殘體、綠色廢棄物、糞肥）進行堆肥能避免腐爛，進

而避免排放溫室氣體（甲烷）。定期使用（如每年或每個耕作季節）優質堆肥可以減少對化學肥料的使用需求，同時堆肥亦可促進土壤碳吸存。

E. 執行建議與潛在障礙

堆肥可能會產生大量的溫室氣體排放，尤其是在堆肥的製作過程不充分的情況下。如果製作過程並非完全有氧氣存在，就會出現上述情形導致甲烷的形成和排放。另外，是否有足夠的生物質可以用來製作堆肥（作物殘體、動物糞便、廚餘、生物垃圾）與正確的堆肥製作需要技術及經濟成本支持，皆為須考量之問題。

(3) 施用化學肥料及灌溉施肥

在大部分情況下，土壤中的養分不足以提供高產作物所需，因此會額外添加肥料，尤以化學肥料容易控制其養分組成，且速效的特性有助於配合作物生長期。與化學肥料有關的兩種主要溫室氣體為氧化亞氮及二氧化碳，施用氮肥是導致農業土壤中人為氧化亞氮排放的主要因素之一，不過良好的養分管理可提高氮利用效率（N use efficiency, NUE），減少轉換為氧化亞氮所排放的氮量。在長江流域亞熱帶氣候條件下，長達 33 年氮、磷、鉀肥料施用，土壤碳儲量每年可增加 0.11 公噸／公頃，略高於對照組每年 0.031 公噸／公頃。化學肥料溶於水亦可搭配灌溉系統直接施用於作物根部，不僅可穩定供給作物養分，減少肥料流失，且透過精準的灌溉施肥也可增加土壤有機碳吸存。在熱帶氣候條件下，十年試驗期間，約可在砂質黏壤土 0-25 公分表土中，每年增加 2.54 公噸／公頃碳儲量。

A. 定義與操作方法

土壤肥力具維持土壤健康及支持作物生產的重要功能，多數情形土壤肥力不足以提供高產作的需求，因此需外施礦物肥料或有機質肥料來補充不足的必需養分，透過土壤及植物檢測了解作物養分需求，以制定合理施肥量。依適當的施肥建議，施用化學肥料將可充分、均衡、有效率地提供作物營養需求。

B. 改善土壤功能

裸露的土壤很容易被風或雨侵蝕，導致空氣和水的污染，進而加劇經空氣和水傳播的疾病。適當使用肥料能增加地被植物覆蓋，並進而幫助減少水污染的可能。另外，透過肥料補充土壤養分而增加土壤有機質，可幫助恢復退化之農地。

C. 產量效益

依建議用量施用大量營養素礦物肥料，能夠讓大多數穀物的糧食產量增加一倍。氮對於大多數土壤來說是最受限制的養分，其次是磷，然後是鉀，作物產量通常對這些養分的反應也最高。

D. 溫室氣體排放影響

優化養分管理措施可以提高氮利用效率（NUE），並減少被轉化成氧化亞氮而排放的氮量。適當使用肥料來提高產量，與促進吸收大氣中的二氧化碳有關，其中一部分可作為土壤有機碳被留存在土壤中。而足夠的糧食能保留森林、草原和泥炭地等自然區域不被開發，是間接實現減少溫室氣體排放的一種方式。

此外，緩釋性氮肥、尿素酶抑制劑（urease inhibitors）和硝化抑制劑（nitrification inhibitors）的最新進展，能提高氮的利用效率，進而減少施用每公斤氮肥所產生的氧化亞氮排放量。

E. 執行建議與潛在障礙

過度使用和濫用化學肥料，可能導致土壤鹽度的累積、造成大量的氮被淋洗而污染地下水，或是溶解後被帶入地表水體（如河流、湖泊或河口），破壞人類和動物攝取的水質。而施肥不均衡會促進作物對鈣等鹼性陽離子的吸收，促使它們在土壤溶液中被質子（如 H^+）取代，進而導致土壤酸化（台灣水資源與農業研究院，2022）。

8. 綜合土壤養分管理（integrated soil fertility management, ISFM）

A. 定義與操作方法

ISFM 的主要目的是在優化作物產量及品質的同時，降低生產成本及對環境的負面影響。良好的養分管理可防止過度施用作物生長所必需的養分，且永續養分管理會考量施用在內的全部成本，包括添加養分所消耗的能量（Park et al., 2011）。與僅使用合成化學肥料相比，使用 ISFM 可顯著減少土壤氧化亞氮排放，且由於碳吸存增加、化學肥料使用減少，以及種植旱作期間吸收硝酸鹽，使得氮損失下降（Basche et al., 2014）。以中國為例，稻米─小麥─玉米耕作系統下，氮、磷、鉀肥搭配廄肥施用，經過 20 年試驗，土壤有機碳含量可達 12.3%，對照組則為 6%（Amanullah et al., 2019）。

B. 改善土壤功能

依據研究顯示，使用 ISFM 可改善土壤之化學、生物、物理等性質，增加土壤有機碳、總氮與磷和鉀含量、土壤陽離子交換量提升；增加微生物生物量；促進土壤團粒穩定性和水分滲透，並提高植物可用含水量，增加作物產量；以減少土壤侵蝕、養分失衡、土壤鹽鹼化、土壤酸化、土壤生物多樣性損失、土壤壓實。且與單獨使用合成肥料相比，使用 ISFM 可顯著減少土壤中氧化亞氮排放（減少約 23%），以及增加甲烷吸收量，由於保育性農業和孔隙連續性等使嗜甲烷菌生態棲位存在，會降低有機物厭氧分解，改變孔隙空間和結構，並影響土壤氧氣有效性。

C. 產量效益

利用 ISFM 被證實與作物高產量具相關性（Huang and Sun, 2006）（表 8-3），根據 Ejigu 和 Araya（2010）與 Naresh 等人（2013）在衣索比亞和印度北部之研究指出，使用 ISFM 能大幅提升稻米的穀物和稻稈產量。主因於 ISFM 能減少養分流失和有效管理養分供應，進而提高資源利用效率、降低成本，並提高對生物和非生物逆境的抵抗力（Parkinson, 2013; Jha *et al.*, 2013）。因此，ISFM 可被視為一個有效的農業模式，以確保全球糧食安全和改善環境品質，特別在經濟快速發展的國家（Wu and Ma, 2015）。

D. 溫室氣體排放影響

因應減緩和適應氣候變遷，ISFM 提倡尿素或碳酸氫銨應該施入土壤深層，以降低氨氣揮發和減少硝酸鹽淋溶，進而顯著提高氮利用效率（Jambert *et al.*, 1997），此外 ISFM 也建議施用有機質肥料並搭配其他管理措施如保育性耕犁等，可減少溫室氣體排放、改善土壤品質和增加碳匯（Huang and Sun, 2006）。在 ISFM 中可透過以下方法減少溫室氣體排放，如 (1) 依推薦量使用有機質或無機化學肥料；(2) 氮肥精準施用於根圈，使作物更容易吸收；(3) 精準施用肥料，確定養分施用位置、數量和時間。

針對精準施肥有三種技術可達成：(1) 從田間現有條件蒐集空間數據，例如：遙測技術、冠層大小或產量測量；(2) 在需要的時間和地點對作物施用最佳肥料量；(3) 記錄所有施肥的詳細日誌，以便在空間和時間上繪製固碳儲存圖（Lal, 2005）。

表 8-3　綜合土壤養分管理對農作物生產的影響

參考文獻	常見農作物	綜合土壤養分管理的影響	國家
Jha *et al.*, 2013	稻米	綜合養分管理可明顯減少氮的施用，同時提高稻米產量和土壤養分狀況。	印度
Miriti *et al.*, 2007	玉米	橫畦與糞肥的組合使玉米稈明顯增加 29%，且生物量增加 50%。施用氮肥也使豇豆莖稈和生物量分別增加 57% 和 45%。	肯亞
Nawab *et al.*, 2011	小麥	糞肥和施肥（廄肥、鉀肥和鋅肥）產生的穀物產量明顯高於對照樣區。	巴基斯坦
Sharma *et al.*, 2001	夏季大麥	綜合養分管理顯著提高穀物（1.1 ton ha^{-1}）和秸稈（2.3 ton ha^{-1}）的產量、特性、蛋白質含量和養分吸收。	印度
Chander *et al.*, 2013	蠶豆	綜合養分管理可以降低高達 50% 的化學肥料用量，同時提高穀物對硫和鋅的吸收和穀物產量。	安達曼群島
Jagathjothi, N., Ramamoorthy K., and Kuttimani R., 2011	掌粟	綜合養分管理與所有其他處理相比能增加穀物（3.3 ton ha^{-1}）和秸稈產量（5.9 ton ha^{-1}）。	奈及利亞
Akram *et al.*, 2007	高粱	綜合養分管理增加養分的有效性和對養分的吸收，進而提高作物生長和穀物產量。	巴基斯坦
Patil and Sheelavantar, 2013	鷹嘴豆	綜合養分管理增加每株豆莢數（66.4 個）、每莢種子數（1.2 顆）、測試重量（20.91 g）、糧食產量（2.4 ton ha^{-1}）和稻草產量（3.2 ton ha^{-1}）。	印度
Thind *et al.*, 2007	馬鈴薯 / 向日葵	施用無機肥（inorganic manures）提高土壤中有機碳、可利用鉀和磷的含量，並對向日葵的種子重量、生長和物候學產生顯著的殘留效應。	印度

資料來源：Huang and Sun, 2006

E. 執行建議與潛在障礙

利用 ISFM 對保持土壤健康極為重要，而土壤健康是衡量土壤品質的標準，若提高實施 ISFM 之意願，可將環境污染降到最低，並維持生態永續性與功能性（Parikh and James, 2012）。

對於實施 ISFM 前有三項執行建議：(1) 有機質肥料有利於提高土壤肥力，因此合格的有機質肥料（如堆肥和廄肥）應該與礦物肥料（如磷酸二銨、尿素）結合使用；(2) 不應僅限於有機和無機養分的投入，應側重於將所有養分來源用於土

壤和作物，如保育性農業、物理結構水土保持或其他農藝應用；(3) 透過在農場中實踐和應用 ISFM 訓練，提高農民和技術人員的技能、知識和態度。然而採用 ISFM 仍存在潛在障礙，包括受生物物理和社會經濟因素影響（Irungu, 2011），在 Shiferaw 等人（2009）的研究中顯示，可負擔的農業投入物品供應有限，如肥料、改良種子、道路和市場基礎設施差等，生產所需的農業機械、勞動力短缺，以及缺乏基礎知識及適當農藝措施等，最終會影響小農戶採用 ISFM 技術（表 8-4）（台農院，2022）。

表 8-4　採用綜合土壤養分管理的潛在障礙

障礙	說明
生物物理	與投入和產出市場的距離，對使用綜合土壤養分管理有負面影響（Nambiro and Okoth, 2013）
社會	可用的勞動力不足，影響綜合土壤養分管理的採用（Mutoko *et al.*, 2015）
經濟	無法獲得農業信貸對採用綜合土壤養分管理產生負面影響（Nobeji *et al.*, 2011）
機構	無法接觸相關農業機構會影響綜合土壤養分管理的採用（Adolwa *et al.*, 2012）
知識	綜合土壤養分管理需要熟練和受過教育的專家以及農民（Aura, 2016）

資料來源：FAO and ITPS, 2021

9. 添加生物炭（biochar）

A. 定義與操作方法

生物炭主要被視為一種土壤改良劑而非肥料，且根據土壤和生物炭的類型，可在不同程度上長期改善土壤的基本功能，但不能取代由無機或有機質肥料補充的必需養分。於熱帶地區常見的酸性貧瘠土壤中，將生物炭施用於土壤，除改善土壤性質及長期碳吸存（Lehmann and Joseph, 2015），亦可逆轉土壤退化，在土壤嚴重貧瘠、有機資源稀缺、水和化肥供應不足等地區，創造永續的糧食和燃料產出。已知生物炭的料源、熱裂解條件及碳氮比是影響氧化亞氮排放的關鍵因素，當原料和生產條件不同，獲得之效果亦有大幅度的差異，然而生物炭的使用率與減少氧化亞氮排放間有直接相關性（Cayuela *et al.*, 2014），因此應選擇合適的生物炭來解決每個預期施用地之特定土壤限制條件，此外將生物炭與堆肥、蚯蚓糞、牛和家禽糞肥

整合應用，被認爲是有效的技術。目前中國、美國、澳洲、紐西蘭及東南亞許多國家都將生物炭當作土壤改良劑。以中國江蘇省爲例，每公頃施用 40 公噸稻稈生物炭，每年約可增加土壤碳儲量 17 公噸／公頃（Yang *et al.*, 2019）。

B. 改善土壤功能

生物炭中內含的有機質和養分，以及其大表面積、多孔性和作爲微生物介質的能力，被認爲是改善土壤性質、增加植物養分吸收的主要原因，添加於土壤中可增加土壤有機碳、總氮、有效磷、土壤陽離子交換能力（cation exchange capacity），並且能減少多項環境對土壤之威脅，例如：侵蝕、養分失衡、土壤鹽鹼化、土壤污染、土壤生物多樣性損失、土壤水分管理（表 8-5）。另外，生物炭與植物根系和土壤間之交互關係，主要透過兩種機制影響植物根系生長和整體表現，分別爲直接作爲養分來源和透過改變土壤養分有效性來間接影響（Prendergast-Miller *et al.*, 2014）。此外，由於許多生物炭具有鹼性特質，因此對於酸性土壤的有利影響更爲明顯（Lehmann and Joseph, 2015）。

C. 產量效益

迄今爲止，由於缺乏長期和大規模的證據，無法就是否在地域範圍內實施生物炭策略得出明確的結論。不同的農作物對生物炭的施用有不同的生長反應。多數研究顯示施用生物炭可提高熱帶地區和貧瘠土壤的作物產量，僅少數研究表示於肥沃土壤可提高作物產量（Hussain *et al.*, 2017）。此外，施用於不同類型的土壤也會影響作物產量，如質地疏鬆的土壤（砂質壤土、坋質壤土、壤質和細壤質砂土）顯示作物產量增加 9-101%，而黏質土壤的產量則提高幅度較小。

D. 溫室氣體排放影響

依據 IPCC（2019b）中提及並強調生物炭在施用後，對大氣中碳的碳匯潛力。透過熱裂解生產生物炭和生物能源是一個負碳過程。Majumder 等人（2019）的統合分析顯示，生物炭在土壤碳匯方面比作物殘株更有效。生物炭的施用對土壤溫室氣體排放的影響已被廣泛研究，並發現變化極大。根據 Cayuela 等人（2014）在一篇文獻回顧中發現，在各類土壤中施用生物炭，可減少氧化亞氮排放約 54%，特別是利用木質材料和作物殘株製成的生物炭，比由糞肥或加工廢料製成的生物炭更有效。此外 Jeffery 等人（2016）統合分析研究中指出，生物炭對減少農業淹灌土壤

表 8-5　生物炭減少土壤功能威脅

土壤威脅	說明
土壤侵蝕	生物炭可增加土壤保水力和孔隙度，改善土壤結構，減少土壤侵蝕，降低強降雨時的逕流產生（Sadeghi et al., 2018）。
養分的失衡和循環	生物炭可增加總氮、植物有效氮、可萃取的鉀和有效磷（Vaccari et al., 2015; Giagnoni et al., 2019）。
土壤鹽化和鹼化	將不同材料形成的生物炭當作土壤改良劑，用以控制土壤鹽度（Herath et al., 2017）。
土壤污染	生物炭具表面積大、多孔性結構、富含表面官能基和礦物成分等特點，可作為吸附劑，去除水溶液中的污染物、農藥、重金屬（Zhang et al., 2018; Cwielag-Piasecka et al., 2018; Liu et al., 2018）。
土壤生物多樣性損失	生物炭顆粒內部孔隙提供微生物作為棲息地，改變群落組成、結構及其相關功能。另外可作為石灰的間接效果，在酸性和亞酸性土壤中，改變土壤微生物多樣性，同時改善植物和微生物（如真菌）間的有益共生關係，並且提高土壤水分，增加土壤大型和中型動物數量與物種豐富度（Castracani et al., 2015）。
土壤水分管理	透過增加土壤保水性和可用容水量，使土壤保留更多的灌溉或降雨的水分，減少灌溉頻率，提高水利用效率（Baronti et al., 2014）。

資料來源：FAO and ITPS, 2021

的甲烷排放具顯著效果。然而，土壤質地和生物炭間的交互作用，以及與生物炭同時施用的氮肥之化學形式，對土壤氧化亞氮排放有很大影響。目前雖有相關研究數據證實在多數情況下氧化亞氮的排放會減少，但對造成這些排放量改變的關鍵機制尚缺乏了解，仍待深入探討（台灣水資源與農業研究院，2022）。

E. 執行建議與潛在障礙

目前施用生物炭仍存在許多潛在缺點，包括造成土壤功能潛在威脅（表8-6）、增加溫室氣體排放量、與農用化學品（如除草劑和養分）的結合失效、存在於生物炭內的有毒物質（如重金屬）可能被釋放出來、土壤電導度和pH值增加，以及影響發芽和土壤生物過程。當施用之生物炭與施用土壤不適合的情況下，會導致產量不變或減少。當生物炭料源來自廢棄物時，可能會影響最終產品中存在的污染物質，且生物炭釋放的顆粒物（particulate matter）可能對人類健康產生負面影響，並且增加短波吸收黑碳氣懸膠體（aerosols）造成大氣負擔，對大氣輻射產生不可忽視之影響。

表 8-6　生物炭對土壤功能之潛在威脅

土壤威脅	說明
土壤侵蝕	生物炭會因砂質土壤的風蝕，以及黏土、壓實土壤的水蝕而流失（Lehmann and Joseph, 2015）。
養分的失衡和循環	有機物於熱裂解時會導致氮揮發，原料中 70-80% 的氮可能會流失（Ye et al., 2020），且施用的生物炭其鈉和鉀流失，會增加淋溶液的 EC 值（Novak et al., 2009）。
土壤鹽化和鹼化	具有高 pH 值的生物炭會使中性至鹼性的土壤 pH 值明顯上升。
土壤污染	土壤 pH 值的變化會影響鋁等毒元素的生物有效性（Lehmann and Joseph, 2015）。
土壤酸化	生物炭的 pH 值範圍很廣，從微酸性到鹼性都有（Laghari et al., 2015）。
土壤生物多樣性損失	生物炭對土壤微生物影響多樣化，具有許多交互作用機制，且生物炭的施用率會影響微生物群落（Ye et al., 2017; Zhu et al., 2017; Awad et al., 2018; Palansooriya et al., 2019）。
土壤壓實	施用生物炭會影響土壤容積比重（Baronti et al., 2014; Maienza et al., 2017ab; Giagnoni et al., 2019）。
土壤水分管理	生物炭施於土壤之深度和方法會影響土壤保水性（Basso et al., 2013）。

資料來源：FAO and ITPS, 2021

　　然而若有意願施用生物炭，則有下述幾項實施建議，包括：(1) 生物炭為土壤改良劑非肥料，因此施用前須了解環境背景，以及在農業生產鏈中想做哪些改善。(2) 生物炭為碳構基質，多數呈鹼性，剛施用時具疏水性，然浸泡於水中後則易吸收水分，並且降低土壤容積比重，增加陽離子交換能力，保留養分。(3) 必須評估每種生物炭的自身特性、處理和儲存環境，並研究和開發生物炭施用於土壤的操作程序。(4) 生物炭應造粒或溼施，避免細小的灰塵於大氣中飛散，並以簡單的耙子進行掩埋，放置在根部區域最有效。(5) 每平方公尺 1 公斤的生物炭足以讓植物獲得大部分的潛在利益。然於菜園和果樹上建議每平方公尺使用 2-3 公斤的生物炭。

　　儘管現有技術可生產不同類型的生物炭（如熱裂解、緩慢熱裂解、氣化），但生產技術仍於發展階段，導致生產成本高，形成發展阻礙。因此於推廣前，須調查生物炭與慣行操作下之經濟影響（表 8-7）。

表 8-7　採用生物炭的潛在障礙

障礙	說明
生物物理	生物炭在土壤與作物間的生物物理相配潛力，可藉由理想原料有效率的供應，並獲得投資於生物炭生產最佳技術所需的知識而改變。
文化	將生物炭添加至土壤中之做法在許多地區已存在幾千年歷史，然西方國家尚未普及，對生物炭缺乏認識和信心，構成文化障礙（Lehmann and Joseph, 2015）。
社會	應讓利益相關者充分透明地參與規劃和實施，尊重當地土地使用權，避免人們流離失所。
經濟	生物炭技術較新穎，因此相關的技術開發、轉讓、收集、運輸、儲存成本較高。
機構	目前全世界有超過 197 個生物炭組織，已建立生物炭品質標準，並將新的生物炭產品納入現有的國家化肥、土壤改良劑和堆肥的立法中。
知識	儘管與生物炭相關之研究數據增加，然仍有部分內容尚須解決：生物炭對作物生產力、生產技術、經濟評估和長期資料庫等。

資料來源：FAO and ITPS, 2021

10. 添加生物肥料

生物肥料可定義爲含有活微生物的物質，這些微生物具有幫助植物生長發育的特性，透過微生物的活動機制與土壤系統產生交互作用。基本上生物肥料的施用量少，與化學肥料相比，生物肥料中實際的養分含量極低，目前對溫室氣體排放應無特別需要關注的風險。在熱帶溼潤的氣候條件下使用生物肥料，每年約可增加土壤碳儲量 0.42-6.72 公噸／公頃（台灣水資源與農業研究院，2022）。

11. 添加石灰改良酸性土壤

酸性土壤（pH < 5.5）嚴重限制全球糧食生產，因此，施用石灰是改善農地酸性土壤重要且常見的方法。透過添加石灰提升土壤 pH 值，改善酸性土壤所造成的毒害、提高土壤微生物活性、促進土壤養分循環，使得生物質增加，有助於土壤有機碳吸存。石灰有可能經由不同的化學反應，成爲二氧化碳的源或匯。在不耕犁的情況下，石灰可減少氧化亞氮及甲烷的排放。在熱帶溼潤氣候條件下，添加石灰改良酸性土壤，每年約可增加表土碳儲量 0.15-0.51 公噸／公頃（台灣水資源與農業研究院，2022）。

12. 適當的土壤水分管理

A. 定義與操作方法

土壤水分管理會影響土壤與水之間的交互作用，進一步導致土壤有機碳的流失或增加，因此需選擇適合之灌溉水量和操作方式。儘管關於灌溉及排水對土壤有機碳吸存影響的研究有限，一般而言，灌溉水會提升土壤生成生物質（biomass）的能力，也就是植物殘體（主要是根）的累積，增加輸入土壤中的有機碳。另一方面，灌溉量及灌溉方式對土壤溫室氣體排放有很大的影響。漫灌可使土壤的二氧化碳排放量減少，但在漫灌或頻繁灌溉的情況下，發現甲烷及氧化亞氮的排放量增加。從溫室氣體排放的角度來看，選擇適合的灌溉方式，應考慮溫室氣體的全球暖化潛勢值，而不只是以單一溫室氣體的排放率來評估。依據前述，若能藉由引進新灌溉技術如滴灌、噴灌、缺水灌溉（deficit irrigation）和地下灌溉（subsurface irrigation）等，用以應對水資源短缺及提高水的生產力，並依據作物類別精準用水，將對於土壤有機碳碳匯潛力和土壤表層之物理和生物性質具有正面之影響（台灣水資源與農業研究院，2022）。

B. 改善土壤功能

灌溉對於土壤容積比重和粒徑分布具有影響，根據研究顯示，在選定的地點增加灌溉深度，位於 5-10 公分土層深度的水穩定團粒（WSA = 4.75-8 公釐）數量顯著增加。然而，使用優良水質進行灌溉不會影響土壤滲透性，除非水的鈉含量較高則會產生影響。另外，透過適當的土壤水分管理可減少土壤侵蝕、養分失衡、土壤鹽鹼化、土壤污染、土壤酸化、土壤生物多樣性損失、土壤密封等問題（表 8-8）（台灣水資源與農業研究院，2022）。

C. 產量效益

目前對於灌溉可否增加作物產量的研究已廣泛為人所知。糧食和纖維作物的週期性灌溉，可減少關鍵階段之水分逆境，並提高生產潛力。另外，灌溉農業系統的高生產能力可促進許多社會經濟效益，如糧食安全、足夠的工業原料、振興以農業為基礎的工業，以及擴大灌溉土地和增加農村地區的經濟活動，藉以提高社會地位（台灣水資源與農業研究院，2022）。

表 8-8　利用適當的灌溉措施減少土壤功能威脅

土壤威脅	說明
土壤侵蝕	灌溉促進植被生長，而植被是土壤侵蝕的屏障。
養分的失衡和循環	灌溉水增加植物對養分吸收之有效性。
土壤鹽化和鹼化	土壤鹽度可透過加水至淋溶需水量使其最小化，以便將土壤電導度保持在閾值以下。
土壤污染	使用含鹽地下水進行灌溉，需透過適當的淋溶需水量來管理，避免土壤污染。
土壤酸化	灌溉促進田間作物生長，進而促使土壤有機物增加，並減少土壤酸化。
土壤生物多樣性損失	灌溉會產生更多的有機物（即植物、殘株、根、葉等），這些有機物與土壤和水接觸後被分解，進而增加土壤生物多樣性。
土壤密封	部分噴灌類型在水滴大小或速度過高時，會破壞團粒表面，形成密封和結皮，此影響在使用含有過量鈉離子的水時會更大。
土壤水分管理	幾乎所有土壤水管理措施都依賴灌溉水，因灌溉是增加土壤水分的主要來源。

資料來源：FAO and ITPS, 2021

D. 溫室氣體排放影響

灌溉的水量和類型對土壤溫室氣體排放有一定影響，依據部分研究顯示，採用不同灌溉措施具有不同土壤溫室氣體排放率和排放量，淹灌雖然可使土壤的二氧化碳排放減少，但淹灌或高頻率灌溉下甲烷和氧化亞氮的排放卻會增加（表 8-9）。氣候變遷預測顯示全世界的溫度和降雨模式會有很大的變化，這些變化可能對農業系統的生產能力構成重大威脅，促使水的供應存在風險，而灌溉系統在氣候變遷中，對於減少農業可用水量的變化所造成的負面影響占有重要影響。因此，應將現有的灌溉系統進行適當改造，對於減緩和調適氣候變遷方面占有關鍵的地位，例如：將淹灌轉變為高效灌溉系統、建造堤壩集水，以及適當管理現有的水庫（台灣水資源與農業研究院，2022）。

E. 執行建議與潛在障礙

雖然實施適當的土壤水分管理具有許多益處，然而仍存在許多潛在障礙（表 8-10）與缺點，例如：造成土壤功能潛在威脅等（表 8-11），若想執行適當的土壤水分管理則提供下述幾項建議：(1) 灌溉對土壤有機碳匯的影響變化取決於一些內部和外部因素，如灌溉類型、灌溉水量、氣候、土壤類型和大量因地而異的土壤管

理措施；(2) 先於試驗性規模的田間試驗中，根據盛行的氣候條件和不同組合的田間管理措施來評估影響；(3) 大規模應用前，可採用 APSIM 等農業生產模擬模型進行模擬研究，分析灌溉與田間管理措施相結合的不同方案，以同時最佳化農業生產和土壤有機碳（台灣水資源與農業研究院，2022）。

表 8-9　不同灌溉措施下水田土壤的溫室氣體排放量

灌溉措施	作物	溫室氣體排放率 （g/m²）	溫室氣體	參考文獻
缺水／雨養灌溉		1795.8		Xu et al.（2016）
淹灌		1085.8	CO₂	
間歇性排水		460.6		Haque et al. （2016）
淹灌	水稻（Paddy）	386.4		
持續性淹灌		50.9	CH₄	Riya et al. （2014）
間歇性淹灌		30.6		
持續性淹灌		23.8	CH₄	Win et al. （2015）
節水灌溉		8.40		

資料來源：FAO and ITPS, 2021

表 8-10　採用適當灌溉措施的潛在障礙

障礙	說明
生物物理	某些情況下進一步發展灌溉農業，可能會受到物理限制，尤其是在水資源已經很緊迫的乾旱地區。
文化	在部分地區將傳統的旱地作物改為灌溉作物可能會有困難。
經濟	若需支付往田間輸水或實施灌溉系統等費用，農民可能不會堅持灌溉。
機構	目前全球有許多地方灌溉用水是依據農民土地面積比例分配，在此情況下，若對用水的需求增加，為促進土壤有機碳儲存，將對機構進行限制以達成此需求。
法律 （土地權利）	某些地方的農民並無水權。
知識	良好的土地、植物和用水知識，對於決定灌溉之時間和水量，以避免鹽化、鹼化或水土流失是必要的。

資料來源：FAO and ITPS, 2021

表 8-11　利用適當土壤水分管理對土壤功能之潛在威脅

土壤威脅	說明
土壤侵蝕	若有適當灌溉設計則無此威脅。
養分的失衡和循環	若有適當灌溉設計則無此威脅。
土壤鹽化和鹼化	於排水不良的土壤中過度灌溉，可能導致積水和鹽化。
土壤污染	灌溉水若已被污染則可能增加土壤污染，如灰水（grey water）。
土壤酸化	硝酸鹽的過度淋溶可能導致土壤酸化。
土壤密封（結皮）	灌溉水與富含鈉離子的土壤間之交互作用，可能會加強土壤密封，然此問題只發生於特定地點，土壤質地疏鬆地區受土壤密封影響較小。部分噴灌類型可能會透過分解表面的團粒而導致密封和結皮。
土壤壓實	灌溉水量過多會導致表層土壤壓實更強，即使在深耕之後仍有此現象發生。

資料來源：FAO and ITPS, 2021

（二）合適的水稻栽培品種

　　水稻栽培品種亦為水田甲烷排放重要因子之一，水稻田之甲烷排放約有 90% 是由水稻的通氣組織中釋出，故水稻品種不同，其將甲烷傳輸至大氣的能力也會有差異，部分研究指出，水稻植株的甲烷排放，與品種、株高、穗數、分蘗數、地上部生物質、根部生物質、根部截面積、產量、通氣組織發達程度有關，若能選擇可適應氣候變化與低溫室氣體排放的水稻品種，將有助於因應氣候變遷並維持糧食安全（台灣水資源與農業研究院，2022）。

（三）評估複合式低碳耕作模式於臺灣實際執行所面臨之挑戰與推廣潛力

　　雖然國際上已歸納出十多項良好土壤管理方法，有助於減少農地溫室氣體排放，或是增加農地土壤碳匯儲量，甚至兼具前述兩種效益（FAO and ITPS, 2021）。然而，在實際推動過程中，農民對各種良好土壤管理方法的接受程度不一，取決於農民對該法的熟悉程度，以及改變原本習以為常的田間管理模式、接受新耕作方式所能帶來的直接益處。換句話說，對於各國農業部門提倡採行良好土壤管理方法，實踐低碳農耕並藉此取得碳權的立意，農民多數抱持觀望態度，原因包含 (1) 現階段各國碳交易政策及價格尚不明確；(2) 無法掌握低碳農耕對作物產量及

農民收益的影響。真正能夠有效促進農民採行良好土壤管理方法，投入低碳農耕的誘因，反而在於部分低碳農耕技術，確實可改善土壤品質，或是減少農田的土壤沖蝕（Dumbrell *et al.*, 2016）。

以水稻田而言，生產過程中的溫室氣體排放量，可能比旱田作物高出兩倍。全臺灣耕作地面積約 73.5 萬公頃，其中約有 12.7 萬公頃屬於水稻田（農業委員會，2021），若能透過良好土壤管理方法，降低水稻田溫室氣體排放，並增加土壤有機碳含量，將可有效促進農業部門達成淨零排放目標。然而，臺灣各地水稻農，因應區域性地理環境及氣候條件等限制，對各項良好土壤管理方法的認同度高低，尚缺乏系統性的調查。因此，本計畫將全臺灣分為北、中、南、東，共四個農業區，以問卷調查的方式，了解水稻農對於各項良好土壤管理方法的接受程度，進而歸納出各區水稻農普遍認同、值得推廣的複合式低碳農耕策略。

（四）設計水稻田低碳農耕策略問卷

1. 以「水稻田低碳農耕策略」為題，綜整出九項與水稻田有關之良好土壤管理方法，包含友善環境及有機農法、施用生物炭、減少浸水日數、施用畜牧沼液沼渣、使用有機質肥料、合理化施肥、稻稈翻耕回田、保育性耕犁及水旱田輪作，再加上近年來較為新興的議題——選用甲烷排放量低之水稻品種，分別作為問卷之構面。

2. 為避免專有名詞造成水稻農理解上的困難，將上述十項構面，改以口語的方式描述，共列出 14 題之問項，並盡可能精簡問卷內容，以提高水稻農參與填答的意願。

3. 主要利用李克特量表（Likert scale）設計問卷，各題之問項皆以一至五分代表「非常不願意」、「不願意」、「普通」、「願意」及「非常願意」，請參與填答的水稻農以勾選方式，選出最符合自身心態者。搭配其他開放式問項，請參與填答的水稻農自由填寫回覆。

4. 問卷亦包含水稻農基本資訊構面，例如：姓名、電話、年齡、耕作區域、主要栽培品種、耕作面積等，屬於選擇性填答問項，水稻農可視個人情況選擇填答或不答。整體問卷架構說明如下（表 8-12）（台灣水資源與農業研

究院，2022）。

表 8-12　水稻田低碳農耕策略問卷架構

構面	題目表述	填答方式
友善環境及有機農法	1. 您是否願意以友善環境或有機等方式栽培水稻？	李克特量表勾選
施用生物炭	2. 您是否願意施用生物炭（例如炭化稻殼）？	李克特量表勾選
減少浸水日數	3. 您是否願意節約用水，減少灌溉時間或增加曝晒日數？	李克特量表勾選
施用畜牧沼液沼渣	4. 您是否願意施用畜牧沼液沼渣？	李克特量表勾選
使用有機質肥料	5. 您是否願意使用有機堆肥？	李克特量表勾選
合理化施肥	6. 您是否願意依照建議施用量使用化學肥料？	李克特量表勾選
	7. 您是否願意將化學肥減量，搭配有機質肥料進行耕作？	李克特量表勾選
稻稈翻耕回田	9. 您是否會在採收後，將水稻稈翻耕回田？	是與否勾選
保育性耕犁	10. 您一年會進行幾次整地？	簡答文字
水旱田輪作	11. 您是否會進行水旱輪作？	是與否勾選
	12. 同上題，轉旱作時間是在一期作還是二期作？	一期作與二期作勾選
	13. 同上題，若會進行水旱輪作，您偏好種植什麼作物？	簡答文字
選擇水稻品種	8. 您是否願意嘗試種植適合低碳栽培水稻新品種？	李克特量表勾選
相關經驗與想法	14. 針對前述水稻田低碳農耕策略，您是否有相關執行經驗？或是想分享其他想法？	詳答文字
基本資訊	耕作區域、主要栽培水稻品種、年齡、耕作面積、姓名、連絡電話	簡答文字

（五）水稻低碳農耕策略增匯與減排效益估算

　　計畫團隊蒐整前人研究，依前述問卷設計之各項低碳農耕策略，歸納其增匯與減排效益，將碳匯效益計算範疇設定為表土 15 公分，另土壤總體密度以 1.36 g/cm^{3}計算，每公頃表土約為 2,000 公噸。以下敘明問卷各項低碳農耕策略於本計畫增匯與減排效益之估算依據，並將成果彙整如表 8-13。

表 8-13　水稻田低碳農耕策略問卷各構面之增匯與減排效益彙整表

構面		土壤碳匯效益 (t C/ha/yr)	土壤碳匯換算之 碳移除量效益 (t CO₂e /ha/yr)	減排效益 (t CO₂e / ha/yr)	增匯與減排 總效益 (t CO₂e /ha/yr)
友善環境及有機農法		0.19	0.70	0.25	0.95
施用生物炭		14	51.3	0.00	51.3
減少湛水日數	水田－旱田	-	-	0.36	0.36
	旱田－水田	-	-	1.21	1.21
	兩期水田	-	-	1.58	1.58
施用畜牧沼液沼渣		0.33	1.21	0.00	1.21
使用有機質肥料		0.19	0.70	0.00	0.70
合理化施肥		-		0.39	0.39
化肥減半搭配有機質肥料		0.40	1.47	0.00	1.47
選擇水稻品種		-		0.60	0.60
稻稈翻耕回田		0.52	1.91	0.00	1.91
水旱輪作	水田－旱田	-	-	4.04	4.04
	旱田－水田	-	-	1.21	1.21

表格說明：土壤碳匯換算之碳移除量效益，依據碳與二氧化碳分子量轉換，將計算得到的土壤碳匯效益換算為二氧化碳當量表示。

資料來源：台灣水資源與農業研究院，2022

1. 友善環境及有機農法

　　本問項計算情境設定為臺灣水稻田一年二期作，皆不使用化學肥料，施用有機質肥料，並納入未使用農藥、除草劑之減排效益。Arunrat 等人（2022），於泰國進行四年的研究，調查有機水稻田與慣行水稻田之碳足跡，研究結果說明，慣行水稻田於使用殺蟲、除草劑的部分，每年較有機水稻田多排放 253.9 kg CO₂e／公頃。

　　由前人研究彙整之土壤管理方法中，已了解在不同土壤形態下，添加有機質每年約可增加土壤碳儲量 0.92-11.2 公噸／公頃（Poblete-Grant *et al.*, 2020）。而 Lee 等人（2013）於韓國進行長達 42 年試驗，觀察不同肥培管理方法對水稻田土壤碳匯的影響，結果顯示堆肥處理組相較於對照組，在 0-15 公分土壤，平均每年增加土壤碳儲量 0.19 公噸／公頃，由於本問卷之研究標的為水稻田，因此採用本篇前人研究之成果作為碳匯效益估算依據（台灣水資源與農業研究院，2022）。

2. 施用生物炭

Gross 等人（2021）蒐集全球 64 個研究共 736 個試驗地資料，觀察到每公頃土壤施用 1-100 噸生物炭，並於 1-10 年後進行統計，平均每公頃可增加土壤有機碳 13 公噸。Budai 等人（2013）研究指出，施用 H/Corg 0.4-0.7 之生物炭於土壤中 100 年後，平均可留存 58.2% 至 80.5% 有機碳。參考前人研究，本問項設定之碳匯效益估算情境為每公頃（表土重量 2,000 噸）施用 2% 生物炭，該生物炭之有機碳含量為 50%（H/Corg 0.5），於土壤中 100 年後可留存 70% 有機碳，計算得土壤增匯量為 14 公噸碳／公頃（台灣水資源與農業研究院，2022）。

3. 減少湛水日數

藉由調整水稻灌溉管理以改善水稻田溫室氣體排放問題，可以同時達到節水效益，且對於產量負面影響較低（Islam *et al.*, 2020; Peng *et al.*, 2011）。Islam 等人（2020）在孟加拉（亞熱帶地區）進行兩年（2018-2019）的實驗，觀察不同地區連續灌溉（continuous flooding, CF）、乾溼交替（alternate wetting and drying, AWD）灌溉下水稻田溫室氣體排放量、產量，發現不同地區的水稻田溫室氣體總排放量雖有顯著差異，但相較於 CF，運用 AWD 灌溉皆可減排 30% 以上。故團隊依照國家溫室氣體清冊 2019 年臺灣水稻栽培面積資料，搭配各地區水稻種植甲烷排放係數，計算臺灣水稻一期作平均碳排放量 1.21 公噸 CO_2e／公頃，二期作平均碳排放量 4.04 公噸 CO_2e／公頃，並以執行 AWD 灌溉操作平均可減少 30% 碳排量進行估算，臺灣水稻田於一期作、二期作及一年兩期作進行 AWD 操作平均每年分別可減排 0.36、1.21 及 1.58 公噸 CO_2e／公頃（台灣水資源與農業研究院，2022）。

4. 施用畜牧沼液沼渣

施用厭氧消化物之碳匯效率依其碳氮比、添加量而有差異，於義大利、英格蘭、德國、捷克等地區，持續施用 3-5 年，觀察結果於土壤深度 20-40 公分可累積 1.17-9.9 公噸碳／公頃（FAO and ITPS, 2021）。Benbi 等人（2015）在印度之水稻－小麥輪作系統下，進行 11 年的長期觀察，調查肥料、稻稈及廄肥管理對土壤有機碳的影響，結果顯示，廄肥管理相較於對照組（未添加任何有機敷蓋物）於土壤深度 15 公分下，土壤總有機碳每年平均增加 0.33 公噸碳／公頃，本篇前人研究主要作物與問卷標的作物相符且所在地理位置氣候與臺灣較為相近，因此計畫團隊參考

其研究成果作爲本問項碳匯效益評估依據（台灣水資源與農業研究院，2022）。

5. 使用有機質肥料

本問項估算施用有機質肥料於水稻田之土壤碳匯效益與其替代化學氮素於水田之減排效益，估算依據同問項一（台灣水資源與農業研究院，2022）。

6. 合理化施化肥（依建議施用量施用化學肥料）

依據國家溫室氣體清冊歷年水稻田耕作面積與施肥量資料，臺灣 2019 年水稻田一、二期作總施氮量 403 公斤，以一期作 150 公斤／公頃、二期作 120 公斤／公頃氮素建議施用量計算，平均超施約 1.5 倍，若依建議施用量進行肥培管理，則每年可降低排放量 385.7 公斤 CO_2e／公頃（化學氮肥施用水田排放量 2.9 kg CO_2e kg-N^{-1}）（台灣水資源與農業研究院，2022）。

7. 化肥減半搭配有機質肥料

魏偉勝等人（2015）於高雄區農業改良場旗南分場，長期試驗田觀察不同之輪作制度與施肥管理，經 20 年後對土壤化學性質與碳與氮之累積與轉變之影響，結果顯示，以氮肥爲基礎，化學及有機質肥料各半的處理組，於土壤深度 15 公分下，土壤每年總有機碳平均增加 0.4-0.8 公噸碳／公頃，依據前人研究試驗結果，以每年 0.4 公噸碳／公頃作爲本問項碳匯效益評估依據（台灣水資源與農業研究院，2022）。

8. 保育性耕犁

依據聯合國農業及糧食組織（FAO and ITPS, 2021）彙整世界各國研究成果提出之土壤再碳化之推薦管理措施，於不同地區改變耕犁模式，每年約可增加土壤碳儲量 0.03-1.56 公噸／公頃。本問卷之標的作物爲水稻，一般耕犁管理屬淺耕，因此本問卷僅調查稻農一年之整地次數作爲參考，並未納入複合式低碳農耕方案增匯與減排效益之估算（台灣水資源與農業研究院，2022）。

9. 稻稈翻耕回田

Minasny 等人（2017）彙整世界 21 國家近 100 篇論文之研究結果，研析可累積土壤碳之田間管理措施，其中有關稻稈翻耕回田之研究結果表明，分別於印尼進行 3 年及 40 年的試驗，觀察稻稈回田同時添加非有機質肥料，於水稻田土壤深度 15 公分下，土壤總有機碳每年平均增加 0.47 公噸碳／公頃與 0.52 公噸碳／公頃

（Sugiyanta, 2015; Minasny *et al.*, 2012），本問項參考 Minasny 等人（2012）之研究成果估算稻稈回田之碳匯效益（台灣水資源與農業研究院，2022）。

10. 水稻品種

Song 等人（2022）在中國西南部觀察五種水稻品種於再生稻耕作系統下溫室氣體排放量之差異，並依產量評估各水稻品種溫室氣體排放強度（greenhouse gas intensity, GHGI），其中 GHGI 最低的水稻品種 JLY，溫室氣體每年排放量為 10.95 公噸 CO_2e / 公頃，而五種水稻品種中排放量每年最高為 11.55 公噸 CO_2e / 公頃、每年最低為 9.73 公噸 CO_2e / 公頃，品種每年間排放量差異介於 0.34-1.82 公噸 CO_2e / 公頃之間，本問項以排放量最高品種 XY 與 GHGI 最低的水稻品種 JLY 之每年差值 0.6 公噸 CO_2e / 公頃作為選用低碳水稻品種之減排效益估算依據（台灣水資源與農業研究院，2022）。

11. 水旱輪作

計畫團隊依照中華民國國家溫室氣體清冊 2019 年臺灣水稻栽培面積資料（行政院環保署，2021），搭配各地區水稻種植甲烷排放係數，計算臺灣水稻一期作平均碳排放量 1.21 公噸 CO_2e / 公頃，二期作平均碳排放量 4.04 公噸 CO_2e / 公頃，兩期均栽培水田總排放 5.25 公噸 CO_2e / 公頃，一期水田二期旱田之減排效益以兩期水田總排放扣除一期作水田排放，計為 4.04 公噸 CO_2e / 公頃；一期旱田二期水田之減排效益以兩期水田總排放扣除二期作水田排放，計為 1.21 公噸 CO_2e / 公頃（台灣水資源與農業研究院，2022）。

三、致謝

國際農地土壤碳匯與減排相關議題之操作與試驗研究成果相當豐碩，彙整世界各國優良農地土壤管理模式與耕作制度為臺灣探討農業淨零路徑之重要開端，本文特別感謝農業部農糧署給予補助計畫（計畫編號：111 農再 -2.2.2-1.7- 糧 -049(5)），讓「彙整國際增加土壤碳匯與減少土壤碳排之管理技術與耕作制度及評估在臺灣推動之策略與效益」計畫得以順利進行。

感謝國立臺灣大學農業化學系許正一教授土壤調查與整治研究室吳卓穎、黃胤

中、楊家語、范惠珍、吳柏輝、吳睿元、黃思穎協助蒐整與翻譯國際重要文獻。

感謝台灣水資源與農業研究院林冠妤、洪珮容研究專員協助彙整國際重要科學文獻，並針對文獻重要內容予以歸納；感謝徐鈺庭、葉怡廷研究專員協助蒐整國內外水稻田有助於減排及增匯之田間管理方法相關文獻，執行農民調查問卷之發放與回收並完成問卷之統計分析；感謝鍾岳廷研究專員協助彙整臺灣水旱輪作效益相關研究及提供政策方向參考；感謝游慧娟博士、劉哲諺研究專員協助針對水稻轉作效益進行評估與討論。

參考文獻

台灣水資源與農業研究院（2022）。111 年農業部農糧署補助計畫「彙整國際增加土壤碳匯與減少土壤碳排之管理技術與耕作制度及評估在臺灣推動之策略與效益」計畫，2022，計畫編號：111 農再 -2.2.2-1.7- 糧 -049(5)。

行政院環保署（2021）。中華民國國家溫室氣體排放清冊 2022 年報告。

魏偉勝、戴順發、鍾仁賜（2015）。不同之輪作制度與施肥管理經二十年後對土壤化學性質與碳與氮之累積與轉變之影響。**臺灣農業化學與食品科學**：53 卷頁 53-54。

Adolwa, I. S., Okoth, F. P., Mulwa, R. M., Esilaba, A. O., Franklin, S. M., and Nambiro, E. (2012). Analysis of communication and dissemination channels influencing uptake of Integrated Soil Fertility Management amongst smallholder farmers in Western Kenya. *Journal of Agricultural Education and Extension, 18*, 71-86.

Akram, A., Fatima, M., Ali, S., Jilani, G., and Asghar, R. (2007). Growth, yield and nutrients uptake of sorghum in response to integrated phosphorus and potassium management. *Pakistan Journal of Botany, 39*, 1083-1087.

Almagro, M., Garcia-Franco, N., and Martínez-Mena, M. (2017). The potential of reducing tillage frequency and incorporating plant residues as a strategy for climate change mitigation in semiarid Mediterranean agroecosystems. *Agriculture, Ecosystems & Environment, 246*, 210-220.

Amanullah, K., Imran, S., Khan, H. A., Arif, M., Altawaha, A. R., Adnan, M., Fahad, S., and Parmar, B. (2019). Organic Matter Management in Cereals Based System: Symbiosis for Improving Crop Productivity and Soil Health. In R. Lal and R. Francaviglia (Eds.),

Sustainable Agriculture Reviews 29: Sustainable Soil Management: Preventive and Ameliorative Strategies, pp. 67-92. Sustainable Agriculture Reviews. Cham, Springer International Publishing.

Arunrat, N., Sereenonchai, S., Chaowiwat, W., Wang, C., and Hatano, R. (2022). Carbon, Nitrogen and Water Footprints of Organic Rice and Conventional Rice Production over 4 Years of Cultivation: A Case Study in the Lower North of Thailand. *Agronomy*, *12*, 380. https://doi.org/10.3390/agronomy12020380](https://doi.org/10.3390/agronomy12020380

Aura, S. (2016). Determinants of the adoption of integrated soil fertility management technologies in Mbale division, Kenya. *African Journal of Food, Agriculture, Nutrition and Development*, *16*, 10697-10710.

Awad, Y. M., Wang, J., Igalavithana, A. D., Tsang, D. C. W., Kim, K. H., Lee, S. S., and Ok, Y. S. (2018). Chapter One - Biochar Effects on Rice Paddy: Meta-analysis. In D. L. Sparks (Ed.), *Advances in Agronomy*, pp. 1-32. Academic Press.

Baronti, S., Vaccari, F. P., Miglietta, F., Calzolari, C., Lugato, E., Orlandini, S., Pini, R., Zulian, C., and Genesio, L. (2014). Impact of biochar application on plant water relations in *Vitis vinifera* (L.). *European Journal of Agronomy*, *53*, 38-44.

Basche, A.D., Miguez, F. E., Kaspar, T. C., and Castellano, M. J. (2014). Do cover crops increase or decrease nitrous oxide emissions? A meta-analysis. *Journal of Soil and Water Conservation*, *69*, 471-482.

Basso, A.S., Miguez, F. E., Laird, D. A., Horton, R., and Westgate, M. (2013). Assessing potential of biochar for increasing water-holding capacity of sandy soils. *Global Change Biology and Bioenergy*, *5*, 132-143.

Benbi, D. K., Brar, K., Toor, A. S., and Sharma, S. (2015). Sensitivity of Labile Soil Organic Carbon Pools to Long-Term Fertilizer, Straw and Manure Management in Rice-Wheat System. *Pedosphere*, *25*(4), 534-545. doi:10.1016/s1002-0160(15)30034-5

Brown, S., and Lugo, A. E. (1990). Tropical Secondary Forest. *Journal of Tropical Ecology*, *6*(01), 1-32.

Budai, A., Zimmerman, A. R., Cowie, A. L., Webber, J. B. W., Singh, B. P., Glaser, B., Masiello, C. A., Andersson, D., Shields, F., Lehmann, J., et al. (2013). Biochar Carbon Stability Test Method: An Assessment of Methods to Determine Biochar Carbon Stability. Technical

Report for International Biochar Initiative.

Castracani, C., Maienza, A., Grasso, D. A., Genesio, L., Malcevschi, A., Miglietta, F., Vaccari, F. P., and Mori, A. (2015). Biochar-macrofauna interplay: searching for new bioindicators. *Science of the Total Environment*, *536*, 449-456.

Cayuela, M. L., Van Zwieten, L., Singh, B. P., Jeffery, S., Roig, A., and Sánchez-Monedero, M.A. (2014). Biochar's role in mitigating soil nitrous oxide emissions: A review and meta-analysis. *Agriculture, Ecosystems & Environment*, *191*, 5-16.

Chander, G., Wani, S. P., Sahrawat, K. L., Pal, C. K., and Mathur, T. P. (2013). Integrated Plant Genetic and Balanced Nutrient Management Enhances Crop and Water Productivity of Rainfed Production Systems in Rajasthan, India. *Communications in Soil Science and Plant Analysis* 44: 3456-3464.

Chen, Z. S., and Hseu, Z. Y. (1997). Total organic carbon pool in soils of Taiwan. Proc. National Sci. Council ROC. Part B: Life Sci. 21: 120-127.

Chen, Z. S., Hseu, Z. Y., and Tsai, C. C. (2015). *The Soils of Taiwan*. Springer. Netherlands.

Cwielag-Piasecka, I., Medynska-Juraszek, A., Jerzykiewicz, M., Dbicka, M., Bekier, J., Jamroz, E., and Kawalko, D. (2018). Humic acid and biochar as specific sorbents of pesticides. *Journal of Soils and Sediments*, *18*, 2692-2702.

Dumbrell, N. P., Kragt, M. E., and Gibson, F. L. (2016). What carbon farming activities are farmers likely to adopt? A best-worst scaling survey. *Land Use Policy*, *54*, 29-37.

Ejigu, F., and Araya, H. (2010). Activity report for 2010 on Building awareness on the value of bio-slurry and its use as organic fertilizer, set up a system to record, analyze and report the impact of bio-slurry on crop yield and making cross visits. Institute for Sustainable Development (ISD) and National Biogas Program Ethiopia (NBPE).

FAO and ITPS. (2021). Recarbonizing global soils - A technical manual of recommended management practices. Volume 5: Forestry, wetlands, urban soils-Practices overview. Rome. https://doi.org/10.4060/cb6606en

Giagnoni, L., Maienza, A., Baronti, S., Vaccari, F. P., Genesio, L., Taiti, C., Martellini, T., Scodellini, R., Cincinelli, A., Costa, C., Mancuso, S., and Renella, G. (2019). Long-term soil biological fertility, volatile organic compounds and chemical properties in a vineyard soil after biochar amendment. *Geoderma*, *344*, 127-136.

Gross, A., Bromm, T., and Glaser, B. (2021). Soil organic carbon sequestration after biochar application: A global meta-Analysis. *MDPI Agronomy* 11: 2474-24xx.

Guo, L. B., and Gifford, R. M. (2002). Soil carbon stocks and land use change: A meta analysis. *Global change biology, 8*(4), 345-360.

Herath, I., Iqbal, M. C. M., Al-Wabel, M. I., Abduljabbar, A., Ahmad, M., Usman, A. R. A., Ok, Y. Sik, and Vithanage, M. (2017). Bioenergy-derived waste biochar for reducing mobility, bioavailability, and phytotoxicity of chromium in anthropized tannery soil. *Journal of Soils and Sediments, 17*, 731-740.

Huang, Y., and Sun, W. (2006). Changes in topsoil organic carbon of croplands in mainland China over the last two decades. *Chinese Science Bulletin, 51*, 1785-1803.

Hussain, M., Farooq, M., Nawaz, A., Al-Sadi, A. M., Solaiman, Z. M., Alghamdi, S. S., Ammara, U., Ok, Y. S., and Siddique, K. H. (2017). Biochar for crop production: potential benefits and risks. *Journal of Soils and Sediments, 17*, 685-716.

IPCC. (2019a). Refinement to the 2006 IPCC Guidelines for National Greenhouse Gas Inventory. Agriculture Forestry and Other Land Use.

IPCC. (2019b). Special Report on Climate Change, Desertification, Land Degradation, Sustainable Land Management, Food Security, and GHG fluxes in Terrestrial Ecosystems.

Irungu, J. W. (2011). Food Security situation in Kenya and Horn of Africa. Presentation made during the Fourth McGill University Global Food Security Conference, 4-6 October 2011. Ministry of Agriculture, Kenya.

Islam, S. M. M., Gaihre, Y. K., Islam, M. R., Akter, M., Al Mahmud, A., Singh, U, and Sander, B. O. (2020). Effects of water management on greenhouse gas emissions from farmers' rice fields in Bangladesh. *Science of the Total Environment.* 139382.

Jagathjothi, N., Ramamoorthy, K., and Kuttimani, R. (2011). Integrated nutrient management on growth and yield of rainfed direct sown finger millet. *Research on Crops, 12*, 79-81.

Jambert, C., Serca, D., and Delmas, R. (1997). Quantification of N-losses as NH3, NO, and N_2O and N_2 from fertilized maize fields in southwestern France. *Nutrient Cycling Agroecosystems, 48*, 91-104.

Jeffery, S., Verheijen, F. G., Kammann, C., and Abalos, D. (2016). Biochar effects on methane emissions from soils: a meta-analysis. *Soil Biology and Biochemistry, 101*, 251-258.

Jha, M.N., Chaurasia, S. K., and Bharti, R. C. (2013). Effect of Integrated Nutrient Management on Rice Yield, Soil Nutrient Profile, and Cyanobacterial Nitrogenase Activity under Rice-Wheat Cropping System. *Communications in Soil Science and Plant Analysis*, *44*, 1961-1975.

Jian, J., Du, X., Reiter, M. S., and Stewart, R. D. (2020). A meta-analysis of global cropland soil carbon changes due to cover cropping. *Soil Biology and Biochemistry*, *143*, 107735.

Laghari, M., Mirjat, M. S., Hu, Z., Fazal, S., Xiao, B., Hu, M., Chen, Z., and Guo, D. (2015). Effects of biochar application rate on sandy desert soil properties and sorghum growth. *Catena*, *135*, 313-320.

Lal, R. (2005). Forest soils and carbon sequestration. Forest Ecology and Management, *220*, 242-258.

Lee, C. H., Jung, K. Y., Kang, S. S., Kim, M. S., Kim, Y. H., and Kim, P. J. (2013). Effect of Long Term Fertilization on Soil Carbon and Nitrogen Pools in Paddy Soil. *Korean Journal of Soil Science and Fertilizer*. https://doi.org/10.7745/kjssf.2013.46.3.216.

Lehmann, J., and S. Joseph. (Eds.). (2015). *Biochar for environmental management: Science, technology and implementation*. Routledge.

Liu, H., Xu, F., Xie, Y., Wang, C., Zhang, A., Li, L., and Xu, H. (2018). Effect of modified coconut shell biochar on availability of heavy metals and biochemical characteristics of soil in multiple heavy metals contaminated soil. *Science of the Total Environment*, *645*, 702-709.

Maienza, A., Baronti, S., Cincinelli, A., Martellini, T., Grisolia, A., Miglietta, F., Renella, G., Stazi, S. R., Vaccari, F. P., and Genesio, L. (2017a). Biochar improves the fertility of a Mediterranean vineyard without toxic impact on the microbial community. *Agronomy for Sustainable Development*, *37*, 47.

Maienza, A., Genesio, L., Acciai, M., Miglietta, F., Pusceddu, E., and Vaccari, F. P. (2017b). Impact of Biochar Formulation on the Release of Particulate Matter and on Short-Term Agronomic Performance. *Sustainability*, *9*, 1131.

Majumder, S., Neogi, S., Dutta, T., Powel, M. A., and Banik, P. (2019). The impact of biochar on soil carbon sequestration: Meta-analytical approach to evaluating environmental and economic advantages. *Journal of Environmental Management*, *250*, 109466.

McBratney, A. B., Stockmann, U., Angers, D. A., Minasny, B., and Field, D. J. (2014). Challenges for soil organic carbon research. *Soil carbon*. Springer, Cham, 3-16.

Minasny, B., A. McBratney, A. Denis, D. Arrouays, A. Chambers, V. Chaplot, Z. S. Chen, K. Cheng, B. S. Das, A. Gimona, C. Hedley, S. Y. Hong, B. P. Malone, B. Mandal, B. P. Marchant, M. Martin, B. G. G. McConkey; V. L. Mulder, S. O'Rourke; A. C. Richer-de-Forges, I. Odeh, J. Padarian, D. J. Field, K. Paustian, G. Pan; L. Poggio, I. Savin, V. Stolbovoy, U. Stockmann, Y. Sulaeman; C. C. Tsui, T. G. Vågen; B. van Wesemael, and L. A. Winowiecki. (2017). Soil carbon 4 per mille. *Geoderma*, *292*, 59-86.

Minasny, B., McBratney, A. B., Hong, S. Y., Sulaeman, Y., Kim, M. S., Zhang, Y. S., Y. H. Kim, and and Han, K. H. (2012). Continuous rice cropping has been sequestering carbon in soils in Java and South Korea for the past 30 years. *Global Biogeochemical Cycles*, *26*(3), GB3027.

Miriti, J. M., Esilaba, A. O., Bationo, A., Cheruiyot, H., Kihumba, J., and Thuranira, E. G. (2007). Tiedridging and integrated nutrient management options for sustainable crop production in semi-arid eastern Kenya. In A. Bationo, B. Waswa, J. Kihara and J. Kimetu (Eds.), *Advances in Integrated Soil Fertility Management in sub-Saharan Africa: Challenges and Opportunities*. pp. 435-442.

Mutoko, M. C., Ritho, C. N., Benhin, J. K., and Mbatia, O. L. (2015). Technical and allocative efficiency gains from integrated soil fertility management in the maize farming system of Kenya. *Journal of Development and Agricultural Economics*, *7*, 143-152.

Nambiro, E., and Okoth, P. (2013). What factors influence the adoption of inorganic fertilizer by maize farmers? A case of Kakamega District, Western Kenya. *Scientific Research and Essays* 8: 205-210.

Naresh, R. K., Singh, S. P., and Kumar, V. (2013). Crop establishment, tillage and water management technologies on crop and water productivity in rice-wheat cropping system of North West India. *International Journal of Life Sciences Biotechnology and Pharma Research*, *2*, 237-248.

Nawab, K., Amanullah Shah, P., Rab, A., Arif, M., Khan, M. A., Mateen, A. and Munsif, F. (2011). Impact of integrated nutrient management on growth and grain yield of wheat under irrigated cropping system. *Pakistan Journal of Botany*, *43*, 1943-1947.

Niggli, U., Fließbach, A., Hepperly, P., and Scialabba, N. (2009). Low greenhouse gas agriculture: mitigation and adaptation potential of sustainable farming systems. *Ökologie and Landbau*, *141*, 32-33.

Nobeji, S. B., Nie, F., and Fang, C. (2011). An Analysis of Factors Affecting Smallholder Rice Farmers' Level of Sales and Market Participation in Tanzania; Evidence from National Panel Survey Data 2010 -2011. *Journal of Economics and Sustainable Development*, *5*, 185-204.

Novak, J. M., Lima, I., Xing, B., Gaskin, J. W., Steiner, C., Das, K. C., Ahmenda, M., Rehrah, D., Watts, D. W., Busscher, W. J., and Schomberg, H. (2009). Characterization of designer biochar produced at different temperatures and their effects on loamy sand. *Annals of Environmental Science*, *3*, 195-206.

Palansooriya, K. N., Ok, Y. S., Awad, Y. M., Lee, S. S., Sung, J. K., Koutsospyros, A., and Moon, D. H. (2019). Impacts of biochar application on upland agriculture: A review. *Journal of Environmental Management* 234: 52-64.

Parikh, S. J., and James, B. R. (2012). Soil: The Foundation of Agriculture. *Nature Education Knowledge*, *3*, 2.

Park, J. H., Lamb, D., Paneerselvam, P., Choppala, G., Bolan, N. and Chung, J. W. (2011). Role of organic amendments on enhanced bioremediation of heavy metal contaminated soils. *Journal of Hazardous Materials* 185: 549-574.

Parkinson, R. (2013). System based integrated nutrient management. *Soil Use Management*, *29*, 608.

Peng, S., Hou, H., Xu, J., Mao, Z., Abudu, S. and Luo, Y. (2011). Nitrous oxide emissions from paddy fields under different water managements in southeast China. *Paddy and Water Environment*, *9*(4), 403-411. doi:10.1007/s10333-011-0275-1

Poblete-Grant, P., Suazo, J., Condron, L. M., and Rumpel, C. (2020). Soil Available P, Soil Organic Carbon and Aggregation as Affected by Long-Term Poultry Manure Application to Andisols under Pastures in Southern Chile. *Geoderma Regional*, *21*, e00271

Prendergast-Miller, M. T., Duvall, M., and Sohi, S. P. (2014). Biochar-root interactions are mediated by biochar nutrient content and impacts on soil nutrient availability. *European Journal of Soil Science*, *65*, 173-185.

Sadeghi, S. H., Panah, M. H. G., Younesi, H., and Kheirfam, H. (2018). Ameliorating some quality properties of an erosion-prone soil using biochar produced from dairy wastewater sludge. Catena, *171*, 193-198.

Sharma, M. P., Bali, S. V., and Gupta, D. K. (2001). Soil fertility and productivity of rice (*Oryza sativa*)-wheat (*Triticum aestivum*) cropping system in an Inceptisol as influenced by integrated nutrient management. *Indian Journal of Agricultural Sciences*, *71*, 82-86.

Shiferaw, B., Okello, J., and Reddy, V. R. (2009). Challenges of adoption and adaptation of land and water management options in smallholder agriculture: synthesis of lessons and experiences. In S.P. Wani, J. Rockström and T. Oweis (Eds.), *Rainfed agriculture: unlocking the potential*, pp. 258-275.

Stockmann, U., Adams, M. A., Crawford, J. W., Field, D. J., Henakaarchchi, N., Jenkins, M., Minasny, B., McBratney, A. B., de Remy de Courcelles, V., Singh, K., Wheeler, I., Abbott, L., Angers, D. A., Baldock, J., Bird, M., Brookes, P. C., Chenu, C., Jastrow, Julie D., Lal, R., Lehmann, J., O'Donnell, A. G., Parton, W. J., Whitehead, D., and Zimmermann, M. (2013). The knowns, known unknowns and unknowns of sequestration of soil organic carbon. *Agriculture, Ecosystems & Environment*, *164*, 80-99.

Thind, S. S., Sidhu, A. S., Sekhon, N. K., and Hira, G. S. (2007). Integrated Nutrient Management for Sustainable Crop Production in Potato-Sunflower Sequence. *Journal of Sustainable Agriculture*, *29*, 173-188.

Vaccari, F. P., Maienza, A., Miglietta, F., Baronti, S., Di Lonardo, S., Giagnoni, L., Lagomarsino, A., Pozzi, A., Pusceddu, E., Ranieri, R., Valboa, G., and Genesio, L. (2015). Biochar stimulates plant growth but not fruit yield of processing tomato in a fertile soil. *Agriculture, Ecosystems and Environment*, *207*, 163-170.

Wu, W., and Ma, B. (2015). Integrated nutrient management (INM) for sustaining crop productivity and reducing environmental impact: A review. *Science of The Total Environment*, *512-513*, 415-427.

Yang, S., Sun, X., Ding, J., Jiang, Z., and Xu, J. (2019). Effects of biochar addition on the NEE and soil organic carbon content of paddy fields under water-saving irrigation. *Environmental Science and Pollution Research*, *26*, 8303-8311.

Ye, L., Camps-Arbestain, M., Shen, Q., Lehmann, J., Singh, B., and Sabir, M. (2020). Biochar effects on crop yields with and without fertilizer: A meta-analysis of field studies using separate controls. *Soil Use and Management*, *36*, 2-18.

Zhang, K., Sun, P., Faye, M. C. A., and Zhang, Y. (2018). Characterization of biochar derived from rice husks and its potential in chlorobenzene degradation. *Carbon*, *130*, 730-740.

Zhu, X., Chen, B., Zhu, L., and Xing, B. (2017). Effects and mechanisms of biochar-microbe interactions in soil improvement and pollution remediation: A review. *Environ Pollut. 227*, 98-115.

CHAPTER 9

農業生態系服務價值與綠色環境給付

林冠廷[1]、袁美華[2]、張翊庭[3]、郭鴻裕[3]、黃妤婕[4]、潘述元[*1]

[1] 國立臺灣大學生物資源暨農學院生物環境系統工程學系
[2] 中央研究院環境變遷研究中心
[3] 農業部農業試驗所
[4] 桔橙科技股份有限公司
[*] 負責作者，sypan@ntu.edu.tw

摘要

一、前言

二、農業生態系服務價值評估方法

三、生態系服務政策應用：綠色環境給付政策與農業淨零政策

四、結論與展望

五、致謝

摘要

近年來，氣候變遷與經濟發展所帶來的挑戰對農業產生了雙重壓力，包括糧食危機和農地流失等問題。爲了減緩地球暖化，同時尋找面對環境變遷仍能確保糧食供給的農法，各國積極研究低碳栽培模式，而生態系服務評估便是衡量農業生態系各項指標的重要方法。然而，目前市場經濟決策尙未充分考慮生態系服務的價值，這使得農地的環境價值常被低估。農地是農業的基礎，是國民經濟的基底，也是國家社會安定的力量。爲了釐清農業生態系服務與其在氣候政策之應用，本文探討農業生態系服務概念與評估方法，並分析綠色環境給付與農業淨零等政策之影響。農業生態系提供多項供給、調節與支持生態系服務，目前學術研究進展已有多項模型工具與經濟方法，評估生態系物理與貨幣量服務，藉此將農業生態系與社會經濟體系連結。透過生態系服務評估方法可知農地資源服務提供之情形，並應用於低碳農業技術分析，以廣泛的面向評估對生態系的效益與影響，以強化農地資源保護與朝向永續農業之路穩定前進。

關鍵詞：生態系服務，經濟評估，農地管理，農業淨零，生態系服務支付

一、前言

自然資源與生態系服務爲邁向永續糧食與農業之根本（FAO, 2018），根據千禧年生態系評估指出（Millennium Ecosystem Assessment, 2005）：生態系服務廣義定爲「人類從生態系中獲得的利益」，係指生態系所提供直接或間接對人類生活之價值，不只單指有形材料之供給，更包括許多影響生態調節之價值。然而，近年來農地資源受到多方環境壓力威脅，包含人口增長、土地資源競爭、氣候變遷等壓力。爲了提升農業環境的永續管理與發展，農地與土壤生態系維護爲重要議題。近年來農業政策以逐漸由糧食生產導向政策，轉變爲永續糧食與農業爲主。農地具備多功能性，可提供多項生態系服務，除作物生產活動提供之供給服務外，更可從土壤、水循環與營養鹽循環中提供調節服務。配合 COP26 後「淨零排放」承諾，許多國家已超前布局相關政策法規及行動方案，並加速推動友善環境農業。以

歐盟爲例，歐盟棲地論壇成員於 2019 年 5 月聯合發布「歐盟 2020 生物多樣性戰略實施和對 2020 年以後生物多樣性戰略建議」（The implementation of the EU 2020 Biodiversity Strategy and recommendations for the post 2020 Biodiversity Strategy），要求歐盟成員國制定國家生態系服務指標綱領，評估農地功能重要性，分析製圖並應用於農業決策和空間規劃。歐盟 2030 年土壤策略（EU Soil Strategy for 2030）（Commission, 2021）亦爲歐盟 2030 年生物多樣性策略之關鍵成果，制定保護和恢復土壤並確保永續利用土壤之架構。策略設定至 2050 年實現健康土壤之願景和目標，並在 2030 年前採取具體行動，頒布土壤健康法，以確保公平競爭與健康環境保護。

然而，目前生態系服務價值的評估結果仍未納入市場經濟決策系統中，意味著農地生態系資源的環境價值長期被低估，在經濟成長與都市擴張下，農地容易受到經濟發展而流失，如何導入生態系服務作爲輔助爲重要課題。近年已發展出生態系服務支付（Payment for Ecosystem Services）概念，將此概念納入農業政策亦爲重要議題。此外，在淨零排放政策實施下，農業部門積極推動減少排放與增加碳匯的技術，然而此些措施著眼於碳排放，對於整體生態系服務之影響仍須釐清，例如糧食供給、水質淨化與生物多樣性等。因此，爲了釐清農業生態系服務與淨零技術，本文探討農業生態系服務概念與評估方法，並分析其於綠色環境給付與低碳農法政策上之應用。

二、農業生態系服務價值評估方法

（一）農業生態系服務類型與範疇

生態系服務有多種由供給端所建立的分類方式，以利我們辨識所受到的服務有哪些；然而卻鮮少有從人們的需求端建立指標、進行量化。隨著生態系服務的研究愈加深入、應用愈加廣泛，越來越多的研究者開始思考：要如何能將生態系服務的指標量化，以利與人類活動的需求對接是一個需要考量的問題（Bateman, Mace, Fezzi, Atkinson, and Turner, 2010; Burkhard, Kandziora, Hou, and Müller, 2014）。常見的分類包含千禧年生態系評估（Millennium Ecosystem Assessment, MEA）、生態

系統與生物多樣性經濟學（The Economics of Ecosystems and Biodiversity, TEEB）與國際通用生態系服務分類（The Common International Classification of Ecosystem Services, CICES）之分類準則。千禧年生態系評估最先提出分類，將生態系服務分為：供給服務、調節服務、支持服務和文化服務；TEEB 則基於 MEA 分類進行更新，將支持服務替換為「棲地或支持服務」，增加維護棲地和遺傳多樣性的服務；而 CICES 又建立於前兩者之上，以支持環境會計工作調整（R. Haines-Young and Potschin, 2018），連結環境經濟核算體系的生態系核算，此分類側重於最終服務與直接效益，因此將提供間接效益的支持服務與調節服務合併為「調節與維護服務」，CICES 分類進一步將生態系服務分層，拆分為群集（Division）、群組（Group）和類別（Class）等層級。參考 Maes 等人（2013）針對三項分類進行對照方法，彙整三項分類差異如表 9-1。

表 9-1　生態系服務分類方式比較：千禧年生態系評估（MEA）、生態系統與生物多樣性經濟學（TEEB）與國際通用生態系服務分類（CICES）

分類	MEA	TEEB	CICES
分類方式	初期的分類方式	基於 MEA 補充棲地與遺傳多樣性	分層系統，以環境會計系統需求分類
分類差異	供給服務（如食物、淡水、木材、飾品等）	供給服務（大致同左）	供給服務（如生物質與水，用途為營養、材料、能源等）
	調節服務（如空氣淨化、水質淨化、病蟲害防治）	調節服務（大致同左）	調節與維護服務（分為生物群或非生物之生態系調節）
	支持服務（如土壤形成、營養鹽循環）	棲地或支持服務（如土壤肥力、棲地與基因保護等）	
	文化服務（如精神、美學、休閒遊憩等）	文化服務（大致同左）	文化服務（改分為精神、智慧、體驗與其他互動）

資料來源：自 Maes *et al.* (2013) 重新彙整

　　農田生態系具備多項生態系服務，且農業活動與大氣、土壤、水圈、人類圈互有相關性，綜合 R. Haines-Young 和 Potschin（2018）、Maes 等人（2013）、Millennium Ecosystem Assessment（2005）、Mouttaki 等人（2022）等研究之生態系服務研究成果，其與各環境介面互動所產生之生態系服務可參考表 9-2。透過土壤

資源協助可提供多項生態系服務，Meulen 等人（2018）指出土壤可提供糧食供給、調節洪水、污染淨化、碳吸存與氣候調節、病蟲害防治、美學與文化服務等生態系服務，並可達成多項永續發展目標。由於每個生態系服務功能都具有相關性，調整耕作方式會連帶影響多項生態系服務，例如採用低碳農法可能減少農藥與化學肥料使用，改善土壤與水質等服務效益，但同時可能降低生產量，因此在確保農業生態系服務價值，應針對具有高度關聯性的功能服務進行整合性討論。

生態系服務概念可將農業生態系與社會經濟體系連結，透過級聯模型（Cascade Model）說明兩者的因果關係，由生態系提供的支持、中間服務與最終服務，連結至社會經濟系統從生態系獲得地的商品與效益，當中包含生物物理架構與過程、生態系功能、生態系服務、最終產品與服務效益、經濟價值等過程（Burkhard and Maes, 2017; Roy Haines-Young and Potschin, 2010; Potschin and Haines-Young, 2016）（如圖 9-1）。農業為人類活動與自然環境互動的寫照，分析農業與土壤的生態系服務主要目的為呈現兩項資訊：生態系提供的潛在服務與效益、以及生態系所提供的實際社會所使用的服務（Meulen *et al.*, 2018）。生態系供給與調節服務的評估涵蓋物理量評估與貨幣價值評估，而文化服務可直接評估價

表 9-2　農業活動與各環境介面互動之生態系服務

生態系服務	支持服務	供給服務	調節服務	文化服務
大氣圈	初級生產力		氣候調節 空氣淨化	
土壤圈	土壤保肥 營養鹽循環 土壤形成		土壤儲碳 污染物過濾 防止土壤侵蝕	美學 身心理健康（如農業旅遊、自然景觀遊憩）
水文圈	水循環	水資源供給（養分、材料）	水質淨化 水量調節	科學研究 教育文化
生物圈	遺傳多樣性與棲地保護	生物質（養分）	病蟲害防治 授粉	
人類圈		生質能源 生物質（材料）	生物淨化能力	精神體驗 文藝靈感 知識傳承

資料來源：彙整自 R. Haines-Young and Potschin (2018); Maes *et al.* (2013); Millennium Ecosystem Assessment (2005); Mouttaki *et al.* (2022) 等研究

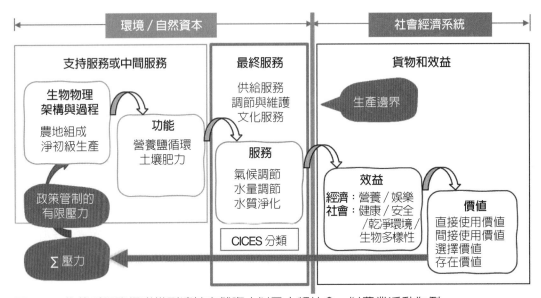

圖 9-1　生態系服務級聯模型連結自然資本以及人類社會：以農業活動為例

資料來源：彙整自 Burkhard and Maes (2017); Potschin and Haines-Young (2016) 等研究

值，物理服務量可透過直接量測與模型工具進行評估，貨幣價值則已發展出多項自然資源價值評估方法。

（二）生態系服務物理量評估與模型工具

　　國際研究已經發展出多項模型工具進行評估，常用之分析量化方法與工具如表 9-3 所示，包括西班牙 ARIES（Artificial Intelligence for Environment & Sustainability）美國 InVEST（Integrated Valuation of Ecosystem Services and Tradeoffs）、紐西蘭 LUCI（Land Utilisation and Capability Indicator）及英國 Co$ting Nature 等。ARIES、InVEST 和 LUCI 可用於理解整個生態系統對多種生態系服務的相互作用和流動的模型，提供定量輸出；這些模型以不同的方式對待環境，使用者需要確定問題，了解模式方法之選擇對於不同需求和尺度的影響。不同生態系服務評估工具有不同適用的量化工具、輸入資料（詳如圖 9-2 所示），例如 Co$ting Nature 常用於水域生態系、每年更新一次版本，使用方式須將資料上傳、產出空間製圖，但為全球尺度、費時長。LUCI 是權衡工具，適用於地景改造，但需地形基本圖資約 5 公里之解析度，模式可一次比對多種生態系服務，雖然得知土地的價值高低，但直接作為政策應用仍有其困難。

表 9-3　彙整國際常用之分析量化方法與工具（本團隊彙整）

工具名稱	InVEST	LUCI	ARIES	Co$ting Nature
適用情境	多種生態服務	多種生態服務	多種生態服務	多種生態服務
量化架構	集水區／地景	多尺度	集水區／地景	地景景觀
花費時間	中偏長	中	短	短
使用方法	開源軟體／程式碼	搭配 ArcGIS 軟體、學研免費	網頁版非商用免費申請	網頁版
專業知識門檻	高	低－中	低－高	低
普及程度	高，受限於資料精度	相對高	相對高	高
評估方式	生物物理的貨幣估算	多生態系權衡說明	生物物理的貨幣估算	整體生態系服務價值
空間維度	○	○	○	○
開發者	美國 Stanford University	紐西蘭 Victoria University of Wellington（VUW）	西班牙 Basque Centre for Climate Change（BC3）	英國 King's College London

圖 9-2　生態系服務評估過程的步驟流程

資料來源：參考修改自文獻（Bagstad, Semmens, Waage, and Winthrop, 2013; Müller *et al.*, 2020）

以下彙整農業與土壤生態系服務之部分物理量量化方式，主要利用直接測量與 InVEST 模型方式計算。

1. 供給

農業供給主要為食物，包含糧食作物與經濟作物。「糧食供給」在 CICES 分類為「分類碼 1.1.1.1：陸生糧食作物」，主要為食物，包含糧食作物與經濟作物，計算方式為每年農產收穫量（公噸）。計算方式有二：

- 採用衛星預測水稻產量資料，評估單位農地面積產量與繪製稻米供給服務圖資。
- 以 InVEST 作物生產模型進行計算，利用農地利用資料與 InVEST 內建之作物模型數據，估計農作物在每個網格的生產量。

2. 支持：棲地與遺傳多樣性

生物多樣性參考其物種豐富度（Sasaki, Hotes, Kadoya, Yoshioka, and Wolters, 2020），其價值在於有助於另一個生態系統服務的有用或標誌性物種的可持續種群，例如土壤微生物菌相與農作生產息息相關，瓢蟲和蜘蛛等廣食性天敵以水稻植食者為主食，具有很好的生物防治價值；瀕危物種亦反映出農地環境支持服務與文化服務之影響。生物多樣性資料有賴生態監測工作進行，目前已有之資料包含特生中心台灣生物多樣性網絡資料庫（特有生物研究保育中心，2015），以及林務局國土生態綠網資料庫（林務局，2021）可進行蒐集。

3. 調節

(1) 氣候調節─溫室氣體排放與碳匯

「氣候調節」在 CICES 分類為「**分類碼 2.2.6.1：調節大氣與化學物質能力**」。農業之溫室氣體調節途徑有二：其一為土壤固定有機碳的調節功能，可提供自然碳匯能力；其二為農業活動之減碳作為，可增進生態系氣候調節功能。農業的溫室氣體排放來源包含森林砍伐及土壤有機質分解所造成之二氧化碳排放、禽畜類腸胃發酵、禽畜類排泄物管理、稻作、農業土壤、草原的焚燒、農業廢棄物的焚燒等之甲烷與氧化亞氮排放，農業溫室氣體排放情形可參考中華民國國家溫室氣體清冊報告（行政院環境保護署，2021）。農業耕作管理措施對於達成碳匯及減碳的功能不盡相同，詳細整理如表 9-4。

表 9-4　永續農業管理方式以達碳匯及減碳功能

管理方式	增加碳匯	減碳
提高生產力和保留殘留物		✓
增加覆蓋作物		✓
休耕或其他保護性耕作	✓	
添加堆肥		✓
轉換為多年生草類和豆類	✓	
再溼潤（Rewetting organic）有機土壤	✓	
改善牧場管理	✓	

資料來源：National Academies of Sciences, Engineering, and Medicine, 2019

　　土壤碳匯能力之計算一般源自於土壤表層之每年土壤有機碳（SOC）變化作為指標。計算土壤碳匯提供之氣候調節服務的方式有二：

- 利用土壤肥力調查資料估算臺灣農地土壤有機碳存量，並評估土地利用改變對農地土壤有機碳存量之影響，以了解土壤有機碳之變動量對溫室氣體減量之重要性。
- 以 InVEST 碳儲存和封存模型評估，利用農地利用資料與 InVEST 建議的碳庫參考資料進行計算。

(2) 土壤侵蝕

　　侵蝕指標以世界各國來說，大都土砂流失、水土流失、土壤沖蝕均為指同一個指標，此指估量化方法為使用通用土壤流失公式（Universal Soil Loss Equation, USLE）進行估算，估算結果即為總沖蝕量值，前項假設全為林地（開發中覆蓋與管理因子 C = 0.01），再另行計算地上無林地存在（開發中覆蓋與管理因子 C = 1），兩者相減即為林地可減少之土砂沖蝕量，最後乘以集水區面積可得結果，再將結果依沉積物遞移率（Sediment Delivery Ratio, SDR）計算土砂輸出量，並乘以森林土砂流失防止之單位價格（元／公噸）。InVEST 評估工具的沉積物傳遞率模型（SDR）即涵蓋流程進行計算。

表 9-5　調節—侵蝕指標計算

評估公式	$A_m = R_m \times K_m \times L \times S \times C \times P \times SDR$
評估變數	A_m：每公頃之年平均土壤流失量（公噸／公頃－年） R_m：年平均降雨沖蝕指數（10^6 焦耳—毫米／公頃—小時—年） K_m：土壤沖蝕性指數（公噸—公頃—小時—年／10^6 焦耳—毫米—公頃—年） L：坡長因子 S：坡度因子 C：覆蓋與管理因子 P：水土保持處理因子 SDR：泥沙遞移率（％）

資料來源：「臺灣森林生態系服務價值評估」計畫成果報告書 2018

(3) 養分調節

維持土壤品質為提供作物養分循環之重要來源，於 CICES 計算養分調節服務包括分類碼為「2.2.4.1：淋溶作用」與「2.2.4.2：殘體分解作用」，計算方式可為氮磷養分重量。其計算可透過 InVEST 評估工具中的營養輸送率（Nutrient Delivery Ratio, NDR）模型作為評估自然植被對養分保留的服務（Sharp *et al.*, 2020）。該模型使用簡單的質量平衡方法進行計算，透過養分輸出量與土地負荷量計算土壤養分輸送情形，土地利用活動將產生氮、磷等營養源排放，不同植被可提供不同營養負荷（Load），其扣除掉輸出量（Export）後即為營養保留量。

（三）經濟評估方法

為了綜合評估不同生態系服務，乃至於不同的生態系，以貨幣化方式的經濟評估提供比較基礎。經濟評估方法以環境經濟學架構為基礎，根據 Hansjürgens、Schröter-Schlaack、Berghöfer 和 Lienhoop（2017）統整，環境經濟學在生態系服務的量測架構可以歸納為圖 9-3 所示。此種估算架構乃是先從人類角度出發，區分在生態系總體中人類「使用」以及「未使用」的服務；「使用」類項會導引至人類可受用的服務價值，直接使用服務諸如糧食供給價值、景觀所提供的遊憩價值，間接使用服務則如授粉產生可食用的蔬果類、減少農藥並改採生物防治減少病蟲害等措施；「非使用」則是指該生態系服務並非使用所能提供的價值，以原木為例，其非使用價值包含生物多樣性存在價值、提供未來世代可觀賞的遺產價值等（Bateman *et al.*, 2010; Burkhard *et al.*, 2014; Hansjürgens *et al.*, 2017; Jacobs *et al.*, 2018）。

圖 9-3　以總經濟價值（Total Economic Value）架構為基礎之經濟評估方式
資料來源：改寫自 Hansjürgens *et al.* (2017)

　　生態系的價值關鍵在於交換價值（exchange value），部分價格可於市場觀察，例如農田的實際租金、減碳的碳交易價格等，但有許多類型的生態系服務並未進入市場交易，因此無法取得市場價值，而需採用估計方法。根據綜合生態系核算的繪圖與評估研究計畫（Mapping and Assessment for Intergrated Ecosystem Accounting）建議（MAIA, 2022），生態系服務價值可依序參考值接市場觀察、相似市場、市價結構、相關支出成本或預期成本等方式，如表 9-6。

表 9-6　生態系服務價值評估方法與偏好順序

順序	條件	評估方法	舉例
1	可直接觀察的價格	市場價值法	糧食供給：農田實際交易的租金價格
2	來自相似市場的價格	市場價值法	糧食供給：農田週遭的租金市場價格
			氣候調節：碳交易的市場價格
3	隱藏於市價結構	剩餘價值法	糧食供給：作物生產的淨損益
		特徵價格法	文化服務：自然景觀舒適提升鄰近地價
4	相關產品之支出成本	防禦性支出	水質淨化：用於淨化污水的過濾成本
		旅行成本法	文化服務：交通、住宿等遊憩總支出
5	相關產品之預期成本	重置成本法	土壤侵蝕控制：減少堤防建造成本
		避免損害法	氣候調節：碳排放的社會成本

資料來源：以 MAIA（2022）為基礎彙整

在經濟價值計算上，生態系服務價值計算之基礎為生態系所提供之淨效益，這些效益必須貢獻至社會經濟活動，也就是對人類之效益；換句話說，人為投入之成本要素必須被扣除。因此，在糧食供給計算時，需避免直接以市場價值之作物價格進行計算，其價格涵蓋人為投入成本，可採用土地租金法（例如荷蘭生態系核算）或剩餘價值法（例如英國生態系核算）。農業生態系服務價格可參考國內年度統計或相關評估價格進行計算。糧食供給價格可參考農畜產品生產成本統計，以損益或地租價格進行計算。在氣候調節之減碳價格方面，社會成本法可估計減碳帶來之效益，美國研究機構（Resource for the Future, RFF）提供排碳的社會成本計算器，以排碳所造成對全球的損害成本，綜合各種社會經濟情境，每公頓二氧化碳之價格為 94-187 美元間；然社會成本所採用的成本涵蓋範圍仍需共識，部分學者認為應採用對各國的損害成本即可，參考劉哲良和吳珮瑛（2021）報告，此價格為每公頓 0.37-1.32 美元，未來可視國內碳價或有共識之社會成本計算方式進行計算。水資源調節可參考水利署研究計畫計算出之重置成本，若以 50 公分作為淹水高度，每立方公尺約為新臺幣 30.4 元。養分調節則可以減損成本或取代成本估算，參考環保署之研究價值為每公頓氮元素約新臺幣 57,000 元，減少水污染處理費用，Young（2011）則指出以溶磷菌減少磷元素肥料使用，可減少三分之一至二分之一肥料費用。病蟲害亦可以減損成本進行計算（Rodríguez-San Pedro *et al.*, 2020）。

表 9-7　農業與土壤生態系服務價值量化方法：以糧食供給、氣候調節、水量調節與養分調節為例（本團隊彙整）

生態系服務	方法	參考資料
糧食供給	土地租金法	農委會農畜產品生產成本統計：農產品每公頃生產費用之地租。
糧食供給	剩餘價值法	農委會農畜產品生產成本統計：農產品每公頃生產量與收益之損益價格。
氣候調節	社會成本	美國 RFF：溫室氣體衝擊價格計算器（GIVE 模型）。
水量調節	重置成本	經濟部水利署水利規劃試驗所（2017）。「淹水災害損失推估模式系統功能擴充」初步成果。
養分調節（氮）	防禦性支出	行政院環保署（2019）。109 年至 112 年「永續水質推動計畫—氨氮削減示範計畫」。
養分調節（磷）	減損成本	參考農委會農業統計之肥料價格，計算肥料使用減少量與成本。
病蟲害調節	減損成本	以糧食供給單價與減少損害比例相乘。

三、生態系服務政策應用：綠色環境給付政策與農業淨零政策

（一）綠色環境給付政策與生態系服務概念

臺灣現有農業相關補貼政策與計畫，可分類為減緩氣候變遷、穩定農民收入及維護生物多樣性／生態環境等，如表 9-8。其中，減緩氣候變遷類包括農業造林政策（2002 年）、契作短期經濟林造林（2013 年）、原住民保留地禁伐補償（2016 年）及林業永續多元輔導方案（2018 年）；穩定農民收入類包括對地綠色環境給付計畫（2018 年）、有機農業獎勵及補貼（2019 年），及農地農用農業基本給付（2020 年）；維護生物多樣性／生態環境類主要為生態服務給付，對象包括友善石虎給付（2019 年）、瀕危物種給付（2020 年）及重要棲地給付（2020 年）等。儘管這些隱含生態系服務概念，但並未明確連結，未來政策可進一步指認目標改善之生態系服務，以提升未來政策實施與檢核有效性。

我國農業政策補助已不再是只為農民生計改善，更多是與生態環境共存共榮之永續政策。行政院農業委員會已推出「對地綠色環境給付計畫」（Müller *et al.*, 2020；農糧署，2020），獎勵農地農用，提升農糧品質及鼓勵友善環境耕作，促進農業永續發展與兼顧農民收益，以建立農業新典範。目前補貼政策採取堆疊補貼制度，「對地綠色環境給付計畫」係將稻穀保價收購與稻田休耕轉作之政策內容合併成單一計畫。

（二）以生態系服務推動低碳農業

為了提升糧食供給，自 1960 年代以來的綠色革命（Green Revolution）改善農業生產技術，以集約農業方式大幅提升糧食生產率，然而大量農業化學品（如農藥、肥料、除草劑等）使用、農地擴張和專業化生產對環境產生了負面影響，並導致棲地和生物多樣性喪失、水體污染和富營養化、溫室氣體排放增加和土壤品質下降。而近年為了減緩地球暖化，各國積極提出淨零政策，減少溫室氣體排放，積極研究低碳與負碳栽培模式，以尋找減緩環境影響下能維持糧食供給的農法。

表 9-8　農業相關補貼政策或計畫及其相關之生態系服務

類別	補貼政策／計畫	年份	政策相關之生態系服務
減緩氣候變遷	農業造林政策	2002 年	休閒遊憩與環境教育；改善野生動物棲地；氣候變遷減緩與調節。
	契作短期經濟林造林	2013 年	農產供給；林產供給；氣候調節。
	原住民保留地禁伐補償	2016 年	休閒遊憩與環境教育；改善野生動物棲地；氣候變遷減緩與調節；防止土壤侵蝕。
	林業永續多元輔導方案	2018 年	農產供給；林產供給；氣候變遷減緩與調節；防止土壤侵蝕。
穩定農民收入	對地綠色環境給付計畫	2018 年	農產供給；淡水供給；氣候變遷減緩與調節；土壤肥力維護。
	有機農業獎勵及補貼	2019 年	農產供給；改善生物多樣性；氣候變遷減緩與調節；土壤肥力維護。
	農地農用農業基本給付	2020 年	農產供給；土壤肥力維護。
維護生物多樣性／生態環境	友善石虎生態服務給付	2019 年	改善野生動物棲地。
	瀕危物種生態服務給付	2020 年	改善野生動物棲地。
	重要棲地生態服務給付	2020 年	改善野生動物棲地。
	瀕危物種／友善農地生態服務	2021 年	改善野生動物棲地；土壤肥力維護；水量調節與水質淨化。
	瀕危物種／自主通報給付		改善野生動物棲地。
	瀕危物種／「巡護監測給付」		改善野生動物棲地。
	重要棲地／生態服務給付		改善野生動物棲地；土壤肥力維護。
	重要棲地／棲地維護給付	2021 年	改善野生動物棲地；水量調節與水質淨化。
	重要棲地／棲地營造		改善野生動物棲地；氣候變遷減緩與調節。
	重要棲地／棲地成效		改善野生動物棲地。

　　永續農業被視為應對氣候變遷的關鍵，透過實施低碳農法措施有助於減少排放源和增進碳匯，並同時解決其他生態與環境議題，如土壤健康、水質、傳粉媒介和野生動物棲地以及空氣品質。低碳農法措施包含：草生栽培、保護性輪作、減少耕犁或免耕犁、綠肥施作、合理化施肥、間歇灌溉水田等。而國內近年來推廣之有機農業及友善耕作，其減少化學農藥及化學肥料使用可減少化學品製造之排放，部分田間管理方式亦具備增進土壤碳匯、提升土壤健康之效益。然而低碳農業在實施減

緩措施時，可能導致糧食供給產量略微或大幅下降，故實施上應尋找維持農產品生產力的方式，以兼顧減碳效益與糧食安全。

為了同時考量多項環境與社會議題，生態系服務可提供評估低碳農法措施的方式。而農田土壤提供重要的生態系統功能，例如糧食供給、水質淨化、養分循環、碳匯和生物多樣性，可藉由衡量這些服務評估耕犁方法。透過花狀圖（flower diagram）可比較土地利用模式與生態系服務權衡（Foley et al., 2005），並比較慣行與低碳農法措施的影響。在過去慣行集約栽培方式下，其提供的生態系服務主要為糧食供給，其餘調節與支持服務彰顯較少，相關支持服務主要由人為方式提供，例如補充大量肥料、施用農藥減少蟲害、耕犁翻土改善土壤透氣與保水性；若透過實施有機農業與減耕措施，預期將減少溫室氣體排放、增加土壤碳匯、改善水質淨化、養分循環等，以有效平衡供給、調節與支持服務。

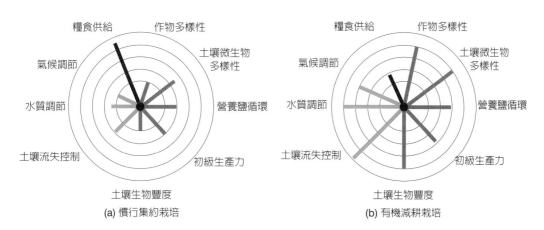

(a) 慣行集約栽培　　　　　　　(b) 有機減耕栽培

圖 9-4　比較栽培方式和生態系服務指標權衡：(a) 為慣行集約栽培，(b) 為有機減耕栽培；線條為服務量值，分別為供給（黑色）、支持（灰色）與調節服務（藍色）

資料來源：以 Foley et al. (2005) 以及 Wittwer et al. (2021) 研究彙整

四、結論與展望

　　近年來農地資源受到多方環境壓力威脅，包含氣候變遷、糧食危機與農地流失等議題。爲了提升農業永續管理與發展，農地與土壤生態系維護爲重要議題。本文探討農業生態系服務概念與評估方法，並應用於綠色環境給付與農業淨零政策上。農業生態系提供多項生態系服務，例如糧食供給、調節洪水、污染淨化、碳吸存與氣候調節、病蟲害防治、美學與文化服務等，且目前已經發展出多項模型工具與經濟方法，評估生態系物理與貨幣量服務，透過此概念可將農業生態系與社會經濟體系連結。生態系服務價值需導入農業施政治理，不僅反映農業生產貢獻，更讓生態與環境之服務價值得以彰顯。生態系服務支付政策已廣泛應用於國際政策上，在國內綠色環境給付政策中可看見隱含生態系服務概念；在農業淨零技術上亦可採用生態系服務概念進行評估，在實施低碳或負碳栽培模式時，同時考量供給服務、調節服務與支持服務等功能，尋找兼顧減碳效益與糧食安全的模式。未來政策可進一步指認目標改善之生態系服務，並詳細分析農業淨零技術之生態效益，以提升未來政策實施與檢核有效性。

五、致謝

　　感謝我國農業部農業試驗所「提升農業生態系服務價值之永續管理與策略規劃」（計畫編號：1103014）、「評估永續農業對我國生態系服務價值之提升潛力及效益」（計畫編號：1113019）經費支持，本章內容爲此計畫部分成果。

參考文獻

行政院環境保護署（2021）。**我國國家溫室氣體排放清冊報告**（2021 年版）。Retrieved from https://unfccc.saveoursky.org.tw/nir/tw_nir_2021.php

林務局（2021）。國土生態綠網。Retrieved from https://mapportal.forest.gov.tw/portal/home/item.html?id=8de55ce1d1f34cb7b5fc0f359a08070d. https://mapportal.forest.gov.tw/portal/home/item.html?id=8de55ce1d1f34cb7b5fc0f359a08070d

林務局（2018）。「臺灣森林生態系服務價值評估」計畫成果報告書。

特有生物研究保育中心（2015）。台灣生物多樣性網絡。Retrieved from https://www.tbn.org.tw/. Retrieved 2021/11/30 https://www.tbn.org.tw/

農糧署（2020）。農業環境基本給付—農民版說明簡報。**農糧署全球資訊網**。

劉哲良、吳珮瑛（2021）。台灣碳社會成本的模擬分析：中華經濟研究院出版社。

Bagstad, K. J., Semmens, D. J., Waage, S., and Winthrop, R. (2013). A comparative assessment of decision-support tools for ecosystem services quantification and valuation. *Ecosystem Services*, *5*, 27-39. doi:10.1016/j.ecoser.2013.07.004

Bateman, I. J., Mace, G. M., Fezzi, C., Atkinson, G., and Turner, K. (2010). Economic Analysis for Ecosystem Service Assessments. *Environmental and Resource Economics*, *48*(2), 177-218. doi:10.1007/s10640-010-9418-x

Burkhard, B., Kandziora, M., Hou, Y., and Müller, F. (2014). Ecosystem service potentials, flows and demands-concepts for spatial localisation, indication and quantification. *Landscape Online*, *34*, 1-32. doi:10.3097/lo.201434

Burkhard, B., and Maes, J. (2017). Mapping ecosystem services. *Advanced books*, *1*, e12837.

Commission, E. (2021). *Soil strategy for 2030*. Retrieved from https://ec.europa.eu/environment/strategy/soil-strategy_en

FAO. (2018). *Transforming Food and Agriculture to Achieve the SDGs: 20 interconnected actions to guide decision-makers*. Retrieved from www.fao.org/3/CA1647EN/ca1647en.pdf

Foley, J. A., DeFries, R., Asner, G. P., Barford, C., Bonan, G., Carpenter, S. R., Chapin, F. S., Coe, M. T., Daily, G. C., Gibbs, H. K., Helkowski, J. H., Holloway, T., Howard, E. A., Kucharik, C. J., Monfreda, C., Patz, J. A., Prentice, I. C., Ramankutty, N., Snyder, P. K. (2005). Global Consequences of Land Use. *Science*, *309* (5734), 570-574.

Haines-Young, R., and Potschin, M. (2010). The links between biodiversity, ecosystem services and human well-being. *Ecosystem Ecology: a new synthesis*, *1*, 110-139.

Haines-Young, R., and Potschin, M. (2018). Common international classification of ecosystem services (CICES), Version 5.1: Guidance on the application of the revised structure. Fabis Consulting Ltd., The United Kingdom.

Hansjürgens, B., Schröter-Schlaack, C., Berghöfer, A., and Lienhoop, N. (2017). Justifying social values of nature: Economic reasoning beyond self-interested preferences. *Ecosystem*

Services, *23*, 9-17. doi:10.1016/j.ecoser.2016.11.003

Jacobs, S., Martín-López, B., Barton, D. N., Dunford, R., Harrison, P. A., Kelemen, E., Saarikoski, H., Termansen, M., García-Llorente, M., Gómez-Baggethun, E., Kopperoinen, L., Luque, S., Palomo, I., Priess, J. A., Rusch, G. M., Tenerelli, P., Turkelboom, F., Demeyer, R., Hauck, J., Keune, H., and Smith, R. (2018). The means determine the end – Pursuing integrated valuation in practice. *Ecosystem Services*, *29*, 515-528.

Maes, J., Teller, A., Erhard, M., Liquete, C., Braat, L., Berry, P., Egoh, B., Puydarrieux, P., Fiorina, C., Santos-Martin, F., Paracchini, M.-L., Keune, H., Wittmer, H., Hauck, J., Fiala, I., Verburg, P., Condé, S., Schägner, J. P., San-Miguel-Ayanz, J., and Bidoglio, G. (2013). *Mapping and assessment of ecosystems and their services: An analytical framework for ecosystem assessments under Action 5 of the EU Biodiversity Strategy to 2020.*

Meulen, S. M., Linda & Bartkowski, Bartosz & Hagemann, Nina & Arrüe, José & Playán, Enrique & Herrero, Juan & Plaza-Bonilla, Daniel & Álvaro-Fuentes, Jorge & Sànchez, Marta & Lopatka, Artur & Siebielec, Grzegorz & Verboven, Jan & Cleen, Margot & Staes, Jan & Boekhold, Sandra & Goidts, Esther & Creamer, Rachel & Alberico, Simonetta & Innamorati, Angelo. (2018). *Mapping and Assessment of Ecosystems and their Services: Soil ecosystems.*

Millennium Ecosystem Assessment. (2005). *Ecosystems and Human Well-being.* Island Press, Washington, DC.

Mouttaki, I., Bagdanavičiūtė, I., Maanan, M., Erraiss, M., Rhinane, H., and Maanan, M. (2022). Classifying and mapping cultural ecosystem services using artificial intelligence and social media data. *Wetlands*, *42*(7), 86.

Müller, F., Bicking, S., Ahrendt, K., Kinh Bac, D., Blindow, I., Fürst, C., ... and Zeleny, J. (2020). Assessing ecosystem service potentials to evaluate terrestrial, coastal and marine ecosystem types in Northern Germany-An expert-based matrix approach. *Ecological Indicators*, *112*, 106116. doi:https://doi.org/10.1016/j.ecolind.2020.106116

National Academies of Sciences, Engineering, and Medicine. (2019). *Negative Emissions Technologies and Reliable Sequestration: A Research Agenda.* Washington, DC: The National Academies Press.

NCAVES and MAIA. (2022). *Monetary valuation of ecosystem services and ecosystem assets for ecosystem accounting: Interim Version 1st edition.* United Nations Department of Economic and Social Affairs, Statistics Division, New York.

Potschin, M., and Haines-Young, R. (2016). Defining and measuring ecosystem services. *Routledge handbook of ecosystem services*, *1*, 25-44.

Rodríguez-San Pedro, A., Allendes, J. L., Beltrán, C. A., Chaperon, P. N., Saldarriaga-Córdoba, M. M., Silva, A. X., and Grez, A. A. (2020). Quantifying ecological and economic value of pest control services provided by bats in a vineyard landscape of central Chile. *Agriculture, Ecosystems & Environment*, *302*, 107063.

Sasaki, K., Hotes, S., Kadoya, T., Yoshioka, A., and Wolters, V. (2020). Landscape associations of farmland bird diversity in Germany and Japan. *Global Ecology and Conservation*, *21*, e00891. doi:https://doi.org/10.1016/j.gecco.2019.e00891

Sharp, R., Tallis, H., Ricketts, T., Guerry, A., Wood, S. A., Chaplin-Kramer, R., ... and Olwero, N. (2020). *InVEST user's guide* (3.10.2 ed.). CA, USA: The Natural Capital Project: Stanford, University of Minnesota, The Nature Conservancy, World Wildlife Fund.

Wittwer, R. A., Bender, S. F., Hartman, K., Hydbom, S., Lima, R. A., Loaiza, V., ... and Petchey, O. (2021). Organic and conservation agriculture promote ecosystem multifunctionality. *Science Advances*, *7*(34), eabg6995.

Young, C. C. (2011). Microbial Fertilizer: Application and Essentials of Phosphate-Solubilizing Bacteria. [微生物的肥料：溶磷菌的應用及要領]. *Miaoli District Agricultural News* (53), 3-5. doi:10.29551/zhwhgx.201103.0002

CHAPTER 10

生物質的負碳技術發展

郭鴻裕

農業部農業試驗所農業化學組前組長（退休）

hyguo@tari.gov.tw

一、生物質能源化與淨零

當永續生產時，生物質是一種可再生的低碳能源和材料。這是因為它固有的能量來自太陽，在生長過程中吸收二氧化碳（CO_2），可以直接取代石油、煤炭、天然氣等化石燃料，用於生產能源或其他產品。與化石燃料不同，生物質可以在相對較短的時間內再生；與數億年前化石燃料中的碳相比，有機材料釋放的碳最近才從大氣中被隔離。

許多生物質原料是可以燃燒或分解的廢物或殘留物，因此使用該材料並在此過程中取代昂貴的揮發性化石燃料會更有效。生物質涵蓋範圍廣泛、種類繁多，目前資源供應呈現多樣化（圖 10-1）。生物質被定義為任何生物來源的材料（包括產品的可生物降解部分、生物來源的廢棄物和殘留物）；生物質來源包括木材廢料、能源作物、水生（海洋）植物、農作物及其廢物以及城市和動物廢物，並被認為是燃料和化學原料的潛在來源。生物質及其衍生物的選擇對燃料、石化工業合成原料和精細化學品的生產產生很高的期望。生物質除生產第一代生物燃料（生物乙醇和生物柴油）之外，由於其透過木質纖維素生物質熱裂解生產的前景，也對生物油的生產感興趣。

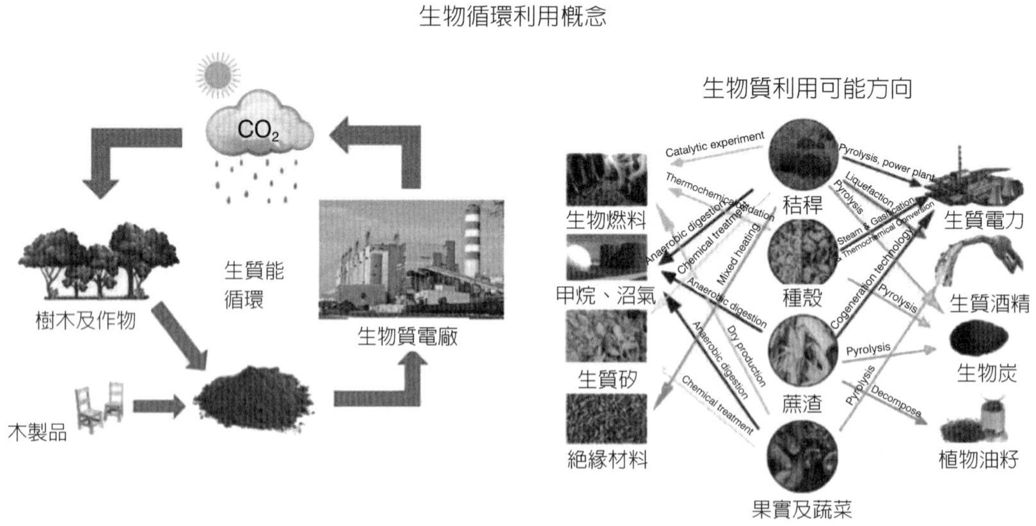

圖 10-1　生物質循環利用概念

考慮的生物質原料包括來自國內和進口來源的專門種植的生物質、生物質副產品、殘餘生物質和生物廢物。專門種植的作物主要是傳統糧食和飼料作物，疏伐修剪果樹枝條，但也包括多年生能源作物（芒草和短輪伐期矮木〔short rotation coppice, SRC〕）和短輪伐期林業（short rotation forestry, SRF）。副產品和殘留物包括來自農業和林業部門的副產品和殘留物。生物廢棄物包括來自農業、商業、工業和市政部門的廢棄物。雖然英國確實生產了約 66% 的生物質供應，但其中一些是作為最終燃料，或作為原始或加工原料進口到英國的永續生物質，是一種多功能低碳材料，可用作能源（熱能、電力、運輸燃料）化石燃料的低碳替代品，包括作為工業過程的能源或作為用於製造產品的原材料（例如生物基塑膠和基礎工業材料）。

二、原料和生質能源產品類型

生物質的廣義定義包括地球上發現的所有有機物質，包括植物、動物和微生物。因此，生物質原料的形式和來源可能多種多樣，從而導致複雜的生命週期評估（life cycle assessment〔LCA〕）和土地利用改變分析概況（land use change〔LUC〕 analysis）。先前的研究根據特定的生物質特徵對生物質原料進行了不同的分類，例如對全球糧食和農業系統的影響程度（例如：第一代到第四代）或起源和功能（例如：森林生物質與水生生物量）。本研究根據其收穫方法對生物質進行分類，使用以下類別：

1. 木質纖維素（木質）生物質：用於能源生產的最常見的生物質類型（例如木屑顆粒）。

2. 能源作物：利用農地種植專門用於能源用途的油料、糖料和澱粉作物。

3. 可生物降解的廢棄物：農業和木材廢棄物／殘留物、動物糞便、都市固體廢棄物和污水污泥，這些廢棄物在目前的經濟模式中通常沒有什麼經濟價值或對環境影響最小。

4. 光合微生物：使用光能作為主要輸入，透過生物光化學途徑生產 Bio-H$_2$ 的獨特方式。

除了具有不同的來源之外，生物質原料還可以轉化為除 Bio-H$_2$ 之外的一系列

生物能源產品，並用於各種應用，例如熱能和電力、生物柴油、生物乙醇、甲醇和二甲醚（DME）、其他液體燃料和生物甲烷（圖 10-2）。

後者的化學性質與甲烷相同，是沼氣的升級形式，通常由糞便或污水污泥等生物質廢物經由厭氧消化產生。作為一種以生物質的能源產品和生物氫生產的潛在原料，其來源、碳足跡和生物氫的轉化途徑都應列入單獨討論。

截至 2010 年，世界生物燃料生產主要集中在第一代生物燃料上，即用澱粉、糖和植物油生產乙醇和生質柴油。先進生物燃料或由木材廢料和秸稈等木質纖維素材料生產的生物燃料僅占生物燃料總產量的 0.2%。生物質在電力、熱力和運輸業脫碳方面發揮突出作用。2022 年最新的能源統計數據估計，生物能源占英國能源供應的 8.6%，其中大部分都得到政府的支持。生物質不僅為英國各部門提供了脫碳工具，還可以提供熟練的就業機會，促進經濟發展，並提供利用英國擁有或可以獲得的一些資源的途徑，這些資源通常很低和處理體積龐大的問題。自 2000 年代以來，生物質在電力、熱力和運輸領域的使用在很大程度上得到在落實再生能源目標的政策的支持。這些計畫成功建立工業、基礎設施和供應鏈，並幫助減少對化石燃料的依賴。然而，考慮到淨零目標，目前的政策格局正在發生變化，其中生物質占有重大貢獻。

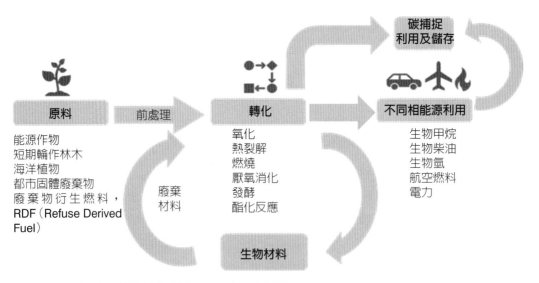

圖 10-2　跨經濟領域的生物質處理及利用示意圖

資料來源：Biomass Policy Statement by Department for Business, Energy & Industrial Strategy, UK, 2021

生物能源策略爲未來生物能源政策引進一套原則，它明確指出，生物能源應眞正減少溫室氣體（GHG），應爲各國溫室氣體排放目標做出具有成本效益的貢獻，任何產量的增加都應考慮對糧食安全和生物多樣性等的影響。這些原則仍然是政府處理生物質的方法的核心，但必須以此爲基礎，以確保生物質爲實現淨零排放做出最大貢獻。最近，「淨零策略：重建綠色」指出，各國需要繼續擺脫化石燃料，擴大創新低碳燃料的生產，減少對能源和碳密集型資源的需求，並增加資源使用效率。生物質在所有這些領域都可以發揮作用。

淨零策略也指出，溫室氣體去除（Greenhouse Gas Reduction, GGR）技術（包括碳捕獲和儲存的生物能源）至關重要，因爲它們需要平衡難以脫碳產業的殘餘排放，同時提供新的經濟機會。爲了實現我們的目標，需要採用多種 GGR 技術，減少對任何單一技術的依賴，並提供一個有彈性的負排放市場，以最低的成本支持脫碳，同時最大限度地爲各國經濟帶來好處。在這種背景下，碳捕獲和儲存生物能源（Bioenergy with Carbon Capture and Storage, BECCS）將成爲提供工程化 GGR 的主要途徑，因爲它將生物質的使用與碳捕獲和儲存結合起來，提供低碳能源和產品。這意味著在植物生長過程中，從大氣中去除的生物質中所含的二氧化碳被捕獲並長期儲存。淨零策略提出落實淨零的示例性情境。其中，生物質的使用比今天的水平大幅增加，這主要是由於 BECCS 的發展，特別是氫 BECCS 的發展。

由於負排放是實現淨零排放的關鍵，隨著這些新技術的部署，我們預計未來BECCS 中生物質的使用將會增加。如果優化選址或以適當的規模使用，幾乎所有生物質用途都可以部署一定程度的 BECCS。自 1970 年代以來，碳捕獲與封存（Carbon Capture and Storage, CCS）技術一直在世界各地安全運作。政府正在積極開發商業模式來支援BECCS的各種路線，並承諾部署碳捕獲、使用和儲存（Carbon Capture, Utilization and Storage, CCUS）基礎設施。

在主要城市地區，城市垃圾的利用可能是 BECCS 的一個重要機會。然而，它需要面對有毒化學物質的潛在釋放，例如廢物中氯化塑膠中的戴奧辛。然而，利用城市廢棄物生產能源在歐洲已經得到相當廣泛的應用，並且正在考慮與 CCS 結合。澳洲擁有廣泛的生物質資源，包括乳製品和肉類工業、能源作物（如桉樹）、藻類、紙漿和造紙工業廢棄物以及作物殘渣。但生物能源目前僅占澳洲能源生產

的 0.8%，主要來自甘蔗渣（甘蔗渣）、森林殘留物中的木材廢棄物和垃圾掩埋氣體。目前成本很高，但透過改善運輸、農業物流和新的廢棄物管理方法有可能降低成本。在無法種植糧食作物的邊際土地上種植能源作物（例如鹽叢）的範圍值得考慮。BECCS 為澳洲帶來淨零機會，其中森林廢物和城市廢物在短期內具有最大潛力，而能源作物則具有長期前景。

廢棄物管理在循環經濟轉型背景下的作用。主要挑戰涉及超越「廢物作為問題」的觀念，轉變為「廢物作為資源」。為此，廢棄物產業和從事循環經濟商業模式的企業之間需要高水準的合作。收集高品質的廢物流以供再利用、再製造和回收，還需要公民參與和從市級到歐盟一級的綜合基礎設施開發。最終，廢棄物預防以及循環經濟活動的廣泛增長都需要採取連貫和整體的方法，在產品生命週期的每個階段都考慮到回收方案。共同效益將包括減輕環境負擔，以及為包容性綠色經濟創造高技能和低技能就業機會。

維持產品和材料在經濟中的價值是循環經濟的關鍵原則之一。生物廢棄物是化學品、產品和能源的潛在來源。創新在生物廢棄物的價值評估中發揮關鍵作用。目前，堆肥是歐洲最常見的都市生物垃圾處理方法，厭氧消化是最先進、最常用的處理方法。然而，除了這些處理方法之外，還有各種新興技術將生物廢棄物作為產品或能源的來源。目前，大多數更先進的技術更適合和應用於食品加工和農業產生的生物廢物，因為這些生物廢物流更明確且更清潔。

歐洲除開發生物廢棄物管理的潛在替代技術外，在推進 BECCS 顯著進展的國家和地區的實質行動，包括：

- 作為碳捕獲、利用和封存（CCUS）補貼計畫的一部分，丹麥能源署於 2023 年 5 月授予丹麥兩座熱電聯產廠的合同，到 2026 年每年可消除超過 0.4 百萬公噸二氧化碳。該機構也針對針對負排放的 26 億丹麥克朗（3.5 億歐元）補貼計畫（負排放 CCS [NECCS] 基金）向市場參與者進行諮詢。
- 美國宣布根據「通貨膨脹減少法案」，於 2022 年大幅增加 CCUS 的 45 季度稅收抵免，該法案透過提供每噸使用二氧化碳 60 美元和每噸儲存二氧化碳 85 美元的稅收抵免來支持 BECCS。
- 英國於 2022 年啟動氫能 BECCS 創新計畫，計畫分兩個階段發行超過 3,000

萬英鎊的資金，支持利用生物原料與碳捕獲相結合生產氫的技術。同時，2022 年 7 月也啟動了關於 BECCS 電力商業模式的公眾諮詢。

三、利用生物質創造新材料和新產品

近年來，利用生物質（包括生物廢物）造新材料和新產品的各種新概念受到廣泛關注。將生物質轉化為化學品、生物燃料、食品和飼料成分、生物材料或纖維等有價值產品的加工設施稱為生物精煉廠。綜合生物精煉廠將生物基產品的生產與生物質能結合。生物精煉廠使用不同類型的有機原料，包括生物廢棄物。歐洲有 803 家生物精煉廠，其中 136 家報告稱其吸收廢物流。最常見的生物廢物增值過程是燃料、乙醇、甲烷和氫氣的生產，以及從揮發性脂肪酸（VFA）中提取有機酸。由於此類廢棄物的混合性質和複雜成分，在生物精煉廠將城市來源的生物廢棄物轉化為產品具有挑戰性。現有的大型廢棄物生物精煉廠主要使用來自農業和食品加工的均質廢物流作為原料。

使用市政廢棄物的有機部分作為原料的生物精煉廠，對於未來循環生物經濟來說，是一個充滿希望的機會，它們將幫助我們提升廢棄物等級。需要進一步的研究和開發，以轉向環境和經濟上可持續的大規模商業生物煉製廠。

（一）乙醇發酵

乙醇通常透過發酵生物材料生產，被認為是最重要的液體生物燃料之一。乙醇可以與汽油混合以生產 E5 和 E10 等燃料。在乙醇發酵過程中，都市廢棄物中的碳水化合物部分，包括葡萄糖、果糖、澱粉和纖維素，被轉化為乙醇。目前，生物乙醇通常由玉米或甘蔗衍生的原料生產。由於與食品和飼料的競爭，用可食用原料生產生物乙醇引起人們的關注。非食用原料，也稱為第二代原料，源自廢物流，已被建議作為生物乙醇生產的永續替代品。

（二）厭氧消化

厭氧消化（anaerobic digestion）經由四個連續的階段進行：水解、產酸、產乙酸和產甲烷；厭氧消化過程取決於能夠執行上述四個階段的不同微生物之間的相互

作用。在單級間歇式反應器中，所有廢物同時裝載，並且所有四個過程允許在同一反應器中順序發生；在給定的保留期結束或沼氣生產停止後，消化渣液將被清空。在精密的管理下，四個過程的控制將分隔並更精緻管理。

水解（hydrolysis）是厭氧消化過程中的重要階段，其目的是將含有複雜聚合物的有機生物質轉化為較小的成分，使微生物能夠進一步分解。水解過程通常作為生物過程存在，水解細菌在此過程中分泌胞外酶，將碳水化合物、脂質和蛋白質轉化為糖、長鏈脂肪酸（LCFA）和胺基酸。雖然水解在厭氧消化動力學中具有重要性，但某些底物如木質素、纖維素和半纖維素可能難以降解，因此通常需要添加酵素來增強水解。水解的最佳條件是在 30-50℃ 的溫度和 pH 值為 5-7 的情況下進行。

產酸（acidogenesis）是水解後的階段，產酸微生物吸收水解產物，產生中間揮發性脂肪酸（VFA）和其他產物。VFA 的比例通常為有機酸（如乙酸鹽）和較大的有機酸（如丙酸鹽和丁酸鹽）組成，並且在不同 pH 值下可能出現濃度波動。產酸階段通常比厭氧消化的其他階段進行得更快，產酸細菌的再生時間短於 36 小時。然而，產酸也可能導致消化池故障，因此需要注意酸化的控制。

乙酸（acetogenesis）生成是將高級 VFA 和其他中間體轉化為乙酸鹽的過程，同時產生氫氣。醋酸生成過程中的氫氣可能引發氫種間轉移，並且過高的氫氣分壓對產乙酸微生物有害。此外，脂質也透過產酸和 β- 氧化途徑轉化為乙酸鹽，但只有碳含量相同的 LCFA 能夠降解為乙酸鹽。

產甲烷（methanogenesis）是厭氧消化的最後階段，產甲烷微生物將可利用的中間體轉化為甲烷。產甲烷微生物對氧氣高度敏感，且對 pH 值和氧化還原電位有較高的要求。雖然產甲烷微生物再生時間較長，但一些菌種可能相對穩健。產甲烷的環境需求較高，通常需要較高的 pH 值和較低的氧化還原電位。最終，產甲烷的生成標誌著厭氧消化的成功，並可透過評估污泥的揮發性固體含量和脫水能力來評估污泥的消化程度。

（三）揮發性脂肪酸的產生

揮發性脂肪酸（volatile fatty acid, VFA）是短鏈脂肪酸，可用於多種應用，例如生物燃料或生物基塑膠的生產，以及從廢水中生物去除營養物質。目前，VFA

主要透過化學合成從化石燃料中提取，但近年來，人們對利用食物垃圾、城市垃圾有機部分和工業廢水等廢物流生產生物基 VFA 越來越感興趣。食物垃圾含有高含量的有機物、高濃度的氮和磷以及微生物代謝途徑所需的營養物質，使食物垃圾成為 VFA 生產的最佳底物。

VFA 是食物廢棄物或廢棄物活性污泥等廢物流厭氧消化的中間產物。與甲烷相比，揮發性脂肪酸具有多種高價值、非能源相關最終用途的可能性。然而，透過厭氧消化生產揮發性脂肪酸仍處於規模化階段，其大規模生產僅使用了狹窄範圍的生物質類型進行了測試，例如污水污泥。需要進一步開發，以實現市場規模上從生物廢物中可持續且經濟可行地生產和回收揮發性脂肪酸。最重要的挑戰是優化 VFA 生產的操作參數，以及從沼渣中經濟有效地分離 VFA。

（四）生物氫的生產

氫被認為是最清潔的能源載體之一，可以由可再生物質生產，作為實現可持續生物經濟的有前途的原料。熱化學技術（例如氣化和熱裂解）是生物質製氫的主要途徑。儘管生物質氣化（包括蒸汽氣化和超臨界水氣化）在現場規模應用中顯示出巨大潛力，但氫氣生產的選擇性和效率需要提高，以確保具有高原子經濟性的經濟高效的工業應用。探討透過生物質氣化生產氫氣的挑戰和前景，以就未來需要調查的關鍵資訊差距提供建議。

生物廢棄物也可用於生產氫氣（H_2），這是一種有價值的清潔能源，近年來對氫氣的需求大幅增加。由於能量需求高，傳統的氫氣生產方法價格昂貴。還有一些生產氫氣的生物方法，其中生物廢物可以用作原料。暗發酵和光發酵是已被廣泛研究的氫氣生產生物過程。工業規模的氫氣發酵技術仍存在主要障礙，例如底物轉化效率低和產量低。另一種選擇是從廢物衍生的揮發性脂肪酸中生產氫氣。

利用廢料發酵製氫可以與化石燃料製氫相媲美，為實際氫氣生產提供可行的方法。一些生物質原料的加工成本太高，因此需要開發用於種植、收穫、運輸和預處理能源作物和／或生物質廢物的低成本方法。對於一種強大的、具有工業能力的微生物來說，還沒有明顯的競爭者，這種微生物可以透過代謝改造，利用暗發酵方法產生更多的氫氣。需要解決幾個工程問題，包括適當的生物反應器設計、長期維持

穩定的連續氫氣生產率、擴大生物氫氣生產過程、防止非無菌條件下的種間氫氣轉移以及氫氣的分離／純化。還需要研究氫化酶對 O_2 和 H_2 分壓的敏感性，已知這會嚴重降低生物製氫過程的效率。還需要研究透過將氫氣生產與其他製程結合來提高製程經濟性的可行策略。

　　為提高生物製氫的產量和速率，需要在生物反應器設計、氫化酶工程和微生物遺傳修飾的開發方面進行大量改進。目前許多研究正在嘗試實現這些技術和科學進步，以提高產出作為未來的目標。無論氫的來源為何，在氫經濟成為現實之前，還必須克服許多物流和市場挑戰。人們認為，生物氫是加速「氫經濟」到來，同時解決「全球暖化」和「化石燃料短缺」問題的關鍵。

（五）從生物廢棄物中回收養分

　　從生物廢棄物中回收養分越來越重要，而且由於擔心這種不可再生資源的枯竭，磷的回收也越來越受到人們的重視。歐盟委員會已將磷礦石列入關鍵原料清單。磷礦是化肥和工業應用中磷的原始來源。磷的二次來源分布不均勻，因此每個地區的農業需求和可用的二次營養素的量可能不匹配。當用於肥料時，磷最終會形成固體生物廢物，如食物垃圾、動物糞便、污水污泥和農作物生物質，因此從生物廢物中有效回收磷不僅可以減少對不可再生資源的依賴，而且還可以減少磷的流失和水的富營養化。

　　從固體生物廢棄物中回收其有兩種策略：(1) 將富磷產品直接用作肥料；(2) 回收為純化合物。生物垃圾的厭氧消化產生的沼渣含有食物垃圾原料中的所有營養成分，可用作農業肥料。消化物的直接應用可能存在障礙，因此有時需要進一步加工以濃縮和回收營養物質作為高品質的最終產品。已經開發出一系列可應用於沼渣處理的技術。營養物回收的最佳可用方法是鳥糞石沉澱和結晶、氨汽提和吸收以及酸性空氣洗滌；它們已經全面實施，並有能力生產適銷對路的最終產品。然而，這些技術需要進一步的技術開發，以最大限度地降低營運成本並提高所生產肥料的品質和可預測性。振動膜過濾也是一種潛在的營養物回收技術，但其全面的技術和經濟性能尚未得到證實。

（六）與生物廢棄物能源回收相關的創新

　　除了透過厭氧消化、乙醇發酵和焚燒、生產沼氣外，還有其他技術可用於將生物廢棄物轉化為能源。這些方法包括熱裂解、氣化和水熱碳化（hydrothermal carbonization, HTC）。

　　熱裂解是生物質在無氧條件下在高溫下分解，產生固體、液體和氣體產品的熱化學過程。生物質的熱裂解是一個複雜的過程，其中以下反應重疊：脫水、異構化、脫氫、芳構化、炭化、氧化等。這些都伴隨著二次反應，例如水熱分解成水煤氣、裂解、合成氣合成、縮合反應等；根據技術參數（主要是溫度和生長速率），反應產物包括蒸汽、碳氧化物、脂肪族化合物，以及芳香烴、瀝青（焦油）、聚合物、氫和煤。

　　熱裂解可以將低能量密度材料轉化為高能量密度生物燃料，並回收更高價值的化學品。其優點之一是可以使用多種類型的原材料，包括工業和生活殘留物，但使熱裂解在經濟上可行仍然具有挑戰性。需要進行工作，將最新開發成果引入試點階段，然後達到工業規模。

　　氣化是一種在高溫下將有機物質轉化為合成氣的熱處理方法。產生的氣體可用作燃料或用於生產化學品。氣化被認為是一種有前途的生物廢物處理技術，因為它產生的排放量最少，並且是一種靈活的技術，可以適應處理各種材料。此外，還可以結合特定反應器的操作條件和特性來獲得適合不同應用的合成氣。目前，氣化的大規模商業實施僅限於城市垃圾和農業殘留物。生物廢棄物氣化的經濟性取決於氣化廠接受生物廢棄物收取的入場費、發電能力和氣化爐的效率。

　　水熱碳化（HTC）：大多數生物質水熱碳化是在 180-220℃ 和 2-10 MPa 的壓力下將其轉化為生物炭。此過程持續的時間越短（最好最多 3 天），經濟利潤就越高。它類似於自然發生的生物質碳化，導致數百萬年前形成硬煤。由於較短的時間和較低的溫度和壓力，HTC 不會導致完全礦化和重結晶（如硬煤的情況）或部分礦化（如褐煤的情況）。水熱碳化是最有前途和最具未來導向的生物質廢物熱轉化方法之一，由於溫度相對較低並且可以處理不需要預先乾燥的潮溼原料，因此它是能耗最低的。然而，這個過程的機制非常複雜並且尚未被充分探索。此製程所獲

得的生物炭產量約為乾料的 35 至 65%，熱值約為 13-30 MJ/kg。進行水熱處理，芒草的能量緻密化每公頃增加了 40%，同時減少乾物質損失。該過程的最終產品是一種無菌且能源豐富的資源，可以輕鬆儲存和運輸。HTC 特別適用於含水量高的生物廢棄物。它比其他能源轉換技術具有優勢，包括更大程度地減少廢物量和反應時間短（僅幾個小時）。與 HTC 相關的另一個好處是可以從液體中回收營養物質。HTC 是生物廢棄物管理的一個有吸引力的選擇，但仍然存在一些必須解決的挑戰，並且需要進行技術經濟分析來研究在大規模運作中使用 HTC 的可行性。

（七）動物飼料生產

某些類型的食物垃圾，特別是來自食品工業的食物垃圾，可以轉化為動物飼料；然而，歐盟食品安全立法設置了許多障礙。Broeze 和 Luyckx（2019）發現，有安全途徑的機會，可以提高食物廢棄物在動物飼料中的價值，同時仍符合預期的食品安全標準。一項已經可行且適用於城市生物廢物的處理技術是利用黑水虻幼蟲生產昆蟲蛋白，這是一種可能適合特定環境中分散條件的簡單方法。黑水虻幼蟲消耗生物廢物，將其轉化為幼蟲生物質和類似堆肥的殘留物。幼蟲生物質含有 32-58%的蛋白質和 15-39% 的脂質，可用作動物飼料生產的原料。佛蘭德昆蟲戰略平台中的利害關係人探討應用此類方法的潛在選擇。儘管國內及歐盟食品安全法規目前不允許這項技術，但預期這種情況可能在未來幾年發生變化。

四、創新的機會與挑戰

生物廢棄物可以成為回收和能源生產的寶貴資源。在同一地點整合不同的技術是提高能源效率和降低營運成本的機會。生物垃圾的源頭分離是生物垃圾高品質回收的基本條件。有許多正在進行的研究致力於將生物廢物作為生物產品和生物燃料進行增值，儘管仍有許多挑戰需要解決（表 10-1）。

除技術方面外，在實施新解決方案之前還必須考慮經濟、環境和社會方面。例如：採用新技術的成本通常很高，而且生物廢棄物的複雜性和不同性質可能需要昂貴的分離過程和純化。由於實驗室研究與工業規模商業應用之間往往存在差距，提高研究成果的吸收和應用需要研究人員、產業和政府之間的合作。

表 10-1　生物廢棄物管理的新興技術及其主要機會和挑戰

技術	機會	挑戰
生物乙醇生產 Bioethanol production	生物廢棄物可以作為生產生質乙醇（一種重要的液體生物燃料）的永續替代原料。	高加工成本和生物廢棄物的異質性為工業規模的生物乙醇生產帶來了挑戰。
透過生物廢棄物的厭氧消化生產揮發性脂肪酸（VFA） Producing volatile fatty acids (VFAs) through anaerobic digestion of bio-waste	VFA 具有多種可能的高價值最終用途。從生物廢物中提取 VFA 比透過化學合成從化石燃料中提取 VFA 的傳統方法更具永續性。	最重要的挑戰包括優化 VFA 生產的操作參數，以及從沼渣中經濟有效地分離 VFA。
生物氫的生產 Production of biohydrogen	氫需求不斷增加，需要永續的生產方法。	受質轉化效率低，良率低。
磷的回收 Recovery of phosphorus	從生物廢棄物中有效回收磷可以減少對有限地質資源的依賴。	需進一步的技術開發，以最大限度地降低營運成本並提高所生產肥料的品質和可預測性。
熱裂解 Pyrolysis	熱裂解提供了將低能量密度材料轉化為高能量密度生物燃料的可能性。	使熱裂解在經濟上可行仍然是一個挑戰。
氣化 Gasification	一種靈活的技術，可適用於處理各種材料。產生的氣體可用作燃料或用於生產化學品。	尋找處理異質原料的解決方案、最大限度地提高合成氣產量、優化氣體品質和製程效率以及降低生產成本。
水熱碳化 Hydrothermal carbonization	將生物廢棄物轉化為水熱炭，可用作固體燃料或土壤改良劑，或進一步加工成活性碳。	工業規模應用需要進一步的技術開發。
動物飼料生產 Production of animal feed	直接用作動物飼料，或潛在的生物廢物處理方法，將生物廢物轉化為昆蟲蛋白質和脂質。	法律障礙阻礙了生物廢棄物作為動物飼料的開發，例如黑水虻幼蟲技術。

（一）生物質轉化能源主要技術及歐盟市場管理——生物甲烷為例

1. 生物甲烷（Biomethane）與能源轉型

生物甲烷，又稱為「可再生天然氣」，是一種極為純淨的甲烷來源。其製備方法包括透過「升級」沼氣（消除沼氣中的二氧化碳和其他污染物），或者透過固體生物質經過水解、酸化過程後，在厭氧環境產生醋酸化與生成甲烷；儘管這四個

步驟及其各自的細菌在消化器中同時活躍，但它們各自的行為不同，並且對各自最佳環境有不同的要求。生物甲烷可以透過兩種主要方式生產：厭氧消化和熱氣化。厭氧消化是微生物在沒有氧氣的情況下分解可生物降解材料的生物過程。該過程產生沼氣和沼渣。沼氣含有約 55% 的甲烷，其餘主要是短碳循環二氧化碳。一些歐盟成員國已經直接使用沼氣來生產電力和／或熱能。透過去除二氧化碳，沼氣可以「升級」為能夠注入天然氣管網的生物甲烷。熱氣化涉及木質生物質和消費廢物的完全熱分解，該過程在氣化器中在受控量的氧氣和蒸汽存在下發生。產生一氧化碳、氫氣和二氧化碳的混合物——稱為合成氣（syngas）或合成的氣體（synthesis gas）。合成氣經過清潔純化後，在催化反應器中進行甲烷化，得到生物甲烷。預計可再生甲烷需求的一部分將透過電力轉化為甲烷、利用再生氫氣和生物二氧化碳生產甲烷，以及透過其他製程（包括水熱氣化）來滿足。

具體來說：

- 升級沼氣：占全球生物甲烷總產量的約 90%。升級技術利用沼氣中各種氣體的不同特性，其中水洗和膜分離占全球生物甲烷產量的近 60%。

- 固體生物質熱氣化，然後進行甲烷化：木質生物質在低氧高溫（700-800℃）和高壓環境中分解。在這些條件下，生物質轉化為氣體混合物，主要成分包括一氧化碳、氫氣和甲烷，有時統稱為合成氣。為了生產純淨的生物甲烷，需要對合成氣進行淨化，以去除任何酸性和腐蝕性成分。甲烷化過程使用催化劑促進氫氣和一氧化碳或二氧化碳之間的反應以產生甲烷。在此過程結束時，任何剩餘的二氧化碳或水都會被去除。生物甲烷的低熱值（LHV）約為 36 MJ/m3。它與天然氣無異，因此使用時無需對輸配電基礎設施或最終用戶設備進行修改，並且完全適用於天然氣汽車。

生物甲烷的應用主要是透過替代燃料來減少溫室氣體排放（GHG）。這種減排潛力取決於工廠的設計和運作，以及溫室氣體核算方法。遵循最佳實踐的情況下，相比於化石燃料替代品，生物甲烷的溫室氣體排放可以減少 80% 以上。導致這些排放的主要來源包括生物質原料的農業（例如玉米等能源作物）和不同的沼氣升級技術。

沼氣是有機物在無氧環境中厭氧消化產生的甲烷、二氧化碳和少量其他氣體的

混合物。沼氣的精確成分取決於原料類型和生產途徑，其中包括以下主要技術：

(1)生物消化器：這些是密封系統（例如容器或罐），其中有機材料在水中稀釋後會被自然產生的微生物分解。通常在使用沼氣之前去除污染物和水分。

(2)垃圾掩埋氣體回收系統：都市固體廢棄物（municipal solid waste, MSW）在垃圾掩埋場的厭氧條件下分解產生沼氣。這可以使用管道和提取井以及壓縮機來捕獲，以引導流量流向中央收集點。

(3)廢水處理廠：這些工廠可從污水污泥中回收有機物、固體和營養物，如氮和磷。經過進一步處理，污水污泥可作為厭氧消化池生產沼氣的原料。

沼氣可直接用於發電和供熱，或作為烹飪的能源。沼氣的甲烷含量通常為45%至75%（以體積計算），其餘大部分為二氧化碳。這種變化意味著沼氣的能量含量可能會改變；低熱值（LHV）在 16 至 28 MJ/m^3（兆焦每立方米）之間。由於與天然氣市場的密切關係，生物甲烷的能量單位通常以 Nm^3 或 kWh 為單位（1 Nm^3 生物甲烷通常包含 10 kWh 一次能源，相當於 36 MJ）。

在過去幾年中，生物質的可持續性標準在不同的背景下進行了討論和發展。主要方法包括全球生物能源夥伴關係（GBEP）的指標和歐洲再生能源和燃料品質指令的要求。只有在生物甲烷用作運輸燃料時，歐盟才強制執行永續性標準。到目前為止，如果生物甲烷用於其他領域，例如熱電聯產，則不強制使用。在歐盟之外，例如在美國（US Congress, 2005），生物燃料的永續性標準是針對液體生物燃料而不是生物甲烷制定的。至少在短期和中期，生物甲烷的供應比天然氣更昂貴。為確保透過天然氣網路運輸和交易的可持續原料和生物甲烷達到適當和透明的品質平衡，需要統一的生物甲烷成分和品質跨境標準。

厭氧消化和沼氣提升品質已被成功論證，截至 2012 年底，全球約有 277 座與厭氧消化池相連的沼氣提純廠投入營運。生物甲烷可以在天然氣可用的設施和基礎設施中運輸和儲存，但要注入天然氣管道需要一定程度的加壓。

生物質氣化和甲烷化製造生物氣體仍處於研究和示範階段。奧地利的古辛在 2 兆瓦規模上首次展示使用流體化床氣化爐和森林廢棄物進行生物製天然氣生產，歐盟下一步的擴大規模（至 20 MW）目前正在瑞典進行。

在大多數 IEA（International Energy Agency）成員國中，天然氣（NG）在滿足

熱力、電力和運輸燃料需求的能源供應方面發揮著重要且日益重要的作用。因此，天然氣是一種重要的全方位能源載體，一些國家的基礎設施已經很發達，例如燃氣管網、加氣站、重型車輛的公路運輸或透過油輪以壓縮天然氣或液化形式進行的海上運輸。天然氣。然而，天然氣是一種化石燃料，出於對溫室氣體排放、能源安全和有限資源保護的擔憂，各國已開始逐步從化石資源基礎向再生能源過渡。

過去十年，歐盟（EU）已經證明利用沼氣大規模生產甲烷的可行性。生物甲烷應用的一個關鍵驅動力是與化石燃料相比減少溫室氣體（GHG）排放，具有潛在的潛力透過遵循最佳實踐，節省 80% 以上。目前，不同國家正在努力評估和制定更廣泛的生物甲烷生產、電網注入、利用和選擇策略。生物甲烷與剩餘能源中的再生甲烷相結合，可能在未來的電轉氣概念中發揮重要作用。透過提供再生碳源（捕獲二氧化碳），剩餘電力可以轉化為甲烷，從而最大限度地降低甲烷生產總成本。主要重點是解決將生物甲烷注入天然氣網路並促進跨境交易的技術、經濟和管理障礙。了解生物甲烷生產和使用的技術前景、要求、永續性指標和整體成本，特別是在選定的國家，至關重要。根據調查結果，應提出採取行動減少障礙並逐步發展市場的建議。

歐盟約有 280 個沼氣提純廠運營，總產能約 10 萬標準立方公尺／小時。升級沼氣以注入天然氣管網或作為車輛燃料需要加壓和淨化，包括分離二氧化碳和甲烷以提高能量密度。市場上存在各種二氧化碳分離技術，由於製造商、尺寸和應用的差異，很難指定精確的特徵。升級技術的關鍵品質標準是升級過程中的能源需求和甲烷損失。近年來，各地小規模生物甲烷生產是一種新現象，需要付出更多努力來適應區域基礎設施並探索天然氣網路以外的運輸模式。一項具體的挑戰是制定標準，使進入新市場對不同的潛在最終用戶（例如天然氣電網所有者、汽車行業）具有吸引力。討論重點在於硫和矽含量的爭辯，2016 年歐洲已制定兩項單獨的電網注入和汽車規範標準。

近年來，生物質的永續性標準在各種背景下進行討論和制定，例如全球生物能源夥伴關係（GBEP）指標和歐洲可再生能源指令的要求。只有當生物甲烷用作運輸燃料時，歐盟永續性標準才是強制性的。在歐盟之外，例如在美國（US Congress, 2005）規範永續性標準則側重於液體生物燃料，不包括生物甲烷。至少

在中短期內，生物甲烷的供應成本高於天然氣。為確保透過天然氣網路運輸和交易的生物甲烷的永續原料和透明的品質平衡，需要統一的生物甲烷成分和品質跨境標準。

擁有專門的生物甲烷策略、目標和支持計畫的國家呈現出廣闊的市場前景。已經建立各種方法、工具和證書來滿足電網注入、最終用途、永續性需求、支援計畫和生物甲烷流量監測方面的不同技術要求。鑒於政治策略和廣泛的天然氣網絡，許多歐盟國家在開發生物甲烷市場方面變得更加積極。預計未來幾年將採取技術標準化和永續性認證方面的行動，包括品質平衡和跟蹤，以改善生物甲烷的應用和跨境貿易條件。一些歐洲國家建立了國家生物甲烷登記處，提供有關可用生物甲烷品質、數量和來源的訊息，以支持市場實施。這些登記機構之間的合作計畫首先加強六個國家之間的貿易，並可選擇納入更多國家。

這裡強調了兩個相關面向：

(1)金融政策支持下的供應鏈：目前不同國家支持不同的產品（生物甲烷併網注入、沼氣發電等）。雖然從生物甲烷目標和戰略不同的國家角度來看這是合理的，但國際合作存在混亂的風險。清楚地追蹤流量對於國際貿易至關重要，以避免雙重支援或行銷（例如：一個國家的注入點和另一個國家的交付點）。

(2)支持程度：目前的支持程度差異很大（例如：注入電網的生物甲烷的上網電價）。如果國際貿易框架建立起來，透過天然氣網路將生物甲烷運送到支持程度更高或其他有利條件的國家就變得更容易。這可能會加速市場發展，但也可能導致一些國家的支持系統崩潰。

結論是，各國之間更一致的歐盟範圍內的支持結構可以緩解市場發展並降低註冊系統的複雜性。穩定的框架條件對於市場的成功監管和永續發展至關重要。

對未來生物甲烷市場的發展，包括：

(1)將生物甲烷注入天然氣網路的技術標準，目的在實現規定範圍內的標準化生物甲烷品質，包括熱值和純度。

(2)所有生物甲烷應用的永續性標準，允許國家之間進行永續的生物甲烷貿易。

(3)國內和國際生物甲烷市場的透明認證和註冊，避免雙重支持。

(4)平等對待國產和進口生物甲烷（認證、支持／激勵等）。

(5)支持計畫的長期穩定性。對於歐洲等與單一天然氣網路相連的地區，建立更統一的監管框架似乎對國際市場的發展至關重要。該研究並未深入探討可以包含在此類框架中的具體工具（例如：統一的生物甲烷電網注入關稅、報價等）。

(6)生物甲烷目標的中長期路線圖，以指導激勵和支持計畫。

鑑於複雜的生物甲烷供應鏈、該領域的不同利益相關者以及跨境天然氣網路（尤其是在歐洲），實施此類框架具有挑戰性是可以理解的。歐盟研究報告建議：

(1)實現淨零排放不僅需要提供再生電力，還需要提供再生氣體和液體。

(2)生物甲烷可以整合到現有的天然氣基礎設施中，為天然氣脫碳應用提供阻力最小的途徑。透過已建立的分配和使用基礎設施，可以最大限度地降低能源系統的總擁有成本。

(3)甲烷系統是淨零未來的解決方案之一。實現淨零未來需要各種解決方案，而沼氣和生物甲烷可以透過可持續和高度可客製化的解決方案做出重大貢獻。例如：沼氣系統可以提供可調度的電力，更好的是，可以增加沼氣產量，以便在電網需求較高時提供更多電力。

落實上述建議可以為建構永續、公平、面向未來、穩定的生物甲烷市場奠定堅實的基礎。關於化石和可再生載體的永續資訊的整體國際框架，包括原材料、原產地、生產和運輸過程中的溫室氣體排放，也可以支持生物甲烷市場。

2. 生物甲烷供應鏈的待解決的問題

生物甲烷供應鏈面臨一些待解決問題。首先，在多功能性方面，基於厭氧消化的沼氣生產展現了廣泛的適用性，可利用城市或工業有機廢棄物和廢水、工業殘留物（如酒糟）、農業殘留物（如糞肥和秸稈）以及植物材料等多種有機原料。沼氣系統的建立和運作可有助於本地能源安全，而且沼氣並非唯一的產物，其消化物可作為可再生生物肥料，沼氣中的二氧化碳也可作為副產品增值利用。此外，沼氣解決方案還能減少甲烷逸散排放、保護水質、降低泥漿中的病原體含量、生產生質肥料，以及改善空氣品質。推動沼氣解決方案的因素通常涉及減少溼有機廢棄物的無組織排放。

其次，在循環經濟方面，厭氧消化作爲有機材料級聯利用的關鍵組成部分，使沼氣解決方案成爲生物精煉廠策略的一部分。沼氣系統也融入農業循環經濟，透過回用沼渣於種植農作物的土地、提供農作物作爲動物飼料，以及在循環經濟農業系統中消化動物泥漿，從而減少無組織排放、降低化石肥料使用，並改善土壤有機含量。

在二氧化碳的利用方面，現代化的生物甲烷生產設施包括碳捕獲和再利用，使沼氣中的二氧化碳成爲生物二氧化碳最經濟利用的來源之一。在甲烷發電應用中，透過氫氣與沼氣中的二氧化碳反應，可以升級爲生物甲烷（和合成甲烷），從而提高再生甲烷形式的能源輸出達到 60%。

特定區域的解決方案應考慮地理和政經情況，因爲不同地區的氣候和政策差異導致最佳解決方案的定制化。需要進行詳細、具體地區的分析，以確保沼氣產業的有效和永續發展。

在經濟學方面，生物甲烷與其他再生氣體（如氫氣或合成甲烷）進行同類比較，表明生物甲烷相對較爲經濟實惠，尤其在未來一段時間內。在此過程中，需要考慮氫和生物甲烷在更大市場中的地位，以及外部性對它們最佳用途和社會價值的影響。除替代化石燃料和減少溫室氣體排放外，還應考慮沼氣系統的多功能性，並將其整合到更大的系統中。這些外部性可以被賦予經濟價值，並在脫碳路徑的多標準評估中得到考慮。

最後，在激勵沼氣系統部署方面，激勵措施應考慮再生天然氣產業的實際投資和長期運營成本，以確保開發商的融資能力，並在有效的市場環境中確保再生天然氣用戶的價格。此外，應消除技術和監管層面的不必要障礙和抑制性法規，建議建立穩定且可預測的框架，爲再生天然氣產業的發展提供有利條件。對化石燃料徵收碳稅可刺激發展並推動再生能源轉型，同時爲再生技術之間的競爭提供共同基礎。總體而言，在實現淨零排放的道路上，沼氣和生物甲烷作爲可再生碳氫化合物，將發揮關鍵作用。它們展現出靈活的永續系統，爲未來淨零世界提供多種使用選擇。

（二）沼氣提質改造的技術方案

第一座沼氣提純廠於 1980 年代建成，1990 年代有其他幾座，但直到 2006 年

才真正開始大規模發展，尤以德國為例。至今已有二百多個沼氣提純廠投入運作。市場一開始主要由變壓吸附（PSA）和水洗滌器占據，但自 2009 年以來，化學洗滌器（如胺洗滌器）市占率有所增加。未來的趨勢顯示，膜技術將在沼氣提質領域占據更大市場份額。一些國家針對沼氣升級造成的甲烷損失（通常稱為甲烷逃逸）進行深入探討。大型製造商承諾新廠的甲烷損失低於 0.5-2%，而胺洗滌塔的損失更低，約為 0.1%。在德國等市場，升級工廠只允許釋放 0.2% 的甲烷，除胺洗滌器外，其他技術均需要某種形式的廢氣處理。

生物甲烷是由生物質產生的甲烷，其性質接近天然氣，是一種有趣的燃料，可支持從化石燃料向再生能源的轉型。生物甲烷可以應用於運輸燃料、生產熱電聯產（combined heat and power, CHP）、供熱或化學工業原料，並可在現有的天然氣設施和基礎設施中運輸和儲存。生物甲烷的生產方式包括升級沼氣和木質纖維素生物質或其他形式的生物質的熱化學轉化，稱為生物合成天然氣（bio-SNG）。

將沼氣注入天然氣電網或用作車輛燃料，需要對原始沼氣進行升級和加壓。沼氣提質即是去除沼氣中的二氧化碳，提高能量密度的過程。升級過程還可能包括去除水、硫化氫和其他污染物，以避免在下游應用中引起腐蝕或其他問題。

不同的技術用於去除二氧化碳，包括吸收、吸附、膜分離、低溫分離等。每種技術的效能各有優劣。技術的選擇取決於多個因素，包括裝置尺寸、系統壓力、具體設計等。

在生物甲烷生產中，硫和矽含量是重要考慮因素。較低的硫含量對汽車排氣後處理系統耐用性至關重要，而矽氧烷的存在則需要更詳細的研究來確認各種升級技術的有效性。

- 水洗滌器和有機物理洗滌器：沼氣在 5-10 巴的壓力下被加壓，二氧化碳溶解在水或有機溶劑中。
- 變壓吸附（PSA）：沼氣經過填充有吸附劑的吸附塔，二氧化碳被吸附，生物甲烷通過。透過降低壓力和吹掃氣體，二氧化碳從吸附劑中解吸。
- 膜分離：沼氣被加壓並通過薄膜裝置，二氧化碳滲透通過薄膜，而甲烷保留。
- 低溫分離：透過逐漸冷卻原料沼氣，分離甲烷和二氧化碳，可應對液化天然氣市場需求。

低溫分離是一項新興技術，迄今只有一個工廠在運作。它透過逐漸冷卻原料沼氣來分離甲烷和二氧化碳，對於液化天然氣市場的增長可能變得越來越重要。

在生物甲烷生產中，硫和矽含量是重要考慮因素。全球目前正在進行生物甲烷的國際標準化工作，特別關注硫和矽含量。硫含量是汽車產業關注的重點，而矽氧烷則對設備和引擎有潛在影響，需要更詳細的研究來確認各種升級技術的有效性。

雖然在一些國家，如德國，升級工廠需要嚴格控制甲烷損失，但在其他國家，例如瑞典，較寬鬆的標準允許更高的甲烷損失。不同技術的耗電量相近，通常在 0.2 至 0.3 kWh/Nm³ 原料沼氣之間，但胺洗滌器例外，其耗電量約為 0.10-0.15 kWh/Nm³。具體的耗電量取決於多個因素，如裝置尺寸、系統壓力、具體設計等。不同國家對天然氣品質的標準存在差異，因此制定一致的標準是挑戰之一。然而，從目前的技術水平來看，生物甲烷的生產已具備潛力，只是品質標準需要更進一步的討論和制定。

（三）熱裂解

熱裂解（pyrolysis）是在沒有氧氣的情況下發生的熱分解過程，將生物質轉化為固體木炭、液體（生物油）和氣體。熱裂解被認為是一種工業化的生物質轉化過程。木質纖維素（纖維素、半纖維素和木質素）生物質的每種成分透過不同的機制和途徑以不同的速率熱裂解。與纖維素和半纖維素相比，木質素在更寬的溫度範圍內分解，纖維素和半纖維素在更窄的溫度範圍內快速降解。

木質素在熱裂解過程中具有明顯的熱穩定性。典型的生物質熱裂解過程分為三個階段。第一階段，預熱裂解，發生在 120 至 200℃ 之間，重量略有損失，此時發生一些內部重排，例如鍵斷裂、自由基的出現和羧基的形成，並相應釋放少量水（H_2O）、一氧化碳（CO）和 CO_2。第二階段是主要的熱裂解過程，在此期間發生固體分解，並伴隨著初始生物質的顯著重量損失。最後階段是由 C-H 和 C-O 鍵的進一步裂解引起的連續炭脫揮發分。依反應溫度、加熱速率和停留時間的不同，熱裂解可分為慢速熱裂解（中速熱裂解）、快速熱裂解和閃速熱裂解。

1. 緩慢熱裂解

緩慢熱裂解已經應用數千年，主要用於木炭的生產。在緩慢熱裂解中，生物質

通常以緩慢的加熱速率（高達 10-20℃／分鐘）加熱至約 500℃。蒸汽停留時間從 5分鐘到 30 分鐘不等。因此，隨著固體炭和液體的形成，氣相中的成分繼續相互反應。主要產品木炭可用於廣泛的領域，從家庭烹飪和取暖到冶金或化學用途，作爲生產化學品、活性碳、煙火、吸收劑、土壤改良劑和藥品的原料。

從木質素含量較高、半纖維素含量較低的生物質原料中可以獲得較高的木炭產量。與快速熱裂解相反，慢速熱裂解不一定需要細的原料顆粒尺寸（小於 1 毫米）。

2. 快速熱裂解

快速熱裂解是一種在沒有氧氣的情況下對生物質顆粒施加非常高的熱通量，從而導致非常高的加熱速率的過程。生物質分解產生蒸汽、氣溶膠和炭。蒸汽和氣溶膠冷卻和冷凝後，形成深棕色流動液體，其熱值約爲常規燃料油的一半。快速熱裂解過程可產生 60-75 wt% 的液體生物油、15-25 wt% 的固體炭和 10-20 wt% 的不凝性氣體，具體取決於所使用的原料。不會產生任何廢物，因爲生物油和固體炭都可以用作燃料，並且氣體可以在該過程中回收。快速熱裂解使用的加熱速率比慢速熱裂解高很多。雖然緩慢熱裂解與製造木炭的傳統熱裂解工藝有關，但快速熱裂解是一種先進的工藝，經過仔細控制可產生高液體產量。研究表明，透過高加熱速率、在 500℃左右的反應溫度和較短的蒸汽停留時間以最大限度地減少副反應，可以獲得最大的液體產率。停留時間過短會導致木質素解聚不完全，這是由於木質素大分子的隨機鍵斷裂和相互反應，導致液態產物不太均勻，而較長的停留時間會導致初級產物二次裂解，降低產量並產生不利影響生物油特性。

快速熱裂解過程的基本特徵是：

——非常高的加熱和傳熱速率，通常需要精細研磨的生物質進料：< 1mm；

——仔細控制氣相熱裂解反應溫度在 500℃左右，蒸汽停留時間短，通常小於 2 秒；

——快速冷卻熱裂解蒸汽以獲得生物油產品。

3. 閃蒸熱裂解

非常快速的熱裂解有時被稱爲「閃速熱裂解」，通常在實驗室研究的背景下，涉及基材在重力或氣流下透過加熱管快速移動。與快速熱裂解相比，使用更高的溫度和更短的停留時間；主要產物分布與快速熱裂解類似。術語「閃蒸」現在已不再

使用，並逐漸被「快速熱裂解」的定義所取代。

（四）氣化化學

氣化（gasification）可視爲熱裂解的延伸；生物質氣化是一個複雜的熱化學過程，涉及許多不同的反應。生物質氣化過程可分爲熱裂解和氣化兩部分。在氣化部分，氣體、焦油和焦炭進一步反應。氣化是生產化學品和清潔能源的核心技術，指將生物質轉化爲燃氣（通常含有 CH_4 和一些 N_2）或合成氣（主要含有 H_2 和 CO）的過程。氣化過程中會發生多種反應。

生物質主要轉化爲氫氣、一氧化碳、輕質烴（例如甲烷和其他物質）的混合物。二氧化碳、水蒸汽、氮氣等不燃氣體。在大多數情況下，產物氣體可能含有顆粒，例如焦、灰分、煙灰等。反應器溫度是影響熱值和發生爐煤氣成分的最重要的操作條件之一。

氣化過程通常藉由氣化劑進行。氣化劑可以是蒸汽，或空氣，或富空氣，或氧氣，或蒸汽和氧氣來源的組合，或二氧化碳。該製程在 600-1,500℃ 的相對高溫下進行。氣體中還含有少量雜質：炭、煙灰、焦油、鹼、氮化合物、硫化合物和氯化合物。產品氣體的成分可能會因操作條件（例如溫度、操作壓力和氧化劑）、原料類型、燃料中的水分含量、反應物在氣化器內接觸的模式而顯著變化。此外，產品氣體的品質也與其他因素有關，例如氣化器的類型、停留時間和加熱速率，而加熱速率通常與原料的類型、顆粒尺寸和溫度有關。

專利文獻中有數百種不同類型的氣化器。它們可分爲四種主要類型：上吸式氣化爐、下吸式氣化爐、流體化床氣化爐和氣流床氣化爐。到目前爲止，大多數氣化爐已經開發並商業化，用於利用合成氣生產熱量和電力。氣化爐之間的主要區別是：(1)噴射類型：生物質從氣化爐頂部或側面供給，然後透過重力或氣流移動；(2)所使用的氣化劑；(3)加熱類型：可以透過氣化爐中生物質的部分燃燒（直接加熱）或外部來源（間接加熱）來完成，例如惰性材料的循環；(4)溫度範圍；(5)氣化爐運轉的壓力範圍。

1. 合成氣

合成氣（syngas）總是與發生爐氣體（producer gas）混淆，但是這兩個術語之

間存在差異：

　　——發生爐氣體是生物質在相對較低的溫度（700 至 1,000℃）下氣化產生的氣體混合物。發生爐氣體由一氧化碳（CO）、氫氣（H_2）、二氧化碳（CO_2）以及一系列碳氫化合物（例如甲烷〔CH_4〕）組成。發生爐氣體可以作爲燃氣燃燒，例如在鍋爐中燃燒以供熱，或在內燃機中燃燒以發電或熱電聯產。氣體的成分可以透過改變氣化參數來改變。

　　——Syngas（合成氣）是一氧化碳（CO）和氫氣（H_2）的混合物，是生物質高溫蒸汽氣化的產物。在淨化去除任何雜質（例如焦油）之後，合成氣可用於生產有機分子（例如合成天然氣）或液體生物燃料（例如合成柴油）或其他產品，如下所述：合成氣和天然氣生產液體燃料；混合醇合成，以化學催化過程，產生甲醇、乙醇、丙醇、丁醇和少量重質醇的混合物；合成氣發酵，利用厭氧微生物發酵合成氣以生產乙醇或其他化學品的生物過程；甲醇合成，也是目前用於生產甲醇的化學催化過程。

2. 技術應用

　　儘管稻稈有時用作牛飼料，然而花生殼和稻殼大多數情況下被焚燒，造成環境和社會問題。爲了評估當地農業食品工業剩餘生物質的價值，我們採用了熱裂解處理技術。在這項研究中，我們選擇了稻殼、花生殼和稻稈作爲原料，同時研究生物質分解的協同效應。透過對固體和液體熱裂解產物的解析，我們應用了不同的生化過程，包括厭氧消化、熱化學過程、燃燒和共燃燒、熱裂解、碳化和物理過程，以提高生物質的價值。

　　熱裂解被視爲處理小麥、稻米和花生工業廢棄物的理想方法。在預處理階段，生物質透過熱裂解、氣化或水解等過程進行處理。經過熱裂解的生物質可以生產生質油和生物炭。這種熱化學過程不僅有望產生燃料，還可能生成對精細化工產業具有高價值的平台化合物。氣化處理後的生物質可以產生熱能和／或電能，以及生物合成氣（H_2/CO 的混合物）。生物合成氣可以透過純化／轉化過程轉化爲氫氣，透過高效燃燒轉化爲能源，透過氣液合成轉化爲綠色柴油、單體和聚合物，透過催化合成轉化爲生物甲醇。生物甲醇可以透過傳統化學製程轉化爲進一步的產品。

3. 生物製氫技術

生物製氫技術是以自然界中的有機化合物為底物，在常溫常壓水溶液中，透過光能或發酵催化微生物產氫的過程。與傳統的化學法、電化學法等需要高溫或高壓環境的氫氣產生方法相比，它具有以下特點：(1) 反應條件溫和。氫氣的產生來自於產氫微生物的新陳代謝，不需要提供高溫和高壓。它可以在接近中性的環境中進行，能耗低。適合在生物質或廢棄資源豐富的地區建立小型氫氣生產車間。運輸環節的節省在一定程度上降低了氫氣成本。(2) 多種再生碳水化合物可作為氫氣生產底物，如各類工農業廢棄物和有機廢水，可有效地將能源輸出、廢棄物再利用和污染控制結合起來，降低氫氣成本生產的同時實現廢舊資源的利用。農林廢棄生物質資源和能源作物的利用和開發可以顯著提高生物能源的產量。(3) 製氫過程多種多樣，包括綠藻、藍藻直接光解水及間接光解水、厭氧菌暗環境發酵有機物製氫、光合代謝有機物製氫等。

光照下的細菌可透過三種生物製氫技術進行氫氣生產：光合生物製氫、厭氧暗發酵製氫以及光暗發酵合併製氫。

(1) 光合產氫

在厭氧條件下，藍藻和綠藻透過光合作用分解水產生氫氣和氧氣。這涉及兩個協調工作的光合作用中心：光合系統 II（PSII）和光合系統 I（PSI）。氫化酶是所有生物體產生氫氣的關鍵因素。與綠色植物不同，綠藻和藻類可以透過光合作用法則進行氫氣生產。研究還表明，光強度、細胞生長速率和氫氣產量之間存在關係。

(2) 厭氧暗發酵製氫

在黑暗條件下，厭氧微生物可分解有機物產生氫氣。這包括多種底物，如甲酸、丙酮酸、短鏈脂肪酸等。這種方法可以應用於高濃度有機廢水和人畜排泄物的處理，同時獲取能源，有利於環境保護。

(3) 光發酵及暗發酵產氫

光暗發酵聯合產氫技術結合了光合生物和暗發酵生物，可提高產氫效率。這種技術包括光合生物與暗發酵生物聯合產氫、暗發酵與光發酵兩級聯合產氫等。然而，不同細菌對 pH 值和光照的需求不同，這在一定程度上限制技術的發展。

總的來說，生物製氫技術面臨一些難題，如氫氣製造過程中氧的抑制、底物分

解不完全等。然而，這些技術的發展對於綠色能源和環境保護具有潛在的經濟和環境效益。

由於其生態友好的性質，生物氫生產已被確立為綠色可持續能源的一種有前景的替代品和不可或缺的組成部分。然而，要在實際規模上實現這一潛力，必須克服許多障礙，發展一條有吸引力的途徑，利用生物質廢料和其他可再生資源作為原料進行暗發酵製氫。來自再生能源的生物氫既代表了能源的可持續性和廢物的減少，還可以降低生產成本。然而，必須確定和優化影響可再生原料暗發酵製氫性能的幾個因素。在具有不同底物的各種反應器配置中使用純培養物或微生物群落來解決這個問題的各種方法。

4. 水熱液化（HTL）

近年來，利用生物質生產液體燃料的研究十分活躍，從木質纖維素材料的熱裂解和水熱液化（hydrothermal liquefaction, HTL）、氣化和生物質液體技術到升級過程的研究。其次，將生物質從天然固體形式轉化為液體燃料並不是一個自發性的過程。人類大規模利用的液體燃料作為化石燃料，經過數千年的地球化學處理，將生物質轉化為原油和天然氣。近年來，已經開發了幾種轉化技術，以從不同種類的生物質中獲得液體產品，用作燃料和化學物質。生物質轉化技術大致分為兩大類，即生化轉化和熱化學轉化。一般來說，源自生物質的未加工生物油具有低能量密度、高水分含量，且其物理形式無法自由流動，這在作為往復式引擎的原料時產生了問題。

與生化轉化相比，熱化學轉化是在適當的催化劑存在下在幾個更高的溫度下進行處理，以從不同來源獲得液體產品。一般來說，熱化學轉化比生化轉化快得多。熱化學轉化通常意味著透過在加壓和缺氧的外殼下加熱來升級生物質。它又可分為燃燒、氣化、熱裂解和直接液化。其中直接液化或水熱液化是近年來引起關注的有前景的路線之一。該過程是含水熱裂解的同義詞，但與熱裂解相比，HTL 是在較低的溫度和加熱速率下進行的。換句話說，生物質的水熱液化是透過在熱的加壓水環境中處理足夠的時間，以將固體生物聚合結構分解成主要液體成分，而將生物質熱化學轉化為液體燃料。典型的水熱加工條件為 523-647 K 的溫度和 4 至 22 MPa 的操作壓力。與熱裂解相比，低操作溫度、高能源效率和低焦油產率是引起研究人

員對液化製程關注的關鍵參數。

5. 傳統廢棄物管理面臨的挑戰

傳統廢棄物管理面臨著一系列挑戰，爲了更深入研究創新技術，我們必須充分了解與傳統廢棄物管理方法相關的問題。首先，傳統的廢棄物管理系統存在著資源利用效率低的問題，常常無法充分回收資源，進而導致材料和能源的浪費。其次，不當的廢棄物處理可能導致土壤、水體和空氣的污染，給人類和野生動物帶來嚴重的健康風險。此外，垃圾掩埋場和焚燒方法所產生的溫室氣體對氣候變遷產生負面影響，而且傳統廢棄物管理也可能導致經濟負擔，需要大量投資於垃圾掩埋場和處理設施。

爲了應對這些挑戰，下一代廢棄物管理技術正迅速改變整個產業，提供了有效的解決方案。其中，一些彈性技術的探索包括垃圾發電，將廢物轉化爲能源，不僅減少了垃圾掩埋場的廢物，還提供了再生能源的替代來源。此外，厭氧消化技術在無氧氣的環境中分解有機廢物，產生可用於發電、供暖或作爲運輸燃料的沼氣，有效減少溫室氣體排放並管理有機廢棄物。先進的回收技術優化資源回收和減少浪費，智慧廢棄物管理系統整合技術和數據分析，提高效率並優化廢棄物收集和處置，進一步減少車輛排放和相關成本。

通往永續未來的道路上，隨著彈性技術在廢棄物管理中的應用，我們必須充分認識到這些技術的潛力，並鼓勵它們的廣泛應用。一些普遍的生物質轉化能源技術可以應用於生物質廢棄物的再利用，包括：

高溫氣化：氣化是一種常用的廢物能源轉換方法，將廢物轉化爲合成氣體，可用於發電或生物燃料生產。然而，傳統的氣化製程在實現高轉換率和消除有害副產品方面面臨挑戰。高溫氣化技術應運而生，工作於更高溫度，提高轉換效率，減少污染物和有害物質排放，並增加原料選擇的彈性，包括低價值或高水分含量的廢棄物。

預處理厭氧消化：厭氧消化是一種利用微生物分解有機廢物並產生沼氣的技術。某些廢物，如木質纖維素生物質，需要耗時的預處理過程以實現有效消化。新的預處理方法，如蒸汽爆破或酸水解，可以提高複雜廢物的消化率，減少處理時間，增加沼氣產量，更好地利用各種原料。

　　先進的感測器和控制系統：先進感測器和控制系統的整合透過實現即時監控和最佳化，澈底改變了廢物能源轉換。這些技術持續監測各種參數，如溫度、壓力和氣體組成，改善燃燒控制，提高效率，增強安全性和可靠性，並透過預測分析優化維護計畫。

　　總的來說，這些技術的進步提高廢棄物能源轉換效率的潛力，使其成爲廢棄物管理和永續能源生產的更可行解決方案。在這個發展的過程中，我們正在邁向一個更綠色、更永續的未來。這些彈性技術的整合將大幅減少溫室氣體排放，爲全球減緩氣候變遷貢獻，同時優化資源回收，最大限度減少浪費，消除與傳統廢棄物處理相關的環境危害，從而改善公眾健康。

參考文獻

Broeze, J., and Luyckx, K. (2019). Identification of food waste conversion barriers. REFRESH Deliverable 6.11. https://www.eu-refresh.org/identification-food-waste-conversion-barriers.html

Chhiti, Y., and Kemiha, M. (2013). Thermal Conversion of Biomass, Pyrolysis and Gasification: A Review. *The International Journal of Engineering and Science* (IJES), *2*(3): 75-85.

Department for Business, Energy & Industrial Strategy. (2021). Biomass Policy Statement. 45 pages, London. UK.

IEA Bioenergy. (2009). BIOENERGY-A SUSTAINABLE AND RELIABLE ENERGY SOURCE. A review of status and prospects. 12 pages. Retrieved from www.ieabioenergy.com

The European Biogas Association. (2022). Manual for National Biomethane Strategies. Guidehouse Netherlands B. V.

US Congress. (2005). ENERGY POLICY ACT OF 2005. PUBLIC LAW 109-58-AUG. 8, 2005.

國家圖書館出版品預行編目(CIP)資料

農業淨零策略管理技術及推動／陳尊賢，潘述
元，羅朝村，郭鴻裕著；陳尊賢主編. -- 初
版. -- 臺北市：五南圖書出版股份有限公
司, 2024.08
面；　公分
ISBN 978-626-393-120-6(平裝)

1.CST: 農業政策　2.CST: 永續農業
3.CST: 碳排放

431.1　　　　　　　　　　113002256

5N64

農業淨零策略管理技術及推動

主　　　編 ― 陳尊賢

作　　　者 ― 陳尊賢、潘述元、羅朝村、郭鴻裕

企劃主編 ― 李貴年

責任編輯 ― 何富珊

文字校對 ― 郭雲周

封面設計 ― 姚孝慈

出 版 者 ― 五南圖書出版股份有限公司

發 行 人 ― 楊榮川

總 經 理 ― 楊士清

總 編 輯 ― 楊秀麗

地　　　址：106台北市大安區和平東路二段339號4樓

電　　　話：(02)2705-5066　　傳　　　真：(02)2706-6100

網　　　址：https://www.wunan.com.tw

電子郵件：wunan@wunan.com.tw

劃撥帳號：01068953

戶　　　名：五南圖書出版股份有限公司

法律顧問　林勝安律師

出版日期　2024年8月初版一刷

定　　　價　新臺幣750元

經典永恆・名著常在

五十週年的獻禮 —— 經典名著文庫

五南，五十年了，半個世紀，人生旅程的一大半，走過來了。

思索著，邁向百年的未來歷程，能為知識界、文化學術界作些什麼？

在速食文化的生態下，有什麼值得讓人雋永品味的？

歷代經典・當今名著，經過時間的洗禮，千錘百鍊，流傳至今，光芒耀人；

不僅使我們能領悟前人的智慧，同時也增深加廣我們思考的深度與視野。

我們決心投入巨資，有計畫的系統梳選，成立「經典名著文庫」，

希望收入古今中外思想性的、充滿睿智與獨見的經典、名著。

這是一項理想性的、永續性的巨大出版工程。

不在意讀者的眾寡，只考慮它的學術價值，力求完整展現先哲思想的軌跡；

為知識界開啟一片智慧之窗，營造一座百花綻放的世界文明公園，

任君遨遊、取菁吸蜜、嘉惠學子！